E. L. Axelrad
Schalentheorie

Leitfäden der angewandten Mathematik und Mechanik

Band 58

B. G. Teubner Stuttgart

Schalentheorie

Von Prof. Dr. Ernest L. Axelrad, München

Mit 64 Bildern

B. G. Teubner Stuttgart 1983

Prof. Dr. Ernest L. Axelrad

Geboren 1927 in Charkow. Von 1943 bis 1949 Maschinenbaustudium, 1959 Promotion zum Kandidaten der technischen Wissenschaften und 1965 zum Doktor der technischen Wissenschaften an der Polytechnischen Hochschule Leningrad. Von 1949 bis 1956 Fernstudium der Mathematik an der Universität Leningrad. Von 1949 bis 1962 Industrietätigkeit. Von 1962 bis 1966 Dozent und von 1966 bis 1976 o. Professor für Mechanik an der Technischen Hochschule Leningrad. Ab 1977 Gastprofessuren und Forschungstätigkeit in Darmstadt, Aachen und München.

CIP-Kurztitelaufnahme der Deutschen Bibliothek

Aksel'rad, Ernest L.:
Schalentheorie / von Ernest L. Axelrad. – Stuttgart:
Teubner, 1983.
(Leitfäden der angewandten Mathematik und Mechanik;
Bd. 58)
ISBN 978-3-322-94658-4 ISBN 978-3-322-94657-7 (eBook)
DOI 10.1007/978-3-322-94657-7
NE: GT

Softcover reprint of the hardcover 1st edition 1983
Satz: K + V Fotosatz GmbH, Beerfelden

Vorwort

Die Schalentheorie hat bereits eine hundertjährige Entwicklung hinter sich. Die Zeit (1888), als die grundlegende Arbeit der Schalentheorie [91] vom Autor als „... eigentlich ein Versuch, die Vibration der Kirchenglocken zu untersuchen" verstanden wurde, ist längst vorbei. Die Theorie wurde zur Grundlage für die Analyse und Berechnung unzähliger Konstruktionen im Maschinen-, Flugzeug- und Schiffbau sowie bei Flächentragwerken des Bauingenieurwesens. Dieser praktische Wert der Schalentheorie sicherte ihr einen Ehrenplatz als wichtigen anwendungsbezogenen Teil der Theorie elastischer Körper.

Das Interesse an der Schalentheorie läßt nicht nach. Die letzten drei Jahrzehnte brachten einen neuen maßgebenden Umstand – die Computertechnik. Beim Lösen der meisten praktischen Probleme von Flächentragwerken ist der Computer unentbehrlich geworden. Universale Programme, die meist auf die Verfahren der finiten Elemente oder der finiten Differenzen aufgebaut sind, stehen zur Verfügung.

Neben der schon kaum übersehbaren Zeitschriftenliteratur gibt es zahlreiche Lehrbücher und Monographien über die Schalentheorie. Das Spektrum der Bücher ist breit gefächert. Es ist reich an Aufbauprinzipien, Auswahl der erfaßten Probleme und besonders im Umfang sowie in der Darstellungsweise der Grundlagen der Theorie. Aber es besteht auch eine Lücke im „Parameterraum" der Bücher. Es wird fast ausschließlich die lineare Theorie behandelt. Werden auch endliche Verformungen erfaßt, so bleiben sie auf eine „mittlere Größenklasse" beschränkt. (Einen Sonderfall bildet das Buch [99].) In den meisten Büchern wird nur der Membranspannungszustand ausführlich untersucht. Das volle Bild – einschließlich der Biegespannungen – wird öfters als zweitrangig angesehen und analysiert.

Bei der Stabilitätsanalyse wird der Einfluß der elastischen Vorbeulverformung auf die kritische Last meistens nur erwähnt.

Diese Auslassungen sind in Verbindung mit der Einschränkung der Zielsetzung zu erklären. Die Schalenbücher befassen sich fast ausschließlich mit Schalen, die ein steifes Tragwerk bilden. Eine andere Klasse – die flexiblen Schalen – wird in den Büchern (mit Ausnahme von [17]) nicht behandelt.

Die Darstellung der Theorie wird durch das Übergewicht von einer von zwei (durchaus verständlichen) Bestrebungen geprägt: Einerseits versucht man dem Leser eine möglichst strenge und allgemeine Theorie zu vermitteln. Das wird durch eine völlig deduktive, abstrakte und formelstenographische Darstellung erreicht. Der Weg zu realistischen Anwendungen ist meist sehr aufwendig. Es kommt dabei lediglich zu fast trivialen Beispielen. Aber die nutzbare Bewältigung des hohen Abstraktionsniveaus wird auch bei einem Theoretiker meistens nur nach ausreichender Erfahrung mit handfesten Einzelproblemen erreicht. Andererseits um den Zugang zur Analyse realer Probleme zu erleichtern, werden die Lösungsgleichungen unmittelbar für jedes Problem abgeleitet. Es kommt sogar dazu, auf die allgemeine Theorie „der Einfachheit wegen" zu verzichten.

Beide Darstellungsarten sind wenig geeignet, einem künftigen Ingenieur zur Klarheit und Schärfe der zur Problemlösung nötigen Intuition zu verhelfen. Das durch den Leitfaden der Theorie erreichte Rechenmodell eines Ingenieurproblems wird aber besonders angesichts der Möglichkeiten der Computertechnik unerläßlich. Dazu paßt die Bemerkung von G. Chr. Lichtenberg: „Man muß Hypothesen und Theorien haben, um seine Erkenntnisse zu organisieren, sonst bleibt alles bloßer Schutt."

Das Buch soll keine Rezeptensammlung sein, aber ein System der Methoden anbieten, das es ermöglicht, mit der erforderlichen Einsicht an die Lösung der vielfältigen Schalenprobleme heranzutreten.

Eine dünne Schale ist ein Rechenmodell zur Näherungsanalyse komplizierter Probleme. Zuviel Rigorosität und Systematik, sowie eine den Ansätzen der Theorie unangemessene mathematische Genauigkeit kann dem Zweck nur schaden.

Soweit die Standpunkte, denen das Buch Rechnung tragen soll. Vorausgesetzt werden beim Leser die Kenntnisse in Mathematik und Mechanik der ersten drei Semester an einer Technischen Hochschule.

Das Buch umfaßt insgesamt sechs Kapitel.

In Kapitel 1 wird die allgemeine nichtlineare Theorie der dünnen elastischen Schalen dargestellt. Die Verformungen können unbegrenzt groß sein. Die Verzerrungen müssen (im Rahmen des Hookeschen Gesetzes) klein bleiben.

In Kapitel 2 werden die spezialisierten Zweige der Schalentheorie behandelt.

Spezifischen Klassen von statischen Problemen sind die Kapitel 3, 4 und 5 gewidmet. Viel Platz ist dabei den Drehschalen und darunter den Kreiszylinderschalen eingeräumt worden. Das entspricht der Rolle dieser Schalen im Maschinenbau und in der Bautechnik. Die Beulstabilität, die die Tragfähigkeit vieler dünnen Schalen bestimmt, wird in Kapitel 6 analysiert.

Probleme, bei denen die unmittelbare Ableitung der Lösungsgleichungen nicht zu aufwendig ist, werden (in Kapitel 3 bis 5) weitgehend direkt untersucht. Die allgemeine Theorie der Kapitel 1 und 2 wird dabei nur zur Bestätigung und Erweiterung herangezogen. Somit können die Kapitel 3, 4 und 5 größtenteils unabhängig von der Kenntnis der Kapitel 1 und 2 durchgearbeitet werden. Unter einer Anleitung durch einen Lehrer kann man zur allgemeinen Theorie nach der Arbeit an spezifischen Schalenproblemen übergehen.

Für die Anregung, dieses Buch zu verfassen, bin ich den Herren Prof. Dr. E. Becker und Prof. Dr. K. Magnus sehr dankbar. Herr Prof. Dr.-Ing. F. A. Emmerling hat das Manuskript gelesen und unzählige Korrekturen sowie wertvolle Vorschläge gemacht; ihm möchte ich besonders danken.

München, im Herbst 1983 E. L. Axelrad

Inhalt

Die Theorie an und für sich ist nichts nütze, als insofern sie uns an den Zusammenhang der Erscheinungen glauben macht. (J. W. von Goethe)

1 Grundlagen der Theorie dünner Schalen

1.1 Allgemeines

Die Mechanik deformierbarer Körper, wie jeder andere Zweig der Ingenieurwissenschaften, zieht zur analytischen Untersuchung nur vereinfachte Modelle der realen Objekte heran. Es sind *Rechenmodelle*, die alle für ein vorliegendes Problem *maßgeblichen* Eigenschaften und Parameter des Objektes berücksichtigen und die, was ebenso wichtig ist, von allen für das Problem unbedeutenden Einzelheiten befreit sind.

Die Mechanik kennt zwei Grundtypen von Rechenmodellen der deformierbaren Körper: Stäbe und Flächentragwerke. Ein Stab ist ein Rechenmodell von Konstruktionselementen, deren zwei Abmessungen, die des Querschnittes, klein gegenüber der dritten – der Länge – sind. Bekanntlich sind die Spannungsresultierenden und die Verschiebungen eines Stabes (Linienträger) nur Funktionen *einer* Koordinate, die entlang der Stabachse (ξ im Bild 1.1) gemessen wird. Das dreidimensionale Problem ist durch Annahmen (vor allem die vom Ebenbleiben der Querschnitte) zum eindimensionalen Problem reduziert.

Ein Flächentragwerk – Schale oder Platte – ist ein Rechenmodell für Körper, deren e i n e Abmessung – die Dicke (h im Bild 1.1) – klein gegenüber den zwei anderen Ausdehnungen ist. Es ist eine erkennbare Verallgemeinerung des Rechenmodells des Stabes. Das dreidimensionale Problem ist durch entsprechende Annahmen zu einem zweidimensionalen reduziert. Man stellt sich eine Schale als eine dünne materielle Schicht vor. Die Oberfläche dieses Körpers besteht aus zwei *Seitenflächen* (Bild 1.1) und der *Randfläche*. Die Rolle, die bei einem Stab der Achse zukommt, gehört bei einer Schale meistens der *Mittelfläche*. Diese Fläche befindet sich in der Mitte der Wanddicke h, die entlang der zur Mittelfläche senkrechten Geraden gemessen wird.

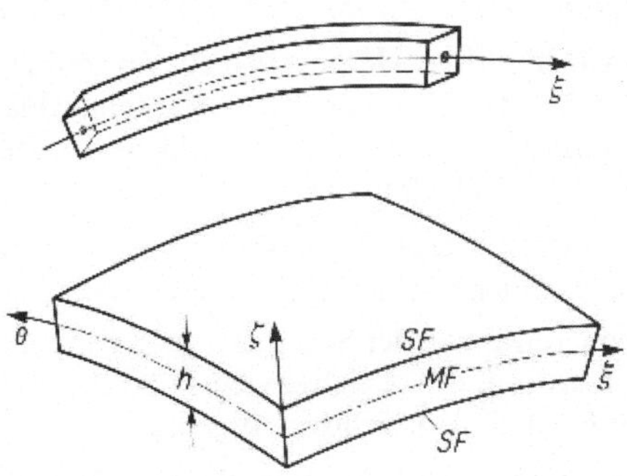

Bild 1.1 Stab und Schale

Die Annahmen der Schalentheorie, die die Verformung des dreidimensionalen Körpers durch eine Lösung des zweidimensionalen Schalenproblems beschreiben lassen, vertreten die tatsächlichen Eigenschaften des Körpers nur näherungsweise. Die Genauigkeit der Näherung hängt vor allem von der (relativen) Wanddicke ab.

Die Theorie dünner Schalen ist ein Teil der *angewandten* Mechanik – der auf die Anwendungen orientierte Teil der Kontinuumsmechanik.

Außer der Dünnheit der Schale hängt die Genauigkeit der Schalentheorie von der Belastungsverteilung und von den mechanischen Eigenschaften des Baustoffes ab. Im folgenden werden nur elastische Schalen, die dem Hookeschen Gesetz gehorchen, betrachtet.

Die Theorie dünner Schalen ist in ihrer Genauigkeit durch die Grundannahmen *beschränkt.* In einer solchen Theorie ist es inkonsequent, eine formale mathematische Genauigkeit, die höher als die der Grundannahmen ist, anzustreben.

Außerdem sind die Schalenprobleme infolge der verwickelten Geometrie und (oder) der Nichtlinearität mathematisch genau nicht zu lösen.

Die Schalentheorie kann auf verschiedenen Wegen aufgebaut werden: Im folgenden wird die Theorie auf axiomatischer Basis der explizit aufgestellten *Hypothesen* abgeleitet. Dieses Herangehen, das eine Tradition seit der Euklidischen Geometrie hat, kann in der Schalentheorie auf die grundlegenden Werke von G. Kirchhoff (über Platten) und auf die erste Arbeit über die Schalentheorie von H. Aron 1874 [5] zurückgeführt werden.

Der axiomatische Weg ist durch Klarheit und Einfachheit gekennzeichnet und damit für eine Ingenieurtheorie und insbesondere für die nichtlinearen Probleme geeignet.

Auf der anderen Seite ist die Beurteilung der Genauigkeit und der Grenzen der Anwendbarkeit im Rahmen dieser Art Theorie nicht möglich. Die Kontrolle wird nur durch Einsatz der genaueren *dreidimensionalen Kontinuumstheorie* erreicht. Dieser Weg wurde (zur Ableitung der Plattentheorie) schon in den klassischen Arbeiten von Cauchy und Poisson beschritten. Er bleibt in den Untersuchungen von E. Reissner, P. John, A. I. Lur'e, A. L. Goldenveizer u. a. der Hauptweg zur Verifizierung der axiomatisch entwickelten Schalentheorie.

Noch ein drittes Herangehen zur Formulierung der Theorie dünner Schalen stützt sich auf den Ansatz der dünnen Schale als einer Fläche, die die Biegesteifigkeit durch *Momentenspannungen* erhält. Eine gründliche Darstellung dieser Theorie findet sich in der Arbeit von P. M. Naghdi [100].

Eine vielseitige Analyse der Entwicklung der Grundlagen der Schalentheorie sowie deren anstehender Probleme gibt die Übersicht von W. T. Koiter und J. G. Simmonds [78].

Die Grundsätze der Schalentheorie werden von der Analyse der Schalengeometrie und der Verzerrung, des Gleichgewichts und der konstitutiven Gleichungen (im folgenden sind das die Elastizitätsbeziehungen) gebildet.

Die Geometrie der Referenzfläche (Abschn. 1.2) und deren Verformung (Abschn. 1.3) sowie das Gleichgewicht eines Schalenelementes (s. Abschn. 1.5) lassen sich ohne jegliche Annahmen beschreiben. Die Analyse ist lediglich (aus Rücksicht auf das zu verwendende Hookesche Gesetz) auf *kleine Verzerrungen* beschränkt.

Erst bei der Beschreibung der Verformung *in der Schalendicke* im Abschn. 1.4 wird die erste Annahme – die Normalenhypothese – eingeführt.

Den Kern der Schalentheorie bilden die Elastizitätsverhältnisse. Hier (s. Abschn. 1.7, 1.6) kommt die Grundhypothese der Theorie zum vollen Einsatz.

1.2 Schalengeometrie

Die Form einer Schale wird in der Theorie in einer Weise dargestellt, die der Beschreibung eines Stabes durch die Gestalt seiner Achse ähnlich ist. Die Schale wird durch die Angabe der Form der Mittelfläche und der Wanddicke h, die entlang der Schale auch variabel sein kann, festgelegt. In bestimmten Fällen wird eine andere, etwas von der Mittelfläche abweichende Referenzfläche benutzt (s. Abschn. 6). Dementsprechend betrifft die Analyse der Schalengeometrie hauptsächlich die Mittelfläche (Referenzfläche) der Schale.

Die Analyse der lokalen Form einer Fläche ist das Ziel des folgenden Abschnitts.

1.2.1 Koordinaten

Jeder Punkt der Schale wird durch die Werte von drei Koordinaten ξ, θ, ζ angegeben. Wie im Bild 1.2 schematisch dargestellt, ist ζ der Abstand des Punktes $M(\xi, \theta, \zeta)$ von der Referenzfläche. Die ζ-Linie (auf der nur die Koordinate ζ variiert) verläuft senkrecht zur Referenzfläche, die durch $\zeta = 0$ bestimmt ist. Die Referenzfläche ist definiert durch den Ortsvektor $\boldsymbol{r} = \boldsymbol{r}(\xi, \theta)$, der jedem Punkt der Fläche ein Paar der Werte der Parameter ξ und θ zuordnet.

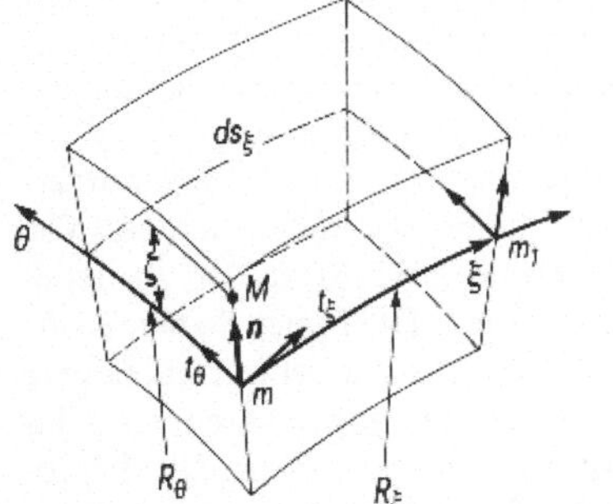

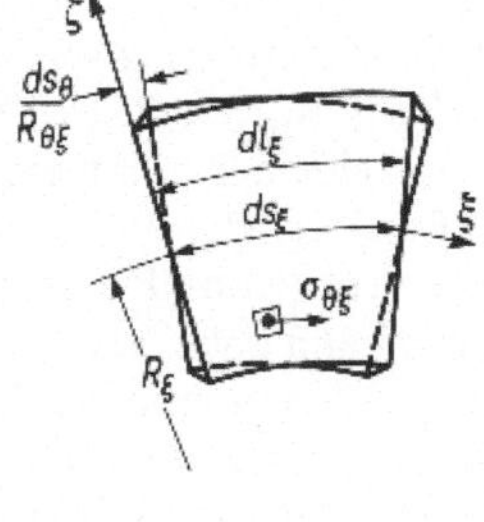

Bild 1.2 Koordinatensystem. Schalenelement

Die Punkte der Referenzfläche, für die θ = const ist, bilden eine ξ-Parameterlinie (Koordinatenlinie). Eine Linie der Referenzfläche, auf der nur die Koordinate θ variiert, wird θ-Linie genannt. Jeder Punkt der Referenzfläche kann als Schnittpunkt von zwei Koordinatenlinien determiniert werden: einer ξ-Linie und einer θ-Linie.

Die Vektorgleichung*) der Referenzfläche $\boldsymbol{r} = \boldsymbol{r}(\xi, \theta)$ bestimmt die Geometrie der Fläche und der Koordinatenlinien. Ein Abschnitt der Koordinatenlinie zwischen den Punkten $m(\xi, \theta)$ und $m_1(\xi + \mathrm{d}\xi, \theta)$ ist bestimmt durch den Vektor

$$\boldsymbol{r}(\xi + \mathrm{d}\xi, \theta) - \boldsymbol{r}(\xi, \theta) = \mathrm{d}\boldsymbol{r} = \frac{\partial \boldsymbol{r}}{\partial \xi}\mathrm{d}\xi. \tag{a}$$

Diese Beziehung, die direkt aus Bild 1.2 abzulesen ist, ergibt den Tangentenvektor an die ξ-Linie und auch die Bogenlänge $\mathrm{d}s_\xi$ auf dieser Linie. Mit den Bezeichnungen $\boldsymbol{t}_\xi$, $\boldsymbol{a}$ für den

*) Sie ist drei Parametergleichungen für kartesische Koordinaten $x = x(\xi, \theta)$, $y = y(\xi, \theta)$, $z = z(\xi, \theta)$ äquivalent.

Tangenteneinheitsvektor bzw. den sog. Lamé-Koeffizienten folgt aus (a)

$$\frac{\partial r}{\partial \xi} = a t_\xi, \qquad a = \left|\frac{\partial r}{\partial \xi}\right|, \qquad ds_\xi = a d\xi. \tag{1.1}$$

Ähnliche Verhältnisse gelten natürlich auch für die andere Koordinate

$$\frac{\partial r}{\partial \theta} = b t_\theta, \qquad b = \left|\frac{\partial r}{\partial \theta}\right|, \qquad ds_\theta = b d\theta. \tag{1.2}$$

Im folgenden werden ausschließlich die Koordinaten ξ, θ, die auf der Referenzfläche ein orthogonales Parameternetz bilden, verwendet. Für die orthogonalen Koordinaten gelten mit den Tangenteneinheitsvektoren t_ξ, t_θ und dem Einheitsvektor n in Richtung ζ normal zur Referenzfläche die Verhältnisse

$$\begin{aligned} &t_\xi \times t_\theta = n, \qquad t_\theta \times n = t_\xi, \qquad n \times t_\xi = t_\theta, \\ &t_\xi \cdot t_\theta = t_\theta \cdot n = t_\xi \cdot n = 0, \qquad t_\theta \cdot t_\theta = t_\xi \cdot t_\xi = n \cdot n = 1. \end{aligned} \tag{1.3}$$

Diese Beziehungen sind offensichtlich von der Wahl der „linken" oder „rechten" Koordinatensysteme unabhängig.
Bisher ist die undeformierte Gestalt der Schale betrachtet worden. Diese ist ein besonderer Fall der Formen der Schale, die unter der Wirkung der Belastung entstehen können. In der folgenden Darstellung werden alle Größen, die die Geometrie der Schale nach der Verformung angeben, durch einen Stern gekennzeichnet. So bezeichnen t_ξ^*, t_θ^* und n^* die Tangenteneinheitsvektoren und den Normalenvektor (in einem Punkt) der *deformierten* Referenzfläche. Die ξ, θ-Werte von einem Punkt bleiben bei beliebiger Verformung die unveränderte Bezeichnung dieses Punktes. (Es sind „Lagrangesche" „materielle" Koordinaten.) Die Verformung ändert die räumliche Position eines Punktes von $r(\xi, \theta)$ zu $r^*(\xi, \theta)$. Jedes Linienelement der Fläche kann dabei verzerrt und rotiert werden. Die Linienelemente $t_\xi ds_\xi$, $t_\theta ds_\theta$ verformen sich in die weiterhin zu den ξ, θ-Linien tangential gerichteten Elemente $t_\xi^* ds_\xi^*$, $t_\theta^* ds_\theta^*$. Aber auch wenn die Vektoren t_ξ, t_θ zueinander orthogonal waren, sind das die Tangentenvektoren t_ξ^*, t_θ^* der deformierten Koordinatenlinien nicht mehr. Die Schubverformung kann den Winkel zwischen den Linien ändern. Trotzdem gelten die Beziehungen (1.1), (1.2) auch für die verformte Referenzfläche und definieren dann die Tangentenvektoren und Lamé-Parameter:

$$\begin{aligned} &r^*_{,\xi} = a^* t_\xi^*, \qquad a^* = |r^*_{,\xi}|, \qquad ds_\xi^* = a^* d\xi, \qquad (\ )_{,\xi} = \frac{\partial}{\partial \xi}(\ ) \\ &r^*_{,\theta} = b^* t_\theta^*, \qquad b^* = |r^*_{,\theta}|, \qquad ds_\theta^* = b^* d\theta, \qquad (\ )_{,\theta} = \frac{\partial}{\partial \theta}(\ ). \end{aligned} \tag{1.4}$$

Die kurzen Bezeichnungen der Ableitungen $(\ )_{,\xi}$, $(\ )_{,\theta}$ werden im folgenden mehrmals (aber nicht ausschließlich) benutzt.

1.2.2 Krümmung einer Fläche

Die Form einer Fläche in der nahen Umgebung eines (beliebigen) Punktes $r(\xi, \theta)$ wird durch die Krümmung charakterisiert. Die Krümmung manifestiert sich durch die Rotation einer Tangentialebene, die entlang der Fläche gleitet. Diese Rotation wird hier zur Bestimmung der Krümmungskennwerte herangezogen. Die Drehwinkel der Tangentialebene um die Tangentialachsen $\boldsymbol{t}_\xi$, $\boldsymbol{t}_\theta$ werden an den entsprechenden Drehwinkeln des Normalenvektors $\boldsymbol{n}$ gemessen. Um die Rotation der Tangentialebene, um $\boldsymbol{n}$ zu messen, muß die Ebene mit einem bestimmten linearen Element $\boldsymbol{t}\,\mathrm{d}s$ in einem (jedem) Punkt der Fläche verbunden werden. Wir wählen $\boldsymbol{t}$ als einen Vektor, der den Winkel zwischen den Koordinatenlinien ξ und θ halbiert. Die Lage der Tangentialebene in jedem Punkt der Fläche wird also mit der Richtung der folgenden zwei Vektoren identifiziert (Bild 1.3).

$$\boldsymbol{n} = \boldsymbol{t}_\xi \times \boldsymbol{t}_\theta, \qquad \boldsymbol{t} = (\boldsymbol{t}_\xi + \boldsymbol{t}_\theta)/|\boldsymbol{t}_\xi + \boldsymbol{t}_\theta|.$$

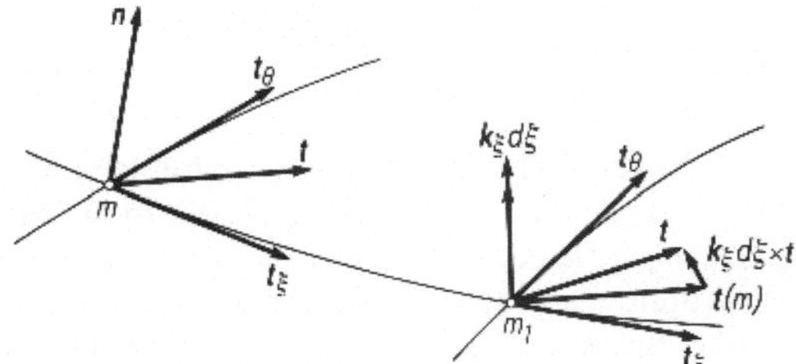

Bild 1.3
Zur Definition des Krümmungsvektors $\boldsymbol{k}_\xi$

Nach der Verformung sind das die Vektoren

$$\boldsymbol{n}^* = \boldsymbol{t}_\xi^* \times \boldsymbol{t}_\theta^*/|\boldsymbol{t}_\xi^* \times \boldsymbol{t}_\theta^*|, \qquad \boldsymbol{t}^* = (\boldsymbol{t}_\xi^* + \boldsymbol{t}_\theta^*)/|\boldsymbol{t}_\xi^* + \boldsymbol{t}_\theta^*|. \tag{1.5}$$

Es werden nun zwei Vektorparameter der Krümmung einer Fläche – $\boldsymbol{k}_\xi$, $\boldsymbol{k}_\theta$ – eingeführt. Der Betrag der Größe $\boldsymbol{k}_\xi \mathrm{d}\xi$ ist gleich dem Winkel zwischen den Tangentialebenen im Punkt $m(\xi, \theta)$ und dem Nachbarpunkt $m_1(\xi + \mathrm{d}\xi, \theta)$. Analog bezeichnet $\boldsymbol{k}_\theta \mathrm{d}\theta$ den Drehwinkelvektor der Tangentialebene, die entlang der θ-Linie gleitend von $m(\xi, \theta)$ nach $m_2(\xi, \theta + \mathrm{d}\theta)$ gelangt ist. Die zwei Krümmungsvektoren $\boldsymbol{k}_\xi$, $\boldsymbol{k}_\theta$ haben eine anschauliche geometrische Bedeutung, die aus der folgenden Komponentendarstellung klar hervortritt:

$$\frac{\boldsymbol{k}_\xi}{a} = \frac{\boldsymbol{n} \times \boldsymbol{t}_\xi}{R_\xi} + \frac{\boldsymbol{n} \times \boldsymbol{t}_\theta}{R_{\xi\theta}} + \frac{\boldsymbol{n}}{\varrho_\xi}, \qquad \frac{\boldsymbol{k}_\theta}{b} = \frac{\boldsymbol{n} \times \boldsymbol{t}_\xi}{R_{\theta\xi}} + \frac{\boldsymbol{n} \times \boldsymbol{t}_\theta}{R_\theta} + \frac{\boldsymbol{n}}{\varrho_\theta}. \tag{1.6}$$

Gemäß der Definition von $\boldsymbol{k}_\xi$ ist der Wert von $\boldsymbol{n} \times \boldsymbol{t}_\xi/R_\xi = \boldsymbol{t}_\theta/R_\xi$ gleich dem Rotationswinkel von $\boldsymbol{n}$ in der Ebene von $\boldsymbol{n}$ und $\boldsymbol{t}_\xi$ (Bild 1.2) bezogen auf die Einheitslänge der ξ-Linie. Dies bedeutet: R_ξ ist ein Krümmungsradius einer Kurve, die als Schnitt der Fläche mit einer Normalenebene durch $\boldsymbol{n}, \boldsymbol{t}_\xi$ entsteht. Damit ist $1/R_\xi$ die Krümmung des Normalschnittes der Fläche entlang der ξ-Linie. Die Größe $1/R_\theta$ ist die Krümmung im Normalschnitt entlang der θ-Linie.

Der geometrische Sinn der Parameter $R_{\xi\theta}$ und $R_{\theta\xi}$ wird durch das Schema von Bild 1.4 illustriert. In diesem Beispiel rotieren die Vektoren $\boldsymbol{n}$ und $\boldsymbol{t}_\theta$ (oder $\boldsymbol{n}$ und $\boldsymbol{t}$) bei Verschiebung entlang der ξ-Linie nur um $\boldsymbol{t}_\xi$, und damit ist $\boldsymbol{k}_\xi/a = \boldsymbol{n} \times \boldsymbol{t}_\theta/R_{\xi\theta} = -\boldsymbol{t}_\xi/R_{\xi\theta}$. Andererseits rotieren die Vektoren $\boldsymbol{n}$ und $\boldsymbol{t}_\xi$ (oder $\boldsymbol{n}$ und $\boldsymbol{t}$) bei Verschiebung entlang der θ-Linie nur um $\boldsymbol{t}_\theta$, und damit ist $\boldsymbol{k}_\theta/b = \boldsymbol{n} \times \boldsymbol{t}_\xi/R_{\theta\xi} = \boldsymbol{t}_\theta/R_{\theta\xi}$. Die entsprechenden Winkel $\boldsymbol{k}_\xi \mathrm{d}\xi = -\boldsymbol{t}_\xi \mathrm{d}s_\xi/R_{\xi\theta}$ und $\boldsymbol{k}_\theta \mathrm{d}\theta = \boldsymbol{t}_\theta \mathrm{d}s_\theta/R_{\theta\xi}$ sind im Bild 1.4 dargestellt: Es sind Verwindungswinkel. Damit wird klar, daß $1/R_{\xi\theta}$ wie auch $1/R_{\theta\xi}$ Verwindungsparameter der Fläche oder kurz die *Verwindungen* sind.

Das Bild 1.4 zeigt, daß die zwei Verwindungsparameter $1/R_{\xi\theta}$ und $1/R_{\theta\xi}$ einander gleich sind. Dazu braucht man nur den in Bild 1.4 bezeichneten Abstand δ über jeden der zwei Verwindungswinkel zu bestimmen: Aus $\delta = \mathrm{d}s_\theta \mathrm{d}s_\xi/R_{\xi\theta} = \mathrm{d}s_\xi \mathrm{d}s_\theta/R_{\theta\xi}$ folgt $1/R_{\xi\theta} = 1/R_{\theta\xi}$.

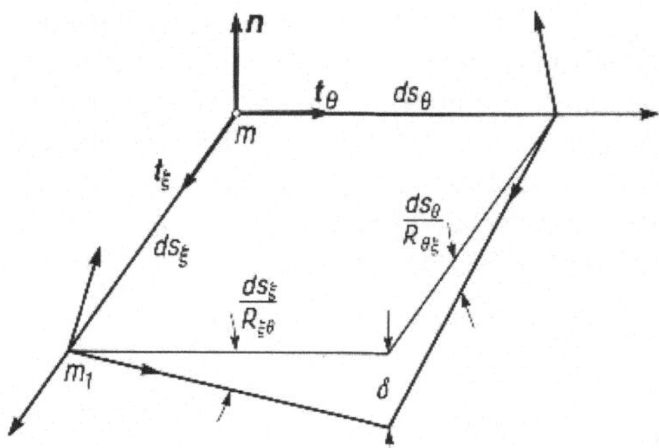

Bild 1.4 Verwundene Fläche

Die übrigen skalaren Krümmungsparameter in (1.6) – $1/\varrho_\xi$ und $1/\varrho_\theta$ – bestimmen für die orthogonalen Koordinaten ξ, θ die Krümmungen der Projektionen der ξ- bzw. θ-Linie auf die Tangentialebene der Referenzfläche. In der Tat ist $\boldsymbol{k}_\xi \mathrm{d}\xi$ ein Winkel der Rotation der Vektoren $\boldsymbol{n}$ und $\boldsymbol{t}$, wenn sie den Abstand $\mathrm{d}s_\xi = a\mathrm{d}\xi$ durchlaufen. Wenn die Vektoren $\boldsymbol{t}_\xi$ und $\boldsymbol{t}_\theta$ zueinander orthogonal sind, rotieren sie genauso wie $\boldsymbol{t}$. Der Winkel $(\boldsymbol{n}/\varrho_\xi)\mathrm{d}s_\xi$ ist die Komponente von $\boldsymbol{k}_\xi \mathrm{d}\xi$ in der Tangentialebene und damit der Winkel der Rotation von $\boldsymbol{t}_\xi$ in dieser Ebene bei der Verschiebung $\mathrm{d}s_\xi$ längs der ξ-Linie. Somit ist ϱ_ξ der Krümmungsradius der Projektion der ξ-Linie auf die Tangentialebene.

In der Schalentheorie werden die Spannungs- und Verformungsparameter naturgemäß durch Komponenten in Richtungen der Tangenten $\boldsymbol{t}_\xi$, $\boldsymbol{t}_\theta$ bzw. der Normalen $\boldsymbol{n}$ zur Referenzfläche repräsentiert. Die Krümmung der Fläche tritt am häufigsten dadurch auf, daß sie die Ableitungen dieser Komponenten bezüglich der Flächenkoordinaten ξ, θ beeinflußt. Die nötigen Formeln für die Ableitungen der Basisvektoren $\boldsymbol{t}_\xi$, $\boldsymbol{t}_\theta$ und $\boldsymbol{n}$ erhält man unmittelbar aus der Definition der Krümmungsvektoren $\boldsymbol{k}_\xi, \boldsymbol{k}_\theta$. In der Tat ist $\boldsymbol{k}_\xi \mathrm{d}\xi$ der Winkel zwischen den Vektoren $\boldsymbol{n}$, $\boldsymbol{t}$ im Punkt $m(\xi, \theta)$ und den Vektoren $\boldsymbol{n}$, $\boldsymbol{t}$ im Punkt $m_1(\xi + \mathrm{d}\xi, \theta)$. Wie im Bild 1.3 veranschaulicht, bedeutet das:

$$\boldsymbol{n}(\xi + \mathrm{d}\xi, \theta) = \boldsymbol{n}(\xi, \theta) + \boldsymbol{k}_\xi \mathrm{d}\xi \times \boldsymbol{n}(\xi, \theta),$$

$$\boldsymbol{t}(\xi + \mathrm{d}\xi, \theta) = \boldsymbol{t}(\xi, \theta) + \boldsymbol{k}_\xi \mathrm{d}\xi \times \boldsymbol{t}(\xi, \theta).$$

Aus der Definition der Ableitung einer Funktion $\boldsymbol{n}(\xi + \mathrm{d}\xi, \theta) = \boldsymbol{n}(\xi, \theta) + (\partial \boldsymbol{n}/\partial\xi)\mathrm{d}\xi$ folgt nun

$$\frac{\partial \boldsymbol{n}}{\partial \xi} = \boldsymbol{k}_\xi \times \boldsymbol{n}, \qquad \frac{\partial \boldsymbol{t}}{\partial \xi} = \boldsymbol{k}_\xi \times \boldsymbol{t}. \tag{1.7}$$

Die gleiche Formel gilt offensichtlich auch für einen beliebigen Vektor $\boldsymbol{v}(\xi, \theta)$, der einen konstanten Betrag und in allen Punkten der Fläche den gleichen Ort in bezug auf $\boldsymbol{n}$, $\boldsymbol{t}$ hat, also die gleichen Winkel mit $\boldsymbol{n}$, $\boldsymbol{t}$ einschließt. Für orthogonale Koordinatenlinien sind in dieser Weise die Vektoren $\boldsymbol{t}_\xi$, $\boldsymbol{t}_\theta$ mit $\boldsymbol{n}$ und $\boldsymbol{t}$ verbunden. Also gelten die Formeln (1.7) für $\boldsymbol{t}_\xi$, $\boldsymbol{t}_\theta$. Natürlich existieren von den Gl. (1.7) ähnliche Formeln auch für die Ableitungen von $\boldsymbol{n}$, $\boldsymbol{t}$ sowie $\boldsymbol{v}$, $\boldsymbol{t}_\xi$, $\boldsymbol{t}_\theta$ bezüglich der Koordinate θ. Alle diese Formeln für die Ableitungen können in der folgenden Form dargestellt werden

$$\begin{aligned} \frac{\partial}{\partial \xi}[\boldsymbol{n} \;\; \boldsymbol{t} \;\; \boldsymbol{t}_\xi \;\; \boldsymbol{t}_\theta \;\; \boldsymbol{v}] &= \boldsymbol{k}_\xi \times [\boldsymbol{n} \;\; \boldsymbol{t} \;\; \boldsymbol{t}_\xi \;\; \boldsymbol{t}_\theta \;\; \boldsymbol{v}], \\ \frac{\partial}{\partial \theta}[\boldsymbol{n} \;\; \boldsymbol{t} \;\; \boldsymbol{t}_\xi \;\; \boldsymbol{t}_\theta \;\; \boldsymbol{v}] &= \boldsymbol{k}_\theta \times [\boldsymbol{n} \;\; \boldsymbol{t} \;\; \boldsymbol{t}_\xi \;\; \boldsymbol{t}_\theta \;\; \boldsymbol{v}]. \end{aligned} \tag{1.8}$$

1.2.3 Kompatibilität der Flächenparameter

Es sind vier Vektorparameter der lokalen Flächenform eingeführt worden: $\boldsymbol{k}_\xi$, $\boldsymbol{k}_\theta$, $\boldsymbol{r}_{,\xi}$ und $\boldsymbol{r}_{,\theta}$. (Die letzten zwei werden durch die Vektoren $a\boldsymbol{t}_\xi$, $b\boldsymbol{t}_\theta$ vertreten.) Zwischen den vier Parametern existieren zwei Vektorgleichungen, die natürlich sechs skalaren Gleichungen zwischen den zwölf Komponenten der vier Vektorparameter äquivalent sind.

Die erste der erwähnten Vektorbeziehungen ist offensichtlich. Die kontinuierliche Vektorfunktion $\boldsymbol{r}(\xi, \theta)$, die zur Darstellung einer glatten Referenzfläche gehört, muß die folgende Gleichung erfüllen

$$\frac{\partial^2 \boldsymbol{r}}{\partial\xi\partial\theta} = \frac{\partial^2 \boldsymbol{r}}{\partial\theta\partial\xi}. \tag{1.9}$$

Die entsprechenden drei skalaren Gleichungen haben für die orthogonalen Koordinaten ξ, θ die Form

$$\frac{a}{\varrho_\xi} = -\frac{\partial a}{b\,\partial\theta}, \qquad \frac{b}{\varrho_\theta} = \frac{\partial b}{a\,\partial\xi}, \qquad \frac{1}{R_{\xi\theta}} = \frac{1}{R_{\theta\xi}}. \tag{1.10}$$

Die ersten zwei Formeln sind nützlich, um $1/\varrho_\xi$, $1/\varrho_\theta$ über die Lamé-Parameter a, b auszudrücken. Die dritte Gl. von (1.10) bestätigt das in Abschn. 1.2.2 für das Beispiel von Bild 1.4 festgestellte Verhältnis.

Die weitere Kompatibilitätsgleichung betrifft die Krümmungsparameter $\boldsymbol{k}_\xi$, $\boldsymbol{k}_\theta$. Diese Vektorgleichung folgt aus der Beziehung

$$\frac{\partial^2 \boldsymbol{v}}{\partial\xi\partial\theta} = \frac{\partial^2 \boldsymbol{v}}{\partial\theta\partial\xi}. \tag{1.11}$$

Der Vektor $\boldsymbol{v}(\xi, \theta)$ ist in Abschn. 1.2.2 definiert als ein Vektor konstanter Länge, der in jedem Punkt $m(\xi, \theta)$ dieselben Winkel mit den Vektoren $\boldsymbol{n}$ und $\boldsymbol{t}$ bildet. Daher variiert die Funktion $\boldsymbol{v}(\xi, \theta)$ nur infolge ihrer Rotation zusammen mit der Tangentialebene. Ist die Fläche kontinuierlich und glatt, was für die Referenzfläche einer Schale unerläßlich ist, so muß die Funktion $\boldsymbol{v}(\xi, \theta)$ auch kontinuierlich sein und damit der Bedingung (1.11) genügen.

Anwendung der Ableitungsformeln (1.8) für $\boldsymbol{v}$ und Berücksichtigung der bekannten Formel für das Vektorprodukt von drei Vektoren $\boldsymbol{A}$, $\boldsymbol{B}$, $\boldsymbol{C}$

$$\boldsymbol{A} \times (\boldsymbol{B} \times \boldsymbol{C}) + \boldsymbol{B} \times (\boldsymbol{C} \times \boldsymbol{A}) + \boldsymbol{C} \times (\boldsymbol{A} \times \boldsymbol{B}) = \boldsymbol{0}$$

führt die Gl. (1.11) zur folgenden Form über

$$(\boldsymbol{k}_{\xi,\theta} - \boldsymbol{k}_{\theta,\xi} + \boldsymbol{k}_\xi \times \boldsymbol{k}_\theta) \times \boldsymbol{v} = \boldsymbol{0}.$$

Da der Vektor $\boldsymbol{v}$ willkürlich (in den Grenzen seiner o. g. Definition) gewählt werden darf, muß der Kofaktor bei $\boldsymbol{v}$ gleich Null sein. Das ergibt die Gleichung

$$\boldsymbol{k}_{\xi,\theta} - \boldsymbol{k}_{\theta,\xi} + \boldsymbol{k}_\xi \times \boldsymbol{k}_\theta = \boldsymbol{0}. \tag{1.12}$$

Projiziert man diese Gleichung auf die drei orthogonalen Richtungen $\boldsymbol{t}_\xi$, $\boldsymbol{t}_\theta$, $\boldsymbol{n}$, so bekommt man die folgenden drei Gleichungen

$$\left(\frac{b}{R_{\theta\xi}}\right)_{,\xi} - \left(\frac{a}{R_\xi}\right)_{,\theta} = \frac{ab}{R_\theta \varrho_\xi} - \frac{ab}{R_{\xi\theta}\varrho_\theta},$$
$$\left(\frac{b}{R_\theta}\right)_{,\xi} - \left(\frac{a}{R_{\xi\theta}}\right)_{,\theta} = \frac{ab}{R_\xi \varrho_\theta} - \frac{ab}{R_{\theta\xi}\varrho_\xi}; \tag{1.13}$$

$$\left(\frac{b}{\varrho_\theta}\right)_{,\xi} - \left(\frac{a}{\varrho_\xi}\right)_{,\theta} = \frac{ab}{R_{\xi\theta}R_{\theta\xi}} - \frac{ab}{R_\xi R_\theta}. \tag{1.14}$$

Die Gln. (1.13) tragen den Namen von Codazzi, die Gl. (1.14) den Namen von Gauß.

Es wird in Abschn. 1.2.5 nachgewiesen, daß man bei einer Fläche beliebiger (kontinuierlicher) Form solche Koordinaten ξ, θ wählen kann, daß in jedem Punkt der Schale die Verwindung gleich Null ist:

$$\frac{1}{R_{\xi\theta}} = \frac{1}{R_{\theta\xi}} = 0. \tag{1.15}$$

Diese ξ, θ-Linien, bei denen die Bedingung (1.15) erfüllt ist, sind die sogenannten *Krümmungslinien* der Fläche. Sie bilden ein orthogonales Netz von Linien, für die eine der Normalschnittkrümmungen $1/R_\xi$, $1/R_\theta$ die größte, die andere die kleinste aus allen möglichen (in einem Punkt der Fläche) Normalschnittkrümmungen sind.

Die entsprechenden Flächenkoordinaten nennt man *Hauptkoordinaten*. Eine einfache Prozedur zur Bestimmung der Krümmungslinien ist in Abschn. 1.2.5 aufgeführt. Aber im allgemeinen und in allen in diesem Buch diskutierten Fällen sind die Krümmungslinien direkt erkennbar.

Ein Merkmal, das nützlich ist, um die Krümmungslinien zu erkennen (und bekannt als das Theorem von Rodrigues), folgt unmittelbar aus der Definition (1.6) von $\boldsymbol{k}_\xi$, $\boldsymbol{k}_\theta$. Entlang einer Krümmungslinie (bei Erfüllung der Bedingung (1.15)) drehen sich die Normalen $\boldsymbol{n}$ nur in der Ebene tangential zu dieser Linie. (Eine entgegengesetzte Situation, wenn die Krümmungen $1/R_\xi$, $1/R_\theta$ gleich Null sind, aber ein Schalenelement eine Verwindung hat, ist im Bild 1.4 zu sehen.)

1.2.4 Rotationsfläche

Betrachten wir am Beispiel der Rotationsfläche zwei Wege der Bestimmung der Krümmungsparameter R_ξ, R_θ, $R_{\xi\theta}$. (Für die ϱ_ξ, ϱ_θ gibt es die Gl. (1.10).) Der erste Weg geht von den Darstellungen für $\boldsymbol{t}_\xi(\xi, \theta)$, $\boldsymbol{t}_\theta(\xi, \theta)$ aus. Die Ableitungen dieser Einheitsvektoren bezüglich der Koordinaten ξ, θ durch unmittelbare Differentiation erlauben es uns, die Krümmungsparameter gemäß den Formeln (1.8) und (1.6) zu bestimmen:

$$\frac{a}{R_\xi} = -\boldsymbol{t}_{\xi,\xi} \cdot \boldsymbol{n}, \quad \frac{b}{R_\theta} = -\boldsymbol{t}_{\theta,\theta} \cdot \boldsymbol{n}, \quad \frac{1}{R_{\xi\theta}} = -\boldsymbol{t}_{\theta,\xi} \cdot \boldsymbol{n}\,\frac{1}{a}. \tag{1.16}$$

Alternativ können die Krümmungsparameter über die Ableitungen des Vektors $\boldsymbol{n}$ ermittelt werden.

Die andere Möglichkeit, die in vielen praktisch wichtigen Fällen der Schalenform besteht, ist die Bestimmung der vektoriellen Krümmungsparameter $\boldsymbol{k}_\xi$, $\boldsymbol{k}_\theta$ direkt gemäß ihren Definitionen – durch Betrachtung der gegebenen Gestalt der Referenzfläche.

Wenden wir uns der Rotationsfläche zu. Diese Fläche kann durch Drehung einer ebenen ξ-Kurve um eine Achse (bezeichnet in Bild 1.5 mit z) erzeugt werden. Diese Kurve bildet die Meridianlinie der Fläche. Bei der Rotation der ξ-Linie bildet jeder Punkt dieser Linie einen Parallelkreis, der als eine θ-Linie gelten wird. Ferner setzen wir $a\xi$ gleich der Länge s_ξ einer Meridianlinie, gemessen ab einem gewählten Parallelkreis $\xi = 0$. Im folgenden wird immer festgesetzt: $a = \text{const}$. Als die Koordinate θ wählen wir den Polarwinkel von einer festgesetzten Meridianebene $\theta = 0$ (s. Bild 1.5). Dies bedeutet

$$s_\xi = a\xi, \qquad a = \text{const}, \qquad s_\theta = R\theta, \qquad b = R = R(\xi). \tag{1.17}$$

Neben den Koordinaten ξ, θ werden auch die Zylinderkoordinaten $R(\xi)$, $z(\xi)$ sowie die kartesischen Koordinaten x, y zur Beschreibung der Referenzfläche verwendet.

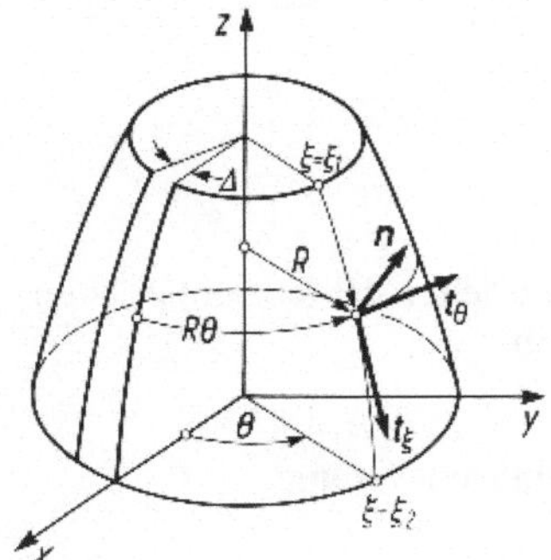

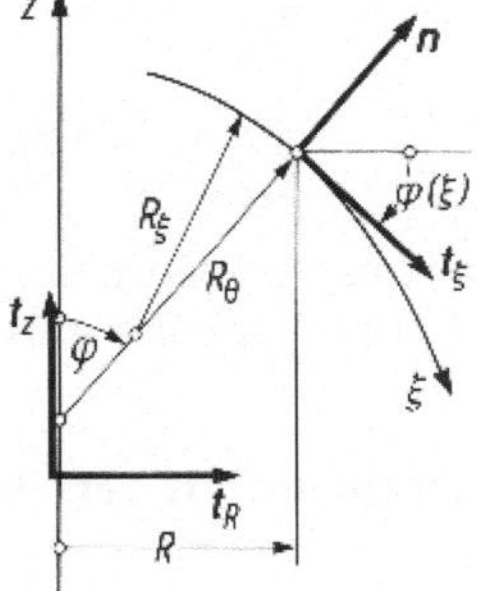

Bild 1.5 Rotationsfläche

Unmittelbar aus der Betrachtung des Bildes 1.5 folgen die Ausdrücke der Basisvektoren $\boldsymbol{t}_\xi$, $\boldsymbol{t}_\theta$, $\boldsymbol{n}$ über die Einheitsvektoren $\boldsymbol{i}, \boldsymbol{j}, \boldsymbol{t}_z$ des kartesischen Systems x, y, z, die unabhängig von ξ, θ sind:

$$\begin{aligned} &\boldsymbol{t}_\xi = -\boldsymbol{t}_z \sin\varphi + \boldsymbol{t}_R \cos\varphi, \qquad \boldsymbol{t}_\theta = \boldsymbol{j}\cos\theta - \boldsymbol{i}\sin\theta, \\ &\boldsymbol{n} = \boldsymbol{t}_z \cos\varphi + \boldsymbol{t}_R \sin\varphi, \qquad \sin\varphi = -\frac{\mathrm{d}z}{a\,\mathrm{d}\xi}, \\ &\cos\varphi = \frac{\mathrm{d}R}{a\,\mathrm{d}\xi}. \end{aligned} \tag{1.18}$$

Setzt man die aus den Gln. (1.18) folgenden Ableitungen von $\boldsymbol{t}_\xi$ und $\boldsymbol{t}_\theta$ nach den Koordinaten ξ, θ

$$\boldsymbol{t}_{\xi,\xi} = (-\boldsymbol{t}_z \cos\varphi - \boldsymbol{t}_R \sin\varphi)\varphi_{,\xi} = -\boldsymbol{n}\varphi_{,\xi};$$

$$\boldsymbol{t}_{\theta,\theta} = -\boldsymbol{j}\sin\theta - \boldsymbol{i}\cos\theta = -\boldsymbol{t}_R, \qquad \boldsymbol{t}_{\theta,\xi} = \boldsymbol{0}$$

in die Formeln (1.16) ein, so erhält man

$$\frac{1}{R_\xi} = \frac{\varphi_{,\xi}}{a}, \qquad \frac{1}{R_\theta} = \frac{\sin\varphi}{R}, \qquad \frac{1}{R_{\xi\theta}} = \frac{1}{R_{\theta\xi}} = 0. \tag{1.19}$$

Die Formeln (1.10), (1.17), (1.18) ergeben

$$\frac{a}{\varrho_\xi} = 0, \qquad \frac{1}{\varrho_\theta} = \frac{R_{,\xi}}{aR} = \frac{\cos\varphi}{R}. \tag{1.20}$$

Es ist klar, daß $1/R_\theta$ und $1/\varrho_\theta$ die Komponenten der Krümmung $1/R$ der θ-Linie sind. (Diese Linie stimmt mit dem Parallelkreis überein.)

Die Nullwerte der Verwindung ($1/R_{\xi\theta}$) und der „geodätischen Krümmung" ($1/\varrho_\xi$) sind eine offensichtliche Konsequenz der Tatsache, daß die ξ-Linien in den Symmetrieebenen der lokalen Form der Fläche liegen.

Alternativ können die Krümmungsparameter $\boldsymbol{k}_\xi$, $\boldsymbol{k}_\theta$ (und damit auch deren Komponenten $1/R_\xi$, $1/R_{\xi\theta}\ldots$) unmittelbar durch Betrachtung der Winkel $\boldsymbol{k}_\xi \mathrm{d}\xi$ und $\boldsymbol{k}_\theta \mathrm{d}\theta$ zwischen den Tripeln $\boldsymbol{t}_\xi$, $\boldsymbol{t}_\theta$, $\boldsymbol{n}$ in den Punkten, die voneinander die Abstände $R\mathrm{d}\theta$ bzw. $a\mathrm{d}\xi$ haben, bestimmt werden. Somit folgt aus Bild 1.5 und den Definitionen von $\boldsymbol{k}_\xi$, $\boldsymbol{k}_\theta$ sowie deren Komponenten nach (1.6)

$$\frac{\boldsymbol{k}_\xi \mathrm{d}\xi}{a} = \left(-\frac{\boldsymbol{t}_\xi}{R_{\xi\theta}} + \frac{\boldsymbol{t}_\theta}{R_\xi} + \frac{\boldsymbol{n}}{\varrho_\xi}\right)\mathrm{d}\xi = \boldsymbol{t}_\theta \frac{\mathrm{d}\varphi}{a},$$

$$\frac{\boldsymbol{k}_\theta}{R}\mathrm{d}\theta = \left(-\frac{\boldsymbol{t}_\xi}{R_\theta} + \frac{\boldsymbol{t}_\theta}{R_{\theta\xi}} + \frac{\boldsymbol{n}}{\varrho_\theta}\right)\mathrm{d}\theta = \boldsymbol{t}_z \frac{\mathrm{d}\theta}{R}.$$

Durch Gleichsetzen der entsprechenden Komponenten beider Seiten der letzten Gleichungen werden dieselben Formeln gewonnen wie in (1.19), (1.20).

1.2.5 Krümmungsparameter für verschiedene Koordinatensysteme

Ein vollständiges Bild der lokalen Form einer Fläche um einen ihrer Punkte geben die Normalschnittkrümmungen und die Verwindungswerte für alle möglichen Koordinatenrichtungen. Aber glücklicherweise können alle diese Parameter und damit die volle Beschreibung der lokalen Flächenform analytisch bestimmt werden, wenn lediglich die Werte von $R_\xi, \ldots, b$ für ein Koordinatensystem ξ, θ vorliegen. Es können nämlich die Werte der Krümmungen, Verwindungen und Laméschen Parameter ($R_\xi^\alpha, \ldots b^\alpha$) für ein Koordinatensystem ξ^α, θ^α, das gegenüber dem ursprünglichen System ξ, θ um den Winkel α gedreht ist, explizit berechnet werden. Die entsprechenden Formeln lassen sich aus den folgenden Beziehungen ableiten

$$\mathrm{d}\boldsymbol{r} = \boldsymbol{t}_\xi^\alpha a^\alpha \mathrm{d}\xi^\alpha = \boldsymbol{t}_\xi a \mathrm{d}\xi + \boldsymbol{t}_\theta b \mathrm{d}\theta, \qquad \boldsymbol{k}_\xi^\alpha \mathrm{d}\xi^\alpha = \boldsymbol{k}_\xi \mathrm{d}\xi + \boldsymbol{k}_\theta \mathrm{d}\theta. \tag{1.21}$$

Alle Größen mit dem Zeichen α betreffen das System ξ^α, θ^α (s. Bild 1.6). Die Gleichung für $\mathrm{d}\boldsymbol{r}$ ist evident. Der Ausdruck für $\boldsymbol{k}_\xi^\alpha \mathrm{d}\xi^\alpha$ wird plausibel, wenn man sich daran erinnert, daß diese Größe den Drehwinkel zwischen den Tangentialebenen in den Punkten $m(\xi, \theta)$ und $m_1(\xi + \mathrm{d}\xi, \theta + \mathrm{d}\theta)$ darstellt. Die Tangentialebene rotiert natürlich um denselben Winkel,

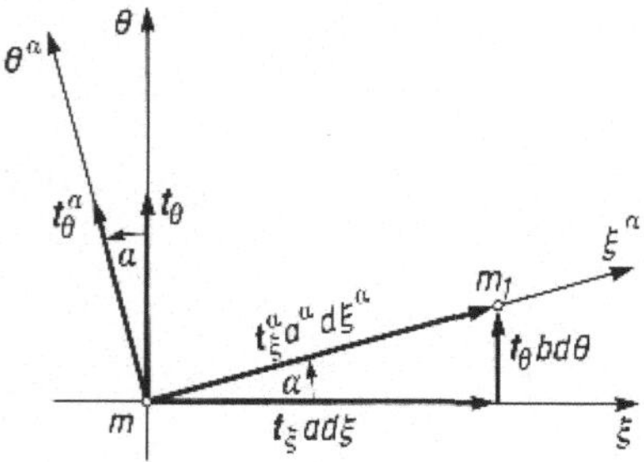

Bild 1.6
Zwei Koordinatensysteme an einem Flächenpunkt

wenn sie vom Punkt m zum Punkt m_1 nicht direkt entlang der ξ^α-Linie, sondern entlang der Parameterlinien ξ, θ um $d\xi$, $d\theta$ (s. Bild 1.6) gleitet.

Für orthogonale Koordinaten ξ, θ und ξ^α, θ^α ergibt die letzte Gleichung, dividiert durch $a^\alpha d\xi^\alpha$,

$$\frac{\boldsymbol{k}_\xi^\alpha}{a^\alpha} = \frac{\boldsymbol{k}_\xi}{a}c + \frac{\boldsymbol{k}_\theta}{b}s, \qquad c = \cos\alpha = \frac{a\,d\xi}{a^\alpha d\xi^\alpha}, \qquad s = \sin\alpha = \frac{b\,d\theta}{a^\alpha d\xi^\alpha}. \tag{1.22}$$

Aus dem Schema von Bild 1.6 erkennt man

$$\boldsymbol{t}_\xi = \boldsymbol{t}_\xi^\alpha c - \boldsymbol{t}_\theta^\alpha s, \qquad \boldsymbol{t}_\theta = \boldsymbol{t}_\xi^\alpha s + \boldsymbol{t}_\theta^\alpha c.$$

Setzt man auf der rechten Seite von (1.22) die Komponentenentwicklungen von $\boldsymbol{k}_\xi$, $\boldsymbol{k}_\theta$ nach (1.6) und führt außerdem auf der linken Seite von (1.22) die entsprechende Komponentendarstellung

$$\frac{\boldsymbol{k}_\xi^\alpha}{a^\alpha} = \frac{\boldsymbol{n} \times \boldsymbol{t}_\xi^\alpha}{R_\xi^\alpha} + \frac{\boldsymbol{n} \times \boldsymbol{t}_\theta^\alpha}{R_{\xi\theta}^\alpha} + \frac{\boldsymbol{n}}{\varrho_\xi^\alpha}$$

ein, so ergibt der Komponentenvergleich

$$\begin{aligned} \frac{1}{R_\xi^\alpha} &= \frac{c^2}{R_\xi} + \frac{cs}{R_{\xi\theta}} + \frac{sc}{R_{\theta\xi}} + \frac{s^2}{R_\theta}, \\ \frac{1}{R_{\xi\theta}^\alpha} &= \frac{c^2}{R_{\xi\theta}} + \frac{cs}{R_\theta} - \frac{cs}{R_\xi} - \frac{s^2}{R_{\theta\xi}}. \end{aligned} \tag{1.23}$$

Diese Formeln bestimmen die Krümmungsparameter bezüglich eines um einen beliebigen Winkel α gedrehten Systems ξ^α, θ^α über die Parameter eines ursprünglichen Systems ξ, θ (s. Bild 1.6).

Der Winkel α_1 zwischen einem gegebenen System ξ, θ und einem Koordinatensystem, bei dem die Krümmung $1/R_\xi^\alpha$ extremal wird, findet sich aus (1.23) und der Bedingung

$$\frac{\partial}{\partial\alpha}\frac{1}{R_\xi^\alpha} = 0.$$

Es stellt sich heraus, daß diese Bedingung den Wert α_1 und auch $\alpha_1 + \pi/2$ ergibt, für die die Verwindung $1/R_{\xi\theta}^\alpha$ nach (1.23) gleich Null ist. Man findet ohne Schwierigkeiten

$$\tan 2\alpha_1 = \tan 2(\alpha_1 + \pi/2) = \frac{2/R_{\xi\theta}}{1/R_\xi - 1/R_\theta}.$$

Für die entsprechenden orthogonalen Koordinatenlinien ξ^α, θ^α sind (in jedem Punkt der Fläche) sowohl die Normalschnittkrümmungen extremal als auch die Verwindungen gleich Null. Diese Linien sind die *Krümmungslinien* der Fläche.

Die Formeln (1.21), (1.22) bedeuten offensichtlich, daß die Größen $1/R_\xi$, $1/R_\theta$, $1/R_{\xi\theta}$, $1/R_{\theta\xi}$ einen Tensor zweiter Stufe bilden. Die Formeln (1.23) lassen erkennen, daß die folgenden zwei Größen invariant in bezug auf die Koordinatenwahl sind (und dementsprechend allein durch die Flächenform bestimmt sind)

$$\frac{1}{R_\xi}\frac{1}{R_\theta} - \frac{1}{R_{\xi\theta}}\frac{1}{R_{\theta\xi}} = K, \qquad \frac{1}{2}\left(\frac{1}{R_\xi} + \frac{1}{R_\theta}\right).$$

Diese zwei Parameter-Invarianten des Krümmungstensors nennt man die *Gaußsche* und die *mittlere Krümmung.* Das Vorzeichen der Gaußschen Krümmung gibt einen Hinweis auf die Art der Flächenform um einen Punkt. Ist $K > 0$, so sind alle Normalschnittkrümmungen in diesem Punkt nur positiv oder auschließlich negativ. Bei $K < 0$ gibt es Normalschnitte mit Krümmungen in zwei entgegengesetzten Richtungen. Das Vorzeichen der Gaußschen Krümmung (K) der Referenzfläche gibt einen deutlichen Hinweis auf die mechanischen Eigenschaften einer Schale. Man unterscheidet Schalen (oder Schalenteile) von positiver, negativer oder nullwertiger (wie beim Zylinder) Gaußscher Krümmung.

Jede Verformung einer Fläche, die den Wert von K (auf der rechten Seite von Gl. (1.14)) beibehält, kann als reine Biegung und Verwindung der Fläche ohne Dehnungen realisiert werden: Derartige Deformationen können laut (1.14) ohne Änderung der Lamé-Parameter stattfinden.

1.3 Verformung der Referenzfläche

1.3.1 Verformungsparameter

Die (lokale) Gestalt der Schale nach ihrer Deformation wird durch die neuen Werte $\boldsymbol{k}_\xi^*, \boldsymbol{k}_\theta^*, \boldsymbol{r}_{,\xi}^* = a^*\boldsymbol{t}_\xi^*, \boldsymbol{r}_{,\theta}^* = b^*\boldsymbol{t}_\theta^*$ der vier Parameter beschrieben. Die Gesamtform der deformierten Fläche wird durch die neue, um die Verschiebung $\boldsymbol{u}$ geänderte Vektorfunktion $\boldsymbol{r}^*(\xi, \theta)$ angegeben

$$\boldsymbol{r}^* = \boldsymbol{r}(\xi, \theta) + \boldsymbol{u}(\xi, \theta)\,. \tag{1.24}$$

(Wie schon erwähnt, bleibt für jeden Punkt der Fläche seine Parameterbezeichnung – die Lagrangeschen Koordinaten ξ, θ – bei beliebiger Verformung unverändert.)

Um die lokale Verformung der Fläche zu beschreiben, ist es sinnvoll, solche Parameter einzuführen, die die Änderung der vier geometrischen Kennwerte $\boldsymbol{k}_\xi$, $\boldsymbol{k}_\theta$, $\boldsymbol{r}_{,\xi}$ und $\boldsymbol{r}_{,\theta}$ zu $\boldsymbol{k}_\xi^*, \ldots$ $\boldsymbol{r}_{,\theta}^*$ wiedergeben. Die entsprechenden vier Verzerrungsparameter werden auf dem einfachsten Wege eingeführt. Dabei sollen sie in jedem Punkt, wo die Fläche undeformiert geblieben ist, gleich Null sein. Diesen Anforderungen entsprechen die Verzerrungsparameter $\varkappa_\xi$, $\varkappa_\theta$, ε_ξ und ε_θ, die durch die folgenden Formeln definiert werden

$$\begin{aligned} \boldsymbol{k}_\xi^* &= \boldsymbol{k}_{\xi R} + a\boldsymbol{\varkappa}_\xi, & \boldsymbol{k}_\theta^* &= \boldsymbol{k}_{\theta R} + b\boldsymbol{\varkappa}_\theta, \\ \boldsymbol{r}_{,\xi}^* &= (\boldsymbol{r}_{,\xi})_R + a\boldsymbol{\varepsilon}_\xi, & \boldsymbol{r}_{,\theta}^* &= (\boldsymbol{r}_{,\theta})_R + b\boldsymbol{\varepsilon}_\theta\,. \end{aligned} \tag{1.25}$$

Entsprechend der für $\varkappa_\xi, \ldots, \varepsilon_\theta$ formulierten Forderung müssen die Größen $\boldsymbol{k}_{\xi R}$, $\boldsymbol{k}_{\theta R}$, $(\boldsymbol{r}_{,\xi})_R$ und $(\boldsymbol{r}_{,\theta})_R$ überall dort den $\boldsymbol{k}_\xi^*$, $\boldsymbol{k}_\theta^*$, $\boldsymbol{r}_{,\xi}^*$ bzw. $\boldsymbol{r}_{,\theta}^*$ gleich sein, wo keine lokale Verformung der Fläche stattgefunden hat. Dies bedeutet, daß die Parameter $\boldsymbol{k}_{\xi R}, \ldots$ die unverzerrte lokale Form, aber auch die Rotationsverschiebung eines kleinen Elementes der Fläche darstellen müssen. Damit sind die Komponenten der Vektoren $\boldsymbol{k}_{\xi R}, \ldots, (\boldsymbol{r}_{,\theta})_R$ zahlenmäßig gleich den Komponenten der geometrischen Vektorparameter $\boldsymbol{k}_\xi, \ldots \boldsymbol{r}_{,\theta}$ der undeformierten Fläche. Aber um die „Starrkörperrotation" eines Elementes der Fläche zu berücksichtigen, müssen die Komponenten von $\boldsymbol{k}_{\xi R}, \ldots, (\boldsymbol{r}_{,\theta})_R$ sich auf eine Basis $\boldsymbol{t}_\xi', \boldsymbol{t}_\theta', \boldsymbol{n}'$ beziehen, die die genannte Rotation berücksichtigt. Damit gilt für die R-Parameter der Gl. (1.25) die Definition:

$$\frac{\boldsymbol{k}_{\xi R}}{a} = \frac{\boldsymbol{n}' \times \boldsymbol{t}'_\xi}{R_\xi} + \frac{\boldsymbol{n}' \times \boldsymbol{t}'_\theta}{R_{\xi\theta}} + \frac{\boldsymbol{n}'}{\varrho_\xi}, \qquad \frac{\boldsymbol{k}_{\theta R}}{b} = \frac{\boldsymbol{n}' \times \boldsymbol{t}'_\xi}{R_{\theta\xi}} + \frac{\boldsymbol{n}' \times \boldsymbol{t}'_\theta}{R_\theta} + \frac{\boldsymbol{n}'}{\varrho_\theta}, \tag{1.26}$$

$$(\boldsymbol{r}_{,\xi})_R = a\boldsymbol{t}'_\xi, \qquad (\boldsymbol{r}_{,\theta})_R = b\boldsymbol{t}'_\theta .$$

Die Vektoren $\boldsymbol{t}'_\xi$, $\boldsymbol{t}'_\theta$ und $\boldsymbol{n}'$ sind Einheitsvektoren, die aus den $\boldsymbol{t}_\xi$, $\boldsymbol{t}_\theta$ bzw. $\boldsymbol{n}$ durch Rotationsverschiebung entstehen. Somit nimmt die *„rotierte Basis"* $\boldsymbol{t}'_\xi$, $\boldsymbol{t}'_\theta$, $\boldsymbol{n}'$ dieselbe Lage in bezug auf die $\boldsymbol{n}^*$, $\boldsymbol{t}^*$ wie die Ausgangsbasis $\boldsymbol{t}_\xi$, $\boldsymbol{t}_\theta$, $\boldsymbol{n}$ zu $\boldsymbol{n}$, $\boldsymbol{t}$ ein. Demgemäß gelten für kleine Schubwinkel der Fläche $|\gamma| \ll 1$ die Formeln (s. Bild 1.7)

$$\boldsymbol{n}' = \boldsymbol{n}^*, \qquad \boldsymbol{t}'_\xi = \boldsymbol{t}^*_\xi - \frac{\gamma}{2}\boldsymbol{t}^*_\theta, \qquad \boldsymbol{t}'_\theta = \boldsymbol{t}^*_\theta - \frac{\gamma}{2}\boldsymbol{t}^*_\xi . \tag{1.27}$$

Die rotierte Basis $\boldsymbol{t}'_\xi$, $\boldsymbol{t}'_\theta$ und $\boldsymbol{n}' = \boldsymbol{n}^*$ ist unabhängig von der lokalen Verzerrung der Fläche und bleibt orthogonal bei orthogonalen Koordinaten ξ, θ. Diese Art Basis geht auf [135] zurück.

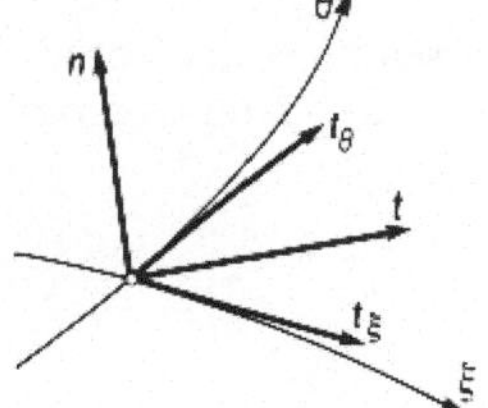

Bild 1.7 Rotierte Basis

Die skalaren Parameter der Geometrie der deformierten Schale werden ähnlich der Gl. (1.6) als Komponenten von $\boldsymbol{k}^*_\xi$, $\boldsymbol{k}^*_\theta$ durch die folgenden Formeln definiert

$$\begin{aligned} \frac{\boldsymbol{k}^*_\xi}{a^*} &= \frac{\boldsymbol{n}^* \times \boldsymbol{t}^*_\xi}{R^*_\xi} + \frac{\boldsymbol{n}^* \times \boldsymbol{t}^*_\theta}{R^*_{\xi\theta}} + \frac{\boldsymbol{n}^*}{\varrho^*_\xi} = \frac{a}{a^*}\left(\frac{\boldsymbol{n}^* \times \boldsymbol{t}'_\xi}{R'_\xi} + \frac{\boldsymbol{n}^* \times \boldsymbol{t}'_\theta}{R'_{\xi\theta}} + \frac{\boldsymbol{n}^*}{\varrho'_\xi}\right), \\ \frac{\boldsymbol{k}^*_\theta}{b^*} &= \frac{\boldsymbol{n}^* \times \boldsymbol{t}^*_\xi}{R^*_{\theta\xi}} + \frac{\boldsymbol{n}^* \times \boldsymbol{t}^*_\theta}{R^*_\theta} + \frac{\boldsymbol{n}^*}{\varrho^*_\theta} = \frac{b}{b^*}\left(\frac{\boldsymbol{n}^* \times \boldsymbol{t}'_\xi}{R'_{\theta\xi}} + \frac{\boldsymbol{n}^* \times \boldsymbol{t}'_\theta}{R'_\theta} + \frac{\boldsymbol{n}^*}{\varrho'_\theta}\right). \end{aligned} \tag{1.28}$$

Gemäß den Formeln (1.25) bis (1.28) sind auch die Komponenten der Verzerrungsparameter definiert worden:

$$\left.\begin{aligned} &\boldsymbol{\varkappa}_\xi = \boldsymbol{n}^* \times (\varkappa_\xi \boldsymbol{t}'_\xi + \tau_\xi \boldsymbol{t}'_\theta) + \lambda_\xi \boldsymbol{n}^*, \\ &\boldsymbol{\varkappa}_\theta = \boldsymbol{n}^* \times (\tau_\theta \boldsymbol{t}'_\xi + \varkappa_\theta \boldsymbol{t}'_\theta) + \lambda_\theta \boldsymbol{n}^*, \\ &\varkappa_\xi = \frac{1}{R'_\xi} - \frac{1}{R_\xi}, \qquad \tau_\xi = \frac{1}{R'_{\xi\theta}} - \frac{1}{R_{\xi\theta}}, \qquad \lambda_\xi = \frac{1}{\varrho'_\xi} - \frac{1}{\varrho_\xi}, \\ &\varkappa_\theta = \frac{1}{R'_\theta} - \frac{1}{R_\theta}, \quad \dots ; \end{aligned}\right\} \tag{1.29}$$

$$\begin{aligned} &\boldsymbol{\varepsilon}_\xi = \varepsilon_\xi \boldsymbol{t}'_\xi + \frac{\gamma}{2}\boldsymbol{t}'_\theta, \qquad \boldsymbol{\varepsilon}_\theta = \frac{\gamma}{2}\boldsymbol{t}'_\xi + \varepsilon_\theta \boldsymbol{t}'_\theta, \\ &\varepsilon_\xi = \frac{a^* - a}{a}, \qquad \varepsilon_\theta = \frac{b^* - b}{b}. \end{aligned} \tag{1.30}$$

Auch die aktuellen Krümmungs- und Verwindungsparameter der deformierten Fläche ($1/R_\xi^*$, $1/R_{\xi\theta}^*$, ...) können mit den Gln. (1.25) bis (1.30) über die Verzerrungsparameter $\varkappa_\xi$, τ_ξ, ... ausgedrückt werden. Aber diese Ausdrücke sind nicht so einfach wie jene für $1/R'_\xi$, $1/R'_{\xi\theta}$, ... aus (1.29). Gebraucht werden im folgenden hauptsächlich nicht die tatsächlichen Krümmungen $1/R_\xi^*$, $1/R_{\xi\theta}^*$, ..., sondern die Parameter $1/R'_\xi$, $1/R'_{\xi\theta}$, ... Für kleine Schubverzerrungen ($|\gamma| \ll 1$) gelten gemäß Gl. (1.28) die Beziehungen

$$\begin{aligned} [R'_\xi \;\; R'_{\xi\theta} \;\; \varrho'_\xi] &= \frac{a}{a^*}[R_\xi^* \;\; R_{\xi\theta}^* \;\; \varrho_\xi^*], \qquad \frac{a^*}{a} = 1 + \varepsilon_\xi, \\ [R'_\theta \;\; R'_{\theta\xi} \;\; \varrho'_\theta] &= \frac{b}{b^*}[R_\theta^* \;\; R_{\theta\xi}^* \;\; \varrho_\theta^*], \qquad \frac{b^*}{b} = 1 + \varepsilon_\theta. \end{aligned} \tag{1.31}$$

1.3.2 Kompatibilitätsgleichungen

Die Geometrieparameter $\boldsymbol{k}_\xi^*$, $\boldsymbol{k}_\theta^*$, $\boldsymbol{r}_{,\xi}^*$, $\boldsymbol{r}_{,\theta}^*$ der deformierten Fläche müssen unter der Voraussetzung, daß die Fläche stetig bleibt und keine Knicke auftreten, die Gauß-Codazzi-Gleichungen (1.12)

$$\boldsymbol{k}_{\xi,\theta}^* - \boldsymbol{k}_{\theta,\xi}^* + \boldsymbol{k}_\xi^* \times \boldsymbol{k}_\theta^* = \boldsymbol{0} \tag{a}$$

und die Bedingung $\boldsymbol{r}_{,\xi\theta}^* = \boldsymbol{r}_{,\theta\xi}^*$ erfüllen.

Nach Gl. (1.25) sind die vier Parameter mit den charakteristischen Größen $\boldsymbol{k}_{\xi R}$, ... $(\boldsymbol{r}_{,\theta})_R$ und den Verzerrungsparametern $\varkappa_\xi$, ..., ε_θ verbunden.

Da $\boldsymbol{k}_\xi$, ... $\boldsymbol{r}_{,\theta}$ die zwei Bedingungen (1.9), (1.12) erfüllen und $\boldsymbol{k}_{\xi R}$, ... $(\boldsymbol{r}_{,\theta})_R$ die gleichen Komponenten haben wie $\boldsymbol{k}_\xi$, ... $\boldsymbol{r}_{,\theta}$, implizieren (a) und $\boldsymbol{r}_{,\xi\theta}^* = \boldsymbol{r}_{,\theta\xi}^*$ zwei Vektorgleichungen für die $\varkappa_\xi$, $\varkappa_\theta$, ε_ξ und ε_θ. Um diese Beziehungen (Kompatibilitätsgleichungen) in einer geeigneten Form aufzustellen, benötigt man die Ableitungen der „rotierten“ Geometrieparameter $\boldsymbol{k}_{\xi R}$, ... $(\boldsymbol{r}_{,\theta})_R$ bezüglich ξ, θ.

Im ersten Schritt erweitern wir die Ableitungsformeln (1.8) auf die Vektoren der „rotierten“ Basis. Da die $\boldsymbol{t}'_\xi$, $\boldsymbol{t}'_\theta$, $\boldsymbol{n}^*$ genauso mit der Tangentialebene der deformierten Schale (mit $\boldsymbol{n}^*$, $\boldsymbol{t}^*$) verbunden sind wie die $\boldsymbol{t}_\xi$, $\boldsymbol{t}_\theta$, $\boldsymbol{n}$ mit $\boldsymbol{n}$, $\boldsymbol{t}$, erfolgt die Erweiterung durch Ersetzen von $\boldsymbol{k}_\xi$, $\boldsymbol{k}_\theta$ durch $\boldsymbol{k}_\xi^*$ bzw. $\boldsymbol{k}_\theta^*$ in (1.8):

$$\begin{aligned} \frac{\partial}{\partial \xi}[\boldsymbol{n}^* \;\; \boldsymbol{t}'_\xi \;\; \boldsymbol{t}'_\theta] &= \boldsymbol{k}_\xi^* \times [\boldsymbol{n}^* \;\; \boldsymbol{t}'_\xi \;\; \boldsymbol{t}'_\theta], \\ \frac{\partial}{\partial \theta}[\boldsymbol{n}^* \;\; \boldsymbol{t}'_\xi \;\; \boldsymbol{t}'_\theta] &= \boldsymbol{k}_\theta^* \times [\boldsymbol{n}^* \;\; \boldsymbol{t}'_\xi \;\; \boldsymbol{t}'_\theta]. \end{aligned} \tag{1.32}$$

Wir untersuchen die Verformung in einem Punkt $m(\xi, \theta)$ der Fläche und nehmen dabei an, daß die Tangentialebene in diesem Punkt die Referenzebene für die Verschiebungen ist. Damit wird $\boldsymbol{t}'_\xi(m) = \boldsymbol{t}_\xi(m)$, $\boldsymbol{t}'_\theta(m) = \boldsymbol{t}_\theta(m)$, $\boldsymbol{n}^*(m) = \boldsymbol{n}(m)$ und entsprechend der Definition (1.26) $\boldsymbol{k}_{\xi R}(m) = \boldsymbol{k}_\xi(m)$, $\boldsymbol{k}_{\theta R}(m) = \boldsymbol{k}_\theta(m)$. Folglich nehmen im Punkt m die Beziehungen (1.25) die Form

$$\boldsymbol{k}_\xi^*(m) = \boldsymbol{k}_\xi + a\boldsymbol{\varkappa}_\xi, \qquad \boldsymbol{k}_\theta^*(m) = \boldsymbol{k}_\theta + b\boldsymbol{\varkappa}_\theta \tag{b}$$

an.

Im nächsten Schritt differenzieren wir unter Verwendung der Formeln (1.32) und (b) jeden Term der Gln. (1.26) als ein Produkt aus einem Vektor ($\boldsymbol{n}' \times \boldsymbol{t}'_\xi = \boldsymbol{t}'_\theta, \boldsymbol{n}' \times \boldsymbol{t}'_\theta = -\boldsymbol{t}'_\xi$ bzw. $\boldsymbol{n}^*$) und einem Skalar ($1/R_\xi, \ldots$). Nach dem Umgruppieren ergibt das

$$\frac{\partial}{\partial \xi}[\boldsymbol{k}_{\xi R} \;\; \boldsymbol{k}_{\theta R} \;\; (\boldsymbol{r}_{,\xi})_R \;\; (\boldsymbol{r}_{,\theta})_R] = \frac{\partial}{\partial \xi}[\boldsymbol{k}_\xi \;\; \boldsymbol{k}_\theta \;\; \boldsymbol{r}_{,\xi} \;\; \boldsymbol{r}_{,\theta}] + a\boldsymbol{\varkappa}_\xi \times [\boldsymbol{k}_\xi \;\; \boldsymbol{k}_\theta \;\; \boldsymbol{r}_{,\xi} \;\; \boldsymbol{r}_{,\theta}] \tag{c}$$

und ähnliche Formeln für die Ableitungen bezüglich θ.

Setzt man in die Gl. (a) sowie in die Gleichung $\boldsymbol{r}^*_{,\xi\theta} = \boldsymbol{r}^*_{,\theta\xi}$ die Ausdrücke (1.25) ein, so erhält man unter Verwendung der Ableitungsformel (c), der Beziehungen (1.9), (1.12) und zuletzt der Gl. (b) die Kompatibilitätsgleichungen in der Form [60], [20]:

$$\begin{aligned} &(a\boldsymbol{\varkappa}_\xi)_{,\theta} - (b\boldsymbol{\varkappa}_\theta)_{,\xi} + ab\boldsymbol{\varkappa}_\xi \times \boldsymbol{\varkappa}_\theta = \boldsymbol{0}\,, \\ &(a\boldsymbol{\varepsilon}_\xi)_{,\theta} - (b\boldsymbol{\varepsilon}_\theta)_{,\xi} - ab(\boldsymbol{t}'_\xi \times \boldsymbol{\varkappa}_\theta - \boldsymbol{t}'_\theta \times \boldsymbol{\varkappa}_\xi) = \boldsymbol{0}\,. \end{aligned} \tag{1.33}$$

Diese Gleichungen wurden für einen beliebigen Punkt m der Fläche abgeleitet, in dem $\boldsymbol{t}'_\xi = \boldsymbol{t}_\xi, \boldsymbol{t}'_\theta = \boldsymbol{t}_\theta$ ist. Wird aber diese Einschränkung fallen gelassen, d. h. die Verschiebungen in bezug auf beliebige andere als $\boldsymbol{t}_\xi(m), \boldsymbol{t}_\theta(m)$ Referenzrichtungen definiert, so ändert sich wenig: Lediglich bekommen die Verschiebungen der Fläche einen Festkörperverschiebung-Zusatz. Die Gln. (1.33) sind völlig allgemein.

Die Zerlegung der Gl. (1.33) bezüglich $\boldsymbol{t}'_\xi, \boldsymbol{t}'_\theta, \boldsymbol{n}^*$ ergibt sechs skalare Kompatibilitätsgleichungen (erfunden von A. L. Goldenveizer (1939) [59], erweitert in [99], [108]).

Bei dieser Umformung ist es zweckmäßig, die Komponenten von Ableitungen und Produkten von Vektoren durch *Matrizenoperationen* zu bestimmen. Führen wir dafür Bezeichnungen für die Komponenten eines Vektors $\boldsymbol{v}(\xi, \theta)$ und seiner Ableitungen ein:

$$\boldsymbol{v}(\xi, \theta) = v_\xi \boldsymbol{t}'_\xi + v_\theta \boldsymbol{t}'_\theta + v_\zeta \boldsymbol{n}^*, \qquad \frac{\partial \boldsymbol{v}}{a\partial \xi} = v_{\xi;\xi}\boldsymbol{t}'_\xi + v_{\theta;\xi}\boldsymbol{t}'_\theta + v_{\zeta;\xi}\boldsymbol{n}^*.$$

Nach den Relationen (vgl. (1.3))

$$\boldsymbol{t}'_\theta \times \boldsymbol{n}^* = \boldsymbol{t}'_\xi, \qquad \boldsymbol{n}^* \times \boldsymbol{t}'_\xi = \boldsymbol{t}'_\theta, \qquad \boldsymbol{t}'_\xi \times \boldsymbol{t}'_\theta = \boldsymbol{n}^*$$

und (1.28), (1.32) lassen sich die folgenden Formeln aufstellen:

$$\boldsymbol{c} = \boldsymbol{w} \times \boldsymbol{v}, \qquad \begin{bmatrix} c_\xi \\ c_\theta \\ c_\zeta \end{bmatrix} = \begin{bmatrix} 0 & -w_\zeta & w_\theta \\ w_\zeta & 0 & -w_\xi \\ -w_\theta & w_\xi & 0 \end{bmatrix} \begin{bmatrix} v_\xi \\ v_\theta \\ v_\zeta \end{bmatrix},$$

$$\begin{bmatrix} v_{\xi;\xi} \\ v_{\theta;\xi} \\ v_{\zeta;\xi} \end{bmatrix} = \begin{bmatrix} \dfrac{\partial}{a\partial\xi} & -\dfrac{1}{\varrho'_\xi} & \dfrac{1}{R'_\xi} \\ \dfrac{1}{\varrho'_\xi} & \dfrac{\partial}{a\partial\xi} & \dfrac{1}{R'_{\xi\theta}} \\ -\dfrac{1}{R'_\xi} & -\dfrac{1}{R'_{\xi\theta}} & \dfrac{\partial}{a\partial\xi} \end{bmatrix} \begin{bmatrix} v_\xi \\ v_\theta \\ v_\zeta \end{bmatrix}, \qquad \begin{bmatrix} v_{\xi;\theta} \\ v_{\theta;\theta} \\ v_{\zeta;\theta} \end{bmatrix} = \begin{bmatrix} \dfrac{\partial}{b\partial\theta} & -\dfrac{1}{\varrho'_\theta} & \dfrac{1}{R'_{\theta\xi}} \\ \dfrac{1}{\varrho'_\theta} & \dfrac{\partial}{b\partial\theta} & \dfrac{1}{R'_\theta} \\ -\dfrac{1}{R'_{\theta\xi}} & -\dfrac{1}{R'_\theta} & \dfrac{\partial}{b\partial\theta} \end{bmatrix} \begin{bmatrix} v_\xi \\ v_\theta \\ v_\zeta \end{bmatrix}. \tag{1.34}$$

Setzen wir nun diese Formel ein.

Mit den Komponentenzerlegungen der Verzerrungsparameter $\varkappa_\xi$, $\varkappa_\theta$, ε_ξ, ε_θ nach (1.29), (1.30) lauten die sechs Kompatibilitätsgleichungen, die aus den Gln. (1.33) folgen:

$$\begin{gathered}
\frac{(b\varkappa_\theta)_{,\xi}}{ab} - \frac{(a\tau_\xi)_{,\theta}}{ab} + \frac{\lambda_\xi}{R_{\theta\xi}} + \frac{\tau_\theta}{\varrho'_\xi} - \frac{\lambda_\theta}{R_\xi} - \frac{\varkappa_\xi}{\varrho'_\theta} = 0,\\
\frac{(b\tau_\theta)_{,\xi}}{ab} - \frac{(a\varkappa_\xi)_{,\theta}}{ab} + \frac{\lambda_\theta}{R_{\xi\theta}} + \frac{\tau_\xi}{\varrho'_\theta} - \frac{\lambda_\xi}{R'_\theta} - \frac{\varkappa_\theta}{\varrho_\xi} = 0,\\
\frac{(b\lambda_\theta)_{,\xi}}{ab} - \frac{(a\lambda_\xi)_{,\theta}}{ab} + \frac{\varkappa_\xi}{R'_\theta} + \frac{\varkappa_\theta}{R_\xi} - \frac{\tau_\xi}{R'_{\theta\xi}} - \frac{\tau_\theta}{R_{\xi\theta}} = 0,\\
\frac{(b\gamma)_{,\xi}}{2ab} - \frac{(a\varepsilon_\xi)_{,\theta}}{ab} + \frac{\gamma}{2\varrho'_\theta} - \frac{\varepsilon_\theta}{\varrho'_\xi} = \lambda_\xi,\\
\frac{(b\varepsilon_\theta)_{,\xi}}{ab} - \frac{(a\gamma)_{,\theta}}{2ab} + \frac{\gamma}{2\varrho'_\xi} - \frac{\varepsilon_\xi}{\varrho'_\theta} = \lambda_\theta,\\
\tau_\xi + \frac{\gamma}{2R'_\xi} - \frac{\varepsilon_\xi}{R'_{\theta\xi}} = \tau_\theta + \frac{\gamma}{2R'_\theta} - \frac{\varepsilon_\theta}{R'_{\xi\theta}}.
\end{gathered} \tag{1.35}$$

Die sechste dieser Gleichungen kann für Koordinaten ξ, θ, bei denen $1/R_{\xi\theta} = 1/R_{\theta\xi} = 0$ ist, ohne Genauigkeitsverlust vereinfacht werden. Für Koordinaten dieser Art, die im folgenden ausschließlich verwendet werden, gilt nach Gl. (1.29)

$$\frac{\varepsilon_\xi}{R'_{\theta\xi}} = \varepsilon_\xi\tau_\theta, \qquad \frac{\varepsilon_\theta}{R'_{\xi\theta}} = \varepsilon_\theta\tau_\xi.$$

Diese zwei Terme müssen in der sechsten Kompatibilitätsgleichung gestrichen werden. – Im Vergleich zu den Termen τ_ξ bzw. τ_θ sind sie von der Größenordnung der (kleinen) Verzerrungskomponenten ε_ξ bzw. ε_θ. Die vereinfachte sechste Gleichung erlaubt es, die Variablen τ_ξ und τ_θ durch eine neue Variable τ wie folgt auszudrücken:

$$\tau_\xi + \frac{\gamma}{2R'_\xi} = \tau_\theta + \frac{\gamma}{2R'_\theta} = \tau. \tag{1.36}$$

Es müssen in den Gln. (1.35) noch weitere Vereinfachungen vorgenommen werden, um diese Gleichungen von den Termen zu befreien, die die relative Größenordnung der Verzerrungen im Vergleich zu den Haupttermen derselben Gleichung haben.

Aus der vierten und fünften Gl. von (1.35) ist ersichtlich, daß auch die Werte von $a\lambda_\xi$ und $b\lambda_\theta$ die Größenordnung der Verzerrungskomponenten ε_ξ, ε_θ und γ haben.

Nach Streichung der kleinen Terme und Elimination von τ_ξ, τ_θ nehmen die Gln. (1.35) die äquivalente Form der folgenden Gleichungen an:

$$\begin{gathered}
\frac{(b\varkappa_\theta)_{,\xi}}{ab} - \frac{(a^2\tau)_{,\theta}}{a^2b} + \frac{R_\xi}{a^2b}\left(\frac{a^2\gamma}{2R_\xi^2}\right)_{,\theta} - \frac{\varkappa_\xi}{\varrho_\theta} - \frac{\lambda_\theta}{R_\xi} = 0,\\
\frac{(b^2\tau)_{,\xi}}{ab^2} - \frac{(a\varkappa_\xi)_{,\theta}}{ab} - \frac{R_\theta}{ab^2}\left(\frac{b^2\gamma}{2R_\theta^2}\right)_{,\xi} - \frac{\varkappa_\theta}{\varrho_\xi} - \frac{\lambda_\xi}{R_\theta} = 0,\\
\frac{(b\lambda_\theta)_{,\xi}}{ab} - \frac{(a\lambda_\xi)_{,\theta}}{ab} + \frac{\varkappa_\xi}{R_\theta} + \frac{\varkappa_\theta}{R_\xi} = \tau^2 - \varkappa_\xi\varkappa_\theta,
\end{gathered} \tag{1.37}$$

$$\frac{(b^2\gamma)_{,\xi}}{2ab^2} - \frac{(a\varepsilon_\xi)_{,\theta}}{ab} - \frac{\varepsilon_\theta}{\varrho'_\xi} = \lambda_\xi ,$$
$$\frac{(b\varepsilon_\theta)_{,\xi}}{ab} - \frac{(a^2\gamma)_{,\theta}}{2a^2b} - \frac{\varepsilon_\xi}{\varrho'_\theta} = \lambda_\theta . \tag{1.37}$$

Die Krümmungsparameter $1/\varrho_\xi$, $1/\varrho_\theta$ sind hier zum Teil mit Hilfe der Formeln (1.10) über die a, b ausgedrückt worden. In der vierten und fünften Gl. (1.35) kann eigentlich nach (1.29)

$$\frac{\varepsilon_\theta}{\varrho'_\xi} = \frac{\varepsilon_\theta}{\varrho_\xi}, \qquad \frac{\varepsilon_\xi}{\varrho'_\theta} = \frac{\varepsilon_\xi}{\varrho_\theta}$$

angenommen werden. (Trotzdem wurden diese Vereinfachungen nicht berücksichtigt, um die Ableitung des Integrals (3.57) nicht-linearer Kompatibilitätsgleichungen durch das direkte Integrieren der Gl. (1.37) zu ermöglichen.)

Die Gln. (1.37) gelten für orthogonale Koordinaten ξ, θ. Die Verschiebungen (auch die Drehwinkel) und die Änderung der Schalenform sind unbegrenzt. Die Verzerrungskomponenten (ε_ξ, ε_θ, γ) müssen aber klein gegen eins sein.

1.3.3 Verzerrungs-Verschiebungs-Beziehungen

Die Parameter der lokalen Form der Fläche sind in Abschn. 1.2 über die Vektorgleichung der Fläche $\boldsymbol{r} = \boldsymbol{r}(\xi, \theta)$ ausgedrückt worden. Dasselbe kann natürlich auch für die deformierte Fläche – mit $\boldsymbol{r}^* = \boldsymbol{r}^*(\xi, \theta)$ – durchgeführt werden. Da $\boldsymbol{r}^* = \boldsymbol{r} + \boldsymbol{u}$ gilt, wobei $\boldsymbol{u}(\xi, \theta)$ der Verschiebungsvektor eines Partikels der Referenzfläche ist, können die Geometrieparameter der deformierten Fläche unmittelbar über die Verschiebungen ausgedrückt werden. Damit gestatten die Formeln des Abschn. 1.3.2, die Verformungsparameter $\varepsilon_\xi, \ldots, \lambda_\theta$ für beliebige Verschiebungen zu bestimmen.

Die entsprechenden Formeln sind aber für große Verschiebungen kompliziert; und was noch wichtiger ist, die Verschiebungen sind als Lösungsfunktionen in geometrisch nichtlinearen Problemen unangemessen.

Im Gegensatz zu den nichtlinearen Fällen sind die Verzerrungs-Verschiebungs-Verhältnisse bei kleinen Verschiebungen einfach und können bei der Lösung von linearen Problemen wirksam verwendet werden.

Wir betrachten im folgenden nur kleine Verschiebungen $\boldsymbol{u}$ und Drehungen $\boldsymbol{\vartheta}$. Deren Komponentendarstellungen in einer orthogonalen Basis lauten

$$\boldsymbol{u} = u\boldsymbol{t}_\xi + v\boldsymbol{t}_\theta + w\boldsymbol{n}, \qquad \boldsymbol{\vartheta} = -\vartheta_\theta \boldsymbol{t}_\xi + \vartheta_\xi \boldsymbol{t}_\theta + \omega\boldsymbol{n} . \tag{1.38}$$

Die Komponenten ϑ_ξ, ϑ_θ des Drehwinkels $\boldsymbol{\vartheta}$ der Tangentialebene sind gemäß der Definition positiv, wenn sie von $\boldsymbol{n}$ auf $\boldsymbol{t}_\xi$ bzw. $\boldsymbol{t}_\theta$ gerichtet sind.

Der Drehwinkel $\boldsymbol{\vartheta}$ gibt die Rotation der Vektoren $\boldsymbol{n}$ und $\boldsymbol{t}$ an, die laut Definition in Abschn. 1.2.2 und Bild 1.7 die Position der Tangentialebene angeben.

Die Dehnung und Drehung eines Linienelementes $\boldsymbol{t}_\xi a\mathrm{d}\xi$ der Fläche sind durch die Differenz zwischen den Verschiebungen $\boldsymbol{u}$ der Endpunkte $m(\xi, \theta)$ und $m_1(\xi + \mathrm{d}\xi, \theta)$ dieses Elementes bestimmt. Die Elongation des Linienelementes ist gemäß der Definition von ε_ξ in (1.30) gleich $\varepsilon_\xi a\mathrm{d}\xi$. Der Drehwinkel des Elementes $\boldsymbol{t}_\xi a\mathrm{d}\xi$ ist eine Summe, gebildet aus dem

Drehwinkel $\boldsymbol{\vartheta}$, der die Rotation des Linienelementes $\boldsymbol{t}\,\mathrm{d}s$ angibt, und dem Winkel $\boldsymbol{n}\gamma/2$, um den das Element $\boldsymbol{t}_\xi a\,\mathrm{d}\xi$ näher zu $\boldsymbol{t}\,\mathrm{d}s$ gedreht wird. Damit besteht die folgende Beziehung

$$\boldsymbol{u}_{,\xi}\mathrm{d}\xi = \boldsymbol{u}(\xi + \mathrm{d}\xi, \theta) - \boldsymbol{u}(\xi, \theta) = \boldsymbol{t}_\xi \varepsilon_\xi a\,\mathrm{d}\xi + (\boldsymbol{\vartheta} + \boldsymbol{n}\gamma/2) \times \boldsymbol{t}_\xi a\,\mathrm{d}\xi\,.$$

Das ergibt einen Ausdruck für den *Verzerrungsvektor* $\boldsymbol{\varepsilon}_\xi = \boldsymbol{t}_\xi \varepsilon_\xi + \boldsymbol{t}_\theta \gamma/2$. Eine ähnlich abzuleitende Darstellung besteht für den Vektor $\boldsymbol{\varepsilon}_\theta$:

$$\begin{aligned} &\boldsymbol{\varepsilon}_\xi = \boldsymbol{u}_{,\xi}/a + \boldsymbol{t}_\xi \times \boldsymbol{\vartheta}, \qquad && \boldsymbol{\varepsilon}_\theta = \boldsymbol{u}_{,\theta}/b + \boldsymbol{t}_\theta \times \boldsymbol{\vartheta}, \\ &(\boldsymbol{\varepsilon}_\xi = \boldsymbol{t}_\xi \varepsilon_\xi + \boldsymbol{t}_\theta \gamma/2, && \boldsymbol{\varepsilon}_\theta = \boldsymbol{t}_\xi \gamma/2 + \boldsymbol{t}_\theta \varepsilon_\theta). \end{aligned} \tag{1.39}$$

Die *Verzerrungsvektoren* sind in den Gln. (1.30) definiert. Im Gegensatz zu (1.30) betrachten wir kleine Verschiebungen, dabei können die Komponenten von $\boldsymbol{\varepsilon}_\xi$ und $\boldsymbol{\varepsilon}_\theta$ wie in Gl. (1.39) der Basis $\boldsymbol{t}_\xi$, $\boldsymbol{t}_\theta$, $\boldsymbol{n}$ der undeformierten Fläche zugeordnet werden.

Die Beziehungen zwischen den Krümmungsänderungsparametern $\boldsymbol{\varkappa}_\xi$, $\boldsymbol{\varkappa}_\theta$ und dem Drehwinkel $\boldsymbol{\vartheta}(\xi, \theta)$ leiten wir aus der Definition (1.25) von $\boldsymbol{\varkappa}_\xi$, $\boldsymbol{\varkappa}_\theta$ ab. Für kleine Verschiebungen (und Drehungen) ist, wie bereits erwähnt, die rotierte Basis $\boldsymbol{t}'_\xi$, $\boldsymbol{t}'_\theta$, $\boldsymbol{n}^*$ der ursprünglichen Basis $\boldsymbol{t}_\xi$, $\boldsymbol{t}_\theta$, $\boldsymbol{n}$ gleichzusetzen. Damit werden auch die $\boldsymbol{k}_{\xi R}$, $\boldsymbol{k}_{\theta R}$ nach (1.26) gleich den Krümmungsvektoren der undeformierten Fläche, und die Definition (1.25) lautet für die lineare Theorie

$$\boldsymbol{\varkappa}_\xi a = \boldsymbol{k}_\xi^* - \boldsymbol{k}_\xi, \qquad \boldsymbol{\varkappa}_\theta b = \boldsymbol{k}_\theta^* - \boldsymbol{k}_\theta. \tag{1.40}$$

Der Winkel zwischen den Tangentialebenen in den Punkten $m(\xi, \theta)$ und $m_1(\xi + \mathrm{d}\xi, \theta)$ ist vor der Deformation der Fläche gleich $\boldsymbol{k}_\xi \mathrm{d}\xi$, nach der Deformation $\boldsymbol{k}_\xi^* \mathrm{d}\xi$. Andererseits ändert sich dieser Winkel infolge der Deformation um $\boldsymbol{\vartheta}(\xi + \mathrm{d}\xi, \theta) - \boldsymbol{\vartheta}(\xi, \theta) = \boldsymbol{\vartheta}_{,\xi}\mathrm{d}\xi$. Das ergibt $\boldsymbol{k}_\xi^*\mathrm{d}\xi = \boldsymbol{k}_\xi \mathrm{d}\xi + \boldsymbol{\vartheta}_{,\xi}\mathrm{d}\xi$, und aus den Definitionen (1.40) von $\boldsymbol{\varkappa}_\xi$, $\boldsymbol{\varkappa}_\theta$ folgt sofort

$$\boldsymbol{\varkappa}_\xi = \frac{\partial \boldsymbol{\vartheta}}{a\,\partial \xi}, \qquad \boldsymbol{\varkappa}_\theta = \frac{\partial \boldsymbol{\vartheta}}{b\,\partial \theta}. \tag{1.41}$$

Die vier Vektorgleichungen (1.39) und (1.41) bestimmen die Verformung der Fläche über deren Translations- und Rotationsverschiebungen $\boldsymbol{u}$, $\boldsymbol{\vartheta}$. Eliminiert man aus den vier Gleichungen die Variablen $\boldsymbol{u}$, $\boldsymbol{\vartheta}$, so erhält man die linearen Kompatibilitätsgleichungen. Diese Gleichungen sind andererseits die *Integrabilitätsbedingungen* $\boldsymbol{u}_{,\xi\theta} = \boldsymbol{u}_{,\theta\xi}$ und $\boldsymbol{\vartheta}_{,\xi\theta} = \boldsymbol{\vartheta}_{,\theta\xi}$ der Gln. (1.39) bzw. (1.41). Diese Kompatibilitätsgleichungen sind natürlich mit der linearen Näherung der Gl. (1.33) identisch. Sie folgen aus (1.33), wenn der Term $(ab\boldsymbol{\varkappa}_\xi \times \boldsymbol{\varkappa}_\theta)$ vernachlässigt und die Vektoren $\boldsymbol{t}'_\xi$, $\boldsymbol{t}'_\theta$, $\boldsymbol{n}'$ (auch in der Komponentendarstellung von $\boldsymbol{\varkappa}_\xi$, $\boldsymbol{\varkappa}_\theta$, $\boldsymbol{\varepsilon}_\xi$, $\boldsymbol{\varepsilon}_\theta$) durch $\boldsymbol{t}_\xi$, $\boldsymbol{t}_\theta$, $\boldsymbol{n}$ ersetzt werden.

Die Vektorgleichungen (1.39) sind den folgenden sechs Beziehungen zwischen den Komponenten (u, v, w) der Verschiebung einerseits und den Komponenten $(\vartheta_\xi, \vartheta_\theta, \omega)$ des Drehwinkels und den Verzerrungen $(\varepsilon_\xi, \varepsilon_\theta, \gamma)$ der Referenzfläche andererseits äquivalent:

$$\begin{aligned} &\varepsilon_\xi = \frac{u_{,\xi}}{a} - \frac{v}{\varrho_\xi} + \frac{w}{R_\xi}, \qquad \varepsilon_\theta = \frac{v_{,\theta}}{b} + \frac{u}{\varrho_\theta} + \frac{w}{R_\theta}, \\ &\gamma = \frac{a}{b}\left(\frac{u}{a}\right)_{,\theta} + \frac{b}{a}\left(\frac{v}{b}\right)_{,\xi}, \end{aligned} \tag{1.42}$$

$$\vartheta_\xi = -\frac{w_{,\xi}}{a} + \frac{u}{R_\xi}, \qquad \vartheta_\theta = -\frac{w_{,\theta}}{b} + \frac{v}{R_\theta}, \qquad 2\omega = \frac{(bv)_{,\xi}}{ab} - \frac{(au)_{,\theta}}{ab}. \tag{1.43}$$

Die Formeln für ε_ξ, ε_θ, γ und ω sind die Projektionen der Vektorgleichungen (1.39) auf die Tangentenrichtungen $\boldsymbol{t}_\xi$ und $\boldsymbol{t}_\theta$. Die Ausdrücke für die Drehwinkel ϑ_ξ, ϑ_θ der Tangentialfläche folgen aus den Projektionen von (1.39) auf die Normalenrichtung.

Die Komponentendarstellung der Vektoren $\varkappa_\xi$, $\varkappa_\theta$ und ϑ in den Gln. (1.41) führt auf die folgenden Formeln für die Krümmungsänderungen und den Torsionsparameter τ nach Gl. (1.36):

$$\varkappa_\xi = \frac{\vartheta_{\xi,\xi}}{a} - \frac{\vartheta_\theta}{\varrho_\xi},$$
$$\varkappa_\theta = \frac{\vartheta_{\theta,\theta}}{b} + \frac{\vartheta_\xi}{\varrho_\theta}, \qquad (1.44)$$
$$2\tau = \frac{a}{b}\left(\frac{\vartheta_\xi}{a}\right)_{,\theta} + \frac{b}{a}\left(\frac{\vartheta_\theta}{b}\right)_{,\xi} + \frac{\gamma - 2\omega}{2R_\xi} + \frac{\gamma + 2\omega}{2R_\theta}.$$

Aber stellen wir uns die Frage, was ist ein Paradoxon? Es ist eine Aussage mit einem absichtlich unklar definierten Geltungsbereich. (A. Voronel)

1.4 Hypothese. Schalendeformation

Um das dreidimensionale Deformationsproblem auf die zweidimensionale Darstellung der Theorie dünner Schalen zu reduzieren, werden die Verzerrungskomponenten in einem Punkt $M(\xi, \theta, \zeta)$ der Schale über die Deformation der Referenzfläche im Punkt $M(\xi, \theta, 0)$ bestimmt. Dies wird über die Grundhypothese der Theorie dünner Schalen erreicht.

1.4.1 Kirchhoffsche Hypothese

Die Grundlage für die im weiteren rein mathematische Entwicklung der Theorie wird durch zwei vereinfachende Annahmen – eine geometrische und eine physikalische – bereitgestellt. Aus den Annahmen resultiert als eine logische Folge ein allgemeines Kriterium für die konsequente Vereinfachung der Beziehungen der Theorie.

Für die Analyse der Deformation wird eine *Normalenhypothese* eingeführt: Partikel, die auf einer Geraden normal zur Referenzfläche der Schale liegen, bilden auch in der verformten Schale nahezu eine Gerade, die senkrecht auf der verformten Referenzfläche steht; die Abstände zwischen den Partikeln können als unverändert angenommen werden.

Die eben formulierte Annahme kann durch die folgende Beziehung ausgedrückt werden, die einen Radiusvektor $\boldsymbol{R}^*(\xi, \theta, \zeta)$ zu einem beliebigen Partikel der deformierten Schale als eine Summe aus einem Vektor $\boldsymbol{n}^*\zeta$ (s. Bild 1.2) senkrecht zur Referenzfläche und dem Vektor $\boldsymbol{r}^*(\xi, \theta) = \boldsymbol{R}^*(\xi, \theta, 0)$ darstellt,

$$\boldsymbol{R}^*(\xi, \theta, \zeta) = \boldsymbol{r}^*(\xi, \theta) + \boldsymbol{n}^*\zeta. \qquad (1.45)$$

Die zweite Annahme betrifft die Spannungen. Für dünne Schalen kann näherungsweise ein *ebener Spannungszustand* (in bezug auf die Tangentialebene im gegebenen Punkt der

Referenzfläche) angenommen werden. Es werden nämlich **in den Elastizitätsbeziehungen***) sowie in der elastischen Energie die Spannungskomponenten σ_ζ, $\sigma_{\zeta\xi}$, $\sigma_{\zeta\theta}$, die in den Schnitten parallel zur Tangentialebene wirken, vernachlässigt. Die Annahme bedeutet, daß in den bekannten Formeln der Elastizitätstheorie für die spezifische Formänderungsenergie U und für die Verzerrungskomponenten die folgenden vereinfachten Beziehungen eingeführt werden

$$U = \frac{1}{2}(\sigma_\xi e_\xi + \sigma_{\xi\theta} e_{\xi\theta} + \sigma_{\xi\zeta} e_{\xi\zeta} + \ldots) \approx \frac{1}{2}(\sigma_\xi e_\xi + \sigma_\theta e_\theta + \sigma_{\xi\theta} e_{\xi\theta}), \tag{1.46}$$

$$\begin{aligned} e_\xi E_\xi &= \sigma_\xi - \nu_{\xi\theta}\sigma_\theta - \nu_{\xi\zeta}\sigma_\zeta \approx \sigma_\xi - \nu_{\xi\theta}\sigma_\theta, \\ e_\theta E_\theta &= \sigma_\theta - \nu_{\theta\xi}\sigma_\xi - \nu_{\theta\zeta}\sigma_\zeta \approx \sigma_\theta - \nu_{\theta\xi}\sigma_\xi, \\ e_{\xi\theta} G &= \sigma_{\xi\theta}. \end{aligned} \tag{1.47}$$

Hier sind σ_ξ, σ_θ, σ_ζ die Normalspannungen; $\sigma_{\xi\theta}$, $\sigma_{\xi\zeta}$, ... die Schubspannungen; e_ξ, e_θ, e_ζ und $e_{\xi\theta}$, $e_{\xi\zeta}$ ... sind die Dehnungs- bzw. die Schubverzerrungskomponenten; E_ξ, E_θ, G und $\nu_{\xi\theta}$, $\nu_{\xi\zeta}$, ... sind die Elastizitätsmoduli bzw. die Poisson-Koeffizienten.

Die formulierte Hypothese trägt die Namen von G. Kirchhoff**) und A. E. H. Love. Es ist gezeigt worden, daß (die Schalenrandzone ausgenommen) die Hypothese der Theorie dünner Schalen einen Fehler von höchstens der Größenordnung [78], [80]

$$\left|\frac{h}{R_{\min}}\right| \quad \text{oder} \quad \left(\frac{h}{L}\right)^2 \tag{1.48}$$

hat. Dabei ist $1/R_{\min}$ das Minimum der Normalschnittkrümmungen; $R_{\min}$ kann als der kleinste Wert der Größen $|R_\xi|$, $|R_\theta|$ und $|R_{\xi\theta}|$ bestimmt werden. Die charakteristische Länge L ist das Intervall der Variation des Spannungszustandes. Der Wert von L vertritt die Intensität der Variation der maßgeblichen Spannungsresultierenden. Wenn diese Resultierenden durch eine Funktion $F(\xi, \theta)$ vertreten werden, so wird L durch die folgenden Beziehungen***) definiert

$$\frac{1}{L} = \max\left\{\frac{1}{L_\xi}, \frac{1}{L_\theta}\right\}, \quad \frac{|F|}{L_\xi} \sim \left|\frac{\partial F}{a\partial\xi}\right|, \quad \frac{|F|}{L_\theta} \sim \left|\frac{\partial F}{b\partial\theta}\right|. \tag{1.49}$$

Die Bedeutung des Intervalls der Variation L und der lokalen Intervalle L_ξ, L_θ, die sich auf die entsprechenden Koordinatenrichtungen beziehen, kann im Zusammenhang mit (1.49) durch die Darstellung von $F(\xi, \theta)$ um einen Punkt (ξ, θ) mit der Funktion $A(\sin a\xi/L_\xi) \cdot (\sin b\theta/L_\theta)$ illustriert werden.

---

*) Wenn eine unelastische Schale betrachtet wird, betrifft diese Annahme die konstitutiven Gleichungen anderer Art.

**) G. R. Kirchhoff (1824–1887). Studium an der Universität Königsberg. Doktorgrad und Dozentur in Berlin (1848). Professur in Breslau (1850), Heidelberg (1854) und Berlin (1875). Die Mechanik verdankt G. R. Kirchhoff u. a. die Begründung der Plattentheorie durch die Annahmen, die später von A. E. H. Love zur Grundhypothese der Schalentheorie entwickelt worden sind. Mehrere bahnbrechende Erkenntnisse sind mit dem Namen von G. R. Kirchhoff auch in Elektrotechnik, Physik und Mathematik verbunden. Darunter die Kirchhoffschen Sätze für elektrische Netzwerke (1847), Spektralanalyse, Kirchhoffsches Gesetz der Wärmestrahlung (1859).

***) Das Zeichen $\sim$ weist auf eine gleiche Größenordnung von zwei Variablen hin.

Die Variation des Spannungszustandes hängt natürlich von der Belastungsverteilung ab. Man kann mit Hilfe der Beziehungen (1.48), (1.49) auch die Zuständigkeit der Schalentheorie für gegebene Belastungsfälle beurteilen. Eines wird dabei offensichtlich: Die Theorie dünner Schalen kann keinen Spannungszustand korrekt beschreiben, der durch lokale – auf Flächen von der Größenordnung h verteilte – oder anderweitig zu intensiv variierende Belastungen hervorgerufen wird.

Die Genauigkeit der Theorie ist auf die Genauigkeit ihrer Grundhypothese beschränkt. Es ist daher inkonsequent, an die mathematische Genauigkeit der Darstellung der Theorie oder der Lösungen von Einzelproblemen größere Anforderungen zu stellen. (Es sind sogar Fälle bekannt [19], bei denen eine inkonsequente, einseitige Erhöhung der Genauigkeit einer Lösung zu negativen Folgen geführt hat.)

Dementsprechend können in der Theorie dünner Schalen Terme der relativen Größenordnung von (1.48) vernachlässigt werden. Das ist immer in den Ausdrücken für die Verzerrungsenergie möglich. Aber bei der Vereinfachung der Beziehungen, wo sich die Hauptterme gegenseitig aufheben können, ist Vorsicht geboten (s. z.B. [78], [80]).

Die zwei Annahmen der Kirchhoff-Loveschen Hypothese werden oft im Schrifttum als inkonsequent kritisiert. Die Kritik stellt fest, daß die Annahme der Undehnbarkeit der Normalen $e_\zeta = 0$ der Annahme $\sigma_\zeta = 0$ widerspricht. Es ist ohne Zweifel so. – Die Gleichungen $e_\zeta = 0$, $\sigma_\zeta = 0$ dürfen nicht eingeführt werden. Auch nur eine davon nicht. Die zusätzliche Gleichung stünde im Widerspruch zu den Elastizitätsgleichungen oder Randbedingungen.

Die oben formulierten Annahmen setzen weder e_ζ, σ_ζ noch andere Komponenten gleich Null. Sie führen überhaupt keine neue Gleichungen ein. Was angenommen wird, ist die Vernachlässigbarkeit bestimmter Terme in bestimmten Beziehungen der Schalentheorie. Die Abgrenzung dessen, *was* und *wo* vernachlässigt wird, schließt die Widersprüche aus.

1.4.2 Verzerrungskomponenten

Wir verwenden nun die geometrische Annahme der Kirchhoffschen Hypothese, um die Komponenten der Verzerrung e_ξ, e_θ, $e_{\xi\theta}$ außerhalb der Referenzfläche $\zeta = 0$ zu bestimmen. Dazu können die Formeln (1.30), (1.1), (1.2) zur Verallgemeinerung für die Flächen $\zeta \neq 0$ benutzt werden. Bezeichnen wir die Linienelemente der Koordinatenlinien außerhalb der Referenzfläche mit $\mathrm{d}l_\xi$, $\mathrm{d}l_\theta$ (s. Bild 1.2), so ergeben sich die Dehnungskomponenten der Verzerrung e_ξ, e_θ zu:

$$e_\xi = \frac{\mathrm{d}l_\xi^* - \mathrm{d}l_\xi}{\mathrm{d}l_\xi}, \qquad \mathrm{d}l_\xi = \left|\frac{\partial \boldsymbol{R}}{\partial \xi}\right| \mathrm{d}\xi; \qquad e_\theta = \ldots \tag{1.50}$$

Die Schubverzerrung $e_{\xi\theta}$ ist die Änderung des Winkels zwischen den Linienelementen der ξ- und θ-Linien. Vor der Deformation ist dieser Winkel gleich $\pi/2$, und somit gilt $\boldsymbol{R}_{,\xi} \cdot \boldsymbol{R}_{,\theta} = 0$ (für $1/R_{\xi\theta} = 0$).

Nach der Verformung ist der Winkel $\pi/2 - e_{\xi\theta}$, und man erhält (für $|e_{\xi\theta}| \ll 1$)

$$e_{\xi\theta} = \cos\left(\frac{\pi}{2} - e_{\xi\theta}\right) = \frac{\boldsymbol{R}^*_{,\xi} \cdot \boldsymbol{R}^*_{,\theta}}{|\boldsymbol{R}^*_{,\xi}||\boldsymbol{R}^*_{,\theta}|}. \tag{1.51}$$

Die Ausdrücke von $\boldsymbol{R}$ und $\boldsymbol{R}^*$ über die Parameter der Referenzflächenform folgen aus der

Normalenhypothese (1.45) und den Ableitungsformeln (1.32)

$$\begin{aligned} \boldsymbol{R}^*_{,\xi} &\approx \boldsymbol{r}^*_{,\xi} + a\zeta\left(\frac{\boldsymbol{t}'_\xi}{R'_\xi} + \frac{\boldsymbol{t}'_\theta}{R'_{\xi\theta}}\right), \\ \boldsymbol{R}^*_{,\theta} &= \boldsymbol{r}^*_{,\theta} + b\zeta\left(\frac{\boldsymbol{t}'_\xi}{R'_{\theta\xi}} + \frac{\boldsymbol{t}'_\theta}{R'_\theta}\right). \end{aligned} \tag{1.52}$$

Die Bogenelemente sind (Bild 1.2)

$$\mathrm{d}l_\xi = a\left(1 + \frac{\zeta}{R_\xi}\right)\mathrm{d}\xi, \qquad \mathrm{d}l^*_\xi = a^*\left(1 + \frac{\zeta}{R^*_\xi}\right)\mathrm{d}\xi, \dots . \tag{1.53}$$

Nach Einführung der Ausdrücke von $\boldsymbol{R}_{,\xi}$, $\boldsymbol{R}^*_{,\xi}$, ... und ε_ξ, ..., τ gemäß (1.52), (1.53) bzw. (1.29) bis (1.36) in die Formeln (1.50), (1.51) und einigen Umformungen erhält man die folgenden Grundformeln für die Verzerrungen des Schalenraumes

$$\begin{aligned} e_\xi &= \frac{\varepsilon_\xi + \zeta\varkappa_\xi}{1 + \zeta/R_\xi}, \qquad e_\theta = \frac{\varepsilon_\theta + \zeta\varkappa_\theta}{1 + \zeta/R_\theta}, \\ e_{\theta\xi} &= e_{\xi\theta} = \frac{\gamma + 2\zeta\tau + \zeta^2\tau(1/R_\xi + 1/R_\theta)}{(1 + \zeta/R_\xi)(1 + \zeta/R_\theta)}. \end{aligned} \tag{1.54}$$

In diesen Formeln wurden die Terme der relativen Größenordnung von e_ξ, e_θ, $e_{\xi\theta}$ sowie von h^2/R^2_ξ, h^2/R^2_θ im Vergleich zu 1 vernachlässigt.

Die Formeln (1.54) bestimmen alle Verzerrungskomponenten, die in der Theorie dünner Schalen auftreten. Damit wird die Verzerrung in einem beliebigen Punkt des Schalenraumes über die sechs Parameter der Verzerrung der Referenzfläche determiniert. Die Verzerrungs- und Krümmungsänderungsparameter der Referenzfläche ε_ξ, ..., τ sind Funktionen von zwei Koordinaten – ξ und θ.

Nach Vernachlässigung der Terme der Größenordnung (1.48) werden die Formeln für Verzerrungskomponenten zu

$$e_\xi = \varepsilon_\xi + \zeta\varkappa_\xi, \qquad e_\theta = \varepsilon_\theta + \zeta\varkappa_\theta, \qquad e_{\xi\theta} = e_{\theta\xi} = \gamma + 2\zeta\tau. \tag{1.55}$$

Für Berechnung der Verzerrungskomponenten sind diese Ausdrücke den Gln. (1.54) äquivalent. Dennoch müssen in theoretischen Ableitungen, bei denen die Differenzen von Termen gleicher Größenordnung vorkommen können, die vollständigen Gln. (1.54) berücksichtigt werden.

1.4.3 Bemerkungen über $\varkappa_\xi$, $\varkappa_\theta$, τ

Wie aus ihren Definitionen (s. Abschn. 1.3.1) klar ersichtlich ist, beschreiben die Parameter $\varkappa_\xi$, $\varkappa_\theta$ und τ die Änderungen der Normalschnittkrümmungen und der Verwindung der Referenzfläche. Aber die Werte der drei Parameter, bestimmt durch die Gln. (1.29), sind offensichtlich nicht identisch mit den Krümmungsänderungen bzw. mit der Verwindung

$$\frac{1}{R^*_\xi} - \frac{1}{R_\xi} = \tilde{\varkappa}_\xi, \qquad \frac{1}{R^*_\theta} - \frac{1}{R_\theta} = \tilde{\varkappa}_\theta, \qquad \frac{1}{R^*_{\xi\theta}} = \tilde{\tau}.$$

Die Differenz ist quantitativ klein. Das Ersetzen von $\varkappa_\xi$, $\varkappa_\theta$, τ durch $\tilde{\varkappa}_\xi$, $\tilde{\varkappa}_\theta$, $\tilde{\tau}$ in den Formeln (1.54) für die Verzerrungskomponenten würde lediglich zu Fehlern von der Größenordnung von $h/R_{\min}$ führen. In der Theorie dünner Schalen sind Terme dieser Größe vernachlässigbar (s. Abschn. 1.4.1). Dies aber rechtfertigt nicht die Gleichsetzung von $\varkappa_\xi$, $\varkappa_\theta$, τ mit den $\tilde{\varkappa}_\xi$, $\tilde{\varkappa}_\theta$ bzw. $\tilde{\tau}$ in anderen Relationen der Theorie. Es gibt Fälle, wo das Ersetzen der $\varkappa_\xi$, $\varkappa_\theta$, τ durch $\tilde{\varkappa}_\xi$, $\tilde{\varkappa}_\theta$ bzw. $\tilde{\tau}$ in den Gleichgewichtsgleichungen eines Schalenelementes zum Auftreten weiterer Terme führt, deren Vernachlässigung schwierig nachzuweisen ist.

Die Konsequenzen der Annahme $\varkappa_\xi = \tilde{\varkappa}_\xi$, $\varkappa_\theta = \tilde{\varkappa}_\theta$ oder $\tau = \tilde{\tau}$ können für die Kompatibilitätsgleichungen beträchtlicher sein. Die Annahme hatte z. B. signifikante Fehler in den Kompatibilitätsgleichungen [99] verursacht (s. [15], [77]).

Die Formeln (1.55) leisten eine nützliche Abschätzung der Größenordnung der sechs Verzerrungsparameter $\varepsilon_\xi, \ldots \tau$: Wie auch die Referenzfläche (innerhalb des Schalenraumes) gewählt wird, immer ist $|\zeta| < h$.

Damit kann aus den Formeln (1.55) gefolgert werden, daß $\varkappa_\xi h$, $\varkappa_\theta h$, τh ebenso wie ε_ξ, ε_θ, γ die Größenordnung der Verzerrungskomponenten e_ξ, $e_{\xi\theta}$, e_θ haben. Wenn, wie in diesem Buch, die Gültigkeit des Hookeschen Gesetzes angenommen wird, müssen die Komponenten der Verzerrung vernachlässigbar klein im Vergleich mit Eins sein. Konsequenterweise gilt dann

$$|\varepsilon_\xi|, \ |\varepsilon_\theta|, \ |\gamma|, \ |\varkappa_\xi h|, \ |\varkappa_\theta h|, \ |\tau h| \ll 1 \,. \tag{1.56}$$

1.5 Gleichgewicht eines Schalenelementes

Das Gleichgewicht kann natürlich unabhängig von den Hypothesen der Theorie für jeden Teil der Schale aufgestellt werden. Aber die Annahme der Undeformierbarkeit der Normalen erübrigt die Analyse des Gleichgewichts für Elemente der Schale, die weniger als die volle Länge h einer Normalen einschließen.

1.5.1 Vektorgleichungen des Gleichgewichts

Wir schneiden aus der Schale ein kleines Element nach Bild 1.8 heraus, das durch Schnittflächen senkrecht zur Referenzfläche begrenzt wird. In den Schnitten mit dieser Fläche hat das Element die Abmessungen $\mathrm{d}s_\xi = a\,\mathrm{d}\xi$, $\mathrm{d}s_\theta = b\,\mathrm{d}\theta$. In der Normalenrichtung dagegen erstreckt sich das Element über die vollständige Wanddicke h.

Die Spannungen, die auf den Seitenflächen des Elementes wirken, werden durch äquivalente Kräfte und Momente repräsentiert. Auf der Seite $\xi = \mathrm{const}$ mit der Breite $\mathrm{d}s_\theta = b\,\mathrm{d}\theta$ wirkt die Resultierende $\boldsymbol{N}_\xi \mathrm{d}s_\theta$ und das resultierende Moment $\boldsymbol{M}_\xi \mathrm{d}s_\theta$. Analog dazu werden auf der Schnittfläche $\theta = \mathrm{const}$ die Resultierenden $\boldsymbol{N}_\theta \mathrm{d}s_\xi$ und $\boldsymbol{M}_\theta \mathrm{d}s_\xi$ eingeführt. Damit sind die Größen $\boldsymbol{N}_\xi$, $\boldsymbol{N}_\theta$ und $\boldsymbol{M}_\xi$, $\boldsymbol{M}_\theta$ als resultierende Kräfte bzw. Momente der Spannungen, bezogen auf die Einheitslängen der Koordinatenlinien ξ und θ, definiert.

Neben den inneren Kräften der Schale (Spannungen) kann ein Element durch Kräfte belastet werden, die auf den Außenseiten der Schale sowie über den Rauminhalt des Elementes verteilt sind. Die resultierende Kraft bzw. das resultierende Moment aller dieser äußeren Kräfte werden mit $\boldsymbol{q}\,\mathrm{d}s_\xi \mathrm{d}s_\theta$ bzw. $\boldsymbol{m}\,\mathrm{d}s_\xi \mathrm{d}s_\theta$ bezeichnet. Damit sind $\boldsymbol{q}$ und $\boldsymbol{m}$ die Kräfte- bzw. Momentenbelastungen, bezogen auf die Einheit der undeformierten Referenzfläche.

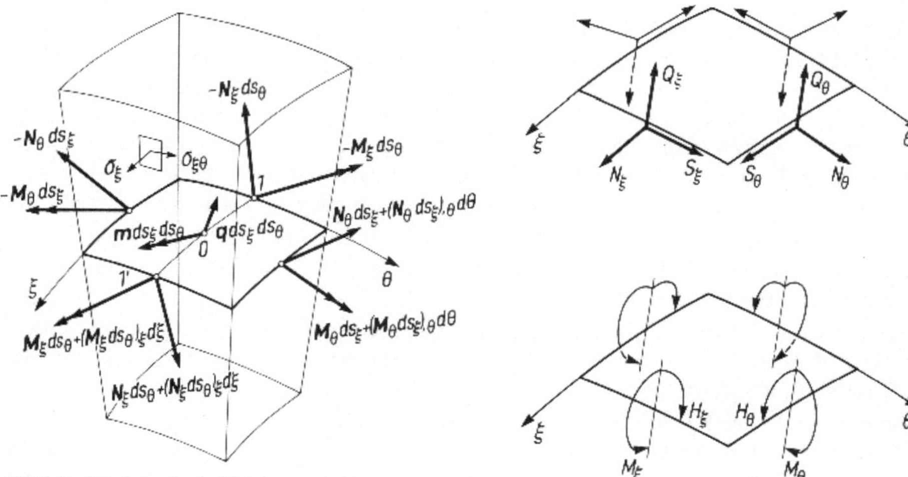

Bild 1.8 Schnittkräfte und Momente

Es ist offensichtlich, daß die Kräfte $N_\xi ds_\theta$, $N_\theta ds_\xi$ und Momente $M_\xi ds_\theta$, $M_\theta ds_\xi$ an den entgegengesetzten Seiten des Elementes in die entgegengesetzten Richtungen zeigen, wie in Bild 1.8 dargestellt. (Sie sind genau dieselben wie actio und reactio auf den zwei Seiten eines Querschnittes. Das Element ist ja infinitesimal dünn.)

Die Kräfte und Momente $N_\xi ds_\theta, \ldots$ sind aber im allgemeinen Funktionen der Koordinaten ξ, θ, und ihre Werte an den entgegengesetzten Seiten des Elementes differieren um ein Differentialinkrement.

Betrachten wir zuerst die Summen der Kräfte und Momente (in bezug auf den Pol 0 im Inneren des Elementes), die auf die Elementseiten $\xi = \text{const}$ wirken. Nach Bild 1.8 sind die Summen

$$-N_\xi ds_\theta + N_\xi ds_\theta + (N_\xi ds_\theta)_{,\xi} d\xi,$$

$$-M_\xi ds_\theta + M_\xi ds_\theta + (M_\xi ds_\theta)_{,\xi} d\xi - \overrightarrow{01} \times N_\xi ds_\theta + \overrightarrow{01'} \times [N_\xi ds_\theta + \underline{(N_\xi ds_\theta)_{,\xi} d\xi}]\,.$$

Wie man dem Bild 1.8 entnimmt, gilt $\overrightarrow{01'} - \overrightarrow{01} = t_\xi^* ds_\xi^* = t_\xi^* a^* d\xi$. Daher ist $|\overrightarrow{01'}|$ von derselben Größenordnung wie ds_ξ. Hieraus folgt, daß der im Momentengleichgewicht unterstrichene letzte Term von der Größenordnung $d\xi d\theta d\xi$ ist. Damit kann dieser Term als infinitesimal klein gegenüber den anderen Termen der Summe, die die Größenordnung $d\xi d\theta$ haben, vernachlässigt werden.

Berücksichtigen wir auch die Kräfte und Momente, die auf die restlichen zwei Seiten des Elementes wirken, sowie die Flächenlasten $q\, ds_\xi ds_\theta$ und $m\, ds_\xi ds_\theta$, so erhalten wir die folgenden Kräfte- und Momentengleichgewichtsbedingungen:

$$(N_\xi ds_\theta)_{,\xi} d\xi + (N_\theta ds_\xi)_{,\theta} d\theta + q\, ds_\xi ds_\theta = \mathbf{0}\,.$$

$$(M_\xi ds_\theta)_{,\xi} d\xi + (M_\theta ds_\xi)_{,\theta} d\theta + t_\xi^* ds_\xi^* \times N_\xi ds_\theta + t_\theta^* ds_\theta \times N_\theta ds_\xi + m\, ds_\xi ds_\theta = \mathbf{0}\,.$$

Es bleibt noch, hier die Beziehungen $ds_\xi^* = a^* d\xi$, $ds_\theta^* = b^* d\theta$, $ds_\xi = a\, d\xi$, $ds_\theta = b\, d\theta$ zu substituieren und die Gleichungen mit $d\xi d\theta$ zu dividieren, um deren folgende endgültige

Form zu erhalten

$$
\begin{aligned}
&(b\boldsymbol{N}_\xi)_{,\xi} + (a\boldsymbol{N}_\theta)_{,\theta} + \boldsymbol{q}ab = \boldsymbol{0}, \\
&(b\boldsymbol{M}_\xi)_{,\xi} + (a\boldsymbol{M}_\theta)_{,\theta} + a^*b\boldsymbol{t}_\xi^* \times \boldsymbol{N}_\xi + ab^*\boldsymbol{t}_\theta^* \times \boldsymbol{N}_\theta + \boldsymbol{m}ab = \boldsymbol{0}.
\end{aligned}
\tag{1.57}
$$

(Für die schiefwinkeligen Koordinaten ξ, θ müssen diese Gleichungen korrigiert werden: In diesem Fall werden die Belastungsglieder zu $\boldsymbol{q}ab\sin\chi$, $\boldsymbol{m}ab\sin\chi$ mit $\sin\chi = |\boldsymbol{t}_\xi \times \boldsymbol{t}_\theta|$.)

1.5.2 Skalare Gleichgewichtsbedingungen

Die Vektoren der Spannungs- und Belastungsresultierenden müssen natürlich durch Komponenten in einer gewählten Basis repräsentiert werden. Eine geeignete orthonormierte Basis stellen die „rotierten" Einheitsvektoren $\boldsymbol{t}'_\xi$, $\boldsymbol{t}'_\theta$, $\boldsymbol{n}^*$ dar. Für kleine Verzerrungen ($|\gamma| \ll 1$) sind die Vektoren $\boldsymbol{t}'_\xi$, $\boldsymbol{t}'_\theta$ den Tangentenvektoren $\boldsymbol{t}^*_\xi$, $\boldsymbol{t}^*_\theta$ an die Koordinatenlinien der deformierten Referenzfläche sehr nahe.

Die Komponenten der Spannungsresultierenden und der Flächenlasten werden wie folgt bezeichnet:

$$
\begin{aligned}
\begin{bmatrix} \boldsymbol{N}_\xi \\ \boldsymbol{N}_\theta \\ \boldsymbol{q} \end{bmatrix} &= \begin{bmatrix} N_\xi & S_\xi & Q_\xi \\ S_\theta & N_\theta & Q_\theta \\ q_\xi & q_\theta & q \end{bmatrix} \begin{bmatrix} \boldsymbol{t}'_\xi \\ \boldsymbol{t}'_\theta \\ \boldsymbol{n}^* \end{bmatrix}, \\
\begin{bmatrix} \boldsymbol{M}_\xi \\ \boldsymbol{M}_\theta \\ \boldsymbol{m} \end{bmatrix} &= \begin{bmatrix} -H_\xi & M_\xi \\ -M_\theta & H_\theta \\ -m_\theta & m_\xi \end{bmatrix} \begin{bmatrix} \boldsymbol{t}'_\xi \\ \boldsymbol{t}'_\theta \end{bmatrix}.
\end{aligned}
\tag{1.58}
$$

Die physikalische Bedeutung der Schnittlasten wird in Bild 1.8 illustriert, wo alle Komponenten mit ihren positiven Richtungen dargestellt sind.

Die N_ξ, N_θ sind die Normalkräfte in den Schnitten der Schale entlang der θ- bzw. ξ-Linien; S_ξ, S_θ und Q_ξ, Q_θ sind die Schub- bzw. Querkräfte; M_ξ, M_θ und H_ξ, H_θ bezeichnen die Biege- bzw. Torsionsmomente in den Schnitten ξ = const bzw. θ = const.

Die Komponenten von $\boldsymbol{M}_\xi$, $\boldsymbol{M}_\theta$ und $\boldsymbol{m}$ in $\boldsymbol{n}^*$-Richtung sind in (1.58) gleich Null gesetzt worden. Diese Momente sind in der Tat infinitesimal klein. Das folgt aus den folgenden Abschätzungen (die unmittelbar nach Bild 1.8 aufgestellt werden), wenn man bedenkt, daß $\mathrm{d}s_\xi$ und $\mathrm{d}s_\theta$ infinitesimal klein sind, während h eine endliche Größe ist:

$$
\begin{aligned}
&\boldsymbol{n}^* \cdot \boldsymbol{M}_\xi \mathrm{d}s_\theta \sim \sigma_\xi h(\mathrm{d}s_\theta)^2, \qquad \boldsymbol{n}^* \cdot \boldsymbol{m}\,\mathrm{d}s_\xi \mathrm{d}s_\theta \sim p_i h\,\mathrm{d}s_\xi \mathrm{d}s_\theta \mathrm{d}s_j \qquad (i, j = \xi, \theta), \\
&M_\xi \mathrm{d}s_\theta \sim \sigma_\xi h^2 \mathrm{d}s_\theta, \qquad m_\xi \mathrm{d}s_\xi \mathrm{d}s_\theta \sim p_\xi h^2 \mathrm{d}s_\xi \mathrm{d}s_\theta, \qquad m_\theta \sim \ldots,
\end{aligned}
$$

wobei p_i die Komponenten p_ξ, p_θ der äußeren Belastung in den ξ- und θ-Richtungen pro Einheitsvolumen der Schale bezeichnen.

Die Spannungsresultierenden $\boldsymbol{N}_\nu$, $\boldsymbol{M}_\nu$ in einem beliebigen Schnitt, der entlang einer Linie (s) der Referenzfläche verläuft (s. Bild 1.9), können über die Schnittlasten $\boldsymbol{N}_\xi$, $\boldsymbol{N}_\theta$, $\boldsymbol{M}_\xi$, $\boldsymbol{M}_\theta$ bestimmt werden.

Dazu wird ein dreieckförmiges Schalenelement aus der Referenzfläche herausgeschnitten, das durch die Bogenlängen $\mathrm{d}s_\xi$, $\mathrm{d}s_\theta$ längs der ξ- und θ-Parameterlinien und der Bogenlänge $\mathrm{d}s$ auf einer Kurve mit der Normalen $\boldsymbol{\nu}$ begrenzt wird. Das Gleichgewicht der Kräfte und Momente ergibt die Vektorgleichungen

$$\boldsymbol{N}_\nu \mathrm{d}s = \boldsymbol{N}_\xi \mathrm{d}s_\theta - \boldsymbol{N}_\theta \mathrm{d}s_\xi, \qquad \boldsymbol{M}_\nu \mathrm{d}s = \boldsymbol{M}_\xi \mathrm{d}s_\theta - \boldsymbol{M}_\theta \mathrm{d}s_\xi. \tag{1.59}$$

Daraus lassen sich die Komponenten von $\boldsymbol{N}_\nu$, $\boldsymbol{M}_\nu$ als Funktionen des Winkels zwischen der Kurve (s) und der ξ-Linie (Bild 1.9) bestimmen.

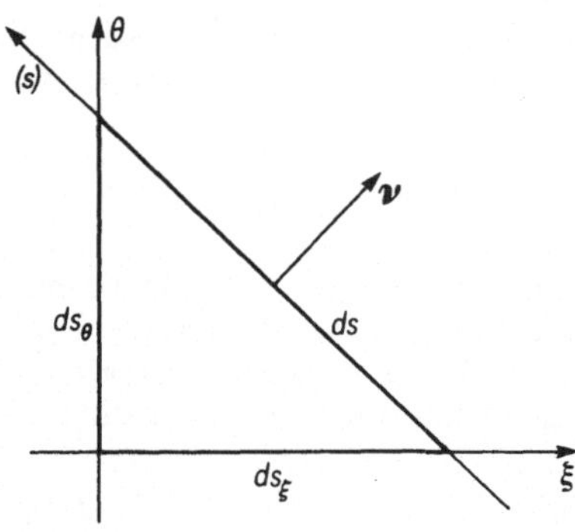

Bild 1.9
Spannungsresultierende am Schnitt entlang einer Linie (s)

Die Vektorgleichungen (1.57) sind natürlich sechs skalaren Gleichungen für die Komponenten der Schnittkräfte und -momente äquivalent. Um diese zu erhalten, setzt man die Komponentendarstellungen (1.58) in die Gln. (1.57) ein. Nach Ausführung der Differentiationen unter Berücksichtigung der Formeln (1.32) ergeben sich die Gleichungen der ξ, θ und ζ-Komponenten beider Seiten jeder Vektorgleichung:

$$\begin{aligned}
&\frac{(bN_\xi)_{,\xi}}{ab} + \frac{(aS_\theta)_{,\theta}}{ab} + \frac{Q_\xi}{R'_\xi} - \frac{S_\xi}{\varrho'_\xi} - \frac{N_\theta}{\varrho'_\theta} + \frac{Q_\theta}{R'_{\theta\xi}} + q_\xi = 0\,,\\
&\frac{(bS_\xi)_{,\xi}}{ab} + \frac{(aN_\theta)_{,\theta}}{ab} + \frac{Q_\theta}{R'_\theta} + \frac{S_\theta}{\varrho'_\theta} + \frac{N_\xi}{\varrho'_\xi} + \frac{Q_\xi}{R'_{\xi\theta}} + q_\theta = 0\,,\\
&\frac{(bQ_\xi)_{,\xi}}{ab} + \frac{(aQ_\theta)_{,\theta}}{ab} - \frac{N_\xi}{R'_\xi} - \frac{N_\theta}{R'_\theta} - \frac{S_\xi}{R'_{\xi\theta}} - \frac{S_\theta}{R'_{\theta\xi}} + q = 0\,,\\
&\frac{(bH_\xi)_{,\xi}}{ab} + \frac{(aM_\theta)_{,\theta}}{ab} + \frac{M_\xi}{\varrho'_\xi} + \frac{H_\theta}{\varrho'_\theta} + m_\theta = Q_\theta\,,\\
&\frac{(bM_\xi)_{,\xi}}{ab} + \frac{(aH_\theta)_{,\theta}}{ab} - \frac{M_\theta}{\varrho'_\theta} - \frac{H_\xi}{\varrho'_\xi} + m_\xi = Q_\xi\,,\\
&S_\xi - \frac{H_\theta}{R'_\theta} - \frac{M_\xi}{R'_{\xi\theta}} = S_\theta - \frac{H_\xi}{R'_\xi} - \frac{M_\theta}{R'_{\theta\xi}} = S\,.
\end{aligned} \tag{1.60}$$

Hierbei wurden die nichtlinearen Terme der Größenordnung der Verzerrungskomponenten vernachlässigt. Darunter befinden sich auch einige Terme, die von den Faktoren t^*_ξ, t^*_θ der Gln. (1.57) stammen. Berücksichtigt man die Unterschiede zwischen t^*_ξ, t^*_θ und t'_ξ bzw. t'_θ gemäß Gl. (1.27), so müssen in den letzten drei Gln. von (1.60) die Größen Q_ξ, Q_θ, S_ξ und S_θ durch

$$Q_\xi + \frac{\gamma}{2} Q_\theta, \qquad Q_\theta + \frac{\gamma}{2} Q_\xi, \qquad S_\xi - \frac{\gamma}{2} N_\xi \quad \text{bzw.} \quad S_\theta - \frac{\gamma}{2} N_\theta \tag{1.61}$$

ersetzt werden. Dieser Unterschied ist praktisch immer belanglos.

Die vier Resultierenden S_ξ, H_ξ, S_θ, M_θ vertreten offensichtlich die Schubspannungen $\sigma_{\xi\theta} = \sigma_{\theta\xi}$. Demgegenüber sind die Normalspannungen σ_ξ oder σ_θ nur durch jeweils zwei Schnittlasten N_ξ, M_ξ bzw. N_θ, M_θ vertreten. Das weist auf eine mögliche Vereinfachung hin. In der Tat können in den Gleichgewichtsbedingungen die Schubspannungen ebenfalls nur durch zwei Parameter – die Variable S nach (1.60) und

$$H = \frac{1}{2}(H_\xi + H_\theta)$$

– repräsentiert werden. Das wird erreicht, wenn man die Darstellungen für die Querkräfte Q_ξ, Q_θ aus der vierten und fünften Gl. von (1.60) in die ersten drei einsetzt. Damit erhält man Gleichungen mit nur sechs Variablen N_ξ, N_θ, S, M_ξ, M_θ, H. Diese Transformation – Symmetrisierung der Schnittlasten, zuerst vorgeschlagen von A. I. Lur'e [95] – wird in einer ganz allgemeinen Form in den Arbeiten von W. T. Koiter [77] und J. G. Simmonds, D. A. Danielson [135] durchgeführt.

Wenn wir uns auf die lineare Näherung (und $1/R_{\xi\theta} = 0$) beschränken, dann werden die neuen Variablen durch

$$S = S_\xi - \frac{H_\theta}{R_\theta} = S_\theta - \frac{H_\xi}{R_\xi}, \qquad H = \frac{1}{2}(H_\xi + H_\theta) \tag{1.62}$$

definiert.

Die Gln. (1.60) werden durch Ersetzen aller Krümmungsparameter durch die entsprechenden Größen der undeformierten Referenzfläche – nach folgender Vorschrift – linearisiert:

$$\left[\frac{1}{R'_\xi}\ \frac{1}{R'_\theta}\ \frac{1}{R'_{\xi\theta}}\ \frac{1}{R'_{\theta\xi}}\ \frac{1}{\varrho'_\xi}\ \frac{1}{\varrho'_\theta}\right] = \left[\frac{1}{R_\xi}\ \frac{1}{R_\theta}\ 0\ 0\ \frac{-b_{,\theta}}{ab}\ \frac{a_{,\xi}}{ab}\right]. \tag{1.63}$$

Mit den Variablen (1.62) können die linearisierten Gleichgewichtsbedingungen auf die folgenden drei Gleichungen mit sechs Unbekannten N_ξ, N_θ, S, M_ξ, M_θ, H reduziert werden

$$\left.\begin{aligned}
&\frac{(bN_\xi)_{,\xi}}{ab} + \frac{(a^2S)_{,\theta}}{a^2b} + \frac{R_\xi}{a^2b}\left(\frac{a^2H}{R_\xi^2}\right)_{,\theta} - \frac{b_{,\xi}N_\theta}{ab} + \frac{K_\xi}{R_\xi} + q_\xi = 0,\\
&\frac{(b^2S)_{,\xi}}{ab^2} + \frac{(aN_\theta)_{,\theta}}{ab} + \frac{R_\theta}{ab^2}\left(\frac{b^2H}{R_\theta^2}\right)_{,\xi} - \frac{a_{,\theta}N_\xi}{ab} + \frac{K_\theta}{R_\theta} + q_\theta = 0,\\
&\frac{(bK_\xi)_{,\xi}}{ab} + \frac{(aK_\theta)_{,\theta}}{ab} - \frac{N_\xi}{R_\xi} - \frac{N_\theta}{R_\theta} + q = 0;\\
&abK_\xi(M_\xi, M_\theta, H) = (bM_\xi)_{,\xi} - M_\theta b_{,\xi} + (a^2H)_{,\theta}/a\\
&abK_\theta(M_\xi, M_\theta, H) = (aM_\theta)_{,\theta} - M_\xi a_{,\theta} + (b^2H)_{,\xi}/b
\end{aligned}\right\} \tag{1.64}$$

Auch bei der Linearisierung von Kompatibilitätsgleichungen kommt es auf die Krümmungen an. Die gängige Behauptung – es sei unerläßlich, daß die Verschiebungen klein gegen die Wanddicke bleiben – widerspricht den Tatsachen. Z. B. kann die Rohrbiegung linear verlaufen bei Verschiebungen, die ein Mehrfaches der Wanddicke betragen.

1.6 Verformungsenergie

Bei der Ermittlung der elastischen Energie, die im weiteren zur Ableitung der Elastizitätsgleichungen und Randbedingungen verwendet wird, müssen alle Hypothesen der Theorie dünner Schalen eingebracht werden.

1.6.1 Hookesches Gesetz

Die vereinfachten Beziehungen des Hookeschen Gesetzes sind in den Gln. (1.47) dargestellt. Nach den Spannungen aufgelöst lauten diese

$$\sigma_\xi = b_\xi e_\xi + b_\nu e_\theta, \qquad \sigma_\theta = b_\theta e_\theta + b_\nu e_\xi, \qquad \sigma_{\xi\theta} = G e_{\xi\theta}. \tag{1.65}$$

Für ein *isotropes* Material nehmen diese Beziehungen die Form

$$\sigma_\xi = \frac{E}{1-\nu^2}(e_\xi + \nu e_\theta), \qquad \sigma_\theta = \frac{E}{1-\nu^2}(e_\theta + \nu e_\xi), \qquad \sigma_{\xi\theta} = G e_{\xi\theta} \tag{1.66}$$

$$(\sigma_{\xi\theta} = \sigma_{\theta\xi},\ e_{\xi\theta} = e_{\theta\xi})$$

an; es gilt für diesen Fall

$$b_\xi = b_\theta = \frac{E}{1-\nu^2}, \qquad \nu_{\theta\xi} = \nu_{\xi\theta} = \nu, \qquad b_\nu = \nu b_\xi. \tag{1.67}$$

1.6.2 Elastische Energie für isotrope homogene Schalen

Die Verzerrungsenergie einer Schale wird durch Integration der spezifischen Energie U nach (1.46) über das gesamte Volumen V der Schale bestimmt

$$U^V = \frac{1}{2}\int_V (\sigma_\xi e_\xi + \sigma_\theta e_\theta + \sigma_{\xi\theta} e_{\xi\theta})\,\mathrm{d}V. \tag{1.68}$$

Für die verwendeten Orthogonalkoordinaten ist das Volumendifferential $\mathrm{d}V$ gleich dem Produkt aus den Längendifferentialen $\mathrm{d}l_\xi$, $\mathrm{d}l_\theta$, $\mathrm{d}\zeta$ der drei Koordinaten. Mit den Formeln (1.53) ergibt das

$$\mathrm{d}V = \mathrm{d}l_\xi \mathrm{d}l_\theta \mathrm{d}\zeta = \left(1 + \frac{\zeta}{R_\xi}\right)\left(1 + \frac{\zeta}{R_\theta}\right) ab\,\mathrm{d}\xi\,\mathrm{d}\theta\,\mathrm{d}\zeta.$$

Die Verzerrungsenergie (1.68) kann damit in eine neue, im weiteren nützliche Form gebracht werden

$$U^V = \iint U ab\,\mathrm{d}\xi\,\mathrm{d}\theta, \tag{1.69}$$

$$U = \frac{1}{2}\int_{-h/2}^{h/2} (\sigma_\xi e_\xi + \sigma_\theta e_\theta + \sigma_{\xi\theta} e_{\xi\theta})\left(1 + \frac{\zeta}{R_\xi}\right)\left(1 + \frac{\zeta}{R_\theta}\right)\mathrm{d}\zeta, \tag{1.70}$$

wobei die Integrationsgrenzen $\zeta = \pm h/2$ der Wahl der Mittelfläche als Referenzfläche der Schale entsprechen.

Wir drücken nun die Flächendichte der Energie U über die Verzerrungsparameter der Referenzfläche $\varepsilon_\xi(\xi, \theta), \ldots, \tau(\xi, \theta)$ aus. Dafür setzen wir in (1.70) die Spannungs- und Verzerrungskomponenten nach (1.66) und (1.54) ein und führen anschließend die Integration über die Schalendicke aus. Wir erhalten nach Vernachlässigung von Termen der relativen Größenordnung h^2/R_ξ^2, h^2/R_θ^2

$$U = \frac{1}{2}\frac{Eh}{1-\nu^2}\left[\varepsilon_\xi^2 + \varepsilon_\theta^2 + 2\nu\varepsilon_\xi\varepsilon_\theta + \frac{1-\nu}{2}\gamma^2\right] + \frac{1}{2}\frac{Eh^3}{12(1-\nu^2)}\left[\varkappa_\xi^2 + \varkappa_\theta^2 + 2\nu\varkappa_\xi\varkappa_\theta + 2(1-\nu)\tau^2\right] + U_c, \tag{1.71}$$

$$U_c = \frac{Eh^3}{12(1-\nu^2)}\left[(\varepsilon_\xi\varkappa_\xi - \varepsilon_\theta\varkappa_\theta)\left(\frac{1}{R_\theta} - \frac{1}{R_\xi}\right) - \frac{1-\nu}{2}\gamma\tau\left(\frac{1}{R_\xi} + \frac{1}{R_\theta}\right)\right]. \tag{1.72}$$

Dieser Ausdruck der elastischen Energie besteht aus drei verschiedenen Teilen. Der erste Term beinhaltet den Energieanteil infolge Dehnung und Schubverzerrung, während der zweite die reine Biegung und Torsion vertritt. Eine besondere Bedeutung kommt dem dritten – *gemischten* – Term U_c zu. Es stellt sich nämlich im folgenden heraus, daß eine wesentliche Vereinfachung der Elastizitätsverhältnisse für dünne Schalen erzielt werden kann, wenn der gemischte Term vernachlässigbar klein ist.

Für den Fall isotroper homogener Schalen ist U_c in der Tat klein. Die einzelnen Glieder von U_c haben die Größenordnung von h/R_ξ oder h/R_θ im Vergleich mit den ersten zwei Termen von U. Um diese Aussage zu beweisen, verwenden wir die Ungleichung $(A - B)^2 \geqslant 0$ oder $A^2 + B^2 \geqslant 2AB$. Im ersten Schritt ersetzen wir in (1.71) die Terme $2\nu\varepsilon_\xi\varepsilon_\theta$, $2\nu\varkappa_\xi\varkappa_\theta$ durch $-\nu(\varepsilon_\xi^2 + \varepsilon_\theta^2)$, $-\nu(\varkappa_\xi^2 + \varkappa_\theta^2)$. Nach der Ungleichung können damit die ersten zwei Glieder von (1.71) nur kleiner geworden sein. Die verminderten Hauptterme von U bestehen nun aus einer Summe von Quadrattermen. Im nächsten Schritt wird die Summe aus den zugeordneten Parametern ε_ξ^2, $\varkappa_\xi^2$ (bzw. ε_θ^2, $\varkappa_\theta^2$ und γ^2, τ^2) von U mit den aus deren Produkten $\varepsilon_\xi\varkappa_\xi$ (bzw. $\varepsilon_\theta\varkappa_\theta$ und $\gamma\tau$) gebildeten Termen von U_c verglichen. Unter Berücksichtigung der bereits erwähnten Ungleichung (z. B. $\varkappa_\xi^2 + 12\varepsilon_\xi^2/h^2 \geqslant 2\sqrt{12}\varkappa_\xi\varepsilon_\xi/h$) erhalten wir die gesuchte Abschätzung von U_c:

$$\frac{|U_c|}{U} \leqslant \max\left\{\frac{1}{1-\nu}\frac{1}{\sqrt{12}}\left|\frac{h}{R_\xi} - \frac{h}{R_\theta}\right|, \frac{1}{\sqrt{48}}\left|\frac{h}{R_\xi} + \frac{h}{R_\theta}\right|\right\}. \tag{1.73}$$

Konsequenterweise muß der gemischte Term U_c in dem Ausdruck (1.71) für die elastische Energie für isotrope homogene Schalen gestrichen werden. Dies führt auf keinen weiteren Fehler in der Theorie dünner Schalen.

1.6.3 Nichthomogene orthotrope Schalen

In der modernen Technik werden Schalen verwendet, die aus zwei oder mehreren Schichten mit unterschiedlichen elastischen Eigenschaften aufgebaut sind. Häufig muß das Rechenschema auch Anisotropie (die elastischen Eigenschaften sind richtungsabhängig) berücksichtigen. Unter bestimmten Voraussetzungen gehören dazu auch Schalen, die durch Rippen versteift sind. Eine einfache Art der Anisotropie stellt die Orthotropie dar, die durch die Gln. (1.47) bzw. (1.65) beschrieben wird.

Es ist einsichtig, daß, solange die Kirchhoffsche Hypothese gilt, die elastischen Eigenschaften einer dünnen Schale denen einer Schale mit bezüglich ζ homogenen elastischen Eigenschaften entsprechen müssen. Die folgende Analyse (s. auch Abschn. 1.7.3) zeigt, daß es in vielen Fällen möglich ist, nichthomogene und orthotrope Schalen nicht viel komplizierter als homogene und isotrope Schalen zu behandeln [7].

Wir betrachten eine Schale aus einem Werkstoff, dessen elastische Eigenschaften durch (1.65) repräsentiert werden. Die Koeffizienten b_ξ, b_θ und b_ν dürfen über das Volumen der Schale variabel sein.

Nach Einführung der Beziehungen (1.65) und (1.54), Integration in ζ über die Schalendicke von ζ_- bis ζ_+ ergibt der Energieausdruck (1.68) die Formel (1.69) mit der Energiedichte

$$\left.\begin{aligned} U &= \frac{1}{2}[B_\xi \varepsilon_\xi^2 + B_\theta \varepsilon_\theta^2 + 2B_\nu \varepsilon_\xi \varepsilon_\theta + B_G \gamma^2 + D_\xi \varkappa_\xi^2 \\ &\quad + D_\theta \varkappa_\theta^2 + 2D_\nu \varkappa_\xi \varkappa_\theta + D_G 4\tau^2] + U_c \\ U_c &= C_\xi \varepsilon_\xi \varkappa_\xi + C_\theta \varepsilon_\theta \varkappa_\theta + C_\nu(\varepsilon_\theta \varkappa_\xi + \varepsilon_\xi \varkappa_\theta) + 2C_G \gamma \tau . \end{aligned}\right\} \quad (1.74)$$

Die elastischen Koeffizienten sind hierbei

$$\begin{bmatrix} B_\xi & B_\theta & B_\nu \\ C_\xi & C_\theta & C_\nu \\ D_\xi & D_\theta & D_\nu \end{bmatrix} = \int_{\zeta_-}^{\zeta_+} \begin{bmatrix} 1 \\ \zeta \\ \zeta^2 \end{bmatrix} \left[b_\xi \frac{\alpha_\theta}{\alpha_\xi} \quad b_\theta \frac{\alpha_\xi}{\alpha_\theta} \quad b_\nu \right] \mathrm{d}\zeta, \quad \alpha_i = 1 + \frac{\zeta}{R_i}, \quad i = \xi, \theta$$

$$[B_G \quad C_G \quad D_G] = \int_{\zeta_-}^{\zeta_+} \left[1 \quad \zeta + \frac{\zeta^2}{2R_\xi} + \frac{\zeta^2}{2R_\theta} \quad \zeta^2 + \frac{\zeta^3}{R_\xi} + \frac{\zeta^3}{R_\theta} \right] \frac{G}{\alpha_\xi \alpha_\theta} \mathrm{d}\zeta . \quad (1.75)$$

Im Gegensatz zu den homogenen Schalen, die im vorhergehenden Abschnitt diskutiert worden sind, ist es sinnvoll, der Referenzfläche eine für die Berechnung vorteilhaftere Lage als diejenige der Mittelfläche zuzuweisen. – Ihre Wahl kann dem Zweck dienen, die elastische Energie durch Beseitigung des Terms U_c zu vereinfachen und damit auf eine Form zu reduzieren, die mit der für homogene Schalen übereinstimmt.

Wenn für bestimmte Fälle dieses Ziel nicht vollständig zu erreichen ist, ist es trotzdem möglich, den Teil von U_c zu beseitigen, der für die Lösung spezieller Probleme unbequem ist.

Der Term U_c kann für beliebige nichthomogene Schalen unter der Bedingung beseitigt werden, daß der Poissonkoeffizient ν, mindestens näherungsweise konstant über die Schalendicke ist. Dieser Fall wird charakterisiert durch elastische Koeffizienten von (1.65), für die gilt

$$b_\xi = b_\theta = \frac{E(\xi, \theta, \zeta)}{1 - \nu^2}, \qquad b_\nu = \nu b_\xi, \qquad G = \frac{1 - \nu}{2} b_\xi . \quad (1.76)$$

$$\nu \cong \nu(\xi, \theta) .$$

Unter diesen Bedingungen wird der Term U_c durch Festlegung der Referenzfläche – durch Bestimmung der Seitenflächenkoordinaten ζ_- oder ζ_+ gemäß der folgenden Gleichung

$$\int_{\zeta_-}^{\zeta_+} \frac{E\zeta}{1 - \nu^2} \mathrm{d}\zeta = 0 \qquad (\zeta_+ - \zeta_- = h) \quad (1.77)$$

vernachlässigbar.

1.7 Elastizitätsbeziehungen

Die Beziehungen zwischen den Spannungs- und Verzerrungsresultierenden und auch (im nächsten Abschn. 1.8) die Randbedingungen der dünnen Schalen werden über das Prinzip der virtuellen Arbeiten abgeleitet.

1.7.1 Die virtuelle Arbeit

Die Arbeit aller äußeren und inneren Kräfte eines Gleichgewichtszustandes ist bei einer virtuellen Verschiebung gemäß dem Basisprinzip der Mechanik gleich Null:

$$\delta A - \delta U^V = 0 . \tag{1.78}$$

Hier bezeichnet δA die virtuelle Arbeit der äußeren Kräfte; δU^V ist die Variation der elastischen Energie und $-\delta U^V$ demzufolge die virtuelle Arbeit der inneren Kräfte.

Die äußeren Kräfte $\boldsymbol{p}$ und $\boldsymbol{f}$, verteilt über das Volumen V bzw. über die Oberfläche Π des Körpers (im vorliegenden Fall – Schale), erzeugen bei der virtuellen Verschiebung $\delta \boldsymbol{U}$ die Arbeit

$$\delta A = \int_V \boldsymbol{p} \cdot \delta \boldsymbol{U} \,\mathrm{d}V + \int_\Pi \boldsymbol{f} \cdot \delta \boldsymbol{U} \,\mathrm{d}\Pi . \tag{1.79}$$

Wir drücken nun, mit Hilfe der früher abgeleiteten Gleichgewichtsbedingungen, der Verschiebungs-Verzerrungs-Beziehungen und der Kirchhoffschen Hypothese, die virtuelle Arbeit δA über die Spannungsresultierenden $N_\xi, \ldots, H$ und die Variationen der Verformungsparameter $\varepsilon_\xi, \ldots, \tau$ der Referenzfläche aus.

Gemäß der Normalenhypothese kann für eine dünne Schale die virtuelle Verschiebung $\delta \boldsymbol{U}(\xi, \theta, \zeta)$ durch die virtuelle Verschiebung $\delta \boldsymbol{u}(\xi, \theta)$ der Referenzfläche und deren virtuelle Drehung $\delta \boldsymbol{\vartheta}(\xi, \theta)$ dargestellt werden. Da $\delta \boldsymbol{\vartheta}$ gemäß der Annahme auch die Drehung der Normalen ist und diese virtuelle Drehung infinitesimal klein ist, erzeugt sie eine Verschiebung des Punktes $M(\xi, \theta, \zeta)$ gegen den Punkt $M(\xi, \theta, 0)$ gleich $\delta \boldsymbol{\vartheta} \times \boldsymbol{n}^* \zeta$. Die virtuelle Verschiebung des Punktes M ist somit als Summe aus der Verschiebung $\delta \boldsymbol{u}$ und der Drehung der Normalen darstellbar

$$\delta \boldsymbol{U} = \delta \boldsymbol{u} + \delta \boldsymbol{\vartheta} \times \boldsymbol{n}^* \zeta .$$

Wir führen diesen Ausdruck in Gl. (1.79) ein. Nach Integration über die Schalendicke und Verwendung der Bezeichnungen $\boldsymbol{q}$, $\boldsymbol{m}$, eingeführt im Abschn. 1.5.1 für die äußere Belastung pro Flächeneinheit der Referenzfläche, nimmt die Gl. (1.79) die Form

$$\delta A = \iint (\boldsymbol{q} \cdot \delta \boldsymbol{u} + \boldsymbol{m} \cdot \delta \boldsymbol{\vartheta}) a b \,\mathrm{d}\xi \,\mathrm{d}\theta + \oint (\boldsymbol{N}^f \cdot \delta \boldsymbol{u} + \boldsymbol{M}^f \cdot \delta \boldsymbol{\vartheta}) \,\mathrm{d}s \tag{1.80}$$

an.

Der Leser wird leicht die Ausdrücke von $\boldsymbol{q}$ und $\boldsymbol{m}$ über die Belastungsintensitäten ableiten können. (Diese Formeln werden aber im folgenden nicht gebraucht.)

Der zweite Term von δA ist die virtuelle Arbeit der Kräfte $\boldsymbol{f} \,\mathrm{d}\Pi$, die auf den Randflächen der Schale angreifen. Dieser Term ist ein Integral über die Randkonturlinie (s) der Referenzfläche der Schale. Die in (1.80) eingeführten Variablen $\boldsymbol{N}^f$, $\boldsymbol{M}^f$ sind die Kraft- und Momentenresultierenden der äußeren Kräfte pro Einheitslänge der Randkonturlinie (s). Die Formeln, die $\boldsymbol{N}^f$, $\boldsymbol{M}^f$ über $\boldsymbol{f}$ bestimmen, können ohne Schwierigkeiten abgeleitet werden.

Mit den Ausdrücken von $\boldsymbol{q}$ und $\boldsymbol{m}$ über die Spannungsresultierenden aus den Gleichgewichtsbedingungen (1.57) wird die Gl. (1.80) zu:

$$\delta A = -\iint\{[(b\boldsymbol{N}_\xi)_{,\xi} + (a\boldsymbol{N}_\theta)_{,\theta}] \cdot \delta\boldsymbol{u} + [(b\boldsymbol{M}_\xi)_{,\xi} + (a\boldsymbol{M}_\theta)_{,\theta} + a^*\boldsymbol{t}_\xi^* \times b\boldsymbol{N}_\xi + b^*\boldsymbol{t}_\theta^* \times a\boldsymbol{N}_\theta] \cdot \delta\boldsymbol{\vartheta}\}\,\mathrm{d}\xi\,\mathrm{d}\theta + \oint(\boldsymbol{N}^f \cdot \delta\boldsymbol{u} + \boldsymbol{M}^f \cdot \delta\boldsymbol{\vartheta})\,\mathrm{d}s\,.$$

Die vier Terme mit den Ableitungen $(b\boldsymbol{N}_\xi)_{,\xi}, \ldots$ werden nun durch partielle Integrationen, wie zum Beispiel

$$-\iint(b\boldsymbol{N}_\xi)_{,\xi} \cdot \delta\boldsymbol{u}\,\mathrm{d}\xi\,\mathrm{d}\theta = -\oint b\boldsymbol{N}_\xi \cdot \delta\boldsymbol{u}\,\mathrm{d}\theta + \iint\boldsymbol{N}_\xi \cdot (\delta\boldsymbol{u})_{,\xi}\,b\,\mathrm{d}\xi\,\mathrm{d}\theta,$$

eliminiert.

Damit und mit den Gln. (1.59) für die Spannungsresultierenden $\boldsymbol{N}_\nu$, $\boldsymbol{M}_\nu$ in einem Schnitt entlang der Randkontur (s) $(\boldsymbol{N}_\xi b\,\mathrm{d}\theta - \boldsymbol{N}_\theta a\,\mathrm{d}\xi = \boldsymbol{N}_\nu \mathrm{d}s, \boldsymbol{M}_\xi b\,\mathrm{d}\theta - \boldsymbol{M}_\theta a\,\mathrm{d}\xi = \boldsymbol{M}_\nu \mathrm{d}s)$ sowie mit dem Vertauschungssatz für das Spatprodukt $(\boldsymbol{t}_\xi^* \times \boldsymbol{N}_\xi) \cdot \delta\boldsymbol{\vartheta} = \boldsymbol{t}_\xi^* \cdot (\boldsymbol{N}_\xi \times \delta\boldsymbol{\vartheta})$ nimmt die virtuelle Arbeit die Form

$$\delta A = \iint\left\{\boldsymbol{N}_\xi \cdot \left[\frac{1}{a}(\delta\boldsymbol{u})_{,\xi} + \frac{a^*}{a}\boldsymbol{t}_\xi^* \times \delta\boldsymbol{\vartheta}\right] + \boldsymbol{N}_\theta \cdot \left[\frac{(\delta\boldsymbol{u})_{,\theta}}{b} + \frac{b^*}{b}\boldsymbol{t}_\theta^* \times \delta\boldsymbol{\vartheta}\right] + \boldsymbol{M}_\xi \cdot \frac{(\delta\boldsymbol{\vartheta})_{,\xi}}{a} + \boldsymbol{M}_\theta \cdot \frac{(\delta\boldsymbol{\vartheta})_{,\theta}}{b}\right\} ab\,\mathrm{d}\xi\,\mathrm{d}\theta + J_s; \tag{1.81}$$

$$J_s = \oint[(\boldsymbol{N}^f - \boldsymbol{N}_\nu) \cdot \delta\boldsymbol{u} + (\boldsymbol{M}^f - \boldsymbol{M}_\nu) \cdot \delta\boldsymbol{\vartheta}]\,\mathrm{d}s \tag{1.82}$$

an.

Die Kofaktoren bei $\boldsymbol{N}_\xi$, $\boldsymbol{N}_\theta$, $\boldsymbol{M}_\xi$ und $\boldsymbol{M}_\theta$ in (1.81) werden als Variationen $\delta\boldsymbol{\varepsilon}_\xi$, $\delta\boldsymbol{\varepsilon}_\theta$, $\delta\boldsymbol{\varkappa}_\xi$, $\delta\boldsymbol{\varkappa}_\theta$ der Verzerrungsresultierenden leicht erkannt. Sie entsprechen den (kleinen) virtuellen Verschiebungen $\delta\boldsymbol{u}$, $\delta\boldsymbol{\vartheta}$ der Schale von ihrer deformierten Gestalt aus. In der Tat können auf demselben Wege, der auf die Beziehungen (1.39), (1.41) geführt hat, aber vom deformierten Zustand der Schale aus, die folgenden Formeln abgeleitet werden

$$\begin{aligned} \delta\boldsymbol{\varepsilon}_\xi &= \frac{1}{a}(\delta\boldsymbol{u})_{,\xi} + \frac{a^*}{a}\boldsymbol{t}_\xi^* \times \delta\boldsymbol{\vartheta} = \boldsymbol{t}_\xi'\,\delta\varepsilon_\xi + \boldsymbol{t}_\theta'\,\delta\frac{\gamma}{2}, \\ \frac{1}{a}(\delta\boldsymbol{\vartheta})_{,\xi} &= -\boldsymbol{t}_\xi'\,\delta\tau_\xi + \boldsymbol{t}_\theta'\,\delta\varkappa_\xi + \boldsymbol{n}^*\delta\lambda_\xi\,. \end{aligned} \tag{1.83}$$

Wir führen diese Beziehungen und die Komponentendarstellungen (1.58) für die Spannungsresultierenden in die Gl. (1.81) ein und erhalten

$$\delta A = \iint(N_\xi\delta\varepsilon_\xi + S_\xi\delta\frac{\gamma}{2} + N_\theta\delta\varepsilon_\theta + S_\theta\delta\frac{\gamma}{2} + M_\xi\delta\varkappa_\xi + H_\xi\delta\tau_\xi + M_\theta\delta\varkappa_\theta + H_\theta\delta\tau_\theta)ab\,\mathrm{d}\xi\,\mathrm{d}\theta + J_s\,. \tag{1.84}$$

Der letzte Schritt besteht darin, in δA die vier Schubspannungsresultierenden über S, H und die Verzerrungsresultierenden $\delta\tau_\xi$, $\delta\tau_\theta$ über $\delta\tau$ auszudrücken.

Mit den Formeln (1.62) und den Beziehungen

$$\delta\tau_\xi = \delta\tau - \delta\left(\frac{\gamma}{2R_\xi'}\right) \approx \delta\tau - \frac{\delta\gamma}{2R_\xi}, \qquad \delta\tau_\theta = \ldots$$

entsprechend zu (1.36) kann die Arbeit der äußeren Kräfte bei den virtuellen Verschiebungen durch die Formel

$$\delta A = \iint (N_\xi \delta\varepsilon_\xi + N_\theta \delta\varepsilon_\theta + S\delta\gamma + M_\xi \delta\varkappa_\xi + M_\theta \delta\varkappa_\theta + 2H\delta\tau) ab\,\mathrm{d}\xi\,\mathrm{d}\theta + J_s \tag{1.85}$$

bestimmt werden.

Dies ist ein Ausdruck, der bereits von allgemein unbedeutenden nichtlinearen Termen befreit ist. Die vollständige Formel für δA folgt aus (1.84) mit den komplizierteren Beziehungen für S_ξ, S_θ, τ_ξ und τ_θ, die von den sechsten Gleichungen in (1.35), (1.60) stammen. Die unverkürzte Formel lautet

$$\begin{aligned}\delta A = \iint \Big[& (N_\xi + H_\xi \tau_\theta)\delta\varepsilon_\xi + (N_\theta + H_\theta \tau_\xi)\delta\varepsilon_\theta \\ & + \left(S + M_\xi \frac{\tau_\xi}{2} + M_\theta \frac{\tau_\theta}{2}\right)\delta\gamma \\ & + \left(M_\xi - H_\xi \frac{\gamma}{2}\right)\delta\varkappa_\xi + \left(M_\theta - H_\theta \frac{\gamma}{2}\right)\delta\varkappa_\theta + 2H\delta\tau \Big] ab\,\mathrm{d}\xi\,\mathrm{d}\theta + J_s .\end{aligned}$$

Die in Gl. (1.85) vernachlässigten Terme sind offenbar in den meisten Fällen von der Größenordnung $\tau_\xi h$, γ, $\tau_\theta h$, d.h. lediglich von der Größenordnung der Verzerrungskomponenten.

1.7.2 Elastizitätsbeziehungen für isotrope homogene Schalen

Wenden wir uns nun der Variationsgleichung (1.78) $\delta A - \delta U^V = 0$ zu. Die elastische Energie U^V ist nach (1.71) oder (1.74) eine Funktion der sechs Verzerrungsparameter der Referenzfläche. Dementsprechend ist ihre Variation:

$$\begin{aligned}\delta U^V = \iint \Bigg(& \frac{\partial U}{\partial \varepsilon_\xi}\delta\varepsilon_\xi + \frac{\partial U}{\partial \varepsilon_\theta}\delta\varepsilon_\theta + \frac{\partial U}{\partial \gamma}\delta\gamma \\ & + \frac{\partial U}{\partial \varkappa_\xi}\delta\varkappa_\zeta + \frac{\partial U}{\partial \varkappa_\theta}\delta\varkappa_\theta + \frac{\partial U}{\partial \tau}\delta\tau \Bigg) ab\,\mathrm{d}\xi\,\mathrm{d}\theta .\end{aligned}$$

Mit dem Ausdruck (1.85) für δA wird die Gleichung der virtuellen Arbeiten (1.78) zu

$$\begin{aligned}\iint \Bigg[& \left(N_\xi - \frac{\partial U}{\partial \varepsilon_\xi}\right)\delta\varepsilon_\xi + \left(N_\theta - \frac{\partial U}{\partial \varepsilon_\theta}\right)\delta\varepsilon_\theta + \left(S - \frac{\partial U}{\partial \gamma}\right)\delta\gamma + \left(M_\xi - \frac{\partial U}{\partial \varkappa_\xi}\right)\delta\varkappa_\xi \\ & + \left(M_\theta - \frac{\partial U}{\partial \varkappa_\theta}\right)\delta\varkappa_\theta + \left(2H - \frac{\partial U}{\partial \tau}\right)\delta\tau \Bigg] ab\,\mathrm{d}\xi\,\mathrm{d}\theta + J_s = 0 .\end{aligned} \tag{1.86}$$

Die Variationen der Verzerrungsparameter $\delta\varepsilon_\xi, \ldots, \delta\tau$ sind willkürliche Funktionen der zwei Flächenkoordinaten.

Um die Gleichung zu erfüllen, müssen die Koeffizienten der Verzerrungsparametervariationen gleich Null sein. Das ergibt Formeln für die sechs Spannungsresultierenden. Mit der elastischen Energie nach Gl. (1.71) lauten die Formeln:

$$
\begin{aligned}
N_\xi &= B(\varepsilon_\xi + \nu\varepsilon_\theta) + D\left(\frac{1}{R_\theta} - \frac{1}{R_\xi}\right)\varkappa_\xi, \qquad N_\theta = \ldots, \\
M_\xi &= D(\varkappa_\xi + \nu\varkappa_\theta) + D\left(\frac{1}{R_\theta} - \frac{1}{R_\xi}\right)\varepsilon_\xi, \qquad M_\theta = \ldots, \\
S &= Gh\gamma - \frac{Gh^3}{12}\left(\frac{1}{R_\xi} + \frac{1}{R_\theta}\right)\tau, \\
H &= \frac{Gh^3}{12}2\tau - \frac{Gh^3}{12}\left(\frac{1}{R_\xi} + \frac{1}{R_\theta}\right)\frac{\gamma}{2}, \\
B &= \frac{Eh}{1-\nu^2}, \qquad D = \frac{Eh^3}{12(1-\nu^2)}.
\end{aligned}
\tag{1.87}
$$

Wenn der gemischte Term U_c in der elastischen Energie (1.71) vernachlässigt wird, werden die Elastizitätsbeziehungen erheblich einfacher:

$$
\begin{aligned}
N_\xi &= B(\varepsilon_\xi + \nu\varepsilon_\theta), \qquad & M_\xi &= D(\varkappa_\xi + \nu\varkappa_\theta), \\
N_\theta &= B(\varepsilon_\theta + \nu\varepsilon_\xi), \qquad & M_\theta &= D(\varkappa_\theta + \nu\varkappa_\xi), \\
S &= Gh\gamma = (1-\nu)B\frac{\gamma}{2}, \qquad & H &= (Gh^3/12)2\tau = (1-\nu)D\tau.
\end{aligned}
\tag{1.88}
$$

Die andere Form dieser Grundgleichungen der Theorie, aufgelöst nach Verzerrungsparametern, ist

$$
\begin{aligned}
\varepsilon_\xi Eh &= N_\xi - \nu N_\theta, \qquad & \varkappa_\xi Eh^3/12 &= M_\xi - \nu M_\theta, \\
\varepsilon_\theta Eh &= N_\theta - \nu N_\xi, \qquad & \varkappa_\theta Eh^3/12 &= M_\theta - \nu M_\xi, \\
\gamma Eh &= (1+\nu)2S, \qquad & \tau Eh^3/12 &= (1+\nu)H.
\end{aligned}
\tag{1.89}
$$

1.7.3 Nichthomogene orthotrope Schalen

Für ein orthotropes Schalenmaterial, dessen mit den Koordinaten ξ, θ, ζ variierende elastische Eigenschaften durch die Gln. (1.65) und mit der elastischen Energie (1.74) beschrieben werden, ergeben sich kompliziertere Elastizitätsverhältnisse. Aus (1.86) folgt unter Beachtung des Energieausdruckes (1.74):

$$
\begin{bmatrix} N_\xi \\ N_\theta \\ M_\xi \\ M_\theta \end{bmatrix} = \begin{bmatrix} B_\xi & B_\nu & C_\xi & C_\nu \\ B_\nu & B_\theta & C_\nu & C_\theta \\ C_\xi & C_\nu & D_\xi & D_\nu \\ C_\nu & C_\theta & D_\nu & D_\theta \end{bmatrix} \begin{bmatrix} \varepsilon_\xi \\ \varepsilon_\theta \\ \varkappa_\xi \\ \varkappa_\theta \end{bmatrix}, \qquad \begin{aligned} S &= B_G\gamma + C_G 2\tau, \\ H &= C_G\gamma + D_G 2\tau. \end{aligned}
\tag{1.90}
$$

Die elastischen Koeffizienten $B_\xi, \ldots, D_\theta$ sind durch die Gl. (1.75) bestimmt.

Die Terme der Gln. (1.90) mit den Faktoren C_ξ, C_θ, C_ν, C_G erschweren die Lösung von Schalenproblemen erheblich. Wenn die elastischen Eigenschaften konstant sind oder symmetrisch in bezug auf die Mittelfläche variieren und die Referenzfläche mit der Mittelfläche übereinstimmt, werden alle C-Glieder der Gln. (1.90) vernachlässigbar klein. Die elastischen Beziehungen (1.90) werden beinahe so einfach wie für homogene isotrope Schalen [10]

$$\begin{aligned} N_\xi &= B_\xi \varepsilon_\xi + B_\nu \varepsilon_\theta, & M_\xi &= D_\xi \varkappa_\xi + D_\nu \varkappa_\theta, \\ N_\theta &= B_\theta \varepsilon_\theta + B_\nu \varepsilon_\xi, & M_\theta &= D_\theta \varkappa_\theta + D_\nu \varkappa_\xi, \\ S &= B_G \gamma, & H &= D_G 2\tau. \end{aligned} \tag{1.91}$$

Aufgelöst nach den Verzerrungsparametern haben die Elastizitätsbeziehungen für orthotrope Schalen die Form:

$$\begin{aligned} \varepsilon_\xi &= B'_\xi N_\xi - B'_\nu N_\theta, & \varkappa_\xi &= D'_\xi M_\xi - D'_\nu M_\theta, \\ \varepsilon_\theta &= B'_\theta N_\theta - B'_\nu N_\xi, & \varkappa_\theta &= D'_\theta M_\theta - D'_\nu M_\xi, \\ \gamma &= B'_G S, & 2\tau &= D'_G H. \end{aligned} \tag{1.92}$$

Aber auch für viele Schalenprobleme, bei denen die elastischen Eigenschaften über die Schalendicke unsymmetrisch variieren, ist es möglich, die Elastizitätsbeziehungen (1.90) auf die einfache Form (1.91) bzw. (1.92) zu reduzieren. Die dazu notwendige Minimierung des gemischten U_c-Terms der elastischen Energie wird durch die Wahl der Lage der Referenzfläche gemäß Gl. (1.77) erlangt.

Die in dieser Weise vereinfachten Elastizitätsgleichungen können in einer Form geschrieben werden, die sich nur unbedeutend von den Gleichungen der homogenen Schale unterscheidet. Der Unterschied besteht darin, daß zwei verschiedene, reduzierte Poissonkoeffizienten ν' und ν'' – für Membran- bzw. Biegedeformation – auftreten:

$$\begin{aligned} N_\xi &= B(\varepsilon_\xi + \nu' \varepsilon_\theta), & N_\theta &= B(\varepsilon_\theta + \nu' \varepsilon_\xi), & S &= \frac{1-\nu'}{2} B\gamma, \\ M_\xi &= D(\varkappa_\xi + \nu'' \varkappa_\theta), & M_\theta &= D(\varkappa_\theta + \nu'' \varkappa_\xi), & H &= (1-\nu'') D\tau, \end{aligned} \tag{1.93}$$

$$[B \quad \nu' B \quad D \quad \nu'' D] = \int_{\zeta_-}^{\zeta_+} [1 \quad \nu \quad \zeta^2 \quad \nu\zeta^2] \frac{E}{1-\nu^2} \mathrm{d}\zeta .$$

Der Fehler dieser Gleichungen (entstanden durch die Vernachlässigung der C-Terme) ist von der Größenordnung $|U_c|/U$. Wenn der Poissonkoeffizient konstant ist oder E und ν symmetrisch bezüglich der Mittelfläche variieren, können die Gleichungen des Typs (1.93) ebenso exakt wie die vollen Gln. (1.90) sein.

Somit können die Lösungen für die homogenen isotropen Schalen auf nichthomogene Schalen sinngemäß übertragen werden. Die Variation von ν führt in der Regel auf keine Schwierigkeiten bei der Vereinfachung der Elastizitätsbeziehungen. Der Poissonkoeffizient ν variiert auch bei sehr verschiedenen Werkstoffen (mit unterschiedlichen E-Werten) meistens nur mäßig. Auch ist der Einfluß der Temperaturänderung auf den ν-Wert gering. (Im Gegensatz dazu hängt der Wert des Elastizitätsmoduls stark von der Temperatur ab.) Darüberhinaus sind die aktuellen ν-Werte gewöhnlich nicht genau bekannt. – Die möglichen Abweichungen von den aktuellen Werten von ν sind meistens von derselben Größenordnung wie die Variation der anzusetzenden Funktion $\nu = \nu(\xi, \theta, \zeta)$. In allen solchen Fällen hätte das Beibehalten der (minimierten) C-Terme in den Elastizitätsbeziehungen eine dubiose Steigerung der Genauigkeit dargestellt.

Noch eine Bemerkung zur Wahl der Referenzfläche. Die Reduktion der Spannungsresultierenden auf eine andere Referenzfläche ändert keine der Relationen der Geometrie, der Verformung oder des Gleichgewichts eines Elementes der Schale. Es ist für diese Beziehungen egal, ob die Referenzfläche mit der Mittelfläche der Schale übereinstimmt oder nicht.

1.7.4 Spannungen

Wenn die Verzerrungskomponenten in einem Punkt des Schalenraumes bestimmt sind, können über das Hookesche Gesetz auch die Spannungen berechnet werden. Betrachten wir kurz die entsprechenden Formeln für isotrope homogene Schalen.

Mit (1.55) und (1.66) ergeben sich die Spannungen zu

$$\sigma_\xi = \frac{E}{1-\nu^2}[\varepsilon_\xi + \nu\varepsilon_\theta + \zeta(\varkappa_\xi + \nu\varkappa_\theta)]\,, \qquad \sigma_{\xi\theta} = \sigma_{\theta\xi} = G(\gamma + 2\zeta\tau)\,,$$
$$\sigma_\theta = \frac{E}{1-\nu^2}[\varepsilon_\theta + \nu\varepsilon_\xi + \zeta(\varkappa_\theta + \nu\varkappa_\xi)]\,. \tag{1.94}$$

In diesen Beziehungen werden die Verzerrungen und Krümmungsänderungen mittels der Gln. (1.89) durch die Schnittlasten ersetzt, womit schließlich die Spannungen zu

$$\sigma_\xi = \frac{N_\xi}{h} + \zeta\frac{M_\xi}{h^3/12}\,, \qquad \sigma_\theta = \frac{N_\theta}{h} + \zeta\frac{M_\theta}{h^3/12}\,, \qquad \sigma_{\xi\theta} = \sigma_{\theta\xi} = \frac{S}{h} + \zeta\frac{H}{h^3/12} \tag{1.95}$$

erhalten werden. Die maximalen Werte der Spannungen treten nach den Formeln (1.94) bzw. (1.95) in den Punkten $\zeta = \pm h/2$ auf.

Die Formeln für die Spannungen in nichthomogenen und orthotropen Schalen sind ähnlich zu den hier angegebenen. Sie folgen aus den Gln. (1.55), (1.65) und (1.90) oder (1.92). Bei der Berechnung muß natürlich berücksichtigt werden, daß die Referenzfläche ($\zeta = 0$) mit der Mittelfläche nicht zusammenfallen muß.

1.7.5 Elastizitätsbeziehungen für S_ξ, S_θ, H_ξ, H_θ

Die Schubspannungen $\sigma_{\xi\theta} = \sigma_{\theta\xi}$ können in der Schalentheorie über die Parameter S, H vertreten werden: Nur S und H, nicht die Resultierenden S_ξ, S_θ, H_ξ, H_θ (siehe Bild 1.8), treten in den Elastizitätsgleichungen (1.87) bis (1.93) auf. Das Gleichgewicht eines Schalenelementes sowie die Randbedingungen (s. Abschn. 1.8) können auch mit S, H statt mit den vier Resultierenden S_ξ, S_θ, H_ξ, H_θ der Schubspannungen formuliert werden.

Die vier Größen S_ξ, S_θ, H_ξ, H_θ haben einen direkten mechanischen Sinn als Komponenten der Schnittkräfte und Schnittmomente. Es ist schon deswegen wünschenswert, die vier Resultierenden in der Schalenanalyse beizubehalten. Dazu reicht es, den Satz der Schalengleichungen mit einer Beziehung zwischen H_ξ und H_θ oder mit Elastizitätsbeziehungen für die Torsionsmomente H_ξ und H_θ zu vervollständigen. Die Schnittkräfte S_ξ, S_θ lassen sich dann über S, H_ξ, H_θ mit Hilfe der Formeln (1.62) oder der sechsten Gleichung von (1.60) ausdrücken.

Für eine homogene Schale ist die fehlende Beziehung äußerst einfach: Die Torsionsmomente H_ξ, H_θ sind einander nahezu gleich. Um diese Behauptung zu verifizieren, drücken wir die Torsionsmomente H_ξ, H_θ über die Verwindung τ und die Schubverzerrung γ aus. Dafür ermitteln wir zuerst das Torsionsmoment $H_\theta \mathrm{d}s_\xi$ als das resultierende Moment der Spannungen, die auf dem Abschnitt $\mathrm{d}s_\xi$ im Querschnitt θ = const wirken (s. Bild 1.2). Für den Normalfall $1/R_{\theta\xi} = 1/R_{\xi\theta} = 0$ ist die Schnittfläche nahezu eben (s. Abschn. 1.2.3).

Das Torsionsmoment ergibt sich als Summe aus den Momenten der Schubkräfte, die auf den Elementenflächen $\mathrm{d}l_\xi \mathrm{d}\zeta$ wirken, zu

$$H_\theta \mathrm{d}s_\xi = \int_{-h/2}^{h/2} \zeta \sigma_{\theta\xi} \mathrm{d}l_\xi \mathrm{d}\zeta .$$

Mit den Schubspannungen $\sigma_{\theta\xi}$ als Funktion der Verzerrungsparameter γ, τ nach Gl. (1.66) und (1.54) und $\mathrm{d}l_\xi$ nach der Formel (1.53) erhält man

$$H_\theta \mathrm{d}s_\xi = G \int_{-h/2}^{h/2} \left[\gamma + \zeta 2\tau + \zeta^2 \tau \left(\frac{1}{R_\xi} + \frac{1}{R_\theta} \right) \right] \frac{\mathrm{d}s_\xi}{1 + \zeta/R_\theta} \zeta \mathrm{d}\zeta .$$

Nach Integration über die Schalendicke und Vernachlässigung der Terme von der Größenordnung $h^2/R_\xi R_\theta$ folgt die Formel für H_θ. Eine analoge Elastizitätsbeziehung resultiert für H_ξ:

$$H_\theta = \frac{Gh^3}{12} \left(2\tau - \frac{\gamma}{R_\theta} \right), \qquad H_\xi = \frac{Gh^3}{12} \left(2\tau - \frac{\gamma}{R_\xi} \right). \tag{1.96}$$

Mit diesem Ergebnis kann festgestellt werden, daß in den Gleichgewichtsgleichungen für ein Schalenelement die Größen H_ξ, H_θ dem Parameter $H = (H_\xi + H_\theta)/2$ einfach gleichgesetzt werden dürfen. Denn in der Tat folgt aus (1.96) und $\gamma = S/Gh$ nach (1.88)

$$H_\xi - H_\theta = S \frac{h}{12} \left(\frac{h}{R_\theta} - \frac{h}{R_\xi} \right). \tag{1.97}$$

Das Einbringen von $H_\xi = H + (H_\xi - H_\theta)/2$, $H_\theta = H + (H_\theta - H_\xi)/2$ in die Gl. (1.60) zeigt, daß $H_\xi = H_\theta = H$ mit relativen Fehlern von lediglich $h/\mathrm{R}_{\min}$ gesetzt werden kann. Mit $H_\xi = H_\theta = H$ ergibt die sechste Gleichgewichtsbeziehung von (1.60) oder von (1.62) Ausdrücke für S_ξ, S_θ, über S, H. Damit können die Elastizitätsbeziehungen (1.88) durch die folgenden Formeln ergänzt werden

$$\begin{gathered} H_\xi = H_\theta = H = (1 - \nu) D \tau , \\ S_\xi = Gh \left(\gamma + \frac{\tau h^2}{6 R_\theta} \right), \qquad S_\theta = Gh \left(\gamma + \frac{\tau h^2}{6 R_\xi} \right). \end{gathered} \tag{1.98}$$

Die Gln. (1.98) und (1.36) zwischen S_ξ, S_θ und S sowie zwischen τ_ξ, τ_θ und τ zeigen, daß meistens eine weitere Vereinfachung möglich ist. Die Terme, die die Differenz zwischen S_ξ, S_θ und S oder τ_ξ, τ_θ und τ bestimmen, enthalten die Faktoren h/R_ξ, h/R_θ. Für dünne Schalen ist die Differenz klein. Hieraus folgt, daß es möglich ist, die Elastizitätsgleichungen (1.88), (1.89) mit

$$S_\xi = S_\theta = S, \qquad H_\xi = H_\theta = H, \qquad \tau_\xi = \tau_\theta = \tau \tag{1.99}$$

zu verwenden.

Die Gln. (1.88), (1.89) mit (1.99) sind bekannt als die Lovesche*) erste Approximation

*) A. E. H. Love (1863 – 1940). Studium an der Universität Cambridge. Professur in Cambridge (1887 – 1899) und Oxford (1899 – 1940). In seiner Arbeit [91] und später in der klassischen Monographie [92] formulierte A. E. H. Love die Grundgleichungen der allgemeinen Schalentheorie, die diese Theorie noch z. Z. wesentlich prägen. Dabei wurde die Theorie auf der Basis der Kirchhoffschen Plattentheorie und der Pionierarbeit von H. Aron [5] über Schalen aufgebaut. A. E. H. Love sind viele andere bedeutende Ergebnisse in der Mechanik und Geophysik zu verdanken.

[92], [78]. Sie sind ebenso einfach wie die entsprechenden Gleichungen für Platten. Für die meisten Schalenprobleme führen die Vereinfachungen (1.99) zu keiner zusätzlichen Ungenauigkeit. Es gibt aber Ausnahmen (s. Abschn. 1.8.2).

1.8 Randbedingungen

Die äußeren Wirkungen am Schalenrand können vorgegebene Kräfte und Momente, vorgegebene Verschiebungen und Verdrehungen einer Randfläche einschließen. Auf einer Trennungslinie zwischen zwei Teilen einer Schale müssen Kontinuitätsbedingungen erfüllt werden, die sowohl die inneren Kräfte als auch die Verformungen einbeziehen.

1.8.1 Kräfte und Verschiebungen am Schalenrand

Die Randbedingungen folgen aus der Gleichung der virtuellen Arbeiten. Es ist bereits festgestellt worden, daß das Flächenintegral in Gl. (1.86) oder (1.81) gleich Null ist. Damit muß auch der andere Term der Gleichung – das Randintegral J_s – gleich Null sein:

$$J_s = \oint [(\boldsymbol{N}^f - \boldsymbol{N}_\nu) \cdot \delta \boldsymbol{u} + (\boldsymbol{M}^f - \boldsymbol{M}_\nu) \cdot \delta \boldsymbol{\vartheta}] \, \mathrm{d}s = 0 \,. \tag{1.100}$$

Die Koordinatenlinien werden meistens so gewählt, daß der Schalenrand entlang einer der Koordinatenlinien verläuft. (Auch im folgenden ist es in allen Fällen so.) Betrachten wir die Randbedingungen an einem Rand, der wie in Bild 1.10 mit der θ-Linie identisch ist. Für diesen Rand gilt in (1.100): $\boldsymbol{N}_\nu = \boldsymbol{N}_\xi$, $\boldsymbol{M}_\nu = \boldsymbol{M}_\xi$, $\mathrm{d}s = b\,\mathrm{d}\theta$, und die Gl. (1.100) nimmt die Form

$$\oint [(\boldsymbol{N}^f - \boldsymbol{N}_\xi) \cdot \delta \boldsymbol{u} + (\boldsymbol{M}^f - \boldsymbol{M}_\xi) \cdot \delta \boldsymbol{\vartheta}] \, b \, \mathrm{d}\theta = 0 \tag{1.101}$$

an.

Infolge der Kirchhoffschen Normalenhypothese ist die virtuelle Rotation $\delta \boldsymbol{\vartheta}$ einer materiellen Normalen gleich der Rotation der Tangentialebene. Damit ist $\delta \boldsymbol{\vartheta}$ mit den virtuellen Verschiebungen der Referenzfläche verbunden. (Für kleine Verschiebungen wird die Beziehung Rotation – Verschiebungen durch die Gl. (1.43) determiniert.)

Bestimmen wir nun die entsprechende Beziehung zwischen der kleinen virtuellen Drehung $\delta \boldsymbol{\vartheta}$ und der virtuellen Verschiebung $\delta \boldsymbol{u}$, wobei von einem beliebig deformierten Zustand der Referenzfläche ausgegangen wird. Komponentendarstellungen von $\delta \boldsymbol{\vartheta}$ und $\delta \boldsymbol{u}$ werden

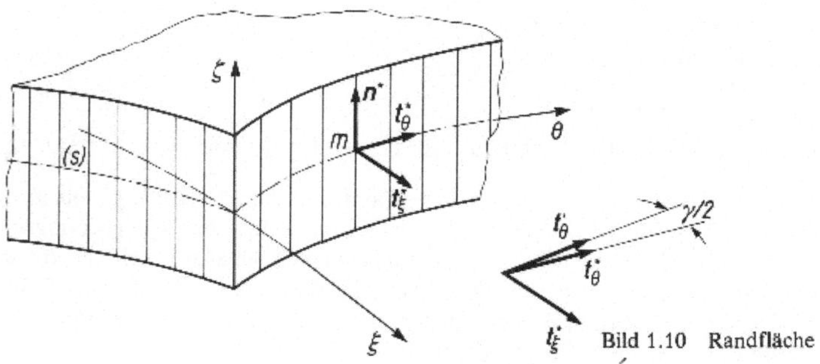

Bild 1.10 Randfläche

bezüglich der „rotierten Basis" t'_ξ, t'_θ, n^* der verformten Referenzfläche definiert:

$$\delta\boldsymbol{\vartheta} = -t'_\xi \delta\vartheta_\theta + t'_\theta \delta\vartheta_\xi + n^*\delta\omega\,, \qquad \delta\boldsymbol{u} = t'_\xi \delta u + t'_\theta \delta v + n^*\delta w\,. \tag{1.102}$$

Die Variation des Verzerrungsvektors $\delta\boldsymbol{\varepsilon}_\theta$, die durch die virtuellen Verschiebungen und Drehungen $\delta\boldsymbol{u}$, $\delta\boldsymbol{\vartheta}$ aus dem verformten Zustand entsteht, wird analog der Gl. (1.39) durch die folgende Formel bestimmt

$$\delta\boldsymbol{\varepsilon}_\theta = \frac{\partial}{b\,\partial\theta}\delta\boldsymbol{u} + t'_\theta \times \delta\boldsymbol{\vartheta}\,.$$

Die Komponente in Richtung der Normalen des Verzerrungsvektors $\boldsymbol{\varepsilon}_\theta$ ist laut Definition (1.39) gleich Null. Diese Komponente bleibt auch für die Variation $\delta\boldsymbol{\varepsilon}_\theta$ gleich Null: $\delta\boldsymbol{\varepsilon}_\theta \cdot n^* = 0$. Setzen wir hier den Ausdruck von $\delta\boldsymbol{\varepsilon}_\theta$ über die Komponenten von $(\delta\boldsymbol{u})_{,\theta}$ nach (1.102), (1.32), (1.28) ein, so erhalten wir

$$\delta\vartheta_\theta \frac{b^*}{b} = -\frac{1}{b}(\delta w)_{,\theta} + \frac{\delta v}{R'_\theta} + \frac{\delta u}{R'_{\theta\xi}}\,, \qquad \frac{b^*}{b} = 1 + \varepsilon_\theta \approx 1\,. \tag{1.103}$$

In das Randintegral (1.101) werden nun die Komponentendarstellungen (1.58), (1.102) und (1.103) eingeführt. Nach partieller Integration des Terms mit der Ableitung $(\delta w)_{,\theta}$

$$-\oint (H^f_\xi - H_\xi)(\delta w)_{,\theta}\mathrm{d}\theta = -(H^f_\xi - H_\xi)\delta w\big|_0^\Pi + \oint \delta w (H^f_\xi - H_\xi)_{,\theta}\mathrm{d}\theta \tag{1.104}$$

kann Gl. (1.101) wie folgt dargestellt werden

$$\oint \Bigg\{ \left(N^f_\xi - N_\xi + \frac{H^f_\xi - H_\xi}{R'_{\theta\xi}} \right) \delta u + \left(S^f_\xi - S_\xi + \frac{H^f_\xi - H_\xi}{R'_\theta} \right) \delta v$$
$$+ \left[Q^f_\xi - Q_\xi + \frac{1}{b}(H^f_\xi - H_\xi)_{,\theta} \right] \delta w + (M^f_\xi - M_\xi)\delta\vartheta_\xi \Bigg\}\, b\,\mathrm{d}\theta = 0\,. \tag{1.105}$$

Hier ist berücksichtigt worden, daß

$$(H^f_\xi - H_\xi)\delta w\big|_0^\Pi = 0$$

ist: Die Randkontur der Schale ist immer geschlossen; deren Anfang $\theta = 0$ und Ende $\theta = \Pi$ stimmen überein.

Das Randintegral (1.105) vertritt die möglichen Varianten von vier Bedingungen an einem Rand der Schale. Die zwei Grundfälle sind ein völlig freier Rand und ein starr eingebauter Rand.

Im ersten Fall sind in Gl. (1.105) die vier Variationen δu, δv, δw, $\delta\vartheta_\xi$ völlig frei und voneinander unabhängig.

Daraus folgt, daß jeder der Kofaktoren bei δu, δv, δw, $\delta\vartheta_\xi$ in Gl. (1.105) gleich Null sein muß. An einem freien Rand müssen demzufolge die folgenden vier Spannungsresultierenden den gegebenen Resultierenden der äußeren Kräfte gleich sein:

$$N_\xi\,, \qquad S_\xi + \frac{H_\xi}{R'_\theta}\,, \qquad Q_\xi + \frac{1}{b}H_{\xi,\theta}\,, \qquad M_\xi\,. \tag{1.106}$$

Es ist hier eine Vereinfachung vorgenommen worden: Der Term $H_\xi / R'_{\theta\xi}$ ist klein gegen N_ξ und wurde gestrichen. Für die Koordinatenlinien, bei denen $1/R_{\xi\theta} = 0$ gilt, ist dieser Term gleich $\tau_\theta H_\xi \sim \tau H$ und damit von der relativen Größenordnung der Verzerrung (τh).

Die *vier* Parameter (1.106) vertreten *am Schalenrand* die *fünf* Spannungsresultierenden N_ξ, S_ξ, Q_ξ, M_ξ, H_ξ. Die Reduktion ist offensichtlich eine Folge der Kirchhoffschen Hypothese, die die Rotation $\delta\vartheta_\theta$ mit der Verschiebung $\delta \boldsymbol{u}$ verbindet.

An einem Rand entlang der ξ-Koordinatenlinie oder einer beliebigen anderen Kurve der Referenzfläche werden die Kräftebedingungen durch vier Parameter, die denen in (1.106) analog sind, repräsentiert.

Der andere Grundfall – der völlig starr eingebaute Rand – ist dadurch gekennzeichnet, daß die vier virtuellen Verschiebungen, vertreten in der Gl. (1.105), gleich Null sind

$$\delta u = 0\,, \qquad \delta v = 0\,, \qquad \delta w = 0\,, \qquad \delta\vartheta_\xi = 0\,.$$

Das weist darauf hin, wie die Restriktionen bezüglich der Verschiebungen eines starr eingebauten Randes in der Schalentheorie formuliert werden müssen. Die vier Randbedingungen werden durch Festsetzung der drei Komponenten der Verschiebung der Randkontur und des Drehwinkels der Randfläche um die Tangente zur Randkontur

$$u\,, \quad v\,, \quad w\,, \quad \vartheta_\xi \tag{1.107}$$

formuliert.

1.8.2 Beispiel

Die Formulierung von verschiedenen Randbedingungen stellt einen unentbehrlichen Teil der Lösung von fast allen Einzelproblemen dar und ist dementsprechend vertreten in Abschn. 3 bis 6. Es ist hier unser Ziel, nicht nur die Aufstellung der Randbedingungen, sondern vielmehr die mögliche Ungenauigkeit der Elastizitätsgleichungen (1.88) mit (1.99) – der „einfachsten Näherung" – an einem extrem ungünstigen Beispiel zu illustrieren.

Wir untersuchen das St.-Venantsche Problem der Torsion eines offenen Zylinders von Bild 1.11. Die Schale ist an jedem Rand $\xi = \xi_1, \xi_2$ durch ein Kräftesystem belastet, das einem Torsionsmoment M_t statisch äquivalent ist. Die Verteilung dieser Endkräfte ist (entsprechend der semiinversen St.-Venantschen Methode) nicht vorgegeben. Sie soll ermittelt werden aufgrund der Annahme, daß die Endkräfte genauso verteilt sind wie die Spannungen in jedem beliebigen Querschnitt ξ = const. Die longitudinalen Ränder θ = const sind frei von Belastungen. Nach Abschnitt 1.8.1 bedeutet das, daß an diesen Rändern die vier Spannungsresultierenden, die denen in (1.106) entsprechen, gleich Null sein müssen:

$$\theta = \theta_1, \theta_2: \qquad N_\theta = S_\theta + \frac{H_\theta}{R'_\xi} = Q_\theta + \frac{1}{a} H_{\theta,\xi} = M_\theta = 0 \qquad (1/R'_\xi \approx 1/R_\xi = 0)\,. \tag{1.108}$$

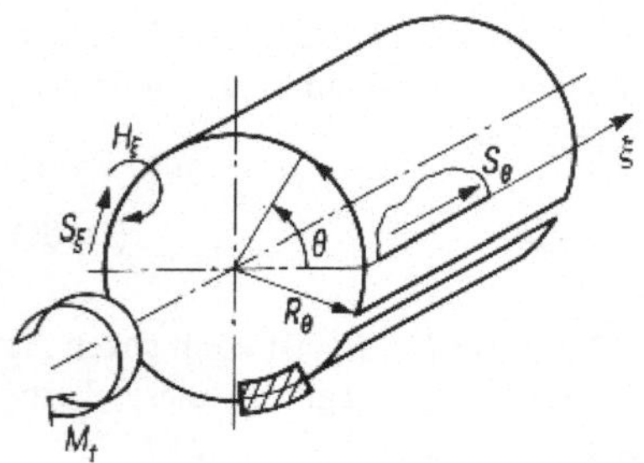

Bild 1.11 Torsion offener Zylinderschale

Diese Bedingungen sind identisch erfüllt, wenn wir setzen (entsprechend der semiinversen Methode)

$$M_\xi = M_\theta = N_\xi = N_\theta = 0\,, \qquad S = Gh\gamma = 0\,, \qquad H = \text{const}. \tag{1.109}$$

Mit (1.109) und den Ausdrücken für S_θ, S_ξ aus (1.62) erhält man:

$$S_\theta = S = 0\,, \qquad S_\xi = \frac{H_\theta}{R_\theta}. \tag{1.110}$$

Der so ermittelte Spannungszustand und die damit verbundene elastische Verformung erfüllen die linearen Gleichgewichtsbedingungen und Kompatibilitätsgleichungen identisch – für einen beliebigen Wert von H. Der Wert von H und die Torsionsverformung der Zylinderschale sind durch die Bedingung der statischen Äquivalenz der Kräfte in jedem Querschnitt und an den Rändern ξ = const mit dem äußeren Moment M_t determiniert. Nach dem Schema von Bild 1.11 erhält man:

$$M_t = \int_{\theta_1}^{\theta_2} (H_\xi + S_\xi R_\theta) R_\theta \mathrm{d}\theta\,. \tag{1.111}$$

Setzt man hier $S_\xi R_\theta = H_\theta$ nach (1.110) und $H_\xi + H_\theta = 2H$ nach (1.62), so bekommt man

$$M_t = 2Hs\,, \qquad s = R_\theta(\theta_2 - \theta_1)\,, \qquad H = \frac{M_t}{2s}, \tag{1.112}$$

wobei s die Länge des Profils ist. Mit der Elastizitätsbeziehung $H = 2\tau G h^3/12$ aus (1.88) erhält man die bekannte Formel $M_t = \tau G s h^3/3$ für das Torsionsmoment in einem dünnwandigen Stab bei einer Verwindung τ pro Einheitslänge. Ein ganz anderes – falsches – Ergebnis bekommt man für diesen Fall, wenn statt der Beziehungen (1.62) die „einfachste Näherung" (1.99) verwendet wird. Mit $S_\xi = S_\theta = S = 0$, $H_\xi = H$ und $H = 2\tau G h^3/12$ nach (1.88) ergibt die Gl. (1.111) $H = M_t/s$, d. h. genau den zweifachen Wert von (1.112). Das Beispiel zeigt die untypische Art der Verformung, bei der die „einfachste Näherung" ungenau sein kann.

1.8.3 Randverzerrung

Bei der Lösung von vielen Problemen ist es zweckmäßig, keine Verschiebungen (u, v, w) als Lösungsfunktionen zu verwenden. Dies betrifft insbesondere die Probleme, die große Verschiebungen einbeziehen. Die Gleichgewichtsbedingungen, die Kompatibilitätsgleichungen und die Elastizitätsbeziehungen sind bereits als „intrinsic" Gleichungen – die Verschiebungskomponenten treten explizit nicht auf – aufgestellt worden. Es bleibt nur noch, die Bedingungen, die die Verformung des Schalenrandes betreffen, über die Verzerrungsparameter der Schale (statt über die Verschiebungen wie in Abschn. 1.8.2) auszudrücken.

Man kann zeigen [17], daß die Verformung einer Randfläche ξ = const (s. Bild 1.10) durch vier Verzerrungsresultierende ausgedrückt werden kann. Für die Fälle, wenn $1/R_{\xi\theta} = 1/R_{\theta\xi} = 0$ ist, und *kleine* Verformungen der Randfläche ξ = const angenommen werden, sind das die vier Parameter:

$$\varkappa_\theta\,, \qquad \tau_\theta - \frac{\gamma}{2R_\theta} = \tau - \frac{\gamma}{R_\theta}, \qquad \lambda_\theta - \frac{1}{2b}\gamma_{,\theta}\,, \qquad \varepsilon_\theta\,. \tag{1.113}$$

Diese Parameter geben nur die Verzerrung des Randes wieder. Eine Festkörperverschiebung des Randes muß durch Fesselung ausgeschlossen werden; das kann für einen (beliebigen) Punkt geschehen. Natürlich wird die Verformung des Schalenrandes entlang der ξ-Linie durch vier Parameter $\varkappa_\xi, \ldots, \varepsilon_\xi$, die denen in (1.113) ähnlich sind, beschrieben.

An einem starr eingespannten Rand, z.B. ξ = const, lauten die Randbedingungen: Die vier Parameter (1.113) sind gleich Null.

Selbstverständlich sind die Randbedingungen unter Berücksichtigung der Annahmen der Schalentheorie formuliert worden. Die entsprechende Verteilung der äußeren Kräfte und der Randverformung bezüglich der ζ-Koordinate trägt selten, wenn überhaupt, den realen Gegebenheiten Rechnung. Meistens sind die realen Bedingungen am Rand nur sehr ungenau bekannt. Daher sind die Ergebnisse der Schalentheorie für die Randzone weniger genau als im inneren Bereich der Schale.

1.8.4 Kontinuitätsbedingungen

Ist der Schalenrand an einen anderen deformierbaren Körper angeschlossen, so können weder die Randkräfte noch die Verzerrungen oder Verschiebungen der Randfläche vorgegeben werden. Sie müssen aufgrund von Bedingungen am Rand ermittelt werden: Sowohl die Kräfte als auch die Verschiebungen der zwei Körper müssen an der Anschlußfläche bzw. an der gemeinsamen Randkurve gleich sein.

Wenn eine Schale mit ihrem Rand an eine andere Schale angeschlossen ist und die Tangentialebenen der zwei Referenzflächen längs der Anschlußlinie übereinstimmen, müssen an den Rändern die Kontinuitätsbedingungen erfüllt werden. Alle vier Kräfteparameter (1.106) sowie alle vier Verschiebungen (1.107) oder Verzerrungsparameter (1.113), die die Situation am Rand einer dünnen Schale vertreten, müssen dann für die beiden Schalen an deren Anschlußlinie gleich sein. Es gibt also an der Anschlußlinie insgesamt acht Kontinuitätsbedingungen.

2 Lösungswege der Schalentheorie

2.1 Allgemeines

Es gibt in der Mechanik der deformierbaren Körper und Systeme drei mögliche Wege für die Untersuchung des Spannungszustandes. Diese Wege unterscheiden sich in der Wahl der Zustandsparameter des Systems, die bei der Lösung verwendet werden. Das trifft auch voll für die Theorie dünner Schalen zu.

Im ersten Lösungsweg sind die Verformungs- oder *Verschiebungsparameter* der Schale die Variablen. Dazu werden die ersten drei Gleichgewichtsbedingungen (1.64) zu einem System für die Verschiebungen umgewandelt. Die notwendigen Beziehungen für die Spannungsresultierenden $N_\xi, \ldots, H$ als Funktion der Verschiebungen u, v, w gewinnt man durch Einsetzen der Verzerrungs-Verschiebungs-Beziehungen (1.42) bis (1.44) in die Elastizitätsgleichungen von Abschn. 1.7.

Im zweiten Lösungsweg werden die *Schnittlasten* als Variablen eingeführt. Die sechs Resultierenden N_ξ, N_θ, S, M_ξ, M_θ, H können aus einem Lösungssystem von sechs Gleichungen ermittelt werden. Das System wird aus den drei Gleichgewichtsbeziehungen (1.64) und den ersten drei Kompatibilitätsgleichungen von (1.37) gebildet, in denen die Verzerrungsparameter über die sechs Spannungsresultierenden $N_\xi, \ldots, H$ vertreten sind. Die Verzerrungen $\varepsilon_\xi, \ldots, \tau$ lassen sich über $N_\xi, \ldots, H$ mit Hilfe der vierten und fünften Kompatibilitätsgleichungen von (1.37) und den Elastizitätsverhältnissen von Abschn. 1.7 ausdrücken.

Der dritte Weg bezieht als Lösungsvariable sowohl die Kräfte als auch die Verzerrungsparameter oder die Verschiebungen ein. Diese *gemischte Methode* stützt sich sowohl auf die Gleichgewichtsbeziehungen als auch auf die Kompatibilitätsgleichungen. Die „überflüssigen" Unbekannten (meistens sind es M_ξ, M_θ, H, ε_ξ, ε_θ, γ) werden mit Hilfe der Elastizitätsbeziehungen eliminiert.

Die Lösungen können auch mit Hilfe der Variationsprinzipien ausgeführt werden.

Es gibt also allgemeine Vorgehensweisen zur Lösung der Schalenprobleme. Aber die Vielfalt der Probleme ist sehr groß. Schon wegen der unübersehbar verschiedenen Schalengestalten und Belastungsfälle wäre die Lösung aller Probleme mit Hilfe der allgemeinen Schalengleichungen unzweckmäßig kompliziert. Auch die großen Möglichkeiten der Computertechnik haben diese Schwierigkeiten bisher nicht beseitigt. Entscheidende Vereinfachungen sind durch Spezialisierung der Methoden erzielt worden. Den auf bestimmte Klassen von Schalen und (oder) Spannungszuständen spezialisierten Zweigen der Schalentheorie sind die meisten praktisch wichtigen Ergebnisse der Theorie zu verdanken.

Diese Spezialisierung wird zusammen mit einigen allgemeinen Erkenntnissen, die aus der Analyse der Schalengleichungen resultieren, im anschließenden Teil von Abschn. 2 betrachtet.

Die Analyse nichthomogener Schalen läßt sich im wesentlichen auf die Analyse homogener Schalen reduzieren (Abschn. 1.6, 1.7). Verformung infolge Temperaturdehnungen kann als Wirkung einfacher „Temperaturlasten" berechnet werden [7], [133].

2.2 Statisch-geometrische Dualität

Der analoge Aufbau der Gleichgewichtsbedingungen (1.60), (1.64) und der Kompatibilitätsgleichungen (1.35), (1.37) ist schwer zu übersehen. Diese Dualität offenbart eine weitreichende statisch-geometrische Analogie. Wie sofort zu erkennen ist, können die Kompatibilitätsgleichungen aus den linearen Gleichgewichtsbedingungen (ohne die Belastungsterme) durch Ersetzen der Spannungsresultierenden durch zugeordnete Verzerrungsresultierende erhalten werden. Diese Analogie wird durch das folgende Matrixschema dargestellt

$$\begin{bmatrix} N_\xi & N_\theta & M_\xi & M_\theta \\ N_\xi & S_\theta & -H_\xi & -M_\theta \\ S_\xi & N_\theta & M_\xi & H_\theta \\ Q_\xi & Q_\theta & 0 & 0 \end{bmatrix} \rightleftarrows \begin{bmatrix} \varkappa_\theta & -\varkappa_\xi & \varepsilon_\theta & -\varepsilon_\xi \\ -\varkappa_\theta & \tau_\xi & \frac{1}{2}\gamma & -\varepsilon_\xi \\ \tau_\theta & -\varkappa_\xi & \varepsilon_\theta & -\frac{1}{2}\gamma \\ \lambda_\theta & -\lambda_\xi & 0 & 0 \end{bmatrix}, \quad \begin{bmatrix} S \\ H \\ K_\xi(\ldots) \\ K_\theta(\ldots) \end{bmatrix} \rightleftarrows \begin{bmatrix} \tau \\ -\frac{1}{2}\gamma \\ \lambda_\theta \\ -\lambda_\xi \end{bmatrix} \tag{2.1}$$

Diese Dualität ist auch zwischen den vier Spannungsresultierenden an einem Schalenrand und den vier Verzerrungsparametern der Randfläche, die in (1.106) bzw. (1.113) aufgelistet sind, vorhanden.

Auch die Elastizitätsbeziehungen weisen eine Dualität auf. Diese Dualität schließt die statisch-geometrische Analogie (2.1) ein, verlangt aber auch noch eine bestimmte Dualität in bezug auf die Elastizitätskonstanten. In der Tat werden die sechs Gln. (1.88) in die Gln. (1.89) überführt, indem neben der Substitution der Spannungs- und Verzerrungsparameter gemäß dem Dualitätsschema (2.1) auch die elastischen Parameter entsprechend dem folgenden Schema

$$[B \quad \nu \quad D] \rightleftarrows \left[\frac{1}{D(1-\nu^2)} \quad -\nu \quad \frac{1}{B(1-\nu^2)}\right] \tag{2.2}$$

ersetzt werden.

Die statisch-geometrische Dualität*) erstreckt sich auf alle Gleichungen und Randbedingungen der linearen Theorie dünner Schalen. Sie hat weitreichende Konsequenzen und wird umfassend verwendet. Die Ableitung und Nachprüfung von Schalengleichungen wird dadurch wesentlich leichter. Jede Relation zwischen den in (2.1) aufgelisteten (und auch anderen) Parametern hat eine duale Beziehung, die durch die Substitution von Parametern gemäß den Schemata (2.1), (2.2) erhalten wird.

Einen Fall, der aus der statisch-geometrischen Analogie zwischen den wichtigen Schalengleichungen erhalten wird, stellen die Ausdrücke der Spannungsresultierenden über die *Spannungsfunktionen* von A. I. Lur'e – A. L. Goldenveizer dar. Die Verzerrungsparameter $\varepsilon_\xi, \ldots \tau$ lassen sich nämlich mit den Gln. (1.42) bis (1.44) über die Verschiebungskom-

---

*) Entdeckt von A. L. Goldenveizer (1939) zusammen mit den Kompatibilitätsgleichungen (s. [59]). Der erste Hinweis auf die statisch-geometrische Analogie kann auf die bahnbrechende Arbeit von H. Reissner 1912 [123] zurückgeführt werden.

ponenten u, v, w ausdrücken. Die Verzerrungs- und Krümmungsparameter $\varepsilon_\xi, \ldots, \tau$, dargestellt in den Verschiebungen u, v, w, erfüllen die (linearen) Kompatibilitätsbedingungen identisch – mit allen (entsprechend differenzierbaren) Funktionen u, v, w. Die statisch-geometrische Dualität weist nun darauf hin, daß die Spannungsresultierenden M_ξ, M_θ, H, N_ξ, N_θ, S durch drei „*Spannungsfunktionen*" u_s, v_s, w_s ausgedrückt werden können, die die linearen Gleichgewichtsbedingungen identisch erfüllen. (Weitere Information über die Spannungsfunktionen findet sich in den Monographien [59], [94], [104].)

2.3 Komplexe Form von Schalengleichungen

Die statisch-geometrische Analogie erlaubt uns, die linearen Gleichungen der Kompatibilität und des Gleichgewichts auf ein System von drei Gleichungen mit sechs komplexen Unbekannten zu reduzieren.

Die neuen komplexen Variablen werden über die folgenden Formeln definiert

$$\begin{aligned}
\tilde{N}_\xi &= N_\xi - \mathrm{i}Ehh'\varkappa_\theta , & \tilde{M}_\xi &= M_\xi + \mathrm{i}Ehh'\varepsilon_\theta ,\\
\tilde{N}_\theta &= N_\theta - \mathrm{i}Ehh'\varkappa_\xi , & \tilde{M}_\theta &= M_\theta + \mathrm{i}Ehh'\varepsilon_\xi ,\\
\tilde{S} &= S + \mathrm{i}Ehh'\tau , & \tilde{H} &= H - \mathrm{i}Ehh'\gamma/2 ,\\
Ehh' &= \sqrt{EhD} , \quad \mathrm{i} = \sqrt{-1} , & h' &= h/\sqrt{12(1-\nu^2)} .
\end{aligned} \tag{2.3}$$

Betrachten wir nun die linearisierten – also von allen nichtlinearen Termen befreiten – Gleichgewichtsbedingungen (1.64) und Kompatibilitätsgleichungen (1.37). Multipliziert man jede der linearen Kompatibilitätsgleichungen mit $\mathrm{i}Ehh'$ und addiert dazu die analogen Gleichgewichtsbedingungen, so erhält man die folgenden drei Gleichungen für die Variablen (2.3)

$$\begin{aligned}
&K_\xi(\tilde{N}_\xi,\tilde{N}_\theta,\tilde{S}) + \frac{1}{R_\xi}K_\xi(\tilde{M}_\xi,\tilde{M}_\theta,\tilde{H}) + \frac{R_\xi}{a^2 b}\left(\frac{a^2\tilde{H}}{R_\xi^2}\right)_{,\theta} = -q_\xi ,\\
&K_\theta(\tilde{N}_\theta,\tilde{N}_\xi,\tilde{S}) + \frac{1}{R_\theta}K_\theta(\tilde{M}_\theta,\tilde{M}_\xi,\tilde{H}) + \frac{R_\theta}{b^2 a}\left(\frac{b^2\tilde{H}}{R_\theta^2}\right)_{,\xi} = -q_\theta ,
\end{aligned} \tag{2.4}$$

$$\frac{1}{ab}\frac{\partial}{\partial\xi}bK_\xi(\tilde{M}_\xi,\tilde{M}_\theta,\tilde{H}) + \frac{1}{ab}\frac{\partial}{\partial\theta}aK_\theta(\tilde{M}_\theta,\tilde{M}_\xi,\tilde{H}) - \frac{\tilde{N}_\xi}{R_\xi} - \frac{\tilde{N}_\theta}{R_\theta} = -q , \tag{2.5}$$

wobei die Operatoren $K_\xi(\ldots)$, $K_\theta(\ldots)$ den Definitionen in (1.64) entsprechen.

Die komplexen Spannungsresultierenden $\tilde{M}_\xi$, $\tilde{M}_\theta$, $\tilde{H}$ können über die übrigen drei komplexen Variablen $\tilde{N}_\xi$, $\tilde{N}_\theta$, $\tilde{S}$ mit den *Elastizitätsbeziehungen* ausgedrückt werden. In der Tat ergeben die Gln. (1.88), (1.89)

$$\tilde{M}_\xi = \mathrm{i}h'(\bar{N}_\theta - \nu\bar{N}_\xi) , \quad \tilde{M}_\theta = \mathrm{i}h'(\bar{N}_\xi - \nu\bar{N}_\theta) , \quad \tilde{H} = -\mathrm{i}h'(\bar{S} + \nu\bar{S}) , \tag{2.6}$$

wobei $\bar{N}_\xi$, $\bar{N}_\theta$ und $\bar{S}$ die konjugiert komplexen Größen zu $\tilde{N}_\xi$, $\tilde{N}_\theta$ und $\tilde{S}$ bezeichnen: $\bar{N}_\xi = N_\xi + \mathrm{i}Ehh'\varkappa_\theta, \ldots$.

Die drei Gln. (2.4), (2.5) enthalten nach Elimination der komplexen Biege- und Torsionsmomente mittels (2.6) nur die drei Variablen $\tilde{N}_\xi$, $\tilde{N}_\theta$, $\tilde{S}$ und deren konjugiert komplexe Größen $\bar{N}_\xi$, $\bar{N}_\theta$, $\bar{S}$. Diese konjugierten Größen müssen erst noch eliminiert werden, um die Gleichungen zu einem effektiven Lösungssystem zu machen.

Die Elimination ist jedoch rein mathematisch unerreichbar. Sie erfordert zusätzliche Annahmen neben den bereits eingeführten Grundhypothesen der Theorie dünner Schalen. Damit wird ein Näherungszweig der Schalentheorie begründet, der im nächsten Abschnitt betrachtet wird.

2.4 Novozhilov-Gleichungen

Die Vereinfachung der Gl. (2.4) mit (2.6) betrifft die Terme mit $\tilde{M}_\xi$, $\tilde{M}_\theta$ und $\tilde{H}$: Daraus müssen die Anteile von kleinerer Größenordnung abgesondert werden. Das gelingt mit Hilfe von vier Behelfsrelationen [34]. Zwei davon folgen aus der Definition (1.64) der Operatoren $K_\xi(\ldots)$ und $K_\theta(\ldots)$:

$$K_\xi(\tilde{N}_\xi,\tilde{N}_\theta,\tilde{S}) + K_\xi(\tilde{N}_\theta,\tilde{N}_\xi,-\tilde{S}) = \frac{1}{a}(\tilde{N}_\xi+\tilde{N}_\theta)_{,\xi}\,,$$
$$K_\theta(\tilde{N}_\theta,\tilde{N}_\xi,\tilde{S}) + K_\theta(\tilde{N}_\xi,\tilde{N}_\theta,-\tilde{S}) = \frac{1}{b}(\tilde{N}_\theta+\tilde{N}_\xi)_{,\theta}\,. \tag{2.7}$$

Aus den Gln. (2.6) und (2.7) erhält man nach einer entsprechenden Transformation die Beziehung

$$K_\xi(\tilde{M}_\xi,\tilde{M}_\theta,\tilde{H}) = \mathrm{i}h'\left[\frac{1}{a}(\tilde{N}_\xi+\tilde{N}_\theta)_{,\xi} - K_\xi(\tilde{N}_\xi,\tilde{N}_\theta,\tilde{S}) - \nu K_\xi(\bar{N}_\xi,\bar{N}_\theta,\bar{S})\right] \tag{2.8}$$

und einen ähnlichen Ausdruck für $K_\theta(\tilde{M}_\theta,\tilde{M}_\xi,\tilde{H})$, der sich aus Gl. (2.8) durch Ersetzen von ξ, θ, a, b mit θ, ξ, b, a ergibt.

Die erste Gl. von (2.4) wird nach Substitution von (2.6) und mit (2.8) zu:

$$K_\xi(\tilde{N}_\xi,\tilde{N}_\theta,\tilde{S}) + \mathrm{i}\frac{h'}{R_\xi}\left[\frac{1}{a}(\tilde{N}_\xi+\tilde{N}_\theta)_{,\xi} - K_\xi(\tilde{N}_\xi,\tilde{N}_\theta,\tilde{S}) - \nu K_\xi(\bar{N}_\xi,\bar{N}_\theta,\bar{S})\right]$$
$$- \mathrm{i}h'\frac{R_\xi}{a^2 b}\left[\frac{a^2}{R_\xi^2}(\tilde{S}+\nu\bar{S})\right]_{,\theta} = -q_\xi\,. \tag{2.9}$$

Wir nehmen an, daß die Terme mit dem kleinen Faktor $\mathrm{i}h'/R_\xi$ gemäß den Beziehungen

$$[\tilde{N}_\xi\ \ \tilde{N}_\theta\ \ \tilde{S}]\left(1+\frac{\mathrm{i}h'}{R_\xi}\right) \approx [\tilde{N}_\xi\ \ \tilde{N}_\theta\ \ \tilde{S}]\,,$$
$$[\tilde{N}_\xi\ \ \tilde{N}_\theta\ \ \tilde{S}]\left(1+\frac{\mathrm{i}h'}{R_\theta}\right) \approx [\tilde{N}_\xi\ \ \tilde{N}_\theta\ \ \tilde{S}] \tag{2.10}$$

vernachlässigt werden dürfen. Damit werden die Gl. (2.9) und eine ähnliche Gleichung, die sich aus (2.9) durch Substitution von ξ, θ, a, b mit θ, ξ, b, a ergibt, zu:

$$K_\xi(\tilde{N}_\xi,\tilde{N}_\theta,\tilde{S}) + \mathrm{i}\frac{h'}{R_\xi}\,\frac{1}{a}(\tilde{N}_\xi+\tilde{N}_\theta)_{,\xi} = -q_\xi\,,$$
$$K_\theta(\tilde{N}_\theta,\tilde{N}_\xi,\tilde{S}) + \mathrm{i}\frac{h'}{R_\theta}\,\frac{1}{b}(\tilde{N}_\xi+\tilde{N}_\theta)_{,\theta} = -q_\theta\,. \tag{2.11}$$

Mit dem daraus folgenden Ausdruck für $K_\xi(\tilde{N}_\xi, \tilde{N}_\theta, \tilde{S})$ ergibt die Gl. (2.8):

$$K_\xi(\tilde{M}_\xi, \tilde{M}_\theta, \tilde{H}) = \mathrm{i}h' \left[\frac{1}{a} (\tilde{N}_\xi + \tilde{N}_\theta)_{,\xi} + \mathrm{i}h' \frac{1}{R_\xi a} (\tilde{N}_\xi + \tilde{N}_\theta + \nu \tilde{N}_\xi + \nu \tilde{N}_\theta)_{,\xi} + q_\xi + \nu q_\xi \right].$$

Gemäß der Annahme (2.10) entfällt hier der zweite Term auf der rechten Seite, und man erhält

$$K_\xi(\tilde{M}_\xi, \tilde{M}_\theta, \tilde{H}) = \mathrm{i}h' \left[\frac{\partial}{a \partial \xi} (\tilde{N}_\xi + \tilde{N}_\theta) + q_\xi + \nu q_\xi \right]. \tag{2.12}$$

Die mit der Substitution von Gl. (2.12) und der ähnlichen Beziehung für $K_\theta(\tilde{M}_\theta, \tilde{M}_\xi, \tilde{H})$ transformierte Gl. (2.5) bildet zusammen mit den Gln. (2.11) das Novozhilovsche System

$$\left. \begin{aligned} &(b\tilde{N}_\xi)_{,\xi} - \tilde{N}_\theta b_{,\xi} + (a^2 \tilde{S})_{,\theta}/a + \mathrm{i}(h' b/R_\xi)(\tilde{N}_\xi + \tilde{N}_\theta)_{,\xi} = -abq_\xi , \\ &(a\tilde{N}_\theta)_{,\theta} - \tilde{N}_\xi a_{,\theta} + (b^2 \tilde{S})_{,\xi}/b + \mathrm{i}(h' a/R_\theta)(\tilde{N}_\xi + \tilde{N}_\theta)_{,\theta} = -abq_\theta , \\ &\frac{\tilde{N}_\xi}{R_\xi} + \frac{\tilde{N}_\theta}{R_\theta} - \mathrm{i}h' \nabla^2 (\tilde{N}_\xi + \tilde{N}_\theta) = q + \mathrm{i}h' \frac{1+\nu}{ab} [(bq_\xi)_{,\xi} + (aq_\theta)_{,\theta}] , \end{aligned} \right\} \tag{2.13}$$

wobei

$$\nabla^2 = \frac{1}{ab} \left(\frac{\partial}{\partial \xi} \frac{b}{a} \frac{\partial}{\partial \xi} + \frac{\partial}{\partial \theta} \frac{a}{b} \frac{\partial}{\partial \theta} \right). \tag{2.14}$$

Das auf der Basis der statisch-geometrischen Dualität aufgebaute System weist eine bemerkenswerte Symmetrie und Einfachheit aus. Da auch die Randbedingungen die Dualität besitzen, sind sie direkt für die komplexen Kräfte und Momente formulierbar (s. [34]). Es sind in der Novozhilovschen Theorie auch komplexe Verschiebungen und komplexe Verzerrungen definiert und damit Lösungsgleichungen und Randbedingungen aufgestellt worden. Damit gibt es nicht nur komplexe Lösungsgleichungen, sondern auch eine ausgebaute Theorie.

Es stellt sich die Frage, wie weit der Anwendungsbereich der komplexen Theorie gegenüber der allgemeinen Schalentheorie ist.

Der mögliche zusätzliche Fehler entsteht durch die Annahme (2.10). Es muß beachtet werden, daß nicht $1 + h/R_{\min}$ gleich eins gesetzt wird, was der Hypothese der dünnen Schalen (s. Abschn. 1.4.1) entsprochen hätte, sondern $1 + \mathrm{i}h'/R_{\min}$. Die Bedingungen (2.10) vergleichen die *reellen* Anteile der komplexen Kräfte mit den *imaginären* Anteilen, multipliziert mit $h'/R_{\min} \approx h/3R_{\min}$. Entsinnt man sich der Definition (2.3) der komplexen Variablen $\tilde{N}_\xi$, $\tilde{N}_\theta$, $\tilde{S}$, so wird die Bedeutung der Annahme (2.10) anschaulich klar. Nach dieser Annahme werden die Biege- und Torsionsspannungen multipliziert mit $h/3R_{\min}$ im Vergleich zu den „Membranspannungen“ N_ξ/h, N_θ/h, S/h (s. Abschn. 1.7.4) und umgekehrt die Membranspannungen multipliziert mit $h/3R_{\min}$ gegen die Biege- und Torsionsspannungen vernachlässigt. Die ausreichenden Bedingungen der Genauigkeit der komplexen Theorie können wie folgt formuliert werden

$$\frac{|R|_{\min}}{h} \gg \left\{ \left| \frac{M_\theta - \nu M_\xi}{N_\xi h} \right| , \left| \frac{M_\xi - \nu M_\theta}{N_\theta h} \right| , \left| \frac{H}{Sh} \right| \right\} \gg \frac{h}{12|R|_{\min}} , \tag{2.15}$$

wobei $|R|_{\min}$ der minimale Betrag von R_ξ und R_θ $(1/R_{\xi\theta} = 0)$ ist.

Somit beschreibt die komplexe Theorie die Spannungszustände von einem *gemischten* Charakter korrekt, bei denen die Spannungen sowohl durch Biegungs- und Torsionsdeformationen als auch durch Membranspannungen N_ξ/h, N_θ/h, S/h bestimmt werden (vgl. [39]).

Es ist bemerkenswert, daß die Bedingungen (2.15) z. B. die Biegung in der θ-Richtung und die Membranspannung in der ξ-Richtung miteinander vergleichen, *nicht* aber die zwei Arten der Spannungen (oder Verzerrungen) *in derselben* Richtung. Dies hat seinen Ursprung in den Relationen (2.1) der statisch-geometrischen Dualität.

Wie bereits erwähnt, sind die Bedingungen (2.15) nur *ausreichende*, jedoch keine unentbehrlichen Bedingungen der Genauigkeit der komplexen Theorie. Die Grenzen der Anwendbarkeit dieser Theorie sind erheblich weiter.

Auf der anderen Seite ist die statisch-geometrische Analogie und damit auch die komplexe Transformation nur für die lineare Schalentheorie möglich. Die Novozhilov-Gleichungen beschreiben nur die lineare Approximation.

Näheres über die Novozhilov-Theorie findet sich in den Büchern [34], [104].

2.5 Donnell-Mushtari-Wlassow-Koiter-Gleichungen

Eine breite Klasse von Schalenproblemen wird dadurch charakterisiert, daß der Spannungszustand und die Verformung viel intensiver bezüglich der Flächenkoordinaten ξ, θ variieren als der Einheitsnormalenvektor $\boldsymbol{n}$. Für diese Probleme läßt sich die allgemeine Schalentheorie zu einer wesentlich einfacheren und symmetrisch aufgebauten Theorie reduzieren*).

2.5.1 Annahmen

Wir beschränken die zu untersuchenden Probleme durch folgende Bedingungen:

a) Jede der maßgeblichen (für ein vorliegendes Problem) Spannungsresultierenden und Verzerrungsparameter, summarisch mit $F(\xi, \theta)$ bezeichnet, muß ausreichend intensiv gemäß den Bedingungen

$$\left|\frac{\partial^2 F}{a^2 \partial \xi^2}\right| \sim \frac{|F|}{L_\xi^2} \gg \left|\frac{F}{R_\xi R_\theta}\right|, \qquad \left|\frac{\partial^2 F}{b^2 \partial \theta^2}\right| \sim \frac{|F|}{L_\theta^2} \gg \left|\frac{F}{R_\xi R_\theta}\right| \tag{2.16}$$

variieren.

Dies bedeutet, daß die Größen $1/L_\xi^2$, $1/L_\theta^2$ groß gegen die Gaußsche Krümmung $1/R_\xi R_\theta$ (für Koordinaten mit $1/R_{\xi\theta} = 0$) sein müssen.

*) Diese Theorie wurde zuerst für die Zylinderschale entwickelt. Zur gleichen Zeit (1934) und für das gleiche Problem – das Beulen einer Zylinderschale bei Torsion – haben diese Theorie L. H. Donnell und H. M. Mushtari vorgeschlagen (s. [44], [99]). Die Ausdehnung der Theorie auf Schalen zweifacher Krümmung – mit $1/R_\xi R_\theta \neq 0$ – und die Einführung der Spannungsfunktion (in (2.20)) wurde von W. S. Wlassow (1944) [156] vorgenommen. Den Übergang zu „intrinsic"-Gleichungen und damit die Erweiterung auf große Verformung verdankt die Theorie W. T. Koiter [77] und, zum Teil, A. Libai [87].

Mit Beachtung von (s. Abschn. 1.2.2)

$$\left|\frac{1}{R_\xi}\right| = \left|\frac{\partial}{a\partial\xi}\boldsymbol{n}\right|, \qquad \left|\frac{1}{R_\theta}\right| = \left|\frac{\partial}{b\partial\theta}\boldsymbol{n}\right|$$

bei $1/R_{\xi\theta} = 0$ bedeuten die Bedingungen (2.16), daß der Spannungszustand viel intensiver variieren muß als der Einheitsnormalvektor $\boldsymbol{n}$ der Referenzfläche.

b) Die andere Bedingung (die meistens erfüllt ist, wenn die Bedingung (2.16) stimmt), betrifft die Art der Verformung der Schale. Die Deformation der Schale muß in jeder Koordinatenrichtung von gemischter Natur sein. Die Größenordnungen der Membranverzerrungen (ε_ξ, ε_θ, γ) und der Biege- bzw. Torsionsverzerrungen ($\varkappa_\xi h, \varkappa_\theta h, \tau h$) dürfen nicht zu sehr voneinander verschieden sein. Das gleiche betrifft die Spannungen. Die Bedingung lautet:

$$\begin{gathered}[\varkappa_\xi \;\; \varkappa_\theta \;\; \tau \;\; N_\xi \;\; N_\theta \;\; S]h \sim [\varepsilon_\xi \;\; \varepsilon_\theta \;\; \gamma \;\; 6M_\xi \;\; 6M_\theta \;\; 6H]\alpha\,, \\ \frac{h}{|R|_{\min}} \ll \alpha \ll \frac{|R|_{\min}}{h}\,,\end{gathered} \tag{2.17}$$

wobei für $|R|_{\min}$ der kleinere der Krümmungsradien $|R_\xi|$, $|R_\theta|$ einzusetzen ist. Unter diesen Bedingungen kann festgestellt werden, daß die Terme Q_ξ/R'_ξ, Q_θ/R'_θ und λ_θ/R_ξ, λ_ξ/R_θ in den ersten zwei Gleichgewichtsbedingungen (1.60) bzw. in den ersten zwei Kompatibilitätsgleichungen vernachlässigt werden können.

Es ist offensichtlich, daß unter den Bedingungen (2.17) die Beziehungen (1.99) (der „einfachsten Näherung") gelten

$$S_\xi = S_\theta = S\,, \qquad H_\xi = H_\theta = H\,. \tag{2.18}$$

Damit entfallen die sechsten Gleichungen der Kompatibilität und des Gleichgewichts, da die Verhältnisse (2.18) diesen Gleichungen widersprechen.

c) Die dritte Annahme beseitigt die unmaßgeblichen nichtlinearen Terme. Das betrifft die nichtlinearen Terme in allen Kompatibilitäts- und Gleichgewichtsgleichungen *außer den dritten* dieser Gleichungen (diese sind die Projektionen auf die Normalenrichtung der Schale). Dabei werden $\rho'_\xi = \rho_\xi$, $\rho'_\theta = \rho_\theta$ und $1/R'_{\xi\theta}$, $1/R'_{\theta\xi}$ gleich Null gesetzt. Damit werden die Terme, die aus Produkten von λ_ξ oder λ_θ mit den Spannungsresultierenden oder Verzerrungsparameter gebildet werden sowie Terme mit $Q_\xi\tau_\xi$, $Q_\theta\tau_\theta$ vernachlässigt. Alle diese Terme mit λ_ξ, λ_θ sind meistens klein von der relativen Größenordnung der Verzerrungen – der Größenordnung von λ_ξ, λ_θ gemäß (1.35) oder (1.37). Was die Größen $Q_\xi\tau_\xi$, $Q_\theta\tau_\theta$ betrifft, so sind sie offensichtlich meistens noch kleiner als die laut der Annahme b) vernachlässigten Terme Q_ξ/R'_ξ, Q_θ/R'_θ .

Es wird zusätzlich eine Einschränkung der Belastung angenommen. – Die tangentialen Flächenlasten werden gleich Null gesetzt

$$q_\xi = 0\,, \qquad q_\theta = 0\,. \tag{2.19}$$

Die eingeführten Annahmen *a*, *b*, *c* erlauben es, das gesamte System der nichtlinearen Schalengleichungen auf ein Lösungssystem von nur zwei Gleichungen für zwei Unbekannte – eine Spannungsfunktion $\Psi(\xi, \theta)$ und eine Verformungsfunktion $W(\xi, \theta)$ – zu reduzieren. (Es sind aber keine unentbehrlichen Bedingungen.)

2.5.2 Lösungsgleichungen

Die Membranschnittlasten und die Verkrümmungsparameter werden durch Funktionen Ψ und W gemäß den folgenden Definitionen dargestellt:

$$\left.\begin{array}{ll} N_\xi = d_\theta \Psi & \varkappa_\theta = -d_\theta W \\ N_\theta = d_\xi \Psi & \varkappa_\xi = -d_\xi W \\ S_\xi = S_\theta = S = -d_{\xi\theta}\Psi & \tau_\xi = \tau_\theta = \tau = -d_{\xi\theta} W \end{array}\right\} \tag{2.20}$$

$$\begin{aligned} &d_\theta \Psi = \frac{1}{b}\left(\frac{\Psi_{,\theta}}{b}\right)_{,\theta} + \frac{b_{,\xi}}{a^2 b}\Psi_{,\xi}, \qquad d_{\xi\theta}\Psi = \frac{b}{2a}\left(\frac{\Psi_{,\theta}}{b^2}\right)_{,\xi} + \frac{a}{2b}\left(\frac{\Psi_{,\xi}}{a^2}\right)_{,\theta} \\ &d_\xi \Psi = \frac{1}{a}\left(\frac{\Psi_{,\xi}}{a}\right)_{,\xi} + \frac{a_{,\theta}}{ab^2}\Psi_{,\theta}. \end{aligned} \tag{2.21}$$

Die Ausdrücke (2.20) erfüllen die ersten zwei Gleichungen des Gleichgewichts und der Kompatibilität mit der Genauigkeit der Annahmen *a*, *b*, *c*.

Die Elastizitätsbeziehungen (1.88), (1.89) bestimmen die Variablen M_ξ, M_θ, H und ε_ξ, ε_θ, γ über die sechs Parameter $\varkappa_\xi$, $\varkappa_\theta$, τ bzw. N_ξ, N_θ, S. Die letzten sechs Größen sind durch die Gln. (2.20) über die Lösungsfunktionen Ψ, W bereits ausgedrückt. Mit den vierten und fünften der Gln. (1.37), (1.60) können auch λ_ξ, λ_θ, Q_ξ, Q_θ als Funktionen von Ψ, W dargestellt werden.

Es bleibt noch, die Lösungsfunktionen Ψ, W zu ermitteln. Die entsprechenden zwei Gleichungen bekommt man aus den dritten Gleichungen der Kompatibilität (1.35) und des Gleichgewichts (1.60). Wenn alle Variablen über Ψ, W ausgedrückt werden, ergeben sich diese Gleichungen (für $1/R_{\xi\theta}$ 3 0) zu

$$\begin{aligned} &D\nabla^4 W + \left(\frac{1}{R_\xi} + \varkappa_\xi\right)N_\xi + \left(\frac{1}{R_\theta} + \varkappa_\theta\right)N_\theta + 2S\tau = q\,, \\ &\frac{1}{Eh}\nabla^4\Psi + \frac{\varkappa_\xi}{R_\theta} + \frac{\varkappa_\theta}{R_\xi} + \varkappa_\xi\varkappa_\theta - \tau^2 = 0 \qquad (\nabla^2 = d_\xi + d_\theta)\,. \end{aligned} \tag{2.22}$$

Um die physikalische Bedeutung einzelner Terme klar hervorzuheben, sind in (2.22) die Ausdrücke (2.20) für $\varkappa_\xi$, $\varkappa_\theta$, τ über W sowie für N_ξ, N_θ, S über Ψ nicht ausgeschrieben worden. Man kann aber die Gleichungen in der folgenden Form darstellen:

$$\begin{aligned} &D\nabla^4 W + \nabla_k^2\Psi - L(W,\Psi) = q\,, \\ &\frac{1}{Eh}\nabla^4\Psi - \nabla_k^2 W + \frac{1}{2}L(W,W) = 0\,, \\ &\nabla_k^2 = \frac{1}{R_\xi}d_\theta + \frac{1}{R_\theta}d_\xi - \frac{2}{R_{\xi\theta}}d_{\xi\theta}\,, \\ &L(W,\Psi) = d_\xi W d_\theta\Psi + d_\theta W d_\xi\Psi - 2d_{\xi\theta}W d_{\xi\theta}\Psi\,. \end{aligned} \tag{2.23}$$

Die nichtlinearen Terme sind in $L(W,\Psi)$ und $L(W,W)$ zusammengefaßt. Ohne die nichtlinearen Terme sind die Gln. (2.22) bzw. (2.23) statisch-geometrisch dual zueinander

$$D\nabla^4 W + \nabla_k^2\Psi = q\,, \qquad \frac{1}{Eh}\nabla^4\Psi - \nabla_k^2 W = 0\,. \tag{2.24}$$

Jede Gl. (2.23) ohne die L-Terme folgt aus der anderen, wenn D, $1/Eh$ und die Lösungsfunktionen wie folgt ersetzt werden

$$D \rightleftarrows \frac{1}{Eh}, \qquad [W\ \Psi] \rightleftarrows [\Psi\ -W]\,.$$

Das erlaubt auch die Reduktion der zwei linearen Gleichungen auf eine Gleichung für $\Psi + \mathrm{i}Ehh'W$.

Die Donnell-Typ-Gln. (2.22) oder (2.23) sollen in Zusammenhang mit den Randbedingungen (s. Abschn. 1.8) der allgemeinen Theorie dünner Schalen gelöst werden. Dabei werden die vereinfachten Ausdrücke der Spannungs- und Verzerrungsparameter über Ψ, W eingesetzt.

2.5.3 Bemerkung über W und w

Ein Vergleich der Ausdrücke (2.20) für die Krümmungsänderungen $\varkappa_\xi$, $\varkappa_\theta$ und für die Verwindung τ mit den Beziehungen (1.42) bis (1.44) dieser Parameter über die Verschiebungen u, v, w läßt einige bemerkenswerte Zusammenhänge erkennen.

Setzt man W gleich der Normalenverschiebung w

$$W = w\,, \tag{2.25}$$

so folgen die Formeln (2.20) für $\varkappa_\xi$, $\varkappa_\theta$, τ aus den Verzerrungs-Verschiebungs-Beziehungen (1.42) bis (1.44) der linearen Theorie, wenn man dort den Einfluß der tangentialen Verschiebungen u, v auf $\varkappa_\xi$, $\varkappa_\theta$, τ vernachlässigt. D.h., bei kleinen Verschiebungen – in den linearisierten Gln. (2.22) – stimmt die Funktion W mit der Verschiebungskomponente w überein. (Aber auch für große Verschiebungen wird W der Verschiebung w gleichgesetzt, was nicht immer einer genauen Prüfung standhält.)

Können die Parameter $\varkappa_\xi$, $\varkappa_\theta$, τ aus (1.44), (1.43) bei Vernachlässigung der u, v-Terme als Funktionen von w bestimmt werden, so ist es konsequent [77], die Q_ξ, Q_θ-Terme in den ersten und zweiten Gleichgewichtsbedingungen zu streichen.

2.5.4 Zylinderschalen

Einen wichtigen Spezialfall bilden die Zylinderschalen. (Maßgeblich ist, daß die Zylinderfläche auf eine Ebene abwickelbar ist.) Die Koordinatenlinien ξ, θ einer Zylinderfläche können, wie in Bild 1.11 gezeigt, so gewählt werden, daß die Bogenlängen s_ξ, s_θ den Koordinaten proportional sind. Das heißt, die Lamé-Parameter a und b sind konstant, und es gilt

$$a, b = \text{const}\,, \qquad d_\xi = \frac{1}{a^2}\frac{\partial^2}{\partial\xi^2}\,, \qquad d_\theta = \frac{1}{b^2}\frac{\partial^2}{\partial\theta^2}\,, \qquad d_{\xi\theta} = \frac{1}{ab}\frac{\partial^2}{\partial\xi\partial\theta}\,. \tag{2.26}$$

Damit werden die Gln. (2.22) oder (2.23) wesentlich einfacher. Wenn auch die Werte der Normalkrümmungen einer Zylinderschale

$$R_\theta = R_\theta(\theta)\,, \qquad \frac{1}{R_\xi} = \frac{1}{R_{\xi\theta}} = \frac{1}{R_{\theta\xi}} = 0$$

berücksichtigt werden, nehmen die Gln. (2.23) folgende Gestalt an

$$\left.\begin{aligned} & D\nabla^4 W + \frac{1}{R_\theta a^2}\Psi_{,\xi\xi} - L(W,\Psi) = q\,, \\ & \frac{1}{Eh}\nabla^4\Psi - \frac{1}{R_\theta a^2}W_{,\xi\xi} + \frac{1}{2}L(W,W) = 0\,; \end{aligned}\right\} \tag{2.27}$$

$$\left.\begin{aligned} & \nabla^2 = \frac{\partial^2}{a^2\partial\xi^2} + \frac{\partial^2}{b^2\partial\theta^2}\,, \\ & L(W,\Psi) = \frac{1}{(ab)^2}\left[W_{,\xi\xi}\Psi_{,\theta\theta} + W_{,\theta\theta}\Psi_{,\xi\xi} - 2W_{,\xi\theta}\Psi_{,\xi\theta}\right]. \end{aligned}\right\} \tag{2.28}$$

Für eine kreisrunde Zylinderschale, wenn R_θ = const ist, haben die Gln. (2.27) ohne die nichtlinearen L-Terme nur konstante Koeffizienten. Sie lassen sich dann zu einer Gleichung für W bzw. Ψ reduzieren; so z. B.:

$$\left(D\nabla^8 + \frac{Eh}{R_\theta^2 a^4}\frac{\partial^4}{\partial\xi^4}\right)W = \nabla^4 q\,. \tag{2.29}$$

2.5.5 Flache Schalen

Eine Schale nennt man *flach*, wenn sie sich in ihrer Gestalt nicht zu sehr von einer Platte unterscheidet (s. Bild 2.1).

Schon eine geringe Wölbung der Platte bewirkt bei geeigneten Randbedingungen eine mehrfach größere Steifigkeit gegenüber der ebenen Platte. Infolge der Wölbung ändert sich der Spannungszustand analog wie beim Übergang von einem Balken zum Bogen.

Die Berücksichtigung der flachen Form führt zu beträchtlich vereinfachten Schalengleichungen. Diese finden auch Anwendung bei Schalen, die *nicht* flach sind. Das betrifft u. a. Zylinderschalen und Schalen, die sich nicht zu sehr vom Zylinder unterscheiden.

Die Untersuchung der flachen Schalen lohnt sich auch darum, weil bei beliebiger Schalenform ein Ausschnitt, der klein genug ist, als flach angenommen werden kann.

Betrachten wir eine Schale, deren Referenzfläche schwach gewölbt ist, d. h. in der Nähe zu einer Ebene verläuft. In der Ebene werden die Koordinaten x, y, wie in Bild 2.1 bezeichnet, eingeführt. Ein Punkt der Referenzfläche wird mit den Koordinaten $x, y, z = z(x,y)$ identifiziert. Damit werden in der Referenzfläche die krummlinigen Koordinaten ξ, θ, die zahlenmäßig mit x, y übereinstimmen, eingeführt.

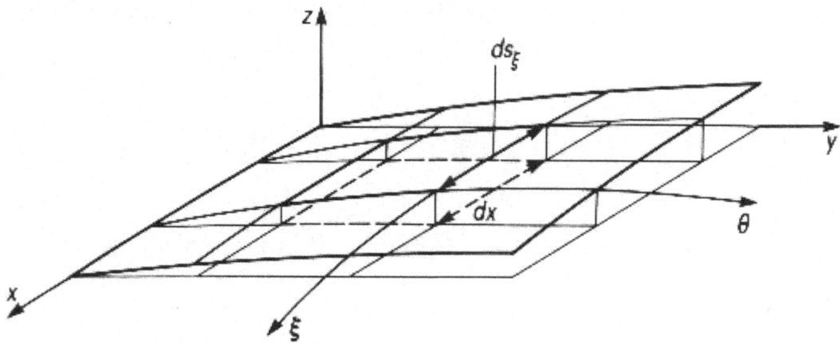

Bild 2.1 Flache Schale

Bezüglich dieser Koordinaten läßt sich die Grundannahme der Theorie flacher Schalen wie folgt formulieren:

Die Bogenlängen s_ξ, s_θ entlang der Koordinatenlinien ξ, θ der Referenzfläche und der Winkel zwischen diesen Linien können den entsprechenden Längen der x, y Linien bzw. $\pi/2$ gleichgesetzt werden. Diese Annahme wird unmittelbar durch die Vereinfachungen (2.26) vertreten. Wir stellen ein Kriterium auf, das uns erlaubt, nachzuprüfen, ob eine Schale als „flach“ im Sinne der Annahme (2.26) behandelt werden darf. Dazu ermitteln wir aus der Vektorgleichung der Referenzfläche

$$\boldsymbol{r} = x\boldsymbol{t}_x + y\boldsymbol{t}_y + z(x,y)\boldsymbol{t}_z, \qquad \boldsymbol{t}_x \cdot \boldsymbol{t}_y = 0 \tag{2.30}$$

die Werte von a, b und $\cos\widehat{\xi\theta} = \boldsymbol{r}_{,\xi} \cdot \boldsymbol{r}_{,\theta}/ab$, wobei $\widehat{\xi\theta}$ der Winkel zwischen den ξ,η-Linien ist.

Mit den Koordinaten $\xi = x$, $\theta = y$ erhält man nach der Differentiation von (2.30)

$$\left.\begin{aligned} &\boldsymbol{r}_{,\xi} = \boldsymbol{r}_{,x} = \boldsymbol{t}_x + z_{,x}\boldsymbol{t}_z, \qquad a^2 = \boldsymbol{r}_{,\xi} \cdot \boldsymbol{r}_{,\xi} = 1 + z_{,x}^2, \\ &\boldsymbol{r}_{,\theta} = \boldsymbol{r}_{,y} = \boldsymbol{t}_y + z_{,y}\boldsymbol{t}_z, \qquad b^2 = \boldsymbol{r}_{,\theta} \cdot \boldsymbol{r}_{,\theta} = 1 + z_{,y}^2, \\ &\cos\widehat{\xi\theta} = z_{,x} \cdot z_{,y}(1 + z_{,x}^2)^{-1/2}(1 + z_{,y}^2)^{-1/2}. \end{aligned}\right\} \tag{2.31}$$

Dafür dürfen die Koordinaten ξ, θ zueinander als orthogonal ($\cos\widehat{\xi\theta} = 0$) und die Lamé-Parameter a, b als konstant angenommen werden, wenn

$$z_{,x}^2, \qquad z_{,y}^2 \ll 1 \tag{2.32}$$

ist. – Die Schale mit der Referenzfläche $z = z(x,y)$ gilt als flach, wenn die Quadrate der partiellen Ableitungen von z nach x und y klein gegenüber 1 sind. Das bedeutet, daß die Tangentialebene an $z(x,y)$, die durch $z_{,x}$ und $z_{,y}$ charakterisiert wird, und die Oxy-Ebene nur *kleine* Winkel miteinander einschließen.

Für solche Schalen gelten die Gln. (2.26) bis (2.28). Die Gln. (2.20), (2.22), (2.23) werden durch Berücksichtigung der eingeführten Annahmen wesentlich einfacher. Man kann in diesen Gleichungen nun die Operatoren mit $a = b = 1$, $\xi = x$, $\theta = y$ ausdrücken. Damit erhält man die Grundgleichungen für flache Schalen:

$$\left.\begin{aligned} &N_\xi = \Psi_{,yy}, && \varkappa_\theta = -W_{,yy}, \\ &N_\theta = \Psi_{,xx}, && \varkappa_\xi = -W_{,xx}, \\ &S_\xi = S_\theta = S = -\Psi_{,xy}, && \tau_\xi = \tau_\theta = \tau = -W_{,xy}, \end{aligned}\right\} \tag{2.33}$$

$$\left.\begin{aligned} &\nabla^2 = \frac{\partial^2}{\partial x^2} + \frac{\partial^2}{\partial y^2}, \qquad \nabla_k^2 = \frac{1}{R_\xi}\frac{\partial^2}{\partial y^2} - \frac{2}{R_{\xi\theta}}\frac{\partial^2}{\partial x \partial y} + \frac{1}{R_\theta}\frac{\partial^2}{\partial x^2}, \\ &L(W,\Psi) = W_{,xx}\Psi_{,yy} + W_{,yy}\Psi_{,xx} - 2W_{,xy} \cdot \Psi_{,xy}. \end{aligned}\right\} \tag{2.34}$$

Die Normalschnittkrümmungen der flachen Schale können über die Gleichung $z = z(x,y)$ der Referenzfläche ausgedrückt werden. Dazu braucht man nur die Ableitungen bezüglich ξ, θ – $\boldsymbol{t}_\xi = \boldsymbol{r}_{,\xi}/a \approx \boldsymbol{r}_{,x}$, $\boldsymbol{t}_\theta = \boldsymbol{r}_{,\theta}/b \approx \boldsymbol{r}_{,y}$ – nach (2.31), (2.32) zu berechnen und die Formel (1.16) anzuwenden. Das ergibt

$$\frac{1}{R_\xi} = \frac{1}{R_x} = -z_{,xx}, \qquad \frac{1}{R_\theta} = \frac{1}{R_y} = -z_{,yy}, \qquad \frac{1}{R_{\xi\theta}} = \frac{1}{R_{xy}} = -z_{,xy}. \tag{2.35}$$

Für die flachen Schalen wird oft *eine weitere Vereinfachung* vorgenommen. Man nimmt an, daß die Normalschnittkrümmungen $1/R_\xi$, $1/R_\theta$ und $1/R_{\xi\theta}$ sich viel weniger intensiv ändern als die Spannungs- und Verformungsfunktionen Ψ und W und deren Ableitungen:

$$\frac{\partial}{\partial x}\left(\frac{1}{R_\xi} W\right) \approx \frac{1}{R_\xi} W_{,x}\,, \qquad \frac{\partial}{\partial x}\left(\frac{1}{R_\theta} \Psi\right) \approx \frac{1}{R_\theta} \Psi_{,x}\,, \ldots . \tag{2.36}$$

Demzufolge führen die Operatoren ∇^2 und ∇_k^2, in beliebiger Reihenfolge angewendet, zu gleichen Ergebnissen

$$\nabla^n \nabla_k^2 [\Psi \;\; W] = \nabla_k^2 \nabla^n [\Psi \;\; W]\,, \qquad (n = 2, 4, 8)\,. \tag{2.37}$$

Damit kann eine der Variablen (Ψ oder W) aus dem linearen System (2.24) eliminiert werden. So ergibt sich

$$(D\nabla^8 + Eh\nabla_k^4)\,W = \nabla^4 q\,. \tag{2.38}$$

Mit dem Operator ∇_k^2 entsprechend der Geometrie der Zylinderschale – $\nabla_k^4 = (1/R_\theta)^2 \partial^4/\partial x^4$ – wird die Gl. (2.38) mit der Gl. (2.29) identisch.

Vergegenwärtigt man sich die Begründung der Annahmen (2.26) für die flachen Schalen, so wird klar, daß diese Annahmen nicht nur für Schalen, die sich wenig von einer Platte unterscheiden, gelten. Schalen (oder deren Bereiche), die im Sinne der Bedingungen (2.31) nicht zu sehr von einer Zylinderschale abweichen, sind flach und nach dieser Theorie zu analysieren. Natürlich können dabei a, b beliebige Konstanten sein – $\xi, \theta \neq x, y$.

Einfache Anwendungsbeispiele der Theorie flacher Schalen unter senkrechten Flächenlasten und Zylinderschalen bei thermischer Singularität finden sich im Buch [56].

Wenn die *Normalschnittkrümmungen gleich Null* sind und demzufolge $W \approx w$, $\nabla_k^2 = 0$, gehen die Gln. (2.34), (2.23) in die folgenden Gleichungen über

$$\begin{aligned} &D\nabla^4 w - w_{,xx}\Psi_{,yy} - w_{,yy}\Psi_{,xx} + 2w_{,xy}\Psi_{,xy} = q \\ &\frac{1}{Eh}\nabla^4\Psi + w_{,xx}w_{,yy} - w_{,xy}^2 = 0\,. \end{aligned} \tag{2.39}$$

Das sind die Gleichungen, die Th. von Kármán für große Durchbiegungen von *Platten* aufgestellt hat.

Wenn die nichtlinearen Glieder vernachlässigt werden, zerfällt das System

$$D\nabla^4 w = q\,, \qquad \frac{1}{Eh}\nabla^4\Psi = 0\,. \tag{2.40}$$

Die erste Gleichung ist die bekannte Differentialgleichung für kleine Durchbiegungen von Platten. Die Gl. $\nabla^4\Psi = 0$ bestimmt die Spannungsfunktion der zweidimensionalen Elastizitätsprobleme – den ebenen Spannungszustand oder den ebenen Verzerrungszustand.

Es sei abschließend bemerkt, daß die Gleichungen der flachen Schalen nicht auf die verwendeten Koordinaten beschränkt sind. Der Übergang zu anderen Koordinaten wird durch die Invarianz des Operators ∇^2 erleichtert.

2.6 Membrantheorie

2.6.1 Hauptspannungszustand einer steifen Schale

Eine dünne Schale kann nicht steif sein und große Lasten tragen, wenn sie der Wandbiegung ausgesetzt ist. Ihr Widerstand gegenüber der Wandbiegung ist gering. Eine optimal konstruierte *lasttragende Schale* muß wo nur möglich einen *biegefreien Spannungszustand* haben. Die Situation ist ähnlich wie bei Bogenträgern. Um ohne Biegung eine Last zu tragen, muß aber ein Bogen eine bestimmte, der Last genau angepaßte Form haben. Dagegen kann eine Schale bei geeigneter Form und bestimmten Bedingungen an den Rändern ein breites Spektrum verschiedener Lasten ohne bedeutende Biegespannungen tragen. Eben diese Eigenschaft macht die dünnen Schalen zu effektiven lasttragenden Konstruktionselementen. Reale Konstruktionen haben überwiegend den Membranspannungszustand – die Biege- und Torsionsspannungen sind fast über die ganze Schale viel geringer als die über die Wanddicke konstanten Spannungen.

Was die Analyse der Festigkeit betrifft, führt der biegefreie Charakter des Spannungszustandes zu erheblichen Vereinfachungen der Theorie – zur *Membrantheorie.* Bei dieser Theorie werden in der Gleichgewichtsanalyse eines Schalenelementes die Wirkungen der Momente M_ξ, M_θ, H vernachlässigt.

Die Membrantheorie wurde viel früher als die allgemeine Schalentheorie entwickelt*). Sie hat (für die bereits genannten Fälle) eine große praktische Bedeutung. Die Membrantheorie beschreibt den *Hauptspannungszustand.* Nur in begrenzten Bereichen werden in der Schalenwand Biege- und Torsionsspannungen durch Randstörungen oder lokale Belastungen erzeugt. Da diese sich bezüglich der Flächenkoordinaten schnell ändern, werden sie mit Hilfe der vereinfachten Theorie bestimmt. Die entsprechende Korrektur kann dem Hauptspannungszustand superponiert werden. Die erwähnten Vorgehensweisen werden durch die Lösung einzelner Probleme in Abschn. 3 bis 5 illustriert.

Betrachten wir kurz die Gleichungen der Membrantheorie – das Gleichgewicht eines Schalenelementes sowie die Besonderheiten der Randbedingungen und einige Voraussetzungen für die Anwendbarkeit dieser Theorie. Eine umfassende Darstellung der Membrantheorie, wobei der Geltungsbereich der Theorie und die Bedingungen für die Existenz des Membranzustandes eingehend analysiert werden, findet sich in den Monographien [58], [59]. Andere Gesichtspunkte sind in [104], [156] behandelt.

2.6.2 Gleichgewicht

Die Querkräfte Q_ξ, Q_θ sind durch die vierte und fünfte der Gleichgewichtsbedingungen von (1.60) über die Biege- und Torsionsmomente bestimmt. Sind die Momente M_ξ, M_θ, H_ξ, H_θ und die Momentenlasten m_ξ, m_θ vernachlässigbar klein, so entfallen auch die Querkraftterme in den ersten drei Gleichgewichtsbedingungen von (1.60). Die Vernachlässigung der Momente in der sechsten Gl. (1.60) ergibt $S_\xi = S_\theta = S$. Die ersten drei Gln. (1.60) oder die Gln. (1.64) werden zu

*) Die ersten Arbeiten stammen von Lamé und Clapeyron (1833), die allgemeinen Gleichungen der Membrantheorie – von E. Beltrami (1881).

$$\begin{aligned} &(bN_\xi)_{,\xi} + (a^2S)_{,\theta}/a - b_{,\xi}N_\theta + abq_\xi = 0\,, \\ &(b^2S)_{,\xi}/b + (aN_\theta)_{,\theta} - a_{,\theta}N_\xi + abq_\theta = 0\,, \\ &\frac{N_\xi}{R_\xi} + \frac{N_\theta}{R_\theta} - q = 0\,. \end{aligned} \tag{2.41}$$

Die Gleichungen sind für die Hauptkoordinaten, d.h. für $1/R_{\xi\theta} = 0$, ausgeschrieben. Außerdem wurden die nichtlinearen Terme $\lambda_\xi S$, $\lambda_\theta N_\theta$, $\lambda_\theta S$, $N_\xi \lambda_\xi$ in den ersten zwei Gleichungen und $\tau_\xi S + \tau_\theta S$ in der dritten gestrichen. Die mit einem Membranspannungszustand verbundene Deformation kann bei kleinen Verzerrungen nur in seltenen Fällen große Verschiebungen und geometrische Nichtlinearität beinhalten. (Natürlich folgen aus den Gln. (1.60) auch die drei Membrangleichungen für unbeschränkt große elastische Verschiebungen.)

Wegen der statisch-geometrischen Dualität können direkt nach (2.41) die entsprechenden Kompatibilitätsgleichungen aufgeschrieben werden. Da sie nur die Variablen $\varkappa_\xi$, $\varkappa_\theta$, τ enthalten, sind diese Gleichungen in der Membrantheorie weniger hilfreich.

Die drei Gln. (2.41) enthalten drei Unbekannte. Das Gleichgewichtsproblem eines Schalenelementes ist also statisch bestimmt. Das bedeutet, daß die Möglichkeit besteht, mit Hilfe der Gleichgewichtsbedingungen die Spannungsresultierenden zu ermitteln. An den Rändern dürfen dabei nur die Membrankräfte – Normalkraft und Schubkraft – vorgegeben sein. Sind an einem Rand Verschiebungen oder Verzerrungen eingeprägt, so ist das Problem dagegen statisch unbestimmt. Das vollständige Gleichungssystem der Membrantheorie ist von vierter Ordnung.

2.6.3 Randbedingungen

In der Membrantheorie können alle vier Bedingungen der allgemeinen Schalentheorie an einem Schalenrand nicht erfüllt werden. Entsprechend der vierten Ordnung des vollen Gleichungssystems dieser Theorie sind zur eindeutigen Lösung des Randwertproblems zwei Bedingungen an einem Rand gerade ausreichend. Die Bedingungen an einem Rand dürfen nur zwei aus den vier Parametern (1.106), (1.107) bzw. (1.113) die die Spannungen, Verschiebungen bzw. die Verzerrung eines Randes beschreiben, beinhalten. Bei den Kräftebedingungen entfallen die in der Theorie vernachlässigten Momente M_ξ, M_θ, H.

Am Rand ξ = const können die Membrankräfte N_ξ und $S_\xi = S$ und am Rand θ = const die N_θ und $S_\theta = S$ festgesetzt werden (vgl. (1.106)).

Die statisch-geometrische Dualität weist darauf hin, daß die Verzerrung eines Randes ξ = const in den Randbedingungen über $\varkappa_\theta$ und τ und eines Randes θ = const über $\varkappa_\xi$ und τ vertreten wird.

Die Verschiebungen eines Schalenrandes dürfen in den Randbedingungen nur die Komponenten u und v (vgl. (1.107)), die den Membrankräften N_ξ, N_θ bzw. S zugeordnet sind, beinhalten. Die Verschiebung w und der Drehwinkel ϑ_ξ oder ϑ_θ, die den Querkräften Q_ξ, Q_θ und Momenten M_ξ bzw. M_θ entsprechen, dürfen nicht in die Randbedingungen einbezogen werden.

Die Randwirkungen, die nicht durch die Randbedingungen des Hauptspannungszustandes berücksichtigt werden, erzeugen meistens einen intensiv variierenden Spannungszustand, der mit Hilfe der Donnell-Typ-Theorie ermittelt werden kann. Wenn eine bestimmte kritische Belastung erreicht wird, beult die Schale im Bereich der Membrandruckkräfte. Auch das Beulen ruft eine intensiv variierende Verformung hervor.

2.6.4 Membranspannungszustand ist schwach variierend mit ξ, θ

Der Anwendungsbereich der Membrantheorie kann mit Hilfe einer Analyse der Gleichgewichtsbedingungen abgeschätzt werden. Der Gültigkeitsbereich der Membrantheorie ist durch die Annahme beschränkt, daß die in den Gln. (2.41) vernachlässigten Terme der Gln. (1.60) oder (1.64) klein sind.

Die Terme, die in den ersten zwei Gln. (2.41) gestrichen worden sind, haben die relative Größenordnung von $h/R_{\min}$ oder geringer, wenn die Biege- und Torsionsspannungen $(6M_\xi/h^2, \ldots)$ von derselben bzw. kleinerer Größenordnung sind wie die in der gleichen Richtung auftretenden Membranspannungen $(N_\xi/h, \ldots)$:

$$[M_\xi \;\; M_\theta \;\; H]\frac{1}{h^2/6} \sim \alpha[N_\xi \;\; N_\theta \;\; S]\frac{1}{h}, \qquad \alpha \leqslant 1\,. \tag{2.42}$$

Dies reicht aus, wenn die Verformung der Schale nicht intensiver variiert als die Schalengeometrie, und wenn für die Ableitungen der Schnittlasten diesselben Größenordnungsverhältnisse gelten wie für diese Variablen vor der Differentiation:

$$(bN_\xi)_{,\xi} \sim bN_{\xi,\xi}, \qquad \left(\frac{a^2}{R_\xi^2}H\right)_{,\theta} \sim \frac{a^2}{R_\xi^2}H_{,\theta}, \ldots$$

$$N_{\xi,\xi} + \frac{1}{R_\xi}M_{\xi,\xi} \approx N_{\xi,\xi}, \quad \text{wenn}\, N_\xi + \frac{1}{R_\xi}M_\xi \approx N_\xi, \ldots\,.$$

Die in der dritten Gl. (2.41) vernachlässigten Terme (vgl. (1.64)) sind von der Größenordnung der zweiten Ableitungen der Momente M_ξ, M_θ in bezug auf ξ und θ. Diese Terme sind klein, wenn der *Spannungszustand* mit *schwacher Intensität* (in bezug auf ξ, θ) variiert. Deren relativer Wert ist von der Größenordnung von $\alpha R_{\min} h/L^2$, wobei L das Intervall der Variation der maßgeblichen Spannungsresultierenden (vgl. Abschn. 1.4.2) ist; α ist definiert in (2.42). Natürlich hängt der α-Wert von den Randbedingungen, der Geometrie der Schale sowie von der Flächenbelastung ab. Eine genauere Analyse des Gültigkeitsbereichs der Membrantheorie ist kompliziert (s. dazu [58], [104]) und vor allem spezialisiert auf enge Klassen von Problemen.

2.7 Flexible Schalen. Halbmembrantheorie

Wie bereits erwähnt, werden die meisten Schalenprobleme auf der Grundlage der zwei vereinfachten Zweige der Theorie dünner Schalen untersucht. In dem überwiegenden Teil einer Schale wird meistens ein Membranspannungszustand angestrebt und gesichert. Die Wandbiegung wird in den *lasttragenden* Schalen auf die Bereiche neben den lokalen Belastungen und Rändern beschränkt. In diesen Bereichen kann (wie erwähnt) die Lösung mit Hilfe der Donnell-Typ-Gleichungen berechnet werden.

Der Hauptspannungszustand ist aber nicht immer durch Membranspannungen geprägt, er kann auch Wandbiegung und Torsion einbeziehen. (Für die lasttragenden Schalen sind solche Fälle unerwünschte Grenzfälle. Ein Beispiel dafür sind lange Zylinderschalen.) Es gibt eine breite Klasse von Schalen, für die ein Membranspannungszustand sogar vermieden werden muß. Das betrifft Schalen, die für große elastische Verformungen konstruiert sind – *flexible Schalen.*

Um elastische Verformbarkeit zu erzielen, muß die Deformation der Schale in einem möglichst großen Teil durch Biege- und (oder) Torsionsverformung der Wand gekennzeichnet sein. (Ein Typ dieser Schalen – die Rohrkrümmer – wird in Abschn. 4.5 untersucht. Andere Beispiele sind in [17], [19] behandelt.)

Der Hauptspannungszustand dieser Art von Schalen kann natürlich nicht durch die Membrantheorie beschrieben werden. Auch die Donnell-Typ-Theorie ist hier nur begrenzt anwendbar. Der Hauptspannungszustand der flexiblen Schalen nimmt einen Platz zwischen den Anwendungsbereichen der zwei klassischen Theorien ein: Der Membrantheorie, bei der ein in bezug auf beide Flächenkoordinaten langsam variierender Spannungszustand vorhanden ist, und andererseits der Donnell-Typ-Theorie, die einen gemischten, in bezug auf beide Flächenkoordinaten intensiv variierenden Verformungszustand voraussetzt. Die Theorie *flexibler* Schalen ist eine Halbmembrantheorie. Sie beschreibt einen Spannungszustand, der in Richtung einer der Flächenkoordinaten biegefrei ist und sich viel weniger intensiv ändert als in bezug auf die andere Koordinate, in deren Richtung ein allgemeiner Spannungszustand vorhanden sein kann.

Diese Theorie wurde als eine Erweiterung der W. S. Wlassowschen Halbmembrantheorie [59], [104] auf Schalen zweifacher Krümmung und für große Verformungen vorgeschlagen [12]. Die Grundannahmen dieser Theorie können schon in den Arbeiten von Th. v. Kármán 1911 [74], Karl 1943 [73] und L. Beskin 1945 [25] erkannt werden. Eine Anwendung der Theorie und weitere Literaturhinweise finden sich in Abschn. 5. Ausführlichere Darstellungen sind in [17], [19] vorhanden.

Alles Abstrakte wird durch Anwendung dem Menschenverstand genähert, und so gelangt der Menschenverstand durch Handeln und Beobachten zur Abstraktion.
(J. W. von Goethe)

3 Drehsymmetrisch belastete Rotationsschalen

3.1 Allgemeines

Dünne Schalen drehsymmetrischer Form sind ohne Zweifel die am meisten in der Technik verwendeten Schalen. Dazu zählen sowohl Kegel-, Kugel- und Zylinderschalen im Maschinenbau als auch verschiedene Kuppeln, Behälter usw. des Bauingenieurwesens.

Bedeutende Erfolge sowohl in der Theorie als auch bei der praktischen Berechnung wurden zuerst für Rotationsschalen erzielt. Die ersten Untersuchungen wurden schon am Anfang der Entwicklung der klassischen Elastizitätstheorie durchgeführt. Lamé und Clapeyron analysierten bereits 1833 die biegefreie Verformung von Drehschalen*).

Die folgenden Ausführungen beginnen mit dem einfachsten Rechenmodell – mit der *Membrantheorie*, bei der die Biegespannungen in den Schalen vernachlässigt werden. Der biegefreie Spannungszustand wird etwas näher für Kuppeln und Behälter untersucht, für die dieser Zustand ein optimaler Grenzfall ist.

Im nächsten Schritt wird die Analyse der allgemeinen drehsymmetrischen Verformung – die Biegetheorie – behandelt. Diese Theorie wird in zwei Richtungen eingesetzt. Bei den „lasttragenden" Schalen, deren *Grundspannungszustand* biegefrei ist, werden die Membranlösungen überprüft und in den Schalenbereichen vervollständigt, wo Biegespannungen sich nicht vermeiden lassen. Abschließend wird die allgemeinere Theorie zur Analyse der Schalen angewendet, bei denen der Grundspannungszustand von der Wandbiegung maßgeblich geprägt wird.

3.2 Membrantheorie

Wir werden zuerst die Gleichgewichtsbeziehungen ableiten. Dann wird die Verformung der Schale untersucht, und die erforderlichen Elastizitätsbeziehungen werden hergeleitet. Eine Übersicht der relevanten Randbedingungen schließt die Darstellung der Membrantheorie ab.

3.2.1 Gleichgewicht eines Schalenelementes

Die Referenzfläche einer drehsymmetrischen Schale ist ebenso symmetrisch. Die Geometrie solcher Flächen ist im Abschn. 1.2.4 beschrieben. Das „geographische Koordinaten-

---

*) Mémoire sur l'équilibre intérieur des corps solides, Mem. pres. par div. savants, v. 4. 1833.

system" wird im folgenden beibehalten (s. Bild 1.5). Ein Punkt der Referenzfläche ist durch den Lagewinkel θ der Meridianebene und durch die Koordinate ξ, die durch den Abstand $a\xi$ gemessen entlang der Meridiankurve von einem Parallelkreis $\xi = 0$ definiert ist, bestimmt.

Bild 3.1 zeigt ein Element der Schale mit den Abmessungen $a\mathrm{d}\xi$, $R\mathrm{d}\theta$ sowie alle Schnittlasten, die auf das Element im drehsymmetrischen Membranzustand wirken.

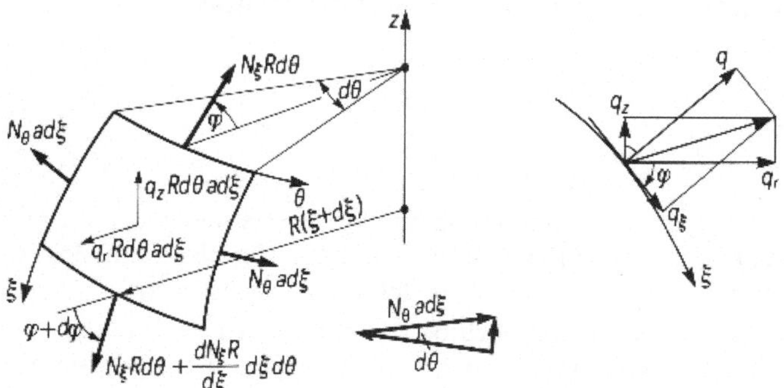

Bild 3.1 Ein Schalenelement im drehsymmetrischen Membranspannungszustand

Die Drehsymmetrie des Spannungszustandes bedeutet, daß jede Meridianebene θ = const eine Symmetrieebene der Schnittkräfte ist. Daher sind in jedem Schnitt θ = const die Schubspannungen $\sigma_{\theta\xi}$ und deren Resultierende S_θ, Q_θ und Schnittmomente H_θ (s. Bild 1.8) gleich Null. Mit $\sigma_{\xi\theta} = \sigma_{\theta\xi} = 0$ verschwinden auch S_ξ und H_ξ.

Die Querkraft Q_ξ und die Momente M_ξ, M_θ können auch im drehsymmetrischen Fall auftreten und werden in der Biegetheorie (Abschn. 3.4) berücksichtigt. Der Ansatz der Membrantheorie ist die *Vernachlässigung der Biege- und Torsionsmomente.* Damit entfällt auch die Querkraft Q_ξ. Sie ist gemäß den Gleichgewichtsbedingungen (1.60) gleich Null, wenn die Schnittmomente M_ξ, M_θ, H_θ das sind.

Die Kanten des Schalenelementes haben die Längen (s. Bild 3.1):

$$a\mathrm{d}\xi, \quad a\mathrm{d}\xi, \quad R(\xi)\mathrm{d}\theta, \quad R(\xi + \mathrm{d}\xi)\mathrm{d}\theta.$$

Die Schnittkräfte an den vier Kanten des Elements sind gleich den Streckenkräften N_θ, N_θ, $N_\xi(\xi)$, $N_\xi(\xi + \mathrm{d}\xi)$, multipliziert mit den Längen der Kanten, auf die die Kräfte wirken. Die vier Kräfte sind in Bild 3.1 angegeben.

Neben den Schnittkräften können auf das Element auch äußere Kräfte wirken. Das sind Lasten, die auf den äußeren Flächen der Schale und im Schalenraum verteilt angreifen. Diese Lasten werden zu Flächenbelastungen der Referenzfläche reduziert und durch radiale und axiale Komponenten q_r, q_z vertreten. Die resultierende Kraft der äußeren Belastung des Elements ist durch die Komponenten multipliziert mit der Fläche $a\mathrm{d}\xi R\mathrm{d}\theta$ bestimmt.

Das Gleichgewicht eines Körpers wird bekanntlich durch sechs Gleichungen beschrieben. Davon entfallen im vorliegenden Fall vier. Das Gleichgewicht aller Kräfte, die auf das Element in Richtung des Breitenkreises (der θ-Linie in Bild 3.1) wirken, ist identisch erfüllt. Ebenso erfüllt sind die drei Momentengleichgewichtsbedingungen.

Es verbleibt uns, nur zwei Gleichgewichtsbedingungen für das Schalenelement aufzustellen. Das werden die Bedingungen für die Kräfte in Richtung der Symmetrieachse (z im

Bild 3.1) und in radialer Richtung sein. Es ergeben sich unmittelbar nach Bild 3.1 die Gleichungen

$$N_\xi R\,\mathrm{d}\theta \sin\varphi - \left[N_\xi R\,\mathrm{d}\theta + \frac{\mathrm{d}(N_\xi R)}{\mathrm{d}\xi}\mathrm{d}\xi\,\mathrm{d}\theta\right]\sin(\varphi + \mathrm{d}\varphi) + q_z a\,\mathrm{d}\xi R\,\mathrm{d}\theta = 0, \quad (3.1)$$

$$-N_\xi R\,\mathrm{d}\theta \cos\varphi + \left[N_\xi R\,\mathrm{d}\theta + \frac{\mathrm{d}(N_\xi R)}{\mathrm{d}\xi}\mathrm{d}\xi\,\mathrm{d}\theta\right]\cos(\varphi + \mathrm{d}\varphi)$$

$$- N_\theta a\,\mathrm{d}\xi\,\mathrm{d}\theta + q_r a\,\mathrm{d}\xi R\,\mathrm{d}\theta = 0. \quad (3.2)$$

Das Glied $N_\theta a\,\mathrm{d}\xi\,\mathrm{d}\theta$ vertritt die Resultierende der zwei Schnittkräfte $N_\theta a\,\mathrm{d}\xi$ (s. Bild 3.1). Diese Kräfte schließen den Winkel $\mathrm{d}\theta$ miteinander ein. Deren Summe ist ein radialer Vektor, der in die negative R-Richtung weist.

Die Gln. (3.1), (3.2) erhalten ihre endgültige Form durch Substitution der Beziehungen

$$\begin{aligned}\cos(\varphi + \mathrm{d}\varphi) &= \cos\varphi - \mathrm{d}\varphi\sin\varphi,\\ \sin(\varphi + \mathrm{d}\varphi) &= \sin\varphi + \mathrm{d}\varphi\cos\varphi,\end{aligned} \quad (3.3)$$

und

$$\mathrm{d}\varphi = \dot{\varphi}\,\mathrm{d}\xi. \quad (3.4)$$

Damit eliminieren sich die Terme der Gln. (3.1), (3.2) mit $N_\xi R\,\mathrm{d}\theta$ gegenseitig. Nach Division beider Gleichungen mit $\mathrm{d}\xi\,\mathrm{d}\theta$ erhält man:

$$\begin{aligned}(N_\xi R)^{\bullet}\sin\varphi + N_\xi R\dot{\varphi}\cos\varphi &= q_z Ra, \qquad (\;)^{\bullet} = \frac{\mathrm{d}}{\mathrm{d}\xi}(\;);\\ (N_\xi R)^{\bullet}\cos\varphi - N_\xi R\dot{\varphi}\sin\varphi - N_\theta a &= -q_r Ra.\end{aligned} \quad (3.5)$$

Das ist ein System von zwei Gleichungen mit zwei Unbekannten. Daraus folgt die Erkenntnis (gewonnen für den allgemeinen Fall beliebiger Schalenform und Belastung im Abschn. 2.6): Die Membrankräfte können allein – ohne Querkräfte und Biegemomente – das Gleichgewicht der Schalenelemente gewährleisten.

Das ist ein wesentlicher Unterschied zu einem Bogen. Bekanntlich kann ein Bogen nur eine bestimmte Belastung biegefrei tragen: die Belastung, deren Stützlinie mit der Bogenform zusammenfällt.

Mit dem Gleichgewichtssystem (3.5) sind die Schnittkräfte statisch bestimmt. Natürlich müssen noch die Randbedingungen berücksichtigt werden. Die Randkräfte können aber Reaktionen der Randlagerung sein. Meistens sind die Reaktionen von der Verformung der Schale abhängig, also statisch unbestimmt. Für die Aufnahme der durch die Membrankräfte erzeugten Reaktionen ohne Wandbiegung muß speziell gesorgt werden.

Das System (3.5) läßt sich einfach integrieren. Zuvor transformieren wir das System zu Gleichgewichtsbeziehungen für Kräfte in Richtungen normal zur Referenzfläche und tangential zur ξ-Linie (zum Meridian). Dazu multiplizieren wir die erste der Gln. (3.5) mit $\sin\varphi$ (bzw. mit $\cos\varphi$) und die zweite mit $\cos\varphi$ (bzw. mit $-\sin\varphi$) und addieren anschließend diese, das ergibt

$$\begin{aligned}(N_\xi R)^{\bullet} - N_\theta a\cos\varphi + q_\xi Ra &= 0,\\ \frac{N_\xi}{R_\xi} + \frac{N_\theta}{R_\theta} &= q\end{aligned} \qquad \begin{bmatrix} q_\xi \\ q \end{bmatrix} = \begin{bmatrix} -\sin\varphi & \cos\varphi \\ \cos\varphi & \sin\varphi \end{bmatrix}\begin{bmatrix} q_z \\ q_r \end{bmatrix}, \quad (3.6)$$

wobei die Normalschnittkrümmungen $1/R_\xi = \dot{\varphi}/a$ und $1/R_\theta = (\sin\varphi)/R$ nach Gl. (1.19) eingesetzt worden sind, und q_ξ, q die Flächenlastkomponenten in Richtungen tangential zur ξ-Linie bzw. normal zur Referenzfläche bezeichnen (Bild 3.1).

(Die Gln. (3.6) folgen auch aus den allgemeinen Gln. (2.41): in der linearen Näherung und bei Berücksichtigung der Drehsymmetrie.)

Die Gln. (3.5), (3.6) liefern explizite Formeln für die Schnittkräfte.

Die erste der Gln. (3.5) läßt sich leicht integrieren. Das ergibt:

$$N_\xi R \sin\varphi = \frac{1}{2\pi} P_z(\xi) = \frac{1}{2\pi} P_z(\xi_0) + \int_{\xi_0}^{\xi} q_z R a \, \mathrm{d}\xi \,. \tag{3.7}$$

Der statische Inhalt dieser Gleichung wird im Bild 3.2 veranschaulicht. Die Resultierende $(2\pi R N_\xi \sin\varphi)$ der inneren Kräfte in einem beliebigen Schnitt ξ = const ist nach Gl. (3.7) der Resultierenden $P_z(\xi)$ der äußeren Kräfte, die auf einen Teil der Schale unterhalb des Schnittes wirken, gleich. Infolge der Drehsymmetrie wirkt die Resultierende in Richtung der z-Achse.

Die Substitution von N_ξ aus Gl. (3.7) in die zweite Gl. (3.6) ergibt die Schnittkraft in Umfangsrichtung N_θ.

Die bereits skizzierte einfache Lösung gestattet es, eine Reihe technisch sinnvoller Probleme zu analysieren. Einige Anwendungen werden in den nächsten Abschnitten erörtert.

3.2.2 Kugelkuppel unter Schneebelastung

Betrachten wir eine Kugelkuppel, deren Rand so abgestützt ist (Bild 3.3), daß quer zur Mittelfläche der Kuppel keine Reaktionskräfte entstehen. Die Kuppel steht unter der senkrechten Flächenlast q_s (z. B. Schneegewicht). Die Last q_s ist gleichmäßig über den Grundriß der Kuppel verteilt. Mit den Bezeichnungen a, φ von Bild 3.3 gilt $R = a\sin\varphi$. Die Resultierende P_z der Kräfte in einem Schnitt R = const vertritt die Gesamtlast, die auf den Teil der Kuppel oberhalb des Schnittes wirkt: $P_z = -\pi R^2 q_s$. Mit diesem Ergebnis und $R = a\sin\varphi$, $\xi = \varphi$ (Bild 3.3) ergibt die Formel (3.7) eine konstante meridionale Schnittkraft

$$N_\xi = \frac{P_z}{2\pi R \sin\varphi} = -\frac{1}{2} q_s a \,. \tag{3.8}$$

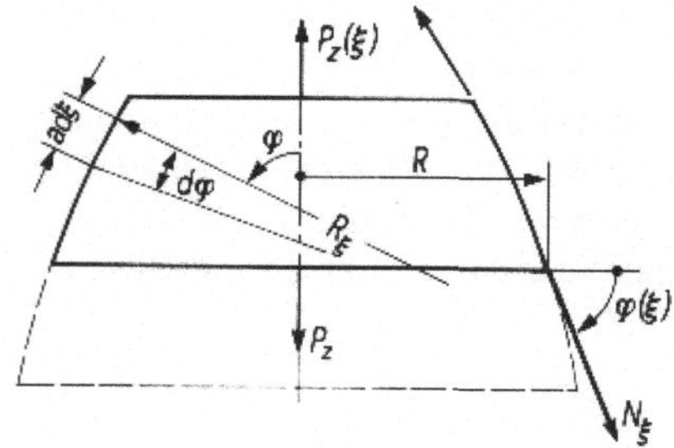

Bild 3.2

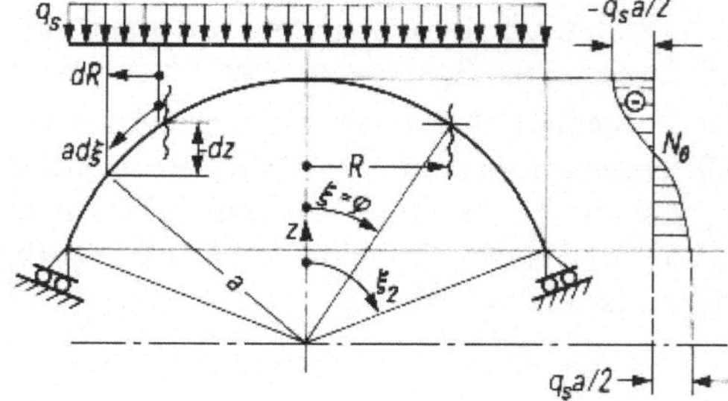

Bild 3.3 Kugelkuppel unter Schneelast. Verteilung der Schnittkräfte

Die Schnittkraft in Umfangsrichtung N_θ folgt aus Gl. (3.6). Dazu benötigen wir den Wert q der Normalflächenlast. Im vorliegenden Fall ist $q_r = 0$ und nach (3.6) gilt $q = q_z \cos\varphi$. Aus dem Bild 3.3 findet man

$$q_s 2\pi R \mathrm{d}R = -q_z 2\pi R a \mathrm{d}\varphi, \qquad \mathrm{d}R = a\mathrm{d}\varphi\cos\varphi .$$

Damit erhält man $q_z = -q_s\cos\varphi$ und

$$q = q_z\cos\varphi = -q_s\cos^2\varphi . \tag{3.9}$$

Mit (3.8), (3.9) und $R_\xi = R_\theta = a$ ergibt die zweite Gl. (3.6)

$$N_\theta = -N_\xi + qa = q_s a\left(\frac{1}{2} - \cos^2\varphi\right). \tag{3.10}$$

Das Ergebnis beinhaltet neben der konstanten meridionalen Druckkraft N_ξ die stark variierende Ringkraft N_θ. Am Scheitel der Kuppel, wo der Normaldruck q am größten ist ($q = -q_s$), ergeben die Formeln (3.8) und (3.10) $N_\xi = N_\theta = -q_s a/2$. Bei $\varphi = \pi/4$ wird die Ringkraft zu Null. (Dieser Breitenkreis wird in der Kuppelanalyse als die Bruchfuge bezeichnet.) Bei φ-Werten über $\pi/4$ ist die Ringkraft N_θ positiv, d. h. eine Zugkraft.

3.2.3 Kugelkuppel unter Eigengewicht

Untersuchen wir die Wirkung des Eigengewichts der Kuppel, welches pro Einheit der Referenzfläche γh beträgt, d. h. $q_z = -\gamma h$. Die lotrechte resultierende Kraft $P_z(\xi)$ im Schnitt $\xi = \text{const}$ ist offensichtlich dem Gewicht des abgeschnittenen oberen Teils der Kuppel bis auf das Vorzeichen gleich. Mit $R = a\sin\varphi$, $\xi = \varphi$ erhält man aus (3.7)

$$P_z = -\int_0^\varphi \gamma h 2\pi a \sin\varphi a \mathrm{d}\varphi = -\gamma h 2\pi a^2(1 - \cos\varphi).$$

Die Gln. (3.6) und (3.7) ergeben mit $q = q_z\cos\varphi = -\gamma h\cos\varphi$

$$\begin{aligned} N_\xi &= -\frac{\gamma h a}{1 + \cos\varphi}, \\ N_\theta &= \gamma h a\left(\frac{1}{1 + \cos\varphi} - \cos\varphi\right). \end{aligned} \tag{3.11}$$

Die Schnittkraft N_ξ ist auch in diesem Fall negativ, aber nicht konstant. Sie wächst von $-\gamma h a/2$ am Scheitel bis zu $-\gamma h a$ bei $\varphi = \pi/2$ an.

Für $N_\theta = 0$ folgt aus (3.11) die Gleichung

$$\frac{1}{1 + \cos\varphi} - \cos\varphi = 0, \tag{3.12}$$

die die Koordinate $\varphi = 38°\,10'$ des Breitenkreises ergibt, wo die Ringkraft ihr Vorzeichen wechselt. Bei größeren φ-Werten ist die Ringkraft N_θ positiv (Zugkraft).

Die zwei Beispiele von Abschn. 3.2.2, 3.2.3 behandeln Kugelkuppeln ohne Öffnung. Ebenso einfach ist die Analyse der Membrankräfte für andere Kuppelformen.

3.2.4 Kegelkuppel

Betrachten wir die Kuppel nach dem Schema von Bild 3.4. Die Kuppel wird mit dem Eigengewicht $q_z = -\gamma h$ pro Einheit der Schalenmittelfläche und der Axialkraft P am Rand der Öffnung belastet. Die Kraft P sowie die Reaktionskräfte am unteren Rand wirken in einer mit dem biegefreien Spannungszustand kompatiblen Weise. – Die Querkräfte sind gleich Null, was im Schema durch die entsprechende Randlagerung dargestellt ist.

Um die Schnittkräfte N_ξ und N_θ nach (3.6), (3.7) zu ermitteln, benötigen wir zuerst P_z und die Normalkomponente q der Flächenlast.

Nach Definition (3.7) ist die Axialkraft P_z gleich der Summe aus dem Gewicht der Kuppel oberhalb des Schnittes $\xi = \text{const}$ und der Laternenlast $P_z = -P$. Nach dem Schema von Bild 3.4 erhält man mit $q_z = -\gamma h$

$$P_z = -P + \int_{s_1}^{s} q_z 2\pi R \, ds = -P - \gamma h 2\pi \cos\varphi \frac{s^2 - s_1^2}{2}, \qquad s = \frac{R}{\cos\varphi}.$$

Damit ergibt Gl. (3.7)

$$N_\xi = -\frac{P}{2\pi R \sin\varphi} - \gamma h \frac{s^2 - s_1^2}{2s \sin\varphi}.$$

Die Ringkraft folgt aus (3.6), wenn die Krümmung $1/R_\xi = 0$ und der Normaldruck $q = -\gamma h \cos\varphi$ eingesetzt werden, zu

$$N_\theta = \frac{R}{\sin\varphi} q = -\gamma h s \frac{\cos^2\varphi}{\sin\varphi}.$$

Beide Schnittkräfte sind in jedem Punkt der Schale negativ, d. h. Druckkräfte.

3.2.5 Kreisringschale bei Innendruck $q = \text{const}$

Die Referenzfläche der Kreisringschale wird durch eine kreisrunde Meridiankurve gebildet. Wir führen die Koordinate ξ sowie die Bezeichnungen a, φ entsprechend dem Bild 3.5 ein. Damit ist $R_\xi = a$, und nach Bild 3.5 gilt

$$q_z = -q \sin\xi, \qquad R = R_m + a \cos\xi. \tag{3.13}$$

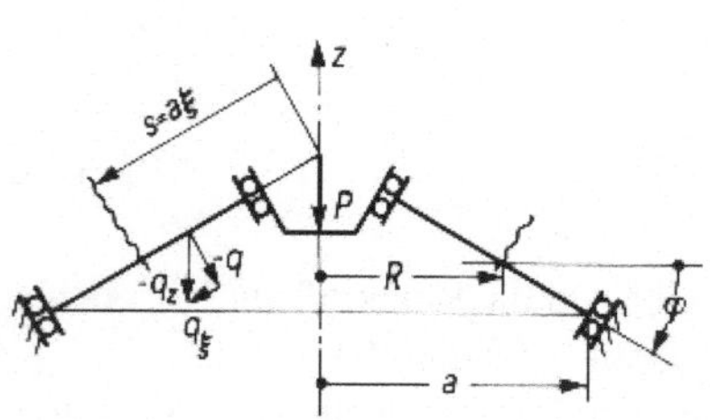

Bild 3.4 Kugelkuppel mit „Laternenlast“

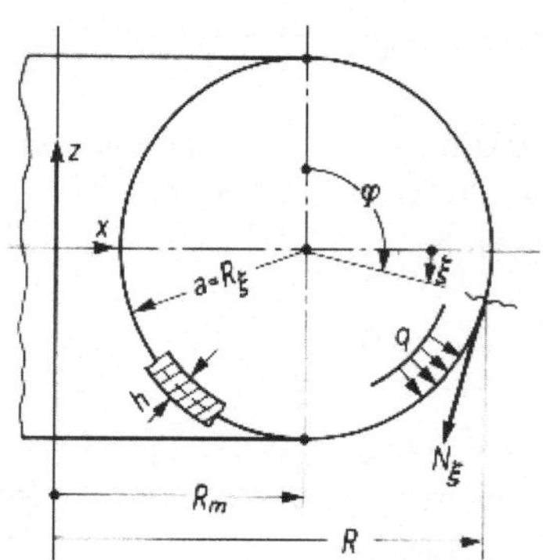

Bild 3.5 Kreisringschale

Den Ansatz zur Lösung des Spannungsproblems liefert die Annahme, daß in der Schale nur die *Membrankräfte* N_ξ, N_θ (also keine Querkräfte in den Normalschnitten) wirken. Das bedeutet, daß in den Schnitten $\xi = \pm \pi/2$ nur waagerechte Kräfte N_ξ wirken und hier $P_z = 0$ ist. Setzt man in der Formel (3.7) $\xi_0 = \pi/2$, dann wird die Konstante $P_z(\xi_0)$ gleich Null. Aus Gl. (3.7) mit (3.13) ergibt sich

$$(R_m + a\cos\xi)N_\xi\cos\xi = -\int_{\pi/2}^{\xi} q\sin\xi(R_m + a\cos\xi)a\,d\xi\,.$$

Nach Ausführung der Integration und aus der zweiten Gl. (3.6) erhält man schließlich die Membrankräfte

$$N_\xi = qa\frac{R_m + \frac{1}{2}a\cos\xi}{R_m + a\cos\xi}\,, \qquad N_\theta = \frac{1}{2}qa\,. \tag{3.14}$$

Dieser Spannungszustand entspricht den Bedingungen des Gleichgewichts, nicht aber den Bedingungen der Geschlossenheit der Schale in Meridianrichtung. Wenn auch diese Bedingungen (für die Verformung) erfüllt werden, ist $P_z(\pi/2) \neq 0$ und eine Biegung der Schalenwand tritt auf. Aber die Biegespannungen haben wenig Einfluß auf die maximale Spannung, die nach (3.14) bestimmt wird (s. darüber Abschn. 3.8.3).

3.2.6 Optimale Gestaltung

Die statische Bestimmtheit und die äußerst einfache Form der Lösung der Membrantheorie machen es verhältnismäßig leicht, die dieser Theorie entsprechenden festigkeitsoptimalen Drehschalen zu gestalten. Es geht hierbei um Schalenformen, die bei gegebener Belastung in jedem Teil der Schale die gleiche Sicherheit gewährleisten.

Betrachten wir im folgenden zwei Probleme dieser Art.

Zuerst bestimmen wir eine Kuppel *gleicher Festigkeit*. Das ist die Kuppel, in der bei Belastung durch das *Eigengewicht* die Membranspannungen σ in jedem Punkt und in allen Richtungen gleich sind:

$$N_\xi = N_\theta = \sigma h\,.$$

Das Gewicht der Schale pro Flächeneinheit (γh) bestimmt die Flächenlast $q_z = -\gamma h$. Die Komponenten der Flächenlast in Normal- und Tangentialrichtung (Bild 3.6) sind $q = -\gamma h\cos\varphi$ bzw. $q_\xi = \gamma h\sin\varphi$. Damit liefert die zweite Gl. (3.6) für die Membranspannung σ die Gleichung

$$\sigma h\left(\frac{\sin\varphi}{R} + \frac{1}{R_\xi}\right) = -\gamma h\cos\varphi\,. \tag{3.15}$$

Werden hier $R_\xi(\xi)$ und $\varphi(\xi)$ durch die Funktion $R(\xi)$ ausgedrückt, so erhält man eine Differentialgleichung für $R(\xi)$. Diese Gleichung kann numerisch integriert werden. Mit der ermittelten Meridianform $R = R(\xi)$ läßt sich die Wanddicke $h(\xi)$ aus der ersten Gl. (3.6) bestimmen. – Nach Substitution von $N_\xi = N_\theta = \sigma h$ und $q_\xi = \gamma h\sin\varphi$ in (3.6) folgt

$$(hR)^{\bullet}\sigma - h\sigma a\cos\varphi + \gamma hRa\sin\varphi = 0\,.$$

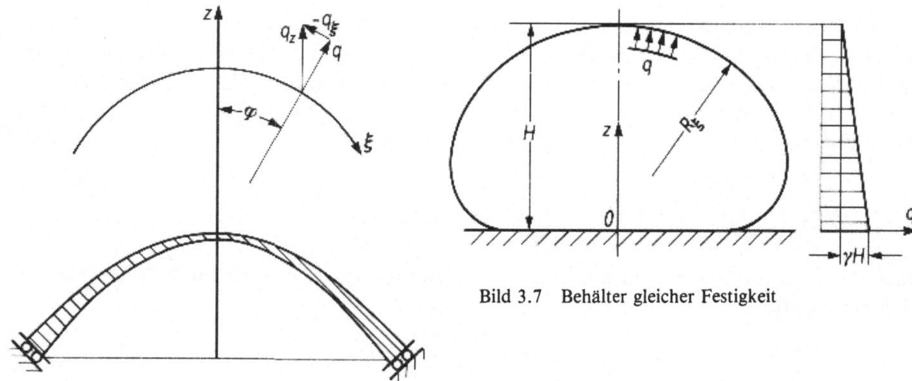

Bild 3.6 Kuppel gleicher Festigkeit

Bild 3.7 Behälter gleicher Festigkeit

Mit $\cos\varphi = \mathrm{d}R/a\mathrm{d}\xi$ und $\sin\varphi = -\mathrm{d}z/a\mathrm{d}\xi$ (Bild 3.3) geht diese Gleichung über in $\dot{h}/h = (\gamma/\sigma)\dot{z}$. Integration der Differentialgleichung ergibt die Verteilung der Wanddicke

$$h = h(z_0)\exp(z - z_0)\gamma/\sigma\,,$$

wobei die Spannung σ in der Kuppel negativ ist.

Die in der beschriebenen Weise ermittelte Schale (W. Flügge [56]) ist im Bild 3.6 dargestellt. Eine Kuppel, die unter dem Eigengewicht überall die gleiche Spannung*) $N_\xi/h = N_\theta/h = \sigma =$ const hat, muß eine bestimmte Meridianform und auch eine in einer bestimmten Weise variierende Wanddicke haben.

Im Behälterbau stellt sich die Aufgabe, einen Behälter gleicher Festigkeit zu konstruieren, der unter einem mit der Tiefe zunehmenden Druck überall die gleiche Spannung aufweist. Dieses Problem ist unter der Voraussetzung lösbar, daß die *Wanddicke* überall *konstant* ist. (Das ist aus technologischen Gründen für Stahlbehälter vorzuziehen.) Bei konstanter Spannung und konstanter Wanddicke sind auch die Schnittkräfte konstant $N_\xi = N_\theta = \sigma h$. Genau solche Situation besteht auf der Oberfläche eines Flüssigkeitstropfens. In einem Tropfen (s. Bild 3.7) wird der hydrostatische Druck durch die konstanten Oberflächenkräfte aufgenommen. Die Form des entsprechenden Behälters gleicher Festigkeit muß also mit der Form eines Flüssigkeitstropfens übereinstimmen. (Näheres über die Tropfenbehälter und deren analytische Bestimmung findet man im Buch von W. Flügge [56].)

In den vorhergehenden Beispielen sind Randbedingungen vorausgesetzt worden, die den Membranspannungszustand gewährleisten. Die Realisierung dieser Bedingungen in der Technik erfordert aber bestimmte Randversteifungen oder andere konstruktive Maßnahmen. Dazu gehört die Analyse der *Verformungen* der Schale. Diese Analyse muß auch die elastischen Eigenschaften der Schale einbeziehen.

*) Die Schnittkräfte N_ξ, N_θ sind aber in der Kuppel gleicher Festigkeit nicht konstant. Ein wesentlicher Unterschied zu den Spannungen in einer Seifenhaut, die in einem waagerechten Rahmen eingespannt ist.

3.2.7 Verformung

Die Beziehungen zwischen den Schnittkräften N_ξ, N_θ und den elastischen Dehnungen entlang der Koordinatenlinien sind in einer allgemeinen Form im Abschn. 1.7 aufgestellt worden. In dem Fall der Drehsymmetrie lassen sich die Verzerrungs-Verschiebungs-Beziehungen in einer einfachen Weise herleiten. Die Ableitung wird zugleich der allgemeinen Analyse der drehsymmetrischen Verformung dienen.

Bei der Analyse gehen wir von der Kirchhoffschen Hypothese aus: Die materiellen Punkte, die eine zur Referenzfläche senkrechte Gerade bilden (wie 1 – 2 im Bild 3.8), liegen auch auf einer Geraden senkrecht zur deformierten Referenzfläche, und die Abstände zwischen den Partikeln können bei der Analyse der *Verformung* als konstant angenommen werden.

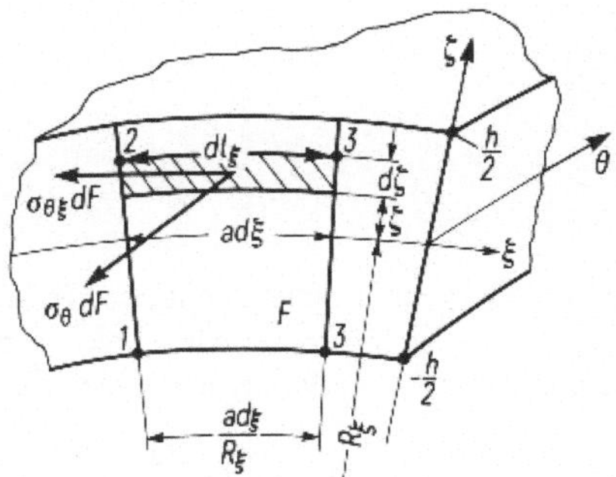

Bild 3.8
Normalschnitte einer Schale. Flächenelement und Spannungen

Die Länge dl_ξ^* eines Linienelementes im Abstand ζ = const von der Referenzfläche unterscheidet sich von seiner Länge dl_ξ vor der Verformung der Schale durch die Änderungen der Länge $a\,d\xi$ und der Krümmung $1/R_\xi$ des entsprechenden Elementes der Referenzfläche in $a^*d\xi$ bzw. $1/R_\xi^*$. Auch nach der Verformung liegen die Endpunkte des Linienelementes auf den gleichen Senkrechten zur Referenzfläche. Wir finden nach dem Schema von Bild 3.8

$$dl_\xi = (R_\xi + \zeta)\frac{a\,d\xi}{R_\xi}, \qquad dl_\xi^* = (R_\xi^* + \zeta)\frac{a^*d\xi}{R_\xi^*}. \tag{3.16}$$

Führen wir die Bezeichnungen für die Dehnungen ε_ξ, ε_θ und für die Krümmungsänderungen $\varkappa_\xi$, $\varkappa_\theta$ der Referenzfläche in den Normalschnitten entlang der Koordinatenlinien

$$\begin{aligned} \varepsilon_\xi &= \frac{a^*d\xi - a\,d\xi}{a\,d\xi}, & \varepsilon_\theta &= \frac{b^*d\theta - b\,d\theta}{b\,d\theta}, \\ \varkappa_\xi &= \frac{1+\varepsilon_\xi}{R_\xi^*} - \frac{1}{R_\xi}, & \varkappa_\theta &= \frac{1+\varepsilon_\theta}{R_\theta^*} - \frac{1}{R_\theta} \end{aligned} \tag{3.17}$$

ein, so ergeben sich aus (3.16) und analogen Ausdrücken für dl_θ, dl_θ^* die Formeln für die Dehnungen im Abstand ζ = const von der Referenzfläche

$$e_\xi = \frac{dl_\xi^* - dl_\xi}{dl_\xi} = \frac{\varepsilon_\xi + \zeta\varkappa_\xi}{1 + \zeta/R_\xi}, \qquad e_\theta = \frac{dl_\theta^* - dl_\theta}{dl_\theta} = \frac{\varepsilon_\theta + \zeta\varkappa_\theta}{1 + \zeta/R_\theta}. \tag{3.18}$$

Man erkennt in den Gln. (3.17), (3.18) vier von den (in anderer Weise hergeleiteten) Formeln (1.29), (1.31) und (1.54).

Im nächsten Schritt leiten wir die Ausdrücke für die Verzerrungsparameter durch die Komponenten der Verschiebung her.

Im drehsymmetrischen Fall verschiebt sich ein Partikel der Referenzfläche innerhalb seiner Meridianebene. Die Verschiebung kann durch die Komponenten u und w – tangential und normal zur ξ-Linie (Bild 3.9) – beschrieben werden.

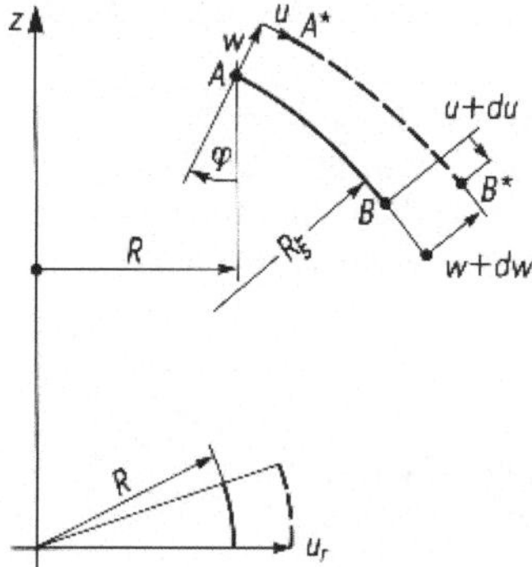

Bild 3.9 Verschiebung

Betrachten wir ein Linienelement des Meridians zwischen den Punkten $A(\xi, \theta)$ und $B(\xi + \mathrm{d}\xi, \theta)$. Wenn sich der materielle Punkt A in tangentialer und normaler Richtung um u, w verschiebt, so sind die Verschiebungen des materiellen Punktes B

$$u + \frac{\mathrm{d}u}{\mathrm{d}\xi}\mathrm{d}\xi, \qquad w + \frac{\mathrm{d}w}{\mathrm{d}\xi}\mathrm{d}\xi.$$

Der Radius des Breitenkreises ändert sich infolge der radialen Verschiebung u_r in $R^* = R + u_r$ (Bild 3.9). Das ergibt nach der Definition für die Umfangsdehnung:

$$\varepsilon_\theta = \frac{u_r}{R} \qquad (u_r = w \sin\varphi + u \cos\varphi). \tag{3.19}$$

Die Verschiebung w vergrößert den Krümmungsradius R_ξ. Dadurch wird eine relative Dehnung der ξ-Linie erzeugt, die (analog zu (3.19)) gleich w/R_ξ ist. Unabhängig von der Krümmung $1/R_\xi$ ändert sich die Länge des Elementes AB um $\mathrm{d}u$ (Bild 3.9); die entsprechende relative Dehnung $\mathrm{d}u/a\mathrm{d}\xi$ summiert sich mit w/R_ξ zu der Gesamtdehnung

$$\varepsilon_\xi = \frac{\mathrm{d}u}{a\mathrm{d}\xi} + \frac{w}{R_\xi}. \tag{3.20}$$

Die Verformung einer elastischen Schale ist mit *Spannungen* verbunden.

Die resultierende innere Kraft $N_\theta a\mathrm{d}\xi$ und das resultierende innere Moment $M_\theta a\mathrm{d}\xi$, die auf einem Abschnitt $a\mathrm{d}\xi$ des Querschnittes der Schale wirken (Bild 3.1), sind gleich der Summe aller inneren Kräfte $\sigma_\theta \mathrm{d}F$ bzw. aller inneren Momente (Bild 3.8):

$$\begin{bmatrix} N_\theta \\ M_\theta \end{bmatrix} a\mathrm{d}\xi = \int_F \sigma_\theta \begin{bmatrix} 1 \\ \zeta \end{bmatrix} \mathrm{d}F.$$

Setzen wir hier $\mathrm{d}F = \mathrm{d}l_\xi \mathrm{d}\zeta$ mit $\mathrm{d}l_\xi$ nach (3.16) ein, so erhalten wir Formeln für die Normalkraft N_θ und für das Biegemoment M_θ. Die Formeln für N_ξ und M_ξ sind analog aufgebaut:

$$\begin{bmatrix} N_\theta \\ M_\theta \end{bmatrix} = \int_{-h/2}^{h/2} \sigma_\theta \left(1 + \frac{\zeta}{R_\xi}\right) \begin{bmatrix} 1 \\ \zeta \end{bmatrix} \mathrm{d}\zeta, \qquad \begin{bmatrix} N_\xi \\ M_\xi \end{bmatrix} = \int_{-h/2}^{h/2} \sigma_\xi \left(1 + \frac{\zeta}{R_\theta}\right) \begin{bmatrix} 1 \\ \zeta \end{bmatrix} \mathrm{d}\zeta. \tag{3.21}$$

Wenn keine Wandbiegung auftrifft, sind die Spannungen über die Wanddicke konstant. Für diesen *Membranspannungszustand* folgt aus den Gln. (3.21)

$$N_\theta = \sigma_\theta h, \qquad N_\xi = \sigma_\xi h \qquad (M_\theta = 0, M_\xi = 0). \tag{3.22}$$

Die Gln. (3.21) liefern die *Elastizitätsbeziehungen*, wenn die Spannungen σ_θ bzw. σ_ξ über die Parameter der Verformung der Schale ausgedrückt werden. Dafür wird das Hookesche Gesetz in der Form (1.66) angenommen. Der Einfluß der Spannungen σ_ζ wird bei dünnen Schalen in den Beziehungen $\varepsilon_\xi E = \sigma_\xi - \nu\sigma_\theta - \nu\sigma_\zeta$; $\varepsilon_\theta E = \ldots$ vernachlässigt. Außerdem wird bei dünnen Schalen

$$1 + \zeta/R_\xi \cong 1, \qquad 1 + \zeta/R_\theta \cong 1$$

angenommen. Mit dieser Annahme und (1.66), (3.18) erhält man aus (3.21) die Elastizitätsbeziehungen:

$$\begin{aligned} N_\xi &= B(\varepsilon_\xi + \nu\varepsilon_\theta), \quad & N_\theta &= B(\varepsilon_\theta + \nu\varepsilon_\xi), \quad & B &= Eh/(1 - \nu^2), \\ M_\xi &= D(\varkappa_\xi + \nu\varkappa_\theta), \quad & M_\theta &= D(\varkappa_\theta + \nu\varkappa_\xi), \quad & D &= Eh^3/12(1 - \nu^2), \end{aligned} \tag{3.23}$$

oder, aufgelöst nach den Dehnungen und Krümmungsänderungen,

$$\begin{aligned} Eh\varepsilon_\xi &= N_\xi - \nu N_\theta, \quad & Eh\varepsilon_\theta &= N_\theta - \nu N_\xi, \\ \frac{Eh^3}{12}\varkappa_\xi &= M_\xi - \nu M_\theta, \quad & \frac{Eh^3}{12}\varkappa_\theta &= M_\theta - \nu M_\xi. \end{aligned} \tag{3.24}$$

Man erkennt in den Gln. (3.23), (3.24) die entsprechenden Verhältnisse aus den Gln. (1.88), (1.89), die auf eine allgemeinere Weise hergeleitet worden sind.
Nach Einsetzen der Dehnungs-Verschiebungs-Beziehungen (3.19), (3.20) in (3.24) können die Verschiebungen als Funktion der Schnittkräfte bestimmt werden, so gilt z. B.

$$u_r = R\varepsilon_\theta = (N_\theta - \nu N_\xi)R/Eh. \tag{3.25}$$

Mit Hilfe der drei Gleichungsgruppen – Gleichgewichtsgleichungen, Dehnungs-Verschiebungs-Beziehungen und Elastizitätsgleichungen – können realistischere Randbedingungen berücksichtigt werden.

3.2.8 Kuppel mit Randversteifung

Der biegefreie Spannungszustand einer Schale ist, wie schon in Abschn. 3.2.1 erwähnt, nur dann möglich, wenn auch die Randkräfte keine Biegung erzeugen. Für den drehsymmetrischen Fall kann dieser Zustand nur erreicht werden, wenn die Randkräfte tangential zu den Meridianlinien wirken. Diese Voraussetzung ist in den vorgeführten Beispielen durch eine entsprechende Randlagerung erfüllt, die in Querrichtung freie Verschiebung gewährleistet und daher keine Reaktionskräfte in dieser Richtung zuläßt (Bilder 3.3, 3.4, 3.6). Lagerungen dieser Art sind aber technisch schwer zu realisieren. Es ist außerdem erforderlich, die Ränder einer dünnen Schale zu verstärken.

Betrachten wir eine Konstruktion, die den genannten Anforderungen genügen kann (Bild 3.10) – eine Kuppel mit Ring, der den abgestützten Rand verstärkt.

Der erwünschte biegefreie Spannungszustand erfordert, daß die Kräfte zwischen der Kuppel und dem Ring der Schnittkraft N_ξ statisch äquivalent sind. Diese Kräfte sind statisch unbestimmt und hängen von der Steifigkeit des Ringes sowie der Verformung der Kuppel ab. Die optimale Reaktionskraft am Rand wird erzielt, wenn die radiale Verschiebung des Ringes der Verschiebung u_r der biegefrei verformten Kuppel gleich ist.

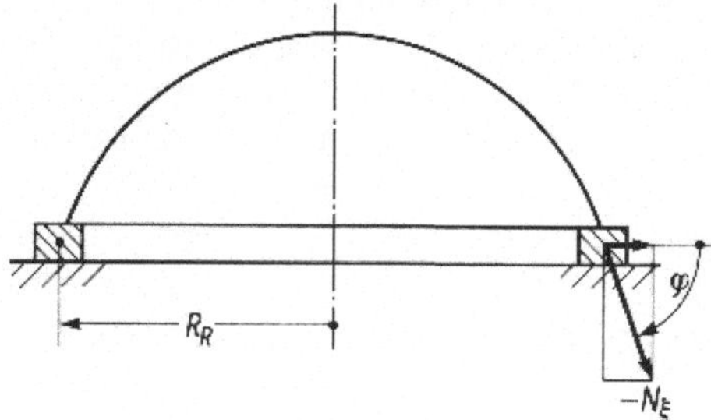

Bild 3.10
Kuppel mit einem Zugring, der dem Membranspannungszustand entspricht

Der Ring steht unter einer radialen Streckenlast, die der radialen Komponente der Schnittkraft $-N_\xi \cos\varphi$ entspricht (Bild 3.10). (Das negative Vorzeichen wird eingeführt, da bei einer Druckkraft N_ξ die radiale Last nach außen wirkt und daher positiv ist.) Die Zugkraft im Ring ist gleich $(-N_\xi \cos\varphi) R_R$ und damit dehnt sich der Ring elastisch so, daß sein Radius R_R sich um $R_R(-N_\xi \cos\varphi) R_R / E_R F_R$ vergrößert, wobei E_R und F_R den Elastizitätsmodul bzw. die Querschnittsfläche des Ringes bezeichnen. Da die radiale Verschiebung des Schalenrandes nach (3.25) und des Ringes gleich sein müssen, folgt

$$\frac{N_\theta - \nu N_\xi}{Eh} R = -\frac{R_R^2}{E_R F_R} N_\xi \cos\varphi . \qquad (3.26)$$

Hierbei sind N_θ, N_ξ, R, φ die entsprechenden Größen am Rand der Kuppel. Mit den aus der Lösung des Membranproblems der Kuppel bekannten Werten von N_ξ, N_θ liefert die Gl. (3.26) den erforderlichen Wert $E_R F_R$ für den Ring. Die Randwerte von N_ξ, N_θ können durch die Wahl der Gestalt der Kuppel beeinflußt werden, was zur Verminderung des Umfangs des Ringes ausgenutzt wird. Weitere Möglichkeiten der Optimierung eröffnet eine Vorspannung des Ringes (insbesondere für Betonkonstruktionen).

3.3 Biegetheorie der Zylinderschale

Das drehsymmetrische Problem wird für den einfachsten, aber praktisch wichtigsten Typ der Drehschale untersucht. Die Ausführungen sollen auch die Analyse der allgemeineren Probleme vorbereiten.

3.3.1 Allgemeine Lösung

Die drei Gruppen von Schalengleichungen – die Gleichgewichts-, Verzerrungs-Verschiebungs- und Elastizitätsbeziehungen – lassen sich für die Kreiszylinderschalen auf eine Differentialgleichung für die Variable w reduzieren. Diese Differentialgleichung hat konstante

Koeffizienten, wenn die Wanddicke konstant und die lineare Näherung zulässig ist. Wir stellen diese Gleichung auf und ermitteln mit ihrer Hilfe die allgemeine Lösung des drehsymmetrischen Problems.

Infolge der Drehsymmetrie sind von den sechs möglichen Gleichgewichtsbedingungen eines Schalenelementes drei identisch erfüllt. Es verbleiben die Kräftegleichgewichtsbedingungen in Richtung der Erzeugenden und in Normalenrichtung sowie die Momentengleichgewichtsbedingung in bezug auf die Tangente zur θ-Linie (Bild 3.11). Für das Schalenelement mit den Abmessungen $a\mathrm{d}\xi$ und $b\mathrm{d}\theta$ können die drei Gleichungen unmittelbar aus Bild 3.11 aufgestellt werden:

$$\mathrm{d}N_\xi b\,\mathrm{d}\theta + q_\xi a\,\mathrm{d}\xi\, b\,\mathrm{d}\theta = 0,$$
$$\mathrm{d}Q_\xi b\,\mathrm{d}\theta - N_\theta a\,\mathrm{d}\xi\,\mathrm{d}\theta + q a\,\mathrm{d}\xi\, b\,\mathrm{d}\theta = 0,$$
$$-\mathrm{d}M_\xi b\,\mathrm{d}\theta + Q_\xi b\,\mathrm{d}\theta\, a\,\mathrm{d}\xi = 0.$$

Nach Division jeder Gleichung mit $a\mathrm{d}\xi b\mathrm{d}\theta$ nehmen die Gleichungen die Form

$$\frac{1}{a}\dot{N}_\xi = -q_\xi, \qquad (\;)^{\bullet} = \mathrm{d}(\;)/\mathrm{d}\xi, \tag{3.27}$$

$$\frac{\dot{Q}_\xi}{a} - \frac{N_\theta}{b} + q = 0, \qquad Q_\xi = \dot{M}_\xi/a \tag{3.28}$$

an.

Wenden wir uns nun der Verformung der Schale zu. Die Beziehungen zwischen dem Drehwinkel ϑ sowie der Dehnung ε_θ der θ-Linie und der Verschiebung w in Normalenrichtung können dem Bild 3.12 bzw. Gl. (3.19) entnommen werden:

$$\vartheta = -\dot{w}/a, \qquad \varepsilon_\theta = w/b. \tag{3.29}$$

Aus dem Bild 3.12 ergibt sich auch die Beziehung $R_\xi^* \mathrm{d}\vartheta = a^*\mathrm{d}\xi$, womit die Krümmung $1/R_\xi^*$ der deformierten Erzeugenden des Zylinders durch den Drehwinkel ausgedrückt werden kann: $1/R_\xi^* = \mathrm{d}\vartheta/a^*\mathrm{d}\xi$. Mit $a^* = (1 + \varepsilon_\xi)a$ und der Definition (3.17) ergibt sich die Krümmungsänderung zu

$$\varkappa_\xi = \frac{1+\varepsilon_\xi}{R_\xi^*} = \frac{\mathrm{d}\vartheta}{a\,\mathrm{d}\xi} = -\frac{\ddot{w}}{a^2}. \tag{3.30}$$

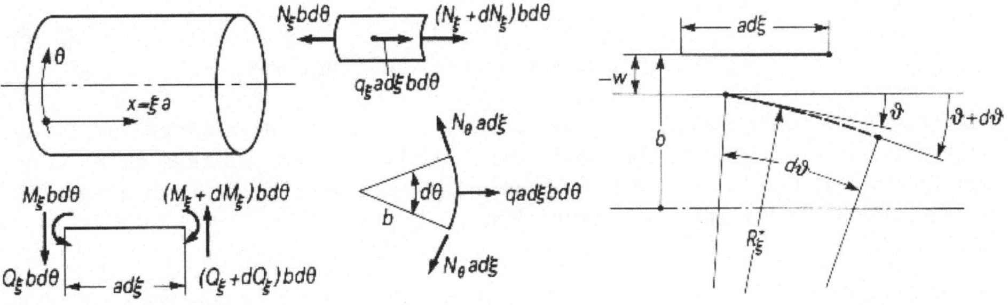

Bild 3.11 Kräfte und Momente in einer drehsymmetrisch verformten Zylinderschale

Bild 3.12 Verschiebung, Rotation und elastische Krümmung

Die Krümmung des Umfangskreises $1/b$ ändert sich in der linearen Näherung bei der Verformung nicht: $\varkappa_\theta = 0$.

Das Lösungssystem wird durch die Elastizitätsverhältnisse (3.23), (3.24) vervollständigt. Man erhält mit (3.29) und (3.30)

$$M_\xi = D\varkappa_\xi = -Dw^{\bullet\bullet}/a^2, \qquad N_\theta - \nu N_\xi = Eh\varepsilon_\theta = Ehw/b. \tag{3.31}$$

Die Schnittkraft N_ξ wird unmittelbar durch Integration der Gl. (3.27) erhalten

$$N_\xi = N_\xi(\xi_0) - \int_{\xi_0}^{\xi} q_\xi a \, d\xi. \tag{3.32}$$

Damit ist die Längskraft N_ξ unabhängig von den anderen Unbekannten des Problems determiniert. (Das ist eine Folge der angenommenen Linearität des Problems. Dabei muß vorausgesetzt werden, daß die Kraft N_ξ klein gegen den kritischen Wert der axialen Druckkraft ist.)

Setzen wir die Q_ξ und N_θ über w aus (3.28) und (3.31) in die erste Gl. (3.28) ein, so erhalten wir:

$$\frac{(Dw^{\bullet\bullet})^{\bullet\bullet}}{a^4} + \frac{Eh}{b^2}w + \frac{\nu}{b}N_\xi - q = 0. \tag{3.33}$$

Für die Schalen mit *konstanter Wanddicke h* sind die Koeffizienten der Gl. (3.33) konstant. Wir betrachten diesen einfachen (und bei weitem wichtigsten) Fall.

Der Lamésche Parameter a, der den Maßstab für die Koordinate $\xi = x/a$ bestimmt, ist bisher frei geblieben. Wir wählen für a den Wert

$$a = \left(\frac{4Db^2}{Eh}\right)^{1/4} = \frac{\sqrt{hb}}{[3(1-\nu^2)]^{1/4}} \tag{3.34}$$

und multiplizieren die Gl. (3.33) mit $4b^2/Eh$. Die Gleichung wird zu

$$\overset{\bullet\bullet\bullet\bullet}{w} + 4w = 4f, \qquad f = q\frac{b^2}{Eh} - \nu\frac{b}{Eh}N_\xi, \qquad \overset{\bullet\bullet\bullet\bullet}{w} = \frac{d^4w}{d\xi^4}. \tag{3.35}$$

Die allgemeine Lösung dieser Gleichung besteht aus den vier Integralen*) $\varphi_j(\xi)$ der homogenen Dgl. $\overset{\bullet\bullet\bullet\bullet}{w} + 4w = 0$ und einem partikulären Integral w_p der Gl. (3.35):

$$\begin{aligned} w &= \sum_{j=1}^{4} C_j\varphi_j + w_p \\ &= C_1 e^{-\xi}\cos\xi + C_2 e^{-\xi}\sin\xi + C_3 e^{\xi}\cos\xi + C_4 e^{\xi}\sin\xi + w_p. \end{aligned} \tag{3.36}$$

Das Glied w_p berücksichtigt die Wirkung der Flächenbelastung und der Längskraft N_ξ, die in der rechten Seite von Gl. (3.35) enthalten sind. Die Terme $C_j\varphi_j$ beschreiben die Wirkung der Randlasten. Die Integrationskonstanten müssen aus den vier Randbedingungen (je zwei an einem Schalenrand) bestimmt werden.

---

*) Die Lösungen werden in der Form $w = C\exp\alpha\xi$ gesucht, man erhält für α die charakteristische Gleichung $\alpha^4 + 4 = 0$. Die Wurzeln dieser Gleichung sind $\alpha_j = \pm 1 \pm i$. Lineare Kombination der vier Lösungen $C_j\exp\alpha_j\xi$ und w_p führt zur Gl. (3.36).

3.3.2 Langer Zylinder. Randeffekt

Die drehsymmetrische Deformation und der Spannungszustand einer Zylinderschale in einem beliebigen Querschnitt ξ = const werden durch die folgenden Zustandsgrößen bestimmt

$$\varepsilon_\theta b = w, \quad \vartheta, \quad Q_\xi, \quad M_\xi, \quad N_\xi. \tag{3.37}$$

Die Schnittkraft N_ξ ist durch die Gl. (3.32) determiniert und bleibt ausgeklammert. Die anderen Zustandsgrößen werden gemäß den Gln. (3.28), (3.29), (3.31) über die Variable $w(\xi)$ und deren Ableitungen ausgedrückt

$$\begin{aligned} \varepsilon_\theta b &= w, & M_\xi a^2/D &= -w^{\bullet\bullet}, \\ \vartheta a &= -w^{\bullet}, & Q_\xi a^3/D &= -w^{\bullet\bullet\bullet}. \end{aligned} \tag{3.38}$$

Aus (3.36) erhält man die Formeln

$$\begin{bmatrix} w \\ w^{\bullet} \\ w^{\bullet\bullet} \\ w^{\bullet\bullet\bullet} \end{bmatrix} = \begin{bmatrix} \varphi_1 & \varphi_2 & \varphi_3 & \varphi_4 \\ -\varphi_1 - \varphi_2 & \varphi_1 - \varphi_2 & \varphi_3 - \varphi_4 & \varphi_3 + \varphi_4 \\ 2\varphi_2 & -2\varphi_1 & -2\varphi_4 & 2\varphi_3 \\ 2\varphi_1 - 2\varphi_2 & 2\varphi_1 + 2\varphi_2 & -2\varphi_3 - 2\varphi_4 & 2\varphi_3 - 2\varphi_4 \end{bmatrix} \begin{bmatrix} C_1 \\ C_2 \\ C_3 \\ C_4 \end{bmatrix} + \begin{bmatrix} w_p \\ w_p^{\bullet} \\ w_p^{\bullet\bullet} \\ w_p^{\bullet\bullet\bullet} \end{bmatrix}. \tag{3.39}$$

Sind die Zustandsgrößen w, ϑ, M_ξ, Q_ξ in einem Querschnitt (z. B. an einem Rand der Schale) bekannt, so können sie mit Hilfe von Gl. (3.39) für einen beliebigen anderen Querschnitt ermittelt werden. Man muß nur die Konstanten $C_1, \ldots, C_4$ über die vier bekannten Zustandsgrößen ausdrücken.

Wir betrachten etwas näher einen *langen Zylinder*, der durch äußere eingeprägte Lasten am Rand $\xi = 0$ (Bild 3.13) deformiert wird. Die Belastung determiniert am Rand $\xi = 0$ die Werte M_0 und Q_0 des Biegemomentes M_ξ und der Querkraft Q_ξ. Zwei weitere Bedingungen gibt es für die Zustandsgrößen (3.38) am anderen, im vorliegenden Fall weit entfernten Rand der Schale.

Wenn die Schale sehr lang ist (wie „lang" wird im folgenden präzisiert), kann die Wirkung der Randlasten für den Spannungszustand im entfernten Teil der Schale nicht von Bedeutung sein. Nach dem Prinzip von St.-Venant muß die Wirkung der Randlasten, die ein Gleichgewichtssystem bilden, mit zunehmender Entfernung vom Rand abklingen. In dem Teil der Schale, der dem Rand $\xi = 0$ anliegt, brauchen wir nur die $e^{-\xi}$-Terme $C_1\varphi_1$ und $C_2\varphi_2$ zu berücksichtigen. Die mit ξ anwachsenden Terme $C_3\varphi_3$ und $C_4\varphi_4$ beschreiben die Wirkung der Lasten, die am *anderen* Rand der Schale angreifen.

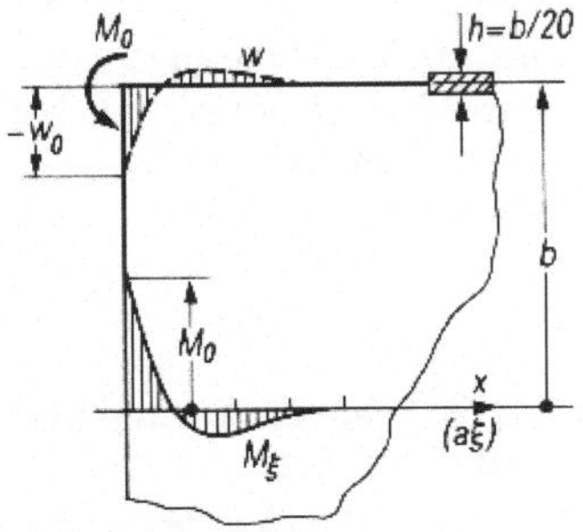

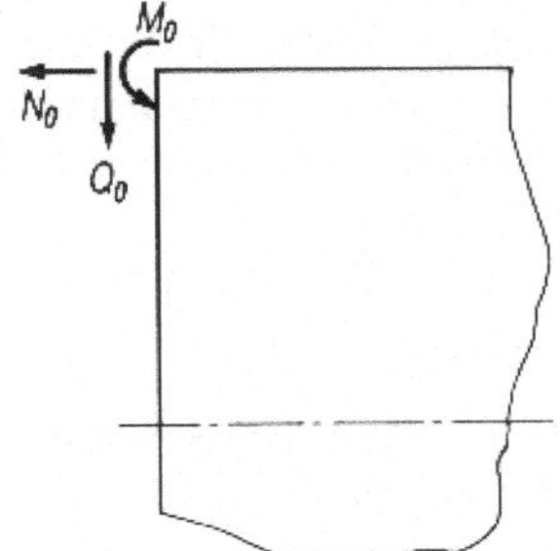

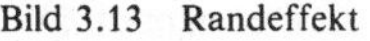
Bild 3.13 Randeffekt

Die Integrationskonstanten C_1, C_2 lassen sich also abgetrennt von den anderen zwei Konstanten – aus den Bedingungen $M_\xi(0) = M_0$ und $Q_\xi(0) = Q_0$ bestimmen. Mit $|C_3|, |C_4| \ll |C_1|, |C_2|$ und $\varphi_1(0) = 1$, $\varphi_2(0) = 0$ nach (3.36) erhält man

$$\begin{aligned} M_\xi(0) &= \frac{D}{a^2} 2C_2 = M_0, \qquad & C_2 &= M_0 a^2/2D, \\ Q_\xi(0) &= -\frac{D}{a^3} 2(C_1 + C_2) = Q_0, \qquad & C_1 &= -(M_0 + aQ_0)a^2/2D. \end{aligned} \tag{3.40}$$

Die Verformung und der Spannungszustand der langen Schale in dem Teil am Rand $\xi = 0$ ist somit durch die folgenden Formeln bestimmt

$$\begin{aligned} \begin{bmatrix} w \\ \vartheta a \\ M_\xi a^2/D \\ Q_\xi a^3/D \end{bmatrix} &= \begin{bmatrix} w \\ -w^{\bullet} \\ -w^{\bullet\bullet} \\ -w^{\bullet\bullet\bullet} \end{bmatrix} \\ &= \frac{e^{-\xi} a^2}{2D} \begin{bmatrix} -\cos\xi & -\cos\xi + \sin\xi \\ -\cos\xi - \sin\xi & -2\cos\xi \\ 2\sin\xi & 2\cos\xi + 2\sin\xi \\ 2\cos\xi - 2\sin\xi & -4\sin\xi \end{bmatrix} \begin{bmatrix} aQ_0 \\ M_0 \end{bmatrix} + \begin{bmatrix} w_p \\ -w_p^{\bullet} \\ -w_p^{\bullet\bullet} \\ -w_p^{\bullet\bullet\bullet} \end{bmatrix}. \end{aligned} \tag{3.41}$$

Die entsprechenden Graphen sind (maßstabsgerecht in bezug auf die Koordinate $\xi = x/a$) im Bild 3.13 dargestellt.

Die Verschiebung w_0 und der Drehwinkel ϑ_0 am belasteten Rand $\xi = 0$ sind nach (3.41) durch M_0 und Q_0 wie folgt bestimmt

$$\begin{aligned} w_0 &= -(M_0 + aQ_0)a^2/2D + w_p(0), \\ \vartheta_0 a &= -(2M_0 + aQ_0)a^2/2D - w_p^{\bullet}(0). \end{aligned} \tag{3.42}$$

Ähnlich lassen sich der Spannungs- und Deformationszustand der langen Schale infolge der Verschiebung w_0 und der Drehung ϑ_0 ermitteln. In diesem Fall lauten die Randbedingungen

$$\xi = 0: \qquad w = w_0, \qquad w^{\bullet} = -\vartheta_0 a.$$

Damit erhält man Gleichungen für C_1, C_2, die denen in (3.40) analog sind. Die Werte von M_0 und Q_0 bestimmen in diesem Fall elastische Reaktionen. Sie können mit Hilfe von (3.42) direkt über w_0, ϑ_0 ermittelt werden. Dann ergibt sich die Lösung aus (3.41).

Der berechnete Spannungszustand (abgesehen von der partikulären Lösung w_p, die der Flächenlast q und der Normalkraft N_ξ zugeordnet ist) hat einen auffällig lokalen Charakter. Die Schnittlasten und Verschiebungen nehmen mit dem Abstand vom Rand wie $\exp(-\xi)$ mit $\xi = x/a$ ab. Das ist ein *Randeffekt*, der nur innerhalb des Abstandes

$$\sqrt{2}\pi a = \frac{2\pi\sqrt{hb}}{\sqrt[4]{12(1 - \nu^2)}} \approx 3{,}5\sqrt{hb} \tag{3.43}$$

von Bedeutung ist: Innerhalb dieser Randzone vermindern sich die Schnittkräfte und Verformungsparameter auf $\exp(-\pi\sqrt{2}) \approx 0{,}01$ der Randwerte (Bild 3.13).

Die Lösung (3.41) gestattet auch eine Abschätzung der Wirkung der Randkräfte auf den Spannungszustand am anderen Ende der Zylinderschale. Diese Wirkung kann vernachlässigt werden, wenn die Länge der Schale L groß gegen den Randeffekt-Parameter a (nach (3.34)) ist:

$$e^{-L/a} < \frac{h}{b}, \qquad \frac{L}{a} = 1{,}285\,\frac{L}{\sqrt{hb}} > \ln\frac{b}{h}. \tag{3.44}$$

Für längere Schalen kann die Verformung neben einem Rand ξ = const sowie im Mittelteil einer Schale mit Hilfe der Randeffektlösung (3.41) ermittelt werden.

3.3.3 Zylinder endlicher Länge

Betrachten wir nun Zylinderschalen, die so kurz sind, daß die Randstörungsverformung sich auf die ganze Schalenlänge erstreckt. Die allgemeine Lösung (3.39) gilt natürlich auch für diese Fälle. Nur müssen jetzt die vier Integrationskonstanten C_j aus den Randbedingungen gleichzeitig ermittelt werden. Das ist direkt mit den Formeln (3.38) erreichbar. Eine Vereinfachung der Lösung ist aber möglich, wenn die Belastung entweder symmetrisch oder antimetrisch in bezug auf die Mittelquerschnittsebene der Schale ist. (Eine beliebige Belastung läßt sich immer als Summe aus einer symmetrischen und antimetrischen Belastung darstellen. Das wird im Bild 3.14 für die Randlasten illustriert.)

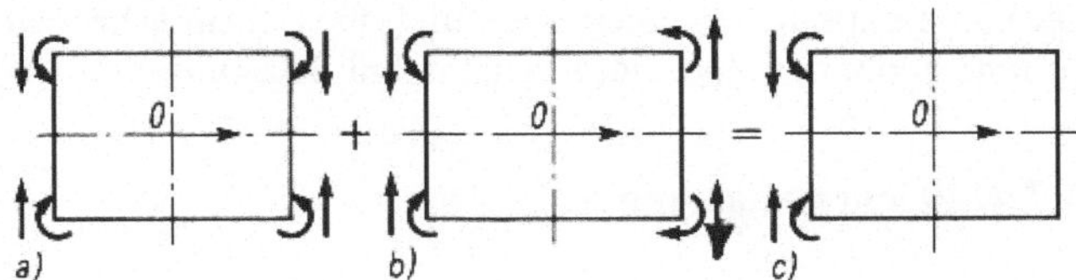

Bild 3.14 Symmetrische und antisymmetrische Randkräfte

Eine symmetrische (bzw. antimetrische) Last erzeugt nur eine symmetrische (bzw. antimetrische) Verformung der Schale. Dementsprechend ist es zweckmäßig, die Summe der Lösungen $C_j\varphi_j$ in (3.36) in zwei gerade und zwei ungerade Funktionen umzugruppieren*). Das führt auf den Ausdruck

$$w = \sum_{j=1}^{4} C_j K_j(\xi) + w_p. \tag{3.45}$$

Die Funktionen $K_1, \ldots K_4$ (die von A. N. Kryloff für die Berechnung von Balken auf elastischer Unterlage vorgeschlagen wurden) sind in der Tab. 3.1 definiert.

Tab. 3.1

j	$K_j(x)$	$\frac{d}{dx}K_j(x)$	$\frac{d^2}{dx^2}K_j(x)$	$\frac{d^3}{dx^3}K_j(x)$	$\frac{d^4}{dx^4}K_j(x)$
1	$\cosh x \cos x$	$-4K_4$	$-4K_3$	$-4K_2$	$-4K_1$
2	$\frac{1}{2}(\cosh x \sin x + \sinh x \cos x)$	K_1	$-4K_4$	$-4K_3$	$-4K_2$
3	$\frac{1}{2}\sinh x \sin x$	K_2	K_1	$-4K_4$	$-4K_3$
4	$\frac{1}{4}(\cosh x \sin x - \sinh x \cos x)$	K_3	K_2	K_1	$-4K_4$

*) Es kann auch sinnvoll sein, die entsprechende partikuläre Lösung w_p in diese Komponenten zu zerlegen.

Untersuchen wir kurz den Fall einer *symmetrischen Randbelastung* nach Bild 3.14a. Die Bedingungen an den Rändern $\xi = \pm L/2a$ sind in diesem Fall durch die Lösung (3.45) mit den zwei *geraden* Funktionen

$$w = C_1 K_1(\xi) + C_3 K_3(\xi)$$

erfüllbar. Die vier Randbedingungen

$$\xi = \pm L/2a: \qquad M_\xi = -\frac{D}{a^2}\ddot{w} = M_0, \qquad Q_\xi = -\frac{D}{a^3}\dddot{w} = Q_0$$

liefern mit Hilfe der Tab. 3.1 die folgenden zwei Gleichungen für C_1, C_3:

$$\begin{bmatrix} 4A_3 & -A_1 \\ 4A_2 & 4A_4 \end{bmatrix}\begin{bmatrix} C_1 \\ C_3 \end{bmatrix} = \frac{a^2}{D}\begin{bmatrix} M_0 \\ aQ_0 \end{bmatrix}, \qquad A_j = K_j\left(\frac{L}{2a}\right). \tag{3.46}$$

Damit erhält man u. a. für die Verschiebung und den Drehwinkel eines Randes $\xi = -L/2a$ Formeln, die denen unter (3.41) analog sind.

Das antimetrische Problem (nach Bild 3.14b) kann in sehr ähnlicher Weise behandelt werden und braucht keine weiteren Erläuterungen.

Die Summe aus dem symmetrischen und einem entsprechenden antimetrischen Spannungszustand ergibt den Zustand, erzeugt durch Belastung an einem Rand (s. Bild (3.14).

3.3.4 Flächenbelastung

Die Wirkung der über die Schalenfläche verteilten Belastung wird in der allgemeinen Lösung (3.36) bzw. (3.45) durch eine partikuläre Lösung der Gl. (3.35) $\ddddot{w}_p + 4w_p = 4f(\xi)$ erfaßt. Der erste Term dieser Gleichung vertritt die Wandbiegung. (Es ist eigentlich die Größe $-\ddot{M}_\xi a^2/D$.) Ist dieser Term vernachlässigbar klein, so erhält man eine sehr einfache explizite Lösung

$$w_p = f = \frac{qb^2}{Eh} - \nu\frac{N_\xi b}{Eh}. \tag{3.47}$$

Das ist eine Membranlösung. Offensichtlich ist diese Lösung genau, wenn mit $w_p = f$ der Term $\ddddot{w}_p$ in der Tat vernachlässigbar klein gegen $4w_p$ ist. Die Formel (3.47) ist also anwendbar, und die Membranlösung ist ausreichend genau, wenn die Flächenlast der folgenden Bedingung entspricht ($dx = a\,d\xi$):

$$\left|\frac{d^4 f}{dx^2}\right| \ll \frac{4}{a^4}|f| = \frac{12(1-\nu^2)}{b^2h^2}|f|, \tag{3.48}$$

wobei x der Abstand entlang der Erzeugenden des Zylinders ist.

Die Bedingung (3.48) sagt aus, daß die Flächenlast, die viel weniger intensiv variiert als die Randeffekt-Verformung, einen biegefreien Spannungszustand erzeugt. Die *Membrantheorie* beschreibt folgerichtig die *wenig intensiv variierenden* Spannungszustände. (Dieser Schluß belegt die allgemeine Aussage vom Abschn. 2.6.4.)

Ist die Bedingung (3.48) nicht erfüllt, so kann die partikuläre Lösung $w_p(\xi)$ in der Fourierreihenform ermittelt werden. Setzt man die Fourierreihen

$$[w_p\, f] = \sum_n [w_n\, f_n] \sin\frac{n\pi x}{L}, \qquad x = a\xi,$$

in die Gl. (3.35) ein und vergleicht die Fourierkoeffizienten beider Seiten der Gleichung, so erhält man für w_n eine einfache Formel. Damit ergibt sich

$$w_p = \sum_n \frac{4}{4 + (n\pi a/L)^4} f_n \sin\frac{n\pi x}{L}. \tag{3.49}$$

Wenn für alle bedeutenden Glieder $f_n \sin(nx/L)$ der Reihe $(n\pi a/L)^4 \ll 1$ ist, ergibt sich $w_n = f_n$, und die Lösung (3.49) reduziert sich zur Formel (3.47).

3.3.5 Behälter unter hydrostatischem Druck

Untersuchen wir ein Beispiel – den Spannungs- und Verformungszustand eines Behälters unter dem Innendruck $q = (L - x)\gamma$ einer Flüssigkeit mit dem spezifischen Gewicht γ. Das Eigengewicht des Behälters wird nicht berücksichtigt, damit folgt aus dem Bild 3.15 $N_\xi = 0$.

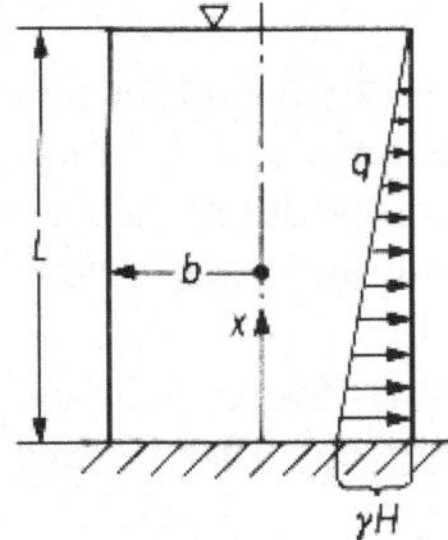

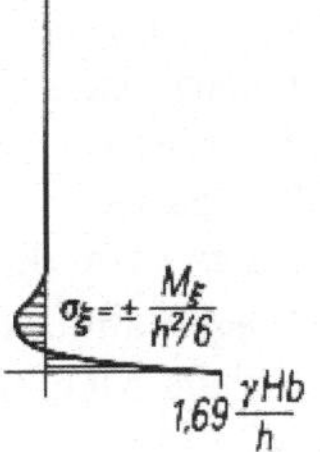

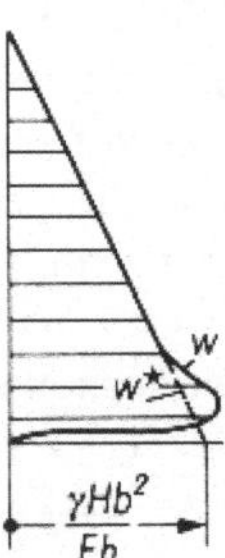

Bild 3.15 Behälter unter hydrostatischem Druck. Randeffektbiegung ($H = L$, $w^* = w_p$)

Die vorgegebene Flächenlast q entspricht der Bedingung (3.48) – $d^4q/dx^4 = 0$. Daher wird die Verformung der Schale unter der Flächenlast q (ohne die Randstörung) mit Hilfe der Membranlösung (3.47) bestimmt:

$$w_p = \frac{qb^2}{Eh} = \frac{L - x}{Eh}\gamma b^2, \qquad \vartheta_p = -\frac{dw_p}{dx} = \frac{\gamma b^2}{Eh}. \tag{a}$$

Diese Lösung erfüllt die Randbedingungen am oberen Rand der Schale, der keine äußere Belastung trägt: Hier gilt $Q_\xi = 0$, $M_\xi = 0$, oder mit den Gln. (3.38): $\dddot{w} = 0$, $\ddot{w} = 0$. Diese Bedingungen sind mit $w = w_p$ bei w_p nach (a) erfüllt. Den Randeffekt (Randstörung) gibt es am oberen Rand nicht, in diesem Teil der Schale ist $w = w_p$.

Der *untere Rand* des Behälters dagegen ist in den starren Boden eingespannt. Die Verschiebung dieses Randes und sein Drehwinkel (w_0, ϑ_0) sind gleich Null. Das sind Bedingungen

$$x = 0 (a\xi = 0): \quad w = w_0 = 0, \qquad \frac{dw}{dx} = \frac{\dot{w}}{a} = -\vartheta_0 = 0. \tag{b}$$

Ist die Länge L der Schale größer als die Breite der Randeffektzone nach (3.43), so können die Randkraft Q_0 und das Randmoment M_0 mit Hilfe der Beziehungen (3.42) ermittelt werden. Mit $w_0 = \vartheta_0 = 0$ und w_p nach (a) liefert die Lösung der Gln. (3.42) bei $x = 0$

$$\frac{a^2}{2D} M_0 = -\frac{\gamma b^2}{Eh}(L - a), \qquad \frac{a^3}{2D} Q_0 = \frac{\gamma b^2}{Eh}(2L - a).$$

Die Substitution dieser Parameter und w_p nach (a) in die Formel (3.41) schließt die Bestimmung der Verformung und der Spannungsresultierenden Q_ξ, M_ξ ab. Insbesondere erhält man

$$\begin{aligned} w &= \frac{\gamma b^2}{Eh} L \left[- e^{-\xi}\left(\cos\xi - \frac{L-a}{L}\sin\xi\right) + \frac{L-x}{L}\right], \\ M_\xi \frac{a^2}{D} &= \frac{\gamma b^2}{Eh} 2L\, e^{-\xi}\left(\sin\xi - \frac{L-a}{L}\cos\xi\right) \qquad (\xi = x/a). \end{aligned} \tag{c}$$

Die maximale Biegespannung in der Wand ergibt sich aus (1.95), (3.34) zu

$$\sigma_\xi = \frac{M_\xi}{h^2/6} = \gamma L \frac{b}{h}\sqrt{\frac{3}{1-\nu^2}}\, e^{-\xi}\left(\sin\xi - \frac{L-a}{L}\cos\xi\right). \tag{3.50}$$

Nach der Membrantheorie ist die maximale Spannung $\sigma_\theta = N_\theta/h = \gamma L b/h$. Das ergibt sich aus (3.31) mit $N_\xi = 0$ und $w = w_p$ nach (a) bei $x = 0$.

Die Graphen der Verschiebung w nach (c) und der Spannung σ_ξ nach (3.50) sind im Bild 3.15 aufgetragen. Das Beispiel betrifft eine Schale mit den Abmessungen $L = 2{,}6b$, $b = 20h$. Die angesetzte Wanddicke ist die maximal Zulässige für eine dünne Schale. Trotzdem ist die Randstörung lokal. Es ist ein *Randeffekt*, der sich nur auf einen kleinen Teil der Schalenlänge erstreckt. Einige Bemerkungen zum Randeffekt.

Die maximale Spannung – die Biegespannung nach (3.50) am unteren Rand – ist ca. $\sqrt{3/(1-\nu^2)} = 1{,}69$mal größer als die Membranspannung, berechnet nach der Formel $N_\theta = qR_\theta$ aus (3.6): $\sigma_\theta = N_\theta/h = \gamma L b/h$.

Bei Bewertung der Randeffektspannungen in der Festigkeitsanalyse ist zu bedenken, daß der Randeffekt lokal ist und weniger genau berechnet werden kann. Schon die Randbedingungen sind nie genau bekannt. Der Boden eines Behälters kann nie ganz unnachgiebig sein. Unmittelbar am Rand der Schale sind die Grundhypothesen der Theorie und damit die Formel $\sigma_\xi = M_\xi 6/h^2$ nicht voll anwendbar (Stichworte: Kerbfaktoren, Schweißspannungen u.ä.). Das ist besonders offensichtlich für den Rand, der wie im Bild 3.16 an eine andere Schale mit anderer Wanddicke angeschlossen ist.

Als Randeffekt läßt sich auch die Wirkung einer Streckenlast P (Bild 3.17) ermitteln. Bei $h = \hat{h}$ gilt $e = 0$, $Q = P/2$ (s. die Lösung in [147]).

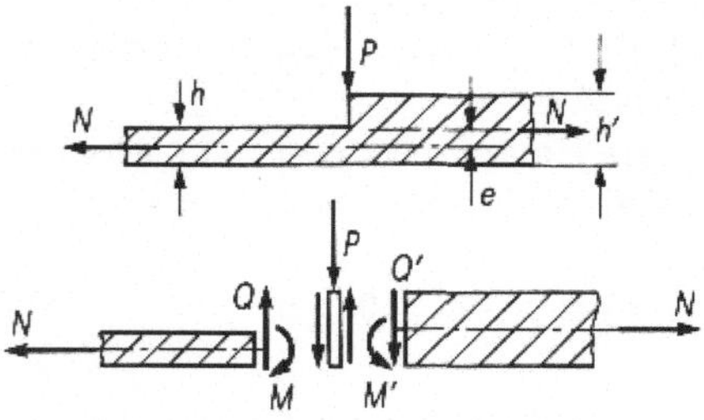

Bild 3.16 Anpassung von zwei Schalenteilen

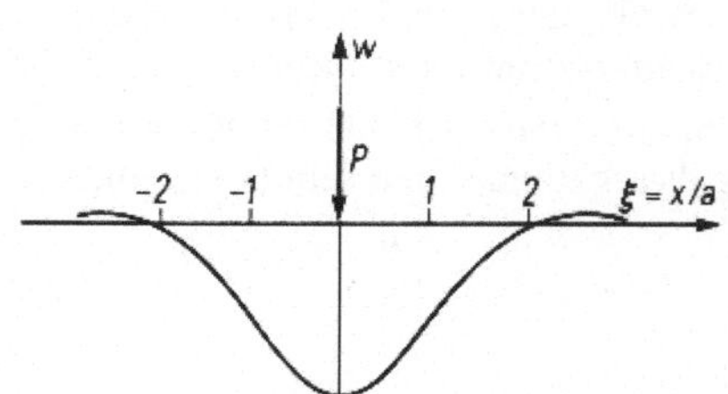

Bild 3.17 Zylinderschale unter konzentrierter drehsymmetrischer Streckenlast

3.4 Biegetheorie

3.4.1 Verformung

Eine drehsymmetrische Verformung führt die Schale in eine andere, aber wieder drehsymmetrische Form über. Die Geometrie der deformierten Schale wird durch dieselben Beziehungen beschrieben. Die Verformung ändert nur die Werte der Koordinaten. Die neuen Werte der Geometrieparameter werden mit dem Stern * gekennzeichnet: a^*, R^*, R_ξ^*, R_θ^*, φ^*. Es sind (wie bei der undeformierten Schale) Funktionen von nur einem Argument $-\xi$ (Bild 1.5).

Die Koordinaten ξ, θ identifizieren einen „materiellen" Punkt der Referenzfläche. Sie ändern sich bei keiner Verformung.

Die Koordinate θ ist zugleich der *Winkel* zwischen einer Meridianebene und der Ebene $\theta = 0$. Wir werden auch eine drehsymmetrische Verformung untersuchen, bei der die Winkel θ auf $\theta^* = k\theta$ mit $k = \text{const}$ verändert werden: Ein Sektor vom Winkel Δ (Bild 1.5) wird durch die Verformung der Schale zugemacht und die Ränder aneinander angeheftet. Das ist eine Dislokation (oder *Distorsion*) von Volterra [91]. Damit wird $k = 2\pi/(2\pi - \Delta)$.

Die lokale Geometrie der verformten Schale ist also (analog den Gln. (1.4), (1.17) bis (1.20)) durch die folgenden Beziehungen bestimmt

$$\begin{aligned} &\mathrm{d}s_\xi^* = a^*\mathrm{d}\xi\,, \qquad \mathrm{d}s_\theta^* = R^*\mathrm{d}\theta^*\,, \qquad \cos\varphi^* = \dot{R}^*/a^*\,, \qquad 1/R_\xi^* = \dot{\varphi}/a^*\,, \\ &1/R_\theta^* = (\sin\varphi^*)/R^*\,, \qquad 1/\varrho_\xi^* = 0\,, \qquad 1/\varrho_\theta^* = (\cos\varphi^*)/R^*\,. \end{aligned} \tag{3.51}$$

Daraus ergibt sich mit den Definitionen (3.17):

$$\begin{aligned} &1 + \varepsilon_\xi = a^*/a\,, \qquad 1 + \varepsilon_\theta = R^*\mathrm{d}\theta^*/R\,\mathrm{d}\theta \\ \text{oder}\quad &\frac{1+\varepsilon_\theta}{R^*} = \frac{k}{R}\,, \qquad k = \frac{\mathrm{d}\theta^*}{\mathrm{d}\theta}\,. \end{aligned} \tag{3.52}$$

$$\begin{aligned} &\frac{1+\varepsilon_\xi}{R_\xi^*} = \frac{\dot{\varphi}^*}{a}\,, \qquad \frac{1+\varepsilon_\theta}{R_\theta^*} = \frac{k}{R}\sin\varphi^*\,, \qquad \frac{1+\varepsilon_\theta}{\varrho_\theta^*} = \frac{k}{R}\cos\varphi^*\,, \\ &\varphi^* = \varphi + \vartheta\,, \end{aligned} \tag{3.53}$$

wobei $\vartheta(\xi)$ den Drehwinkel einer Tangente am Meridian bezeichnet. Der Drehwinkel ϑ in der Meridianebene darf unbeschränkt groß sein.

Für die Parameter der Krümmungsänderung (definiert in (3.17)) liefern die Gln. (3.53)

$$\varkappa_\xi = \frac{1+\varepsilon_\xi}{R_\xi^*} - \frac{1}{R_\xi} = \frac{\dot{\vartheta}}{a}\,, \qquad \varkappa_\theta = \frac{1+\varepsilon_\theta}{R_\theta^*} - \frac{1}{R_\theta} = \frac{ks^* - s}{R}\,, \tag{3.54}$$

$$\lambda_\theta = \frac{1+\varepsilon_\theta}{\varrho_\theta^*} - \frac{1}{\varrho_\theta} = \frac{kc^* - c}{R}\,;$$

$$[s \;\; s^* \;\; c \;\; c^*] = [\sin\varphi \;\; \sin\varphi^* \;\; \cos\varphi \;\; \cos\varphi^*]\,. \tag{3.55}$$

Die hier eingeführten kurzen Bezeichnungen s, s^*, c, c^* werden im weiteren mehrmals verwendet. Die Gln. (3.54) sind Integrale von (1.35) [19].

In der *linearen* Näherung folgen aus (3.54) und $s^* = s + \vartheta c$, $c^* = c - \vartheta s$ die Formeln

$$\varkappa_\xi = \dot{\vartheta}/a\,, \qquad R\varkappa_\theta = (k-1)s + \vartheta c\,, \qquad R\lambda_\theta = (k-1)c - \vartheta s\,. \tag{3.56}$$

Die Analyse der drehsymmetrischen Verformung wird nun vervollständigt durch eine *Kompatibilitätsgleichung* zwischen den Dehnungen ε_ξ, ε_θ, dem Distorsionsparameter k und dem Drehwinkel $\vartheta(\xi)$. Diese Gleichung wird durch Differentiation (nach ξ) der Beziehung (3.52) $(1+\varepsilon_\theta)R = kR^*$ erhalten. Unter Beachtung der aus (3.51) bis (3.52) folgenden Beziehungen $\dot{R}^* = (1+\varepsilon_\xi)ac^*$, $\dot{R} = ac$ ergibt das

$$\frac{1}{a}(R\varepsilon_\theta)^{\boldsymbol{\cdot}} - (1+\varepsilon_\xi)kc^* + c = 0\,. \tag{3.57}$$

Mit der Taylor-Entwicklung $c^* = c - \vartheta s + \ldots$, dem Ausdruck $kc^* - c = R\lambda_\theta$ aus (3.54) und nach Streichung aller nichtlinearen Terme wird die Kompatibilitätsgleichung (3.57) zu

$$\frac{1}{a}(R\varepsilon_\theta)^{\boldsymbol{\cdot}} - \varepsilon_\xi kc - \lambda_\theta R = 0\,. \tag{3.58}$$

3.4.2 Gleichgewichtsbedingungen

Die Kräfte und Momente am Element einer drehsymmetrisch verformten Schale werden im Bild 3.18 gezeigt. Die Schnittlasten, die die Schubspannungen in den Meridianschnitten vertreten, sind gleich Null, da jede dieser Ebenen eine Symmetrieebene des Spannungszustandes ist. Offensichtlich verschwinden damit auch die Schubkraft (S_ξ) und das Torsions-

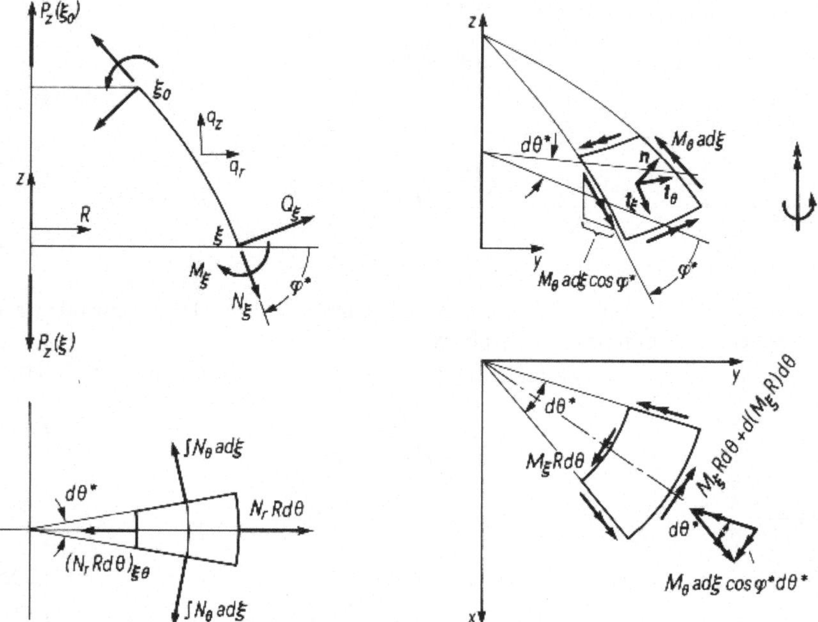

Bild 3.18 Kräfte und Momente am Schalenelement

moment H_ξ im Schnitt ξ = const sowie die Flächenlast q_θ in Kreisringrichtung. Von den Schnittkräften und -momenten, die die Schubspannungen vertreten, wirkt nur die Querkraft Q_ξ.

Infolge der Drehsymmetrie variieren alle Schnittkräfte und -momente sowie die Flächenlasten und Geometrieparameter nur in der Meridianrichtung – bezüglich ξ.

Das Gleichgewicht der Kräfte in Richtung der Symmetrieachse z für den Teil der Schale oberhalb eines Ringquerschnittes ξ = const ergibt nach dem Schema von Bild 3.18

$$(N_\xi s^* - Q_\xi c^*) 2\pi R = P_z(\xi), \qquad P_z = P_z(\xi_0) + \int_{\xi_0}^{\xi} 2\pi R q_z a \, d\xi . \tag{3.59}$$

Dazu gehören zwei Bemerkungen.

Das Gleichgewicht wird für die momentane Konfiguration der Schale untersucht. (Dem entsprechen $s^* = \sin\varphi^*$, $c^* = \cos\varphi^*$, φ^* und der Wert der z-Komponente der Flächenlast q_z.) Dagegen vertreten die Schnittlängen $2\pi R$, $a\,d\xi$ und die Fläche $2\pi R a\,d\xi$, die zur Berechnung der Schnittkräfte und Flächenbelastung herangezogen werden, den Abmessungen der unverformten Schale: Die Größen N_ξ, Q_ξ, M_ξ, N_θ, M_θ und q sind pro Einheit der ursprünglichen Schnittlängen bzw. der Referenzfläche berechnet (Abschn. 1.5.2). Übrigens ändern sich diese Längen und Flächen wie $1 + \varepsilon_\theta$, $(1+\varepsilon_\xi)(1+\varepsilon_\theta)$ nur geringfügig.

Der wesentliche Unterschied der Gl. (3.59) von der Formel (3.7) der Membrantheorie besteht in der Berücksichtigung der Querkraft Q_ξ.

Betrachten wir das Gleichgewicht in radialer Richtung für einen Sektor der Schale mit der Breite $R\,d\theta$, der sich auf die endliche Länge zwischen den zwei Kreisringschnitten ξ = const erstreckt.

Nach dem Schema von Bild 3.18 erhält man

$$[(N_\xi c^* + Q_\xi s^*) R\, d\theta]_{\xi_1}^{\xi} - \int_{\xi_1}^{\xi} N_\theta a \, d\xi \, d\theta^* + \int_{\xi_1}^{\xi} q_r R \, d\theta a \, d\xi = 0 . \tag{3.60}$$

Mit einer neuen Unbekannten – der Spannungsfunktion V, die auch die Integrationskonstante einschließt, wird die Gleichung zu

$$N_\xi R c^* + Q_\xi R s^* = k V - \int q_r R a \, d\xi , \tag{3.61}$$

$$V = \int N_\theta a \, d\xi . \tag{3.62}$$

Eine dritte unabhängige Bedingung des Kräftegleichgewichts für ein Schalenelement gibt es nicht, da das Gleichgewicht der Kräfte in Breitenkreisrichtung wegen der Drehsymmetrie von selbst erfüllt ist.

Es entfallen infolge der Symmetrie auch zwei Bedingungen vom Gleichgewicht der Momente – die um die Normale zu Referenzfläche und um die Tangente zur ξ-Linie. Die verbleibende Gleichgewichtsbedingung betrifft die Momente, die auf ein Schalenelement (Bild 3.18) in der Meridianebene wirken:

$$(M_\xi R)^{\cdot}/a - M_\theta k c^* - Q_\xi R = 0 . \tag{3.63}$$

In der linearen Näherung (mit $c^* = c$) ist die Gleichung statisch-geometrisch analog der Kompatibilitätsgleichung (3.58).

Damit haben wir ein komplettes System von Gleichungen zur Lösung des drehsymmetrischen Problems: Die Gln. (3.54), (3.57) bis (3.63) bestimmen zusammen mit den

Elastizitätsbeziehungen (3.24) die zehn Unbekannten des Problems ε_ξ, ε_θ, $\varkappa_\xi$, $\varkappa_\theta$, ϑ, N_ξ, N_θ, M_ξ, M_θ, V.

Die Gleichungen können unmittelbar als ein Lösungssystem verwendet werden. Dieser Weg wird unter Einsatz von Computern erfolgreich beschritten.

Eine andere Variante der Analyse macht es leichter, die Gleichungen von den belanglosen Termen zu befreien und (manchmal sogar über explizite Lösungen) zu theoretischen Modellen zu kommen, denen sich mehrere Einzelfälle einfügen.

3.4.3 Reissner-Meissner-Gleichungen

Die zwei Gln. (3.57), (3.63) können in ein System mit zwei Unbekannten – dem Drehwinkel ϑ und der Spannungsfunktion V – transformiert werden. Dafür drücken wir alle Schnittkräfte und -momente sowie die Verzerrungsparameter über ϑ und V aus.

Aus den Gln. (3.59), (3.61) und (3.62) folgt:

$$N_\theta = \dot{V}/a\,, \qquad N_\xi R = Vkc^* + F_1\,, \qquad Q_\xi R = Vks^* + F\,; \tag{3.64}$$

$$\begin{bmatrix} F_1(q_r, q_z) \\ F(q_r, q_z) \end{bmatrix} = \begin{bmatrix} -c^* \\ -s^* \end{bmatrix} \int R q_r a \,\mathrm{d}\xi + \begin{bmatrix} s^* \\ -c^* \end{bmatrix} \left(\frac{1}{2\pi} P_z(\xi_0) + \int_{\xi_0}^{\xi} R q_z a \,\mathrm{d}\xi \right). \tag{3.65}$$

Mit Hilfe der Elastizitätsverhältnisse können nun auch die Dehnungen ε_ξ, ε_θ über die Spannungsfunktion V, sowie die Biegemomente M_ξ, M_θ über $\varkappa_\xi$, $\varkappa_\theta$ und dann mit (3.54) über ϑ ausgedrückt werden. Für isotrope homogene Schalen (mit den Elastizitätsverhältnissen (3.23), (3.24)) ergibt sich

$$\begin{bmatrix} \varepsilon_\xi \\ \varepsilon_\theta \end{bmatrix} = \begin{bmatrix} 1 & -\nu \\ -\nu & 1 \end{bmatrix} \begin{bmatrix} (Vkc^* + F_1)/EhR \\ \dot{V}/Eha \end{bmatrix}, \qquad \begin{bmatrix} M_\theta \\ M_\xi \end{bmatrix} = \begin{bmatrix} 1 & \nu \\ \nu & 1 \end{bmatrix} \begin{bmatrix} (ks^* - s)D/R \\ \dot{\vartheta} D/a \end{bmatrix}. \tag{3.66}$$

Damit und mit dem Ausdruck (3.64) für Q_ξ erhält man aus den Gln. (3.57), (3.63) das Lösungssystem für V und ϑ:

$$\left.\begin{aligned} &\frac{1}{a^2}\left(\frac{R\dot{V}}{Eh}\right)^{\cdot} - V\left[\frac{(kc^*)^2}{EhR} + \left(\frac{\nu c^*}{Eh}\right)^{\cdot}\frac{k}{a}\right] - kc^* + c = \left(\frac{\nu F_1}{Eh}\right)^{\cdot}\frac{1}{a} + k\frac{F_1 c^*}{EhR}, \\ &\frac{1}{a^2}(DR\dot{\vartheta})^{\cdot} - kc^*D\left[\frac{ks^* - s}{R} + \nu\frac{\dot{\vartheta}}{a}\right] + (\nu Dks^* - \nu Ds)^{\cdot}\frac{1}{a} - Vks^* = F. \end{aligned}\right\} \tag{3.67}$$

Die entsprechenden linearen Gleichungen wurden zuerst für Kugelschalen von H. Reissner*) 1912 [123] vorgeschlagen. E. Meissner [97] erweiterte sie auf andere

---

*) Hans Reissner (1874 – 1967). Studium (1892 – 1897) und Promotion (1902) an der Techn. Hochschule Berlin. Professur in Aachen (1906) und an der TH Berlin (1913 – 1936). H. Reissner war einer der Begründer der Wiss. Ges. für Luftfahrt (1912) und GAMM (1923), erster stellv. Präsident der GAMM; Vorstand des Luftfahrzeug-Ausschusses (1930 – 1933) zuständig für die Flugzeugsicherheit in Deutschland. „Aus fast allen Gebieten der Technischen Mechanik verdankt man ihm bahnbrechende

Meridianformen. Zwei weitere Schritte verdankt die Theorie Eric Reissner: Die Verallgemeinerung auf große Verschiebungen [109] und die Aufstellung der (linearen) Gleichungen, die das drehsymmetrische Biegeproblem ($k \neq 1$) beschreiben [121]. Die nichtlinearen Gln. (3.67) sind auf diesen zwei Ideen von E. Reissner aufgebaut worden [8]. (Es lassen sich ohne Schwierigkeiten die etwas allgemeineren Gleichungen für orthotrope und zum Teil auch für inhomogene Schalen aufstellen [17]. Das erfolgt mit den Elastizitätsverhältnissen (1.92), (1.91). Um aber die Basiseigenschaften der Schalenverformung zu studieren, genügt es hier, die einfachsten Elastizitätsverhältnisse einzubeziehen.)

Die Unbekannte ϑ ist in den Gln. (3.67) auch implizit – in den Funktionen $c^* = \cos(\varphi + \vartheta)$ und $s^* = \sin(\varphi + \vartheta)$ – vertreten. Es wird nützlich sein, die Variablen c^*, s^* in der folgenden Form zu präsentieren

$$s^* = s + \vartheta c' , \quad c^* = c - \vartheta s' ,$$
$$\begin{bmatrix} c' \\ s' \end{bmatrix} = \begin{bmatrix} c & s \\ s & -c \end{bmatrix} \begin{bmatrix} \frac{1}{\vartheta} \sin \vartheta \\ \frac{1}{\vartheta}(\cos \vartheta - 1) \end{bmatrix} = \begin{bmatrix} c - \frac{1}{2} s \vartheta - \ldots \\ s + \frac{1}{2} c \vartheta - \ldots \end{bmatrix} . \tag{3.68}$$

Nachdem die Funktionen ϑ, V ermittelt worden sind, können alle Schnittkräfte, -Momente und Spannungen mit Hilfe der bereits aufgeführten Formeln berechnet werden.

Die Verschiebungen in der radialen, bzw. axialen, Richtung ergeben sich aus den Gln. (3.51), (3.68) und (3.66) (s. auch Bild 3.18):

$$u_r = \int (\mathrm{d}R^* - \mathrm{d}R) = \int (-\vartheta s' + \varepsilon_\xi c^*) a \,\mathrm{d}\xi , \tag{3.69}$$

$$u_z = \int (\mathrm{d}z^* - \mathrm{d}z) = \int (-\vartheta c' - \varepsilon_\xi s^*) a \,\mathrm{d}\xi . \tag{3.70}$$

Abgesehen von der Distorsionsverformung (also bei $k = 1$) gilt für u_r die Formel (3.19) $u_r = \varepsilon_\theta R$ (die in dieser Situation einen Hinweis auf die Begrenzung der radialen Verschiebung u_r bei kleinen Verzerrungen gibt).

3.4.4 Vereinfachung der Lösungsgleichungen

Das System (3.67) mit c^*, s^* ausgedrückt nach Gln. (3.68) kann in der linearen Näherung (d.h. mit $c' = c$, $s' = s$, $1 + \vartheta = 1$) und für konstante Wanddicke zur folgenden Form umgestaltet werden

---

Arbeiten .... Eine große Zahl von Anregungen, die die Entwicklung der Flugtechnik in Deutschland gefördert haben, gehen auf ihn zurück...". (E. Treffz, ZAMM **13** (1933) 456). Seit 1938 lebte H. Reissner in USA und arbeitete am Illinois Inst. of Technology (1938 – 1944) und Polytechnic Inst. of Brooklyn (1944 – 1954). Für die Schalentheorie bedeuten die Arbeiten von H. Reissner einen entscheidenden Schritt von der Gründerphase zur entwickelten Theorie. Allein zum Artikel [123] lassen sich zurückführen: Die Reissner-Meissner- und die Schwerin-Chernina-Gleichungen (Abschn. 4.3); die Integrale der Gleichgewichtsgleichungen; die ersten Kompatibilitätsgleichungen mit deren Integralen; die ersten Erkenntnisse der statisch-geometrischen Dualität und der daraus folgenden komplexen Transformation (s. Abschn. 2.2, 2.3); die Entwicklung der asymptotischen Integration der Schalengleichungen.

$$\begin{aligned} &\frac{(\dot{\psi}R)^{\bullet}}{a^2} - \psi\left(\frac{c^2}{R} - \frac{\nu s}{R_\xi}\right) + \frac{s}{h'}\vartheta = \frac{k-1}{h'}c + \frac{h'}{D}\left(\frac{c}{R}F_1 + \frac{\nu}{a}\dot{F}_1\right), \\ &\frac{(\dot{\vartheta}R)^{\bullet}}{a^2} - \vartheta\left(\frac{c^2}{R} + \frac{\nu s}{R_\xi}\right) - \frac{s}{h'}\psi = \frac{F}{D} + (k-1)\left(\frac{cs}{R} - \frac{\nu c}{R_\xi}\right). \end{aligned} \tag{3.71}$$

Es sind hier die dimensionslose Spannungsfunktion ψ und die Bezeichnung h' eingeführt worden:

$$\psi = \frac{\sqrt{12(1-\nu^2)}}{Eh^2}V = \frac{V}{Ehh'}, \qquad h' = \frac{h}{\sqrt{12(1-\nu^2)}}. \tag{3.72}$$

Die analoge Form der zwei Gln. (3.71) ist auffallend. Das ist ein Ausdruck der allgemeinen statisch-geometrischen Analogie (Abschn. 2.2). Diese Dualität der Gleichungen macht es möglich, sie zu einer Gleichung für eine komplexe Variable zu transformieren. Wir multiplizieren die erste Gl. (3.71) mit $\mathrm{i} = \sqrt{-1}$ und addieren sie zu der zweiten. Damit ergibt sich:

$$\begin{aligned} &\frac{(R\dot{\sigma})^{\bullet}}{a^2} - \underline{\sigma\frac{c^2}{R}} - \underline{\bar{\sigma}\frac{\nu s}{R_\xi}} + \mathrm{i}\frac{s}{h'}\sigma = \frac{F}{D} + \mathrm{i}\frac{k-1}{h'}\left[c - h'\mathrm{i}\left(\frac{cs}{R} - \frac{\nu c}{R_\xi}\right)\right] \\ &+ \mathrm{i}\frac{h'}{D}\left(\frac{c}{R}F_1 + \frac{\nu}{a}\dot{F}_1\right), \qquad \sigma = \vartheta + \mathrm{i}\psi, \qquad \bar{\sigma} = \vartheta - \mathrm{i}\psi, \qquad \mathrm{i} = \sqrt{-1}. \end{aligned} \tag{3.73}$$

Die Transformation auf eine Gleichung erleichtert die Abschätzung der weniger wichtigen Glieder des Lösungssystems. Der Vergleich der unterstrichenen Terme der Gl. (3.73) mit dem Term $\mathrm{i}s\sigma/h'$ ergibt die folgenden Schätzwerte

$$\frac{\nu h}{3R_\xi}\,\frac{\bar{\sigma}}{\mathrm{i}\sigma}, \qquad \frac{h}{\mathrm{i}3R}\,\frac{c^2}{s}. \tag{3.74}$$

In der Theorie dünner Schalen können, konsistent mit der Genauigkeit der Grundannahmen, die Terme von der relativen Größenordnung h/R_j vernachlässigt werden (Abschn. 1.4.1). Die zu vergleichenden Terme sind aber in (3.73) komplex, und der kleine Faktor ist nicht h/R_j, sondern $\mathrm{i}h/R_j$. Die Vernachlässigung dieser Terme ist konsistent unter der Voraussetzung, daß die Größenordnung der reellen und imaginären Teile von σ (d.h. von ϑ und ψ) nicht zu sehr voneinander differiert. Das wird durch die statisch-geometrische Dualität angedeutet. (Eine analoge Vereinfachung, die die Grundlage der Novozhilov-Gleichungen darstellt, ist im Abschn. 2.4 diskutiert worden.)

An der rechten Seite der Gln. (3.73) ergibt sich für die zwei letzten Glieder die folgende Größenordnung im Vergleich zu den entsprechenden Hauptermen:

$$\mathrm{i}\frac{h}{3R}, \qquad \mathrm{i}\frac{h\nu}{3R_\xi}, \qquad \mathrm{i}\frac{h}{3R}c\frac{F_1}{F} \quad \text{bzw.} \quad \mathrm{i}\nu\frac{h}{3a}\,\frac{\mathrm{d}F_1}{\mathrm{d}\xi}\,\frac{1}{F}. \tag{3.75}$$

Die in (3.74), (3.75) abgeschätzten Terme können also meistens vernachlässigt werden. Auf jeden Fall können die Gln. (3.73) in der folgenden Form eingesetzt werden:

$$\frac{(R\dot{\sigma})^{\bullet}}{a^2} - \underline{\sigma\frac{c^2}{R}} + \mathrm{i}\frac{s}{h'}\sigma = \frac{F}{D} + \mathrm{i}\frac{k-1}{h'}c + \underline{\mathrm{i}\frac{h'}{D}\left(\frac{c}{R}F_1 + \frac{\nu}{a}\dot{F}_1\right)}. \tag{3.76}$$

Normalerweise können auch die hier unterstrichenen Terme vernachlässigt werden. Ausnahmen stellen die flachen Schalen und der Grenzfall – Platten – dar. In diesen Fällen ist $s = \sin\varphi \ll 1$, und der Term $\sigma c^2/R$ ist nicht mehr klein gegen den Term $is\sigma/h'$. Zu den Fällen, wo die F_1-Glieder beibehalten werden müssen, gehören die flachen Schalen und Platten mit Flächenlasten in radialer Richtung (z. B. rotierende Maschinenteile).

Die F_1-Terme sind nicht klein gegen den Term F/D in dem Fall der Kreisringschale unter Normaldruck (Abschn. 3.8.3).

Die Übertragung der in Gl. (3.76) vorgenommenen Vereinfachungen auf die nichtlinearen Gln. (3.67) ergibt für konstante Wanddicke das System

$$\begin{aligned} &\frac{(\dot\psi R)^{\cdot}}{a^2} - \underline{\psi k^2 \frac{c^2}{R}} + k\frac{s'}{h'}\vartheta = \frac{k-1}{h'}c + \frac{h'}{D}\left(\frac{c}{R}F_1 + \nu\frac{\dot F_1}{a}\right), \\ &\frac{(\dot\vartheta R)^{\cdot}}{a^2} - \underline{\vartheta k^2 \frac{c^2}{R}} - k\frac{s^*}{h'}\psi = \frac{F}{D} \qquad (ks'\vartheta - (k-1)c = -kc^* + c)\,. \end{aligned} \tag{3.77}$$

Ein ähnliches System ergibt sich aus (3.67) für variable Wanddicke [17].

3.4.5 Randbedingungen

Aus den vier Bedingungen, die am Rand einer Schale erfüllt werden müssen (Abschn. 1.8), ist eine Bedingung identisch erfüllt. – Von den vier Spannungsresultierenden, Verzerrungsparametern bzw. Verschiebungsparametern, die in den Bedingungen am Rand ξ = const auftreten können, ist je eine Größe ($S_{(\xi)}$, $\tau_{(\xi)}$ bzw. v) identisch gleich Null. Es verbleiben bei der Drehsymmetrie nur drei Bedingungen am Rand.

Eine dieser drei Bedingungen ist aber in dem Integral (3.57) der Kompatibilitätsgleichungen bzw. im Integral (3.59) bereits einbezogen. Die Integrationskonstante wird entweder in der Problemstellung festgesetzt oder durch eine der folgenden Beziehungen bestimmt:

a) Das Moment aller inneren Kräfte im Meridianschnitt θ = const ist gleich einem Biegemoment M_z, das für das Biegeproblem eines krummen Stabes (s. Bild 3.27) vorgegeben werden kann;

b) die Verformung der Drehschale führt zu ihrer Dehnung Δ_z in der z-Richtung, die durch die gegenseitige Verschiebung der Rände $\xi = \xi_1, \xi_2$ bestimmt ist.

Die Beziehungen lassen sich nach dem Schema von Bild 3.18, bzw. mit Hilfe der Gl. (3.70), wie folgt formulieren:

$$\int_{\xi_1}^{\xi_2} (N_\theta R^* + M_\theta s^*)\,a\,d\xi = M_z\,, \tag{3.78}$$

$$\int_{\xi_1}^{\xi_2} (\vartheta c' + \varepsilon_\xi s^*)\,a\,d\xi = \Delta_z\,. \tag{3.79}$$

Wenn die Schale entlang der Breitenkreise geschlossen ist, entfällt die Bedingung (3.78). Dann wird sie auch nicht gebraucht, weil der Distorsionsparameter k vorgegeben ist.

Für das St.-Venantsche Problem der Biegung krummer dünnwandiger Rohre (Abschn. 5.4.3) werden die Spannungsresultierenden N_θ, M_θ (durch die Gln. (3.64) bis (3.66) u. a.) über den Wert von k ausgedrückt. Die Gl. (3.78) ergibt k für den vorgegebenen Wert des Biegemoments M_z.

Die Bedingung (3.79) bestimmt die Axialkraft P_z (bzw. die Konstante $P_z(\xi_0)$ in den Formeln (3.65)), wenn die Dehnung der Schale Δ_z vorgegeben ist.

Es verbleiben für die Lösung (ϑ, ψ) der Reissner-Meissner-Gleichungen nur zwei Bedingungen an jedem Schalenrand. Dazu gibt es in der allgemeinen Lösung des Systems vierter Ordnung vier Integrationskonstanten.

Welche Randbedingungen dürfen dabei formuliert werden? Ausgeschlossen sind die z-Komponenten der Schnittkraft im Querschnitt ξ = const und der Krümmungsänderung $\varkappa_\theta$. Diese zwei Komponenten sind bereits durch die in den ϑ, ψ implizierten Konstanten $P_z(\xi_0)$ und k bestimmt worden:

$$\begin{aligned} N_\xi s^* - Q_\xi c^* &= P_z(\xi)/2\pi R, \\ \varkappa_\theta s^* + \lambda_\theta c^* &= (\theta^* - \theta)/\theta R = (k-1)/R. \end{aligned} \tag{3.80}$$

Verfügbar für die Randbedingungen sind die radialen Komponenten der Schnittkraft (N_ξ) und der Krümmungsänderung ($\varkappa_\theta$) sowie das Biegemoment M_ξ und die Dehnung der Randkontur ε_θ (vgl. Abschn. 1.8):

$$N_\xi c^* + Q_\xi s^*, \quad M_\xi; \qquad \varkappa_\theta c^* - \lambda_\theta s^* = (\sin\vartheta)/R, \quad \varepsilon_\theta. \tag{3.81}$$

Für die Schalen, die, wie die Kreisringschale (Bild 3.5), entlang der Meridiane geschlossen sind, entfallen natürlich die Randbedingungen. Sie werden durch die Stetigkeitsbedingungen ersetzt (Abschn. 1.8.4).

3.5 Lineare Lösung

Eine analytische Untersuchung des Problems wird für kleine Verschiebungen ausgeführt. Die entsprechenden klassischen Lösungen für die Basisform-Schalen werden in Abschn. 3.6, 3.7, 3.8 dargestellt. Das nichtlineare Problem läßt sich durch numerische Integration lösen (s. auch Abschn. 3.9.3).

3.5.1 Lösungsweg

Wir beschränken die Analyse auf die lineare Näherung und auf Drehschalen ohne Distorsionsverformung (k = 1). Damit werden die Gln. (3.64), (3.66) zu

$$\left.\begin{aligned} &N_\xi R = Ehh'\psi c + F_1, \qquad N_\theta = Ehh'\dot{\psi}/a, \qquad Q_\xi R = Ehh'\psi s + F; \\ &\begin{bmatrix} \varepsilon_\xi \\ \varepsilon_\theta \end{bmatrix} = \begin{bmatrix} 1 & -\nu \\ -\nu & 1 \end{bmatrix} \begin{bmatrix} h'c\psi/R + F_1/EhR \\ h'\dot{\psi}/a \end{bmatrix}, \quad \begin{bmatrix} M_\theta \\ M_\xi \end{bmatrix} = \begin{bmatrix} 1 & \nu \\ \nu & 1 \end{bmatrix} \begin{bmatrix} \vartheta cD/R \\ \dot{\vartheta}D/a \end{bmatrix}. \end{aligned}\right\} \tag{3.82}$$

Betrachten wir die Probleme, bei denen die in Gl. (3.76) unterstrichenen Terme vernachlässigbar sind, so wird die Gleichung zu

$$\ddot{\sigma}\frac{R}{a^2} + \dot{\sigma}\frac{c}{a} + \mathrm{i}\frac{s}{h'}\sigma = \frac{F}{D}. \tag{3.83}$$

Jede Lösung dieser linearen Gleichung kann in der Form

$$\left.\begin{aligned} &\sigma = \sigma_p + (C_1 + \mathrm{i}C_2)\sigma_1 + (C_3 + \mathrm{i}C_4)\sigma_2, \qquad \sigma_n = \vartheta_n + \mathrm{i}\psi_n, \\ \text{oder}\quad &\begin{bmatrix}\vartheta\\ \psi\end{bmatrix} = \begin{bmatrix}\vartheta_p\\ \psi_p\end{bmatrix} + C_1\begin{bmatrix}\vartheta_1\\ \psi_1\end{bmatrix} + C_2\begin{bmatrix}-\psi_1\\ \vartheta_1\end{bmatrix} + C_3\begin{bmatrix}\vartheta_2\\ \psi_2\end{bmatrix} + C_4\begin{bmatrix}-\psi_2\\ \vartheta_2\end{bmatrix}\end{aligned}\right\} \tag{3.84}$$

vertreten werden. Dabei ist $\sigma_p = \vartheta_p + \mathrm{i}\,\psi_p$ irgendeine partikuläre Lösung der Gl. (3.83), und σ_1, σ_2 sind unabhängige Lösungen der Gl. (3.83) bei $F = 0$. Die Konstanten sind aus den Randbedingungen zu ermitteln.

Die Bestimmung von σ_p und von σ_1, σ_2 läßt verschiedene Methoden zu, die im folgenden besprochen werden.

Bleibt die Verformung durch die Flächenlasten ausgeklammert (also für das Randstörungsproblem), gelten nach den Gln. (3.82) mit F_1, $F = 0$ und (3.84) die Formeln

$$N_\xi c + Q_\xi s = T = \psi E h h'/R$$

$$\begin{bmatrix}\vartheta\\ M_\xi/D\\ TR/Ehh'\\ \varepsilon_\theta/h'\end{bmatrix} = \begin{bmatrix}\vartheta_1 & -\psi_1 & \vartheta_2 & -\psi_2\\ \dfrac{\dot\vartheta_1}{a} + \dfrac{\nu c}{R}\vartheta_1 & -\dfrac{\dot\psi_1}{a} - \dfrac{\nu c}{R}\psi_1 & \dfrac{\dot\vartheta_2}{a} + \dfrac{\nu c}{R}\vartheta_2 & -\dfrac{\dot\psi_2}{a} - \dfrac{\nu c}{R}\psi_2\\ \psi_1 & \vartheta_1 & \psi_2 & \vartheta_2\\ \dfrac{\dot\psi_1}{a} - \dfrac{\nu c}{R}\psi_1 & \dfrac{\dot\vartheta_1}{a} - \dfrac{\nu c}{R}\vartheta_1 & \dfrac{\dot\psi_2}{a} - \dfrac{\nu c}{R}\psi_2 & \dfrac{\dot\vartheta_2}{a} - \dfrac{\nu c}{R}\vartheta_2\end{bmatrix}\begin{bmatrix}C_1\\ C_2\\ C_3\\ C_4\end{bmatrix}. \tag{3.84'}$$

Das sind vier Zustandsgrößen, die laut (3.81) die Bedingungen an einem Rand $\xi = \text{const}$ oder in einem anderen Schnitt $\xi = \text{const}$ beschreiben. Man kann offensichtlich die vier Konstanten C_j durch die Zustandsgrößen $\vartheta, \dots, \varepsilon_\theta/h'$ eines Schnittes $\xi = \xi_0$ ausdrücken. Damit kann die Beziehung (3.84') zur Aufstellung einer Übertragungsmatrix-Formel führen, einer Formel, die die Spalte der Zustandsgrößen $\vartheta, \dots, \varepsilon_\theta/h'$ für einen beliebigen ξ-Wert durch diese Größen bei $\xi = \xi_0$ bestimmt. (Dazu muß man natürlich die ϑ_j, ψ_j kennen.)

3.5.2 Flächenlast

Wenn die Funktion $\sigma(\xi)$ sich weniger intensiv variiert, kann auf der linken Seite der Gl. (3.83) nur der Term mit dem großen Faktor $1/h'$ beibehalten werden. Dann ergibt sich die partikuläre Lösung zu

$$\sigma_\mathrm{p} = -\mathrm{i}\frac{h'}{D}\,\frac{F}{\sin\varphi}. \tag{3.85}$$

Die Gültigkeit dieser einfachen partikulären Lösung ist leicht nachprüfbar. Setzt man sie in die Gl. (3.83) ein, so erhält man die Bedingung, bei der die in (3.85) vernachlässigten Terme in der Tat klein sind:

$$\left|\frac{\ddot\sigma_\mathrm{p}}{a^2}\right|, \quad \left|\frac{\dot\sigma_\mathrm{p}}{a}\,\frac{\cos\varphi}{R}\right| \ll \frac{|\sigma_\mathrm{p}\sin\varphi|}{hR}\sqrt{12(1-\nu^2)}\,.$$

Diese Bedingung betrifft die Lastverteilung und die Gestalt der Schale. – Die Lösung (3.85) gilt, wenn das Intervall L der Veränderung der Funktion F oder (entsprechend der Definition (3.65) von F) der Flächenlasten q_r, q_z groß genug gegen $\sqrt{hR}$ und die Schale nicht zu flach ist

$$\frac{hR}{L^2 3}, \ \frac{h}{L3} \ll |\sin\varphi|; \qquad \frac{1}{L} = \max\left\{\left|\frac{\dot{q}_r}{q_r a}\right|, \left|\frac{\dot{q}_z}{q_z a}\right|\right\}.$$

Es läßt sich erkennen, daß der Übergang von der Gl. (3.83) zur vereinfachten Gl. (3.85) der Anwendung von Membrantheorie gleichkommt.

3.5.3 Randkräfte. Geckeler [57]-Staerman [142]-Lösung

Die Verformung der Schale durch Randlasten wird durch die Gl. (3.83) mit $F = 0$ beschrieben. Diese Gleichung lautet

$$\ddot{\sigma} + \dot{\sigma} a \frac{\cos\varphi}{R} + \mathrm{i}\sigma\sqrt{12(1-\nu^2)}\,\frac{a^2}{Rh}\sin\varphi = 0\,. \tag{a}$$

Bei der Lösung gehen wir von der für die Zylinderschale im Abschn. 3.3 gewonnenen Erfahrung aus. Wir versuchen, die Gl. (a) näherungsweise durch die einfache Gleichung mit konstanten Koeffizienten

$$\ddot{\sigma} + 2\mathrm{i}\beta^2\sigma = 0, \qquad \beta^2 = \sqrt{3(1-\nu^2)}\,\frac{a^2\sin\varphi_\mathrm{m}}{hR_\mathrm{m}}. \tag{3.86}$$

zu ersetzen. Dabei sind φ_m, R_m mittlere Werte von $\varphi(\xi)$, $R(\xi)$ im Bereich der Schale, wo die Randstörung wesentlich ist. Die Gl. (3.86) ist den zwei reellen Gleichungen

$$\ddot{\vartheta} - 2\beta^2\psi = 0, \qquad \ddot{\psi} + 2\beta^2\vartheta = 0 \tag{3.87}$$

äquivalent, die nach Elimination von ψ bzw. ϑ sich zu

$$\ddot{\ddot{\vartheta}} + 4\beta^4\vartheta = 0, \qquad \ddot{\ddot{\psi}} + 4\beta^4\psi = 0 \tag{3.88}$$

reduzieren.

Die allgemeine Lösung einer Gleichung von diesem Typ ist bereits untersucht worden. Sie hat die Form (3.36):

$$\vartheta = \sum_1^4 C_j\varphi_j(\beta\xi) = \mathrm{e}^{-\beta\xi}(C_1\cos\beta\xi + C_2\sin\beta\xi) + \mathrm{e}^{\beta\xi}(C_3\cos\beta\xi + C_4\sin\beta\xi)\,. \tag{3.89}$$

Damit kann die Gültigkeit der vereinfachten Gln. (3.86) bis (3.88) geprüft werden. Laut (3.89) gilt

$$|\dot{\sigma}| \sim \beta|\sigma|, \qquad |\ddot{\sigma}| \sim \beta^2|\sigma|.$$

Daraus folgt, daß die Lösung (3.89) näherungsweise der vollen Gleichung (a) entspricht, unter den Bedingungen

$$\left|\dot{\sigma} a \frac{\cos\varphi}{R} \Big/ \left(\mathrm{i}\sigma\sqrt{12(1-\nu^2)}\,\frac{a^2}{Rh}\sin\varphi\right)\right| \sim \left|\frac{h}{R_\mathrm{m}}\,\frac{\cos^2\varphi}{\sin\varphi}\right|^{1/2} \ll 1\,,$$
$$\left|\frac{R}{R_\mathrm{m}}\,\frac{\sin\varphi_\mathrm{m}}{\sin\varphi} - 1\right| \ll 1\,. \tag{3.90}$$

Die erste Bedingung ist offensichtlich für ausreichend dünne und nicht zu flache Schalen erfüllt. Die zweite Bedingung betrifft die Zulässigkeit, den Faktor bei σ in Gl. (a) durch einen mittleren Wert – die Konstante $2\mathrm{i}\beta^2$ – zu ersetzen. Es reicht aus, die Bedingung lediglich in der Zone zu erfüllen, wo die Randstörung (3.89) von Bedeutung ist. Dieser Bereich ist aber fast immer auf einen schmalen Randstreifen beschränkt. Für eine Zylinderschale (d. h. bei $\sin\varphi = 1$) ist die Randeffektzone nach Gl. (3.43) ca. $3{,}5\,(Rh)^{1/2}$ breit. Nach Gl. (3.89) ist die Randeffektzone (Bild 3.19) auf den Abschnitt der Meridianlänge

$$|\xi - \xi_j|a \leqslant 3{,}5\sqrt{hR_\mathrm{m}/\sin\varphi_\mathrm{m}} \tag{3.91}$$

beschränkt (am Rand $\xi = \xi_j$).

Für jeden Randbereich gibt es einen optimalen Wert von $R_\mathrm{m}/\sin\varphi_\mathrm{m}$, der praktisch den Werten von R_m und φ_m am Rand entspricht. Für jeden der zwei Randbereiche einer Schale (mit der Länge vom Meridian über zwei Randeffektbreiten nach (3.91)) gibt es eine eigene Lösung (3.89). Sie besteht aus den zwei Gliedern von (3.89), die mit dem Abstand von dem entsprechenden Rand abklingen. Die Konstanten sind durch zwei Bedingungen an diesem Rand bestimmt.

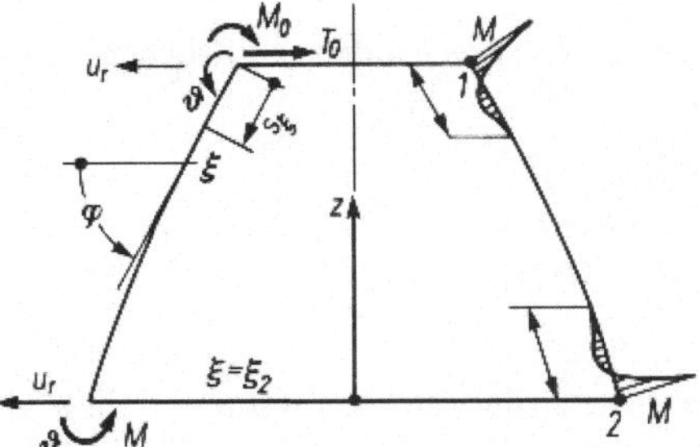

Bild 3.19
Randstörung ist auf schmale Randeffektzonen beschränkt

Den vereinfachten Randeffektgleichungen (3.86) bis (3.88) entsprechen konsequenterweise vereinfachte Grundformeln des drehsymmetrischen Problems. Befreit von den Gliedern, die von der relativen Größenordnung (3.90) oder kleiner sind, lauten die Gln. (3.66), (3.82) bei $F_1, F = 0$:

$$\left.\begin{aligned} &\varepsilon_\theta = \frac{N_\theta}{Eh} = h'\frac{\dot{\psi}}{a}, \qquad \varepsilon_\xi = -\nu\varepsilon_\theta;\\ &M_\xi = D\varkappa_\xi = D\frac{\dot{\vartheta}}{a}, \qquad M_\theta = \nu M_\xi,\\ &N_\xi c + Q_\xi s = T = Ehh'\frac{\psi}{R} \end{aligned}\right\} \tag{3.92}$$

Aus der Analyse des Randeffekts wird klar, daß die Parameter M_θ, N_ξ, $\varkappa_\theta$, ε_ξ für den Randeffekt von untergeordneter Bedeutung sind (vgl. Abschn. 5.3.4).

3.5.4 Näherungsformel für den Randeffekt

Wir konkretisieren die Lösung (3.89) für den Spannungszustand in der Nähe des Randes $\xi = \xi_1$ (Bild 3.19) und setzen $\xi_1 = 0$ (was in keiner Weise die Betrachtung beschränkt). Behalten wir in Gl. (3.89) nur die $\exp(-\beta\xi)$-Terme bei, die die vom Rand $\xi = 0$ ausgehende Störung beschreiben, dann gilt:

$$\vartheta = C_1\varphi_1(\beta\xi) + C_2\varphi_2(\beta\xi) = e^{-\beta\xi}(C_1\cos\beta\xi + C_2\sin\beta\xi). \qquad (3.93)$$

(Das Argument $\beta\xi$ steht mit dem Abstand s_ξ vom Schalenrand in der Beziehung $\beta\xi = s_\xi/a_*$, $a_*^4 = R_m^2 h^2/3(1-\nu^2)\sin^2\varphi_m$ (vgl. (3.34)).

Die Gln. (3.92) ergeben mit (3.93) und $\psi = \ddot{\vartheta}/2\beta^2$ nach (3.87) die Zustandsgrößen für einen Schnitt $\xi = \text{const}$

$$\begin{bmatrix} \vartheta \\ M_\xi a/D\beta \\ TRh'/D \\ u_r a/Rh'\beta \end{bmatrix} = \begin{bmatrix} \vartheta \\ \dot{\vartheta}/\beta \\ \ddot{\vartheta}/2\beta^2 \\ \dddot{\vartheta}/2\beta^3 \end{bmatrix} = \begin{bmatrix} \varphi_1 & \varphi_2 \\ -\varphi_1-\varphi_2 & \varphi_1-\varphi_2 \\ \varphi_2 & -\varphi_1 \\ \varphi_1-\varphi_2 & \varphi_1+\varphi_2 \end{bmatrix} \begin{bmatrix} C_1 \\ C_2 \end{bmatrix}. \qquad (3.94)$$

Die Konstanten sind mit Hilfe der zwei Randbedingungen durch die Randwerte der Zustandsgrößen auszudrücken.

Ist an dem Rand die äußere Belastung vorgegeben, so lauten die Randbedingungen bei $\xi = 0$: $M_\xi = M_0$, $T_\xi = T_0$. Damit erhält man aus Gl. (3.94) und $\varphi_1(0) = 1$, $\varphi_2(0) = 0$

$$-C_1 + C_2 = M_0 a/D\beta, \qquad -C_2 = T_0 Rh'/D. \qquad (3.95)$$

Mit den entsprechenden Ausdrücken von C_1 und C_2 liefern die Gln. (3.94) die Formeln

$$\begin{bmatrix} \vartheta \\ M_\xi a/D\beta \\ TRh'/D \\ u_r a/Rh'\beta \end{bmatrix} = \begin{bmatrix} \vartheta \\ \dot{\vartheta}/\beta \\ \ddot{\vartheta}/2\beta^2 \\ \dddot{\vartheta}/2\beta^2 \end{bmatrix} = \frac{e^{-\beta\xi}}{D} \begin{bmatrix} -\cos\beta\xi & -\cos\beta\xi - \sin\beta\xi \\ \cos\beta\xi + \sin\beta\xi & 2\sin\beta\xi \\ -\sin\beta\xi & \cos\beta\xi - \sin\beta\xi \\ -\cos\beta\xi + \sin\beta\xi & -2\cos\beta\xi \end{bmatrix} \begin{bmatrix} M_0 a/\beta \\ T_0 Rh' \end{bmatrix}. \qquad (3.96)$$

Für eine Zylinderschale, wenn $s = \sin\varphi = 1$ ist, wird $T = Q_\xi$, und die Gln. (3.96) werden denen in (3.41) (bei $w_p = 0$) äquivalent*).

Es ist in diesem Abschnitt festgestellt worden, daß unter bestimmten Bedingungen der Spannungszustand einer Schale aus zwei Komponenten verschiedener Art besteht. Das sind der Grundspannungszustand, der durch Flächenlasten erzeugt wird und näherungsweise biegefrei ist, und die Randstörung, die durch explizite Formeln des Randeffekts bestimmt wird.

Entspricht die Form der Schale oder die Art der Belastung den erwähnten Bedingungen nicht, so können die besprochenen Methoden nur Abschätzungen liefern. Wenden wir uns den genaueren Lösungsvorgängen zu, die auf bestimmte Schalengestalten spezialisiert sind.

---

*) Für die Zylinderschale ist der Parameter a durch die Gl. (3.34) festgesetzt. Die entsprechende Definition von a würde im vorliegenden Abschnitt zu $\beta = 1$ führen. Damit könnten alle Beziehungen ab (3.86) wesentlich einfacher dargestellt werden. Das wird nicht getan, um die Wahl von a frei zu lassen.

3.6 Kugelschale

3.6.1 Strenge Lösung

Die Kugelschale konstanter Wanddicke ist eine der einfachsten Schalenformen. Die lokale Geometrie (bestimmt durch die Normalschnitt-Radien $R_\xi = R_\theta$) ist über die ganze Schalenfläche konstant. Wir untersuchen die Verformung der Kugelschale mit konstanter Wanddicke durch Randkräfte und Momente.

Setzen wir die Koordinate ξ gleich dem Winkel φ, wie im Bild 3.3, dann ist

$$R_\xi = R_\theta = a\,, \qquad R = a \sin\varphi\,, \qquad \dot{R} = a\cos\varphi = R\cot\varphi\,,$$

wobei a der Radius der Kugelfläche ist.

Die Reissner-Meissner-Gleichung (3.76) wird für das Randstörungsproblem ($F, F_1 = 0$) der Kugelschale zu

$$\ddot{\sigma} + \dot{\sigma}\frac{\dot{R}}{R} - \sigma\frac{\dot{R}^2}{R^2} + 2\mathrm{i}\beta^2\sigma = 0\,, \qquad \beta^2 = \sqrt{3(1-\nu^2)}\,\frac{a}{h}\,. \tag{3.97}$$

Führt man hier neue Variablen

$$x = \sin^2\varphi\,, \qquad z = \sigma/\sin\varphi\,, \qquad \xi = \varphi$$

ein, so werden die Koeffizienten der Gl. (3.97) rationale Funktionen des neuen Arguments x:

$$x(x-1)\frac{\mathrm{d}^2 z}{\mathrm{d}x^2} + \left(\frac{5}{2}x - 2\right)\frac{\mathrm{d}z}{\mathrm{d}x} + \frac{1-2\mathrm{i}\beta^2}{4}z = 0\,. \tag{a}$$

Das ist eine Gleichung vom gut bekannten Typ – eine hypergeometrische Differentialgleichung [69]. Die Theorie dieser Gleichungen liefert zwei unabhängige Lösungen.

Eine der Lösungen (z_2) wird bei $x = 0$ und damit bei $\varphi = 0$ unendlich: $z_2(0) = \infty$. Für geschlossene Kuppeln entfällt diese Komponente der allgemeinen Lösung: In (3.84) ist $C_3 + \mathrm{i}C_4 = 0$.

Die andere Lösung der Gl. (a) bestimmt die Lösung der Gl. (3.97) durch die Formel [147]

$$\begin{aligned} \sigma_1 &= \sin\xi + \frac{3^2-\delta}{1\cdot 2}\,\frac{\sin^3\xi}{16} + \frac{3^2-\delta}{1\cdot 2}\,\frac{7^2-\delta}{2\cdot 3}\,\frac{\sin^5\xi}{16^2} + \ldots\,, \\ \delta &= 5 + 8\mathrm{i}\beta^2\,. \end{aligned} \tag{3.98}$$

Nach der Trennung der imaginären und der reellen Teile folgen aus der Gl. (3.98) die Funktionen ϑ_1, ψ_1. Damit kann die allgemeine Lösung (3.84) zwei Bedingungen am Rand einer (im Scheitel geschlossenen) Kuppel erfüllen.

Die Effektivität der Lösung (3.98) hängt natürlich von der Konvergenz dieser Reihe ab. Für größere Werte von $|\delta| \sim 13a/h$ ist die Konvergenz problematisch. Das beschränkt die Anwendbarkeit der Lösung (3.98) (die schon im Jahre 1913 von E. Meissner entwickelt worden war [97]). Es ist eine Lösung für größere Wanddicke h, etwa für $a/h < 50$. Wir betrachten nun eine andere Lösung, die gerade bei dünneren Schalen genauer und für $h/a \to 0$ genau ist.

3.6.2 Asymptotische Lösung*)

Wir gehen von der Gl. (3.97) aus. Um das $\dot{\sigma}$-Glied zu beseitigen, führen wie eine neue Unbekannte $\tau = \sigma\sqrt{\sin\xi}$ ein. Die Gleichung wird dann zu [94]

$$\ddot{\tau} + \left(\underline{\frac{1}{2} - \frac{3}{4}\cot^2\xi} + 2\mathrm{i}\beta^2\right)\tau = 0\,. \tag{3.99}$$

Für dünne Schalen ist offensichtlich β^2 groß gegen 1. Für dünne und nicht zu flache Schalen, d.h. unter der Bedingung

$$\frac{1}{2\beta^2}\frac{3}{4}\cot^2\xi \sim \frac{h}{a}\frac{\cot^2\xi}{5} \ll 1 \tag{3.100}$$

können die unterstrichenen Terme der Gleichung vernachlässigt werden. Gl. (3.99) nimmt dann die Form an:

$$\ddot{\tau} + 2\mathrm{i}\beta^2\tau = 0\,, \qquad \tau = \sigma\sqrt{\sin\xi} = (\vartheta + \mathrm{i}\psi)\sqrt{\sin\xi}\,.$$

Die weitere Lösung kann genau so vor sich gehen wie für Gl. (3.86). Man erhält für die Variablen ϑ, ψ die allgemeine Lösung in der Form (3.89). Wie für die Randeffektlösung (3.89) besprochen, können für die langen (entsprechend der Bedingung (3.91)) Schalen die Randstörungen neben den zwei Rändern (Bild 3.19) voneinander unabhängig untersucht werden. Der Randeffekt wird durch die Terme der allgemeinen Lösung beschrieben, die mit dem Abstand vom entsprechenden Rand abklingen. Betrachten wir die Verformung, die vom Rand $\xi = \xi_j$ ausgeht. Es ergibt sich als Lösung der Gl. (3.99) analog zur Gl. (3.94)

$$\begin{aligned}\begin{bmatrix}\vartheta\\ \psi\end{bmatrix} &= \frac{\mathrm{e}^{-\xi_*}}{\sqrt{\sin\xi}}\left\{C_1\begin{bmatrix}\cos\xi_*\\ \sin\xi_*\end{bmatrix} + C_2\begin{bmatrix}-\sin\xi_*\\ \cos\xi_*\end{bmatrix}\right\}\\ &= C\frac{\mathrm{e}^{-\xi_*}}{\sqrt{\sin\xi}}\begin{bmatrix}\cos(\xi_* + \gamma)\\ \sin(\xi_* + \gamma)\end{bmatrix},\end{aligned} \tag{3.101}$$

wobei ξ_* den Abstand vom Schalenrand multipliziert mit β/a (d.h. $|\xi - \xi_j|\beta$) bezeichnet; C_1, C_2, C und γ sind Konstanten.

Die Spannungsresultierenden und Verschiebungskomponenten lassen sich mit Hilfe der Formeln (3.82), (3.70) u.a. ermitteln. Insbesondere erhält man aus (3.101) und (3.82)

$$\left.\begin{aligned} M_\xi &= -C\frac{D}{a}\frac{\beta\mathrm{e}^{-\xi_*}}{\sqrt{\sin\xi}}[k_1\cos(\xi_* + \gamma) + \sin(\xi_* + \gamma)]\,,\\ u_\mathrm{r} &= R\varepsilon_\theta = Ch'\beta\mathrm{e}^{-\xi_*}\sqrt{\sin\xi}\,[\cos(\xi_* + \gamma) - k_2\sin(\xi_* + \gamma)]\,,\\ k_{1(2)} &= 1 + \frac{1\,\overset{(+)}{-}\,2\nu}{2\beta}\cot\xi \qquad (\xi = \varphi)\,.\end{aligned}\right\} \tag{3.102}$$

Die Konstanten werden aus den Bedingungen am entsprechenden Rand $\xi_* = 0$ bestimmt. Für den Rand, der durch das Biegemoment M und die Radialkraft T (Bild 3.19) belastet

*) Zuerst vorgeschlagen in den Arbeiten von O. Blumenthal und H. Reissner [123].

ist, ergeben die Bedingungen $M_\xi = M$, $N_\xi c + Q_\xi s = T$ bei $\xi_* = 0$ den Drehwinkel und die radiale Verschiebung des Randes

$$\begin{bmatrix} \vartheta \\ u_r \end{bmatrix} = \frac{a}{2D\beta k_1} \begin{bmatrix} 2 & -\frac{a}{\beta}s \\ -\frac{a}{\beta}s & a^2 s^2 \frac{1+k_1 k_2}{2\beta^2} \end{bmatrix} \begin{bmatrix} M \\ T \end{bmatrix}, \tag{3.103}$$

wobei $s = \sin\varphi$ sowie k_1 und k_2, ϑ und u_r sind die Werte dieser Variablen am Rand der Schale.

Ähnliche Formeln lassen sich für die Kugelschale aus den Gln. (3.96) als ein Spezialfall herleiten. Sie haben die Form von (3.103) bei $k_1, k_2 = 1$. Der Unterschied gibt den Einfluß des (in den Gln. (3.96) unberücksichtigten) $\dot{\sigma}$-Terms der Gl. (3.83) wieder. Damit wird festgestellt, daß der Einfluß von der Größenordnung der Werte von

$$|k_1 - 1| \sim |k_2 - 1| \sim \frac{|\cot\varphi|}{2\beta} \sim \left(\frac{h}{5a}\right)^{1/2} |\cot\varphi| \tag{3.104}$$

am Rande der Kugelschale ist (a – Radius der Schale). Das ist eine Abschätzung des Fehlers der Näherungslösung der Abschn. 3.5.2, 3.5.3. Zum Vergleich erinnern wir uns, daß die in diesem Abschnitt entwickelte genauere Lösung einen Fehler von der Größenordnung (3.100) haben kann.

Das folgende Beispiel erlaubt es, die drei Methoden näher zu vergleichen.

3.6.3 Anwendungsbeispiel

Wir untersuchen den Spannungszustand einer Kugelschale mit eingespanntem Rand, die durch einen konstanten Normaldruck belastet wird. Die Abmessungen der Schale sind im Bild 3.20 angegeben. Die Querkontraktionszahl ist $\nu = 1/6$.

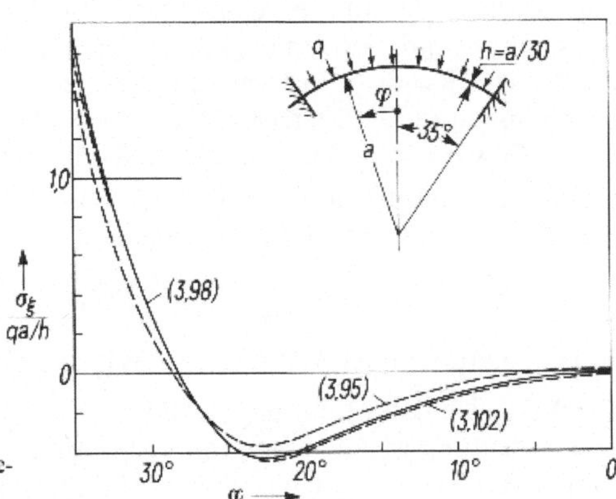

Bild 3.20
Meridionale Biegespannungen $\sigma_\xi = M_\xi 6/h^2$. Die genaue und die zwei Näherungslösungen (nach [147])

Der Spannungszustand wird durch Superposition von zwei Teilen ermittelt (Abschn. 3.5.1). Zuerst werden die Membrankräfte N_ξ, N_θ und die entsprechende Verformung bestimmt.

Die Membrankräfte ergeben sich direkt aus den Gln. (3.6)

$$N_\xi = N_\theta = -\frac{1}{2}qa \tag{a}$$

(was sich durch Substitution in den Gln. (3.6) nachprüfen läßt).

Den Schnittkräften (a) entspricht nach Gl. (3.25) die Stauchung (negative Dehnung) des Randes:

$$\varepsilon_\theta = \frac{u_r}{R} = -\frac{1}{Eh}\,\frac{1-\nu}{2}qa\,. \tag{b}$$

Die ganze Mittelfläche der Schale wird entsprechend den Schnittkräften (a) gleichmäßig in allen Richtungen um Faktor $1 + \varepsilon_\theta$ gestaucht.

Diese biegefreie Verformung widerspricht den Bedingungen am Rand. Der eingespannte Rand kann sich nicht deformieren, hier $\varepsilon_\theta = 0$. Es entstehen Reaktionsmomente M und Reaktionskräfte T in radialer Richtung (im Bild 3.19 in die positive Richtung deutend). Die Reaktionen M, T erzeugen eine Randstörungsverformung. Sie sind genau so groß, daß sie eine Dehnung des Randes gleich der in (b), aber in entgegengesetzter Richtung erzwingen. Damit sind die Randbedingungen für den zweiten Teil des Spannungszustandes

$$\xi = \xi_2: \qquad \varepsilon_\theta = \frac{u_r}{R} = \frac{1-\nu}{2}\,\frac{qa}{Eh}, \qquad \vartheta = 0\,. \tag{c}$$

Wir testen nun die drei bereits besprochenen Lösungswege an einem Zahlenbeispiel.

Das Ergebnis der genauen Lösung mit der hypergeometrischen Reihe (3.98) ist im Bild 3.20 aufgetragen. In diesem Fall waren 10 Reihenglieder erforderlich, um eine ausreichende Genauigkeit zu erzielen, obwohl der Wert des Parameters β noch relativ klein war: Für $a/h = 30$ ergibt (3.97) $\beta = 7{,}04$.

Wenden wir uns den zwei Näherungslösungen zu. Das Randmoment M und die radiale Reaktionskraft T lassen sich direkt durch die Substitution von Parametern der Randverformung nach (c) in die Gln. (3.96) ermitteln.

Die Formeln (3.96) der einfachsten Randeffektnäherung liefern mit M und T die Spannungs- und Verformungscharakteristika für jeden Punkt der Schale. Es bleibt nur noch, diese Randstörung den Schnittkräften (a) und den Verschiebungen des Membranspannungszustandes (u_r nach (b) und die Normalenverschiebung $w = \varepsilon_\theta a = \varepsilon_\xi a$) hinzuzufügen. Das Ergebnis wird im Bild 3.20 dargestellt.

Für die asymptotische Lösung (3.101) bis (3.103) lassen sich die Konstanten durch die Randbedingungen (c) einfach bestimmen:

$$\xi_* = 0: \qquad \gamma = \frac{\pi}{2}, \qquad -Ch'k_2\beta\sqrt{\sin\xi} = (1-\nu)qaR/2Eh\,,$$

wobei ξ natürlich der *Randwert* des Winkels φ ist.

Der Vergleich (Bild 3.20) zeigt, daß im gesamten Bereich der Schale, wo das Biegemoment von Bedeutung ist, die asymptotische Lösung (3.102) eine völlig zufriedenstellende Näherung liefert. (Die Vernachlässigung der Größe (3.100) in der Gl. (3.99) führt also zu ebenso kleinen Fehlern im Endergebnis.)

Aber auch die universale Lösung (3.96) ist als brauchbar anzuerkennen. Die maßgebliche Spannung (am Rand der Schale) beträgt nach dieser Lösung 0,865 vom genaueren Wert. Die Abweichung (0,135) liegt deutlich unter der Fehlerabschätzung nach (3.90). – Für das

Beispiel $(h\cos^2 35°/R_m \sin 35°)^{1/2} = 0{,}261$. Noch bemerkenswerter ist, daß der Fehler der einfachsten Lösung lediglich von der Größenordnung von $(h/a)^{1/2}$ ist. Fehler dieser Größe können im Schalenrandbereich schon infolge der Grundannahmen der Theorie dünner Schalen entstehen [58], [78]. Die Bedingungen am Rand sind außerdem nicht genau bekannt. Es gibt kaum die vorausgesetzte, ganz starre Einspannung.

Das alles deutet darauf hin, daß die einfachste universale Randeffektlösung auch für dieses Beispiel anwendbar ist.

3.6.4 Asymptotische Lösung für den Scheitelbereich

Die beiden aufgeführten Näherungslösungen versagen bei *flachen Schalen* – wenn $(\cot\varphi)/\beta$ nicht klein gegen 1 ist. – Sie nützen wenig in der Scheitelzone einer Kugelschale. Für die flachen Schalen ist aber eine andere asymptotische Lösung möglich.

Wir gehen wieder von der Gl. (3.99) aus und stellen den Faktor vor τ durch die leitenden Glieder dessen Potenzreihe dar [94]

$$\frac{1}{2} - \frac{3}{4}\cot^2\xi + 2i\beta^2 = 1 - \frac{3}{4}\frac{1}{\xi^2} - \frac{\xi^2}{20} + \ldots + 2i\beta^2 .$$

Damit wird die Gl. (3.99) durch

$$\ddot{\tau} + \left(2i\beta^2 - \frac{3}{4\xi^2}\right)\tau = 0 \tag{3.105}$$

ersetzt. Man kann feststellen, daß die Gl. (3.105) der vollen Gl. (3.99) für alle Werte von $|\xi| < \pi/2$ mit der Genauigkeit der Schalentheorie äquivalent ist. Der in (3.105) vernachlässigte Teil des τ-Terms hat eine Größenordnung, die unter der von $1/2\beta^2 \sim h/a$ liegt.

Die Gl. (3.105) hat eine gut bekannte Form. Es ist eine Gleichung vom Besselschen Typ [69]. Deren zwei Lösungen können durch die Bessel-Funktion erster Ordnung J_1 und die erste Hankel-Funktion erster Ordnung ausgedrückt werden

$$\tau_1 = \sqrt{\xi}J_1(\beta\xi\sqrt{2i}) , \qquad \tau_2 = \sqrt{\xi}H_1^1(\beta\xi\sqrt{2i}) .$$

Damit und mit $\sigma = \tau/\sqrt{\sin\xi}$ werden die zwei partikulären Lösungen der Gl. (3.83), deren lineare Kombination die allgemeine Lösung (3.84) mitergibt, zu

$$\sigma_1 = \sqrt{\frac{i\xi}{\sin\xi}}J_1(\beta\xi\sqrt{2i}) , \qquad \sigma_2 = \sqrt{\frac{i\xi}{\sin\xi}}H_1^1(\beta\xi\sqrt{2i}) . \tag{3.106}$$

Für kleinere Werte von ξ können diese Ausdrücke wegen

$$\sqrt{\xi/\sin\xi} \approx 1 \tag{3.107}$$

vereinfacht werden. Im Bereich $\xi < 30°$ ist z.B. $\sqrt{\xi/\sin\xi} \leqslant 1{,}023$. Auf jeden Fall kann der Faktor $\sqrt{\xi/\sin\xi}$ beim Differenzieren von σ als Konstante behandelt werden. Da der β-Wert groß gegen 1 ist, variieren die Funktionen J_1, H_1^1 viel intensiver als der Faktor $\sqrt{\xi/\sin\xi}$. Die reellen und imaginären Teile der Funktionen J_1 und H_1^1 sind durch Tabellen und Potenzreihen bestimmt [69]. (Deren Berechnung ist auch mit einem programmierbaren Tischrechner nicht schwierig.)

Die Funktion $J_1(\beta\xi\sqrt{2i})$ (und damit σ_1 nach (3.106)) vertritt die Verformung der Schale, die mit dem Wert von ξ anwächst. Dagegen wächst die Funktion σ_2, bestimmt von H_1^1, bei $\xi \to 0$. In der allgemeinen Lösung (3.84) vertritt der σ_1-Term mit J_1 die Randstörung, die vom äußeren Rand der Kugelschale ausgeht. Bei den Schalen, die im Scheitelpunkt $\xi = 0$ geschlossen und durch keine konzentrierte Kraft belastet sind, entfällt der Term mit σ_2 in der Lösung (3.84).

Da der Flächenlastterm σ_p der allgemeinen Lösung (3.84) meistens leicht zu bestimmen ist, ist mit (3.106) die Lösung im wesentlichen aufgestellt. Es verbleibt, die Konstanten C_n aus den Randbedingungen (Abschn. 3.4.5) mit Hilfe der Formeln (3.82) zu ermitteln. Die Gln. (3.82) liefern dann die Schnittkräfte und die Verformungsparameter. (Dieser Vorgang ist in den Monographien [33], [55], [133] vorgeführt worden.)

Wir wenden uns den *sehr flachen* Schalen und der nahen Umgebung des Scheitelpunktes $\varphi = \xi = 0$ zu, wo

$$\beta\xi < 1 \quad \text{oder} \quad \xi < \sqrt{\frac{h}{a}}\,. \tag{3.108}$$

In diesen flachen Schalenbereichen lassen sich die Funktionen J_1, H_1^1 durch die ersten Glieder ihrer Potenzreihen vertreten. Die entsprechende Lösung (A. I. Lur'e [94]) ergibt unter anderem für die am Scheitel belastete Kugelschale (Bild 3.21) einfache explizite Formeln

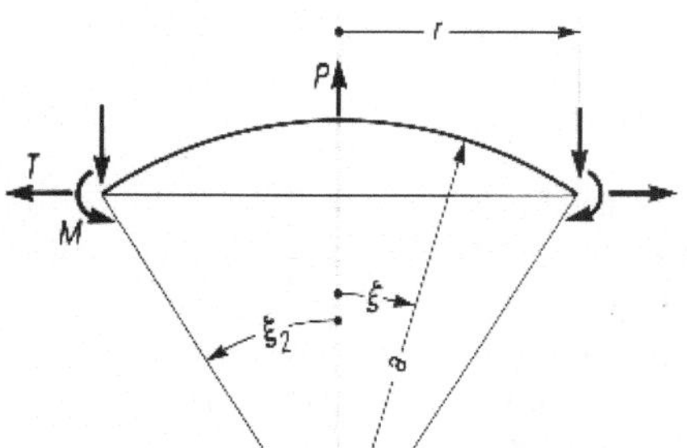

Bild 3.21 Flache Kugelschale

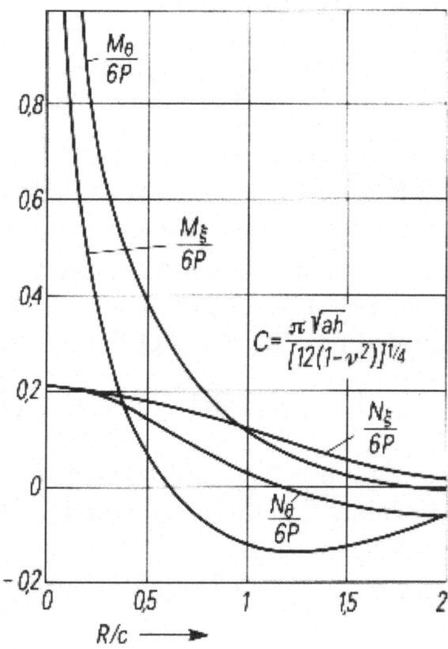

Bild 3.22
Die konzentrierte Kraft P erzeugt in einer Kugelschale große Biegespannungen innerhalb der Zone $R < c$ (nach [147])

[33]. Die Wirkung der konzentrierten Kraft wird (nach [147]) im Bild 3.22 illustriert. Auch hier kommt als die charakteristische Abmessung der Zone mit sich intensiv änderndem Spannungszustand die Randeffektbreite c (definiert für eine Zylinderschale vom Radius b in (3.43)) zum Vorschein.

3.7 Kegelschale

3.7.1 Strenge Lösung

Die Verformung wird weiterhin als Summe (3.84) aus der partikulären Lösung ϑ_p, ψ_p und der Randstörung gesucht. Da ϑ_p, ψ_p (die Wirkung der Flächenlasten) mit Hilfe der Membrantheorie bestimmt wird, liegt auch für Kegelschalen der Schwerpunkt bei der Ermittlung der Randstörung.

Die Meridianlänge $s_\xi = a\xi$ ist bei der Kegelschale proportional dem Radius $R = s_\xi \cos\varphi$ (Bild 3.4). Wir wählen $\xi = R$ und damit $a = 1/\cos\varphi$. Die Reissner-Meissner-Gleichung (3.76) wird dann für Kegelschalen zu:

$$(R\dot{\sigma})^{\bullet} - \frac{\sigma}{R} + \frac{\mathrm{i}}{h'}\frac{\sin\varphi}{\cos^2\varphi}\sigma = 0\,, \qquad (\;)^{\bullet} = \frac{\mathrm{d}(\;)}{\mathrm{d}\xi} = \frac{\mathrm{d}(\;)}{\mathrm{d}R}\,, \tag{3.109}$$

wobei die Flächenlastterme und der Distorsionsparameter $k-1$ gleich Null gesetzt worden sind, da wir nur das Randstörungsproblem behandeln.

Die Gl. (3.109) wird nun auf die Form einer Besselschen Gleichung reduziert. Dazu ersetzen wir das Argument R durch neue Variable x und erhalten aus (3.109)

$$\frac{\mathrm{d}^2\sigma}{\mathrm{d}x^2} + \frac{1}{x}\frac{\mathrm{d}\sigma}{\mathrm{d}x} + \left(\mathrm{i} - \frac{4}{x^2}\right)\sigma = 0\,, \qquad x = 2\left(\frac{\sin\varphi}{\cos^2\varphi}\,\frac{R}{h'}\right)^{1/2}. \tag{3.110}$$

Die zwei unabhängigen Lösungen dieser Gleichung sind (s. [69]) die Bessel-Funktionen zweiter Ordnung $J_2(x\sqrt{\mathrm{i}})$ und $H_2^1(x\sqrt{\mathrm{i}})$. Nach Trennung der reellen und imaginären Teile ergeben sich die vier partikulären Lösungen des Randstörungsproblems, die zusammen mit der Flächenlastverformung $\vartheta_p + \mathrm{i}\psi_p$ die allgemeine Lösung (3.84) bilden

$$\begin{aligned}\vartheta + \mathrm{i}\psi &= \sigma \\ &= \vartheta_p + \mathrm{i}\psi_p + (C_1 + \mathrm{i}C_2)J_2(x\sqrt{\mathrm{i}}) + (C_3 + \mathrm{i}C_4)\,\mathrm{i}\frac{\pi}{2}H_2^1(x\sqrt{\mathrm{i}})\,.\end{aligned} \tag{3.111}$$

Die vier Komponenten der allgemeinen Lösung (3.84) werden über die tabulierten [133] Thomson-Funktionen und deren Ableitungen (bezeichnet ausnahmsweise mit einem Strich) wie folgt ausgedrückt

$$\begin{aligned}\vartheta_1 &= -\mathrm{ber}\,x + \frac{2}{x}\mathrm{bei}'x\,, \\ \psi_1 &= \mathrm{bei}\,x + \frac{2}{x}\mathrm{ber}'x\,, \qquad (\;)' = \frac{\mathrm{d}(\;)}{\mathrm{d}x}\,, \\ \vartheta_2 &= -\mathrm{ker}\,x + \frac{2}{x}\mathrm{kei}'x\,, \\ \psi_2 &= \mathrm{kei}\,x + \frac{2}{x}\mathrm{ker}'x\,.\end{aligned} \tag{3.112}$$

Die Ableitungen $\dot{\vartheta}_j$, $\dot{\psi}_j$ der Elementarlösungen werden durch dieselben vier Thomson-Funktionen ausgedrückt. Dafür ergeben sich aus den Eigenschaften der Thomson-Funktionen die Formeln

$$\begin{aligned}
\frac{\dot{\vartheta}_1}{R} &= -\frac{x}{2}\operatorname{ber}'x + \operatorname{ber}x - \frac{2}{x}\operatorname{bei}'x, \qquad (\ )^{\bullet} = \mathrm{d}(\ )/\mathrm{d}\xi,\\
\frac{\dot{\psi}_1}{R} &= \frac{x}{2}\operatorname{bei}'x - \operatorname{bei}x - \frac{2}{x}\operatorname{ber}'x,\\
\frac{\dot{\vartheta}_2}{R} &= -\frac{x}{2}\operatorname{ker}'x + \operatorname{ker}x - \frac{2}{x}\operatorname{kei}'x,\\
\frac{\dot{\psi}_2}{R} &= \frac{x}{2}\operatorname{kei}'x - \operatorname{kei}x - \frac{2}{x}\operatorname{ker}'x.
\end{aligned} \tag{3.113}$$

Damit liefern die Formeln (3.84′) allgemeine Ausdrücke für die vier Zustandsgrößen. Es bleibt nur noch, die Integrationskonstanten C_j aus den Randbedingungen zu ermitteln.

3.7.2 Extrem flache Schalen

Die aufgeführte genaue Analyse ist anwendbar für unbegrenzt flache Schalen, der Grenzfall – Platte – eingeschlossen. Aber für kleine x-Werte (bei $x < 1$) kann die Lösung anschaulicher und durch elementare Funktionen ausgedrückt werden.

Für $x < 1$ können die Thomson-Funktionen und deren Ableitungen durch die ersten Glieder ihrer Potenzreihen vertreten werden. In dieser Weise erhält man (nach A. I. Lur'e [94]) die allgemeine Lösung (3.84), (3.111) in der Form

$$\vartheta = \vartheta_p + C_1\left(\frac{x^4}{96} - \frac{x^8}{80\cdot 48^2} + \ldots\right) + C_2\left(\frac{x^2}{8} - \frac{x^6}{8\cdot 8^2\cdot 6} + \ldots\right) + C_3(\ldots) + C_4(\ldots)\,. \tag{3.114}$$

Für die im Scheitel geschlossenen Schalen sind die Konstanten C_3 und C_4 gleich Null. Die Konstanten C_1 und C_2 werden durch Bedingungen am Außenrand bestimmt. Die Reihen (3.114) konvergieren schnell und dürfen auch differenziert werden.

Es muß abschließend darauf hingewiesen werden, daß die Verformung der sehr flachen Kegelschalen schon bei geringen elastischen Verschiebungen ein nichtlineares Problem darstellt.

3.7.3 Asymptotische Näherung

Für große Werte des Arguments x können die vier Thomson-Funktionen, aus denen die allgemeine Lösung (3.84) mit (3.112) und (3.113) zusammengesetzt ist, durch die folgenden Formeln ausgedrückt werden

$$[\operatorname{ber}x \ \ \operatorname{bei}x \ \ \operatorname{ber}'x \ \ \operatorname{bei}'x] = \frac{e^{x/\sqrt{2}}}{\sqrt{2\pi x}}[\cos x_- \ \ -\sin x_- \ \ -\cos x_+ \ \ \sin x_+]\,; \tag{3.115}$$

$$[\operatorname{ker}x \ \ \operatorname{kei}x \ \ \operatorname{ker}'x \ \ \operatorname{kei}'x] = \sqrt{\frac{\pi}{2x}}\,e^{-x/\sqrt{2}}[\cos x_+ \ \ -\sin x_+ \ \ -\cos x_- \ \ \sin x_-]\,. \tag{3.116}$$

$$x_\pm = x/\sqrt{2} \pm \pi/8\,.$$

Diese Formeln können bei $x > 20$ und sogar bei kleineren x-Werten eingesetzt werden.

Für größere x-Werte kann auch die universale Randeffekt-Lösung (die noch etwas einfacher als die mit asymptotischen Formeln ist) verwendet werden.

Auch für Kegelschalen besteht meistens die Möglichkeit, zwei der Integrationskonstanten unabhängig von den anderen zwei durch Bedingungen an einem Rand zu bestimmen. Das bedeutet die Ermittlung der Konstanten C_1, C_2 in der Lösung (3.84), (3.113) durch Bedingungen am äußeren Rand der Schale, in denen die C_3- und C_4-Terme der Lösung gleich Null gesetzt worden sind. Die Konstanten C_3, C_4 werden unabhängig von den ersten zwei durch die Bedingungen am inneren Rand bestimmt.

Die getrennte Erfüllung der Randbedingungen ist nur dann möglich, wenn der Abstand zwischen den Rändern (die Meridianlänge) groß genug ist. Die Berechnungen [133] weisen darauf hin, daß die Möglichkeit besteht, wenn für die Koordinatenparameter x_1, x_2 und Radien $R = R_1$, R_2 der Ränder gilt

$$|x_1 - x_2| = \left| 2\left(\frac{\sin\varphi}{\cos^2\varphi}\,\frac{R_1}{h'}\right)^{1/2} - 2\left(\frac{\sin\varphi}{\cos^2\varphi}\,\frac{R_2}{h'}\right)^{1/2} \right| > 4\,. \tag{3.117}$$

3.7.4 Anwendungsbeispiel

Betrachten wir eine Kegelkuppel nach dem Schema von Bild 3.23 unter der axialen Streckenlast am inneren Rand. Die axiale Streckenlast $P/2\pi R_1$ kann als eine Summe aus der radialen und der normalen Randkraft (T_B bzw. N_B im Bild 3.23) vertreten werden

$$N_B = P/(2\pi R_1 \sin\varphi)\,, \qquad T_B = P/(2\pi R_1 \tan\varphi)\,. \tag{3.118}$$

Die Streckenlast N_B erzeugt in der Schale einen Membranspannungszustand, der bereits im Abschn. 3.2.4 untersucht worden ist:

$$N_\xi = -P/(2\pi R \sin\varphi)\,, \qquad N_\theta = 0\,. \tag{3.119}$$

Die andere Komponente der Randlast (die radiale Streckenlast T_B) führt zu einer Randstörungsdeformation, die durch die Formel (3.84′) bestimmt wird. Wir brauchen nur die Konstanten $C_1, \ldots, C_4$ durch die Randbedingungen zu bestimmen. Wenn der Meridian der Schale entsprechend der Bedingung (3.117) lang genug ist, können die C_1- und C_2-Terme der Lösung (3.84′) mit (3.112) aus den Bedingungen am Außenrand, in denen die anderen zwei Terme vernachlässigt sind, ermittelt werden. *Am unteren Rand* gibt es *keine Randstörung.* Die Bedingungen $M_\xi = 0$, $T = 0$ am Außenrand*) ergeben $C_1 = C_2 = 0$.

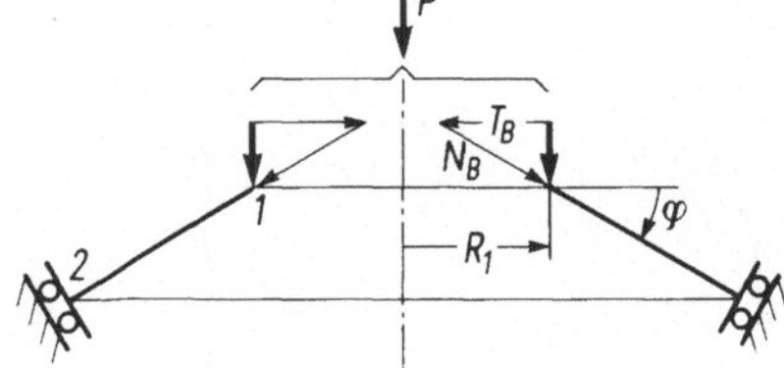

Bild 3.23
Neben Membrankräften N erzeugt Axiallast Radialkräfte T, die die Wand biegen

*) Hier entsteht natürlich eine radiale Reaktionskraft (Bild 3.23) und dementsprechend $T \neq 0$. Das gehört aber zum Membrananteil des Spannungszustandes: $T = -N_\xi \cos\varphi$ mit N_ξ nach (3.119).

Am *Innenrand* lauten die Randbedingungen $M_\xi = 0$, $T = T_B$. Setzt man hier die Ausdrücke (3.84′) für M_ξ und T ein, so erhält man die folgenden Gleichungen für C_3, C_4:

$$\begin{bmatrix} \dfrac{\dot{\vartheta}_2}{a} + \dfrac{\nu\cos\varphi}{R}\vartheta_2 & -\dfrac{\dot{\psi}_2}{a} - \dfrac{\nu\cos\varphi}{R}\psi_2 \\ \psi_2 & \vartheta_2 \end{bmatrix}_{R=R_1} \begin{bmatrix} C_3 \\ C_4 \end{bmatrix} = \begin{bmatrix} 0 \\ T_B R/Ehh' \end{bmatrix}, \quad (3.120)$$

wobei die Funktionen ϑ_2, ψ_2, $\dot{\vartheta}_2$, $\dot{\psi}_2$ durch die Gln. (3.112), (3.113) und (3.115), (3.116) bestimmt sind und $a = 1/\cos\varphi$ (entsprechend $\xi = R$).

3.8 Kreisringschale

Die Kreisringschale (Bild 3.24) enthält zwei Scheitellinien, an denen $\sin\varphi = 0$ und damit auch die Normalschnittkrümmung $1/R_\theta$ verschwindet. In diesen Bereichen ist ein reiner Membranspannungszustand nur bei einer spezialen Belastungsverteilung möglich. Die Wandbiegung gibt dieser Schale eine größere Flexibilität, die in den Anwendungen ausgenutzt wird und auch die Analyse beeinflußt. Im folgenden wird die Wirkung eines konstanten Normaldrucks q und der Axialkraft P untersucht (Bild 3.24).

3.8.1 Lösungsgleichungen

Wir spezialisieren die Reissner-Meissner-Gleichungen für die Kreisringform der Meridianlinie und für die Belastung durch einen konstanten Normaldruck q und eine Axialkraft P. Neben der Bezeichnung φ für den Neigungswinkel der Tangente zur Meridianlinie und ϑ für den Drehwinkel verwenden wir die Koordinate ξ nach Bild 3.24:

$$a = \text{const}, \qquad \xi = \varphi - \pi/2, \qquad \varphi^* = \varphi + \vartheta = \frac{\pi}{2} + \xi + \vartheta. \quad (3.121)$$

Die Belastungsfunktionen (3.65) werden mit $q_r = q\sin\varphi^*$, $q_z = q\cos\varphi^*$ zu

$$\begin{bmatrix} F \\ F_1 \end{bmatrix} \frac{a^2}{DR_\mathrm{m}} = \begin{bmatrix} -c^* \\ s^* \end{bmatrix} \left(P^\circ + q^\circ \int_{-\pi/2}^{\xi} rc^* \mathrm{d}\xi \right) - \begin{bmatrix} s^* \\ c^* \end{bmatrix} q^\circ \int_0^{\xi} rs^* \mathrm{d}\xi;$$

$$s^* = \sin\varphi^*, \qquad c^* = \cos\varphi^*, \qquad r = R/R_\mathrm{m} = 1 + (a/R_\mathrm{m})\cos\xi, \quad (3.122)$$

$$q^\circ = q\frac{a^3}{D}, \qquad P^\circ = \frac{a^2}{2\pi R_\mathrm{m} D}[P_z]_{\xi = -\pi/2}.$$

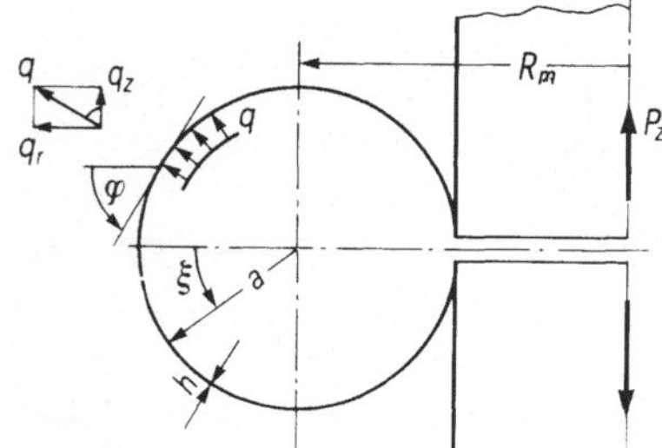

Bild 3.24 Kompensator unter Axialkraft

Die Integrationsgrenzen sind hier mit Rücksicht auf die Einfachheit der weiteren Darstellung festgesetzt worden.

In der linearen Näherung wird (Bild 3.24):

$$\varphi^* = \varphi, \qquad s^* = s' = s = \cos\xi, \qquad c^* = c' = c = -\sin\xi, \qquad k = 1\,. \tag{3.123}$$

Für Schalen mit geschlossenen Meridianlinien kann die Lösung in der folgenden Fourierreihenform gesucht werden

$$\psi = \psi_s + \frac{\xi}{2} q^\circ \frac{h'}{a}, \qquad \psi_s = \sum_j b_j \sin j\xi, \qquad \vartheta = \sum_j a_j \sin j\xi\,. \tag{3.124}$$

Setzt man die Ausdrücke (3.124) in Formeln (3.82) ein, so erhält man für die Kreisringschale in der linearen Näherung mit (3.122), (3.123)

$$\begin{aligned} N_\xi &= qa \frac{R_m + \frac{1}{2} a \cos\xi}{R_m + a\cos\xi} - \psi_s Ehh' \frac{1}{R} \sin\xi, \\ N_\theta &= \frac{1}{2} qa + Ehh' \dot{\psi}_s \frac{1}{a}. \end{aligned} \tag{3.125}$$

Ein Vergleich mit der Membranlösung (3.14) zeigt, daß der periodische Teil der Lösung (3.124) eine Korrektur zur Membranlösung darstellt.

Setzt man die Ausdrücke (3.122) bis (3.124) in die Gl. (3.71) ein, so erhält man für die Korrekturlösung ψ_s, ϑ die Gleichungen:

$$\begin{aligned} (r\dot{\psi}_s)^\cdot + \mu\vartheta\cos\xi &= -(k-1)\mu\sin\xi - q^\circ h' \frac{\sin\xi}{R}\left(\frac{1}{2} + \frac{a}{2R_m}\cos\xi\right) \\ &\quad - P^\circ h' \left(\frac{\cos\xi}{R} + \frac{\nu}{a}\right) \sin\xi = g_i, \\ (r\dot{\vartheta})^\cdot - \mu\psi_s\cos\xi &= P^\circ \sin\xi = g_r \qquad (\mu = a^2/R_m h')\,. \end{aligned} \tag{3.126}$$

Die kleinen, in der Gl. (3.76) unterstrichenen Terme sind hier vernachlässigt worden. Die Bezeichnungen g_i und g_r für die rechten Seiten der Gleichungen werden zur Verkürzung der Schreibweise im folgenden benutzt.

Alle unperiodischen Terme haben sich in Gl. (3.126) gegenseitig eliminiert.

3.8.2 Asymptotische Lösung

Die komplexe Kombination der Gleichungen (3.126) (oder Gl. (3.76)) läßt sich auf folgende Form reduzieren

$$\ddot{\sigma} + \mathrm{i}\mu\sigma\sin\varphi = g_r + \mathrm{i}g_i = g, \qquad \sigma = \vartheta + \mathrm{i}\psi_s, \qquad \mathrm{i} = \sqrt{-1}\,. \tag{3.127}$$

In diesem Abschnitt wird (statt ξ) das Argument $\varphi = \xi + \pi/2$ verwendet. In (3.127) ist angenommen worden, daß

$$r \approx 1, \qquad (r\dot{\sigma})^\cdot \approx \ddot{\sigma}, \quad \text{oder} \quad \left|\dot{\sigma}\frac{\sin\varphi}{R_m}\right| \ll \left|\frac{\ddot{\sigma}}{a}\right|, \tag{a}$$

gilt. Diese Annahmen werden am Ende des Abschnittes (und auch im weiteren speziell für das Problem der Rohrbiegung) begründet.

Die asymptotische Lösung wird ferner auf Schalen, bei denen $\mu \gg 1$, beschränkt.

Der Flächenlastterm $g = g_r + \mathrm{i}g_i$ variiert entsprechend der Definition (3.126) so, daß die Funktion und ihre Ableitungen dieselbe Größenordnung

$$|\ddot{g}_r| \sim |\dot{g}_r| \sim |g_r|, \qquad |\ddot{g}_i| \sim |\dot{g}_i| \sim |g_i|, \qquad (\,)^{\bullet} = \frac{\mathrm{d}(\,)}{\mathrm{d}\xi} = \frac{\mathrm{d}(\,)}{\mathrm{d}\varphi} \tag{b}$$

haben.

Für die so definierte Schale und Belastung ist $\mu \sin\varphi \gg 1$ in der Zone, wo $\sin\varphi \sim 1$, und in dieser Zone der Schale gilt die Membranlösung der Gl. (3.127) (bereits aufgeführt in (3.85)):

$$\sigma = g/\mathrm{i}\mu \sin\varphi\,. \tag{c}$$

Wir wollen diese Lösung so erweitern, daß sie auch in der Zone $\sin\varphi \ll 1$ gültig wird [37]. Dafür betrachten wir die Gl. (3.127) im Bereich um die Scheitellinie $\varphi = 0$ näher. Hier $\sin\varphi \approx \varphi$, $g(\varphi) \approx g(0)$, und die Gleichung wird näherungsweise durch die folgende Gleichung ersetzt

$$\ddot{\sigma}_0 + \mathrm{i}\mu\varphi\sigma_0 = g(0)\,. \tag{d}$$

Wir führen nun eine neue Unbekannte $e(x_0)$ und ein neues Argument x_0:

$$\sigma_0 = g(0)\mu^{-2/3}e(x_0)\,, \qquad x_0 = \varphi\mu^{1/3} \tag{e}$$

ein. Damit erhält man aus Gl. (d) die folgende Gleichung

$$\frac{\mathrm{d}^2 e}{\mathrm{d}x_0^2} + \mathrm{i}x_0 e = 1\,. \tag{f}$$

Die partikuläre Lösung dieser Gleichung, entsprechend der Bedingung

$$x_0 e(x_0)\,|_{x_0 \gg 1} = -i\,, \tag{g}$$

gestattet uns die nötige Verallgemeinerung der Hilfsfunktion σ_0. Die Funktion $\sigma(\varphi)$, die sowohl im Bereich $\mu \sin\varphi \gg 1$ (worin die Schale den Membranspannungszustand hat) als auch in der Gegend der Scheitellinie $\varphi = 0$ die Gl. (3.127) erfüllt, ergibt sich in der Form

$$\sigma = g(\varphi)\mu^{-2/3}e(x)\,, \qquad x = \mu^{1/3}\sin\varphi\,. \tag{3.128}$$

Diesen Ausdruck erhält man aus Gl. (e), wenn $g(0)$ und $e(x_0)$ durch die Funktionen $g(\varphi)$ und $e(x)$ ersetzt werden. Bei kleinen Werten von φ ist σ nach (3.128) identisch mit σ_0 nach (e). Andererseits ist im Bereich $x = \mu^{1/3}\sin\varphi \gg 1$ entsprechend (g) $e(x) = -\mathrm{i}/x$, und die Formel (3.128) ergibt die Membranlösung (c).

Im folgenden werden die Probleme der Kreisringschale untersucht, die den Bedingungen (s. Bild 3.24).

$$\left.\begin{aligned} \varphi &= 0: & \vartheta &= 0\,, & \dot{\psi} &= 0\,; \\ \varphi &= \frac{\pi}{2}: & \vartheta &= 0\,, & \psi &= 0 \end{aligned}\right\} \tag{3.129}$$

entsprechen. Die partikuläre Lösung (3.128) erfüllt diese Bedingungen, wenn die Hilfsfunktion $e(x) = e_r(x) + \mathrm{i}e_i(x)$ den Bedingungen (die auch (g) einschließen)

$$\left.\begin{array}{llll} \varphi = 0: & e_i = 0, & \dfrac{de_r}{dx} = 0; & \\ x = \mu^{1/3} \sin\varphi \gg 1: & |e_r|, & \left|\dfrac{de}{dx}\right| \ll 1, & e_i \approx \dfrac{1}{x} \end{array}\right\} \qquad \text{(h)}$$

entspricht.

Die Graphen der Funktionen e_r, e_i sind im Bild 3.25 aufgeführt. Tabellen dieser Funktionen finden sich in [133].

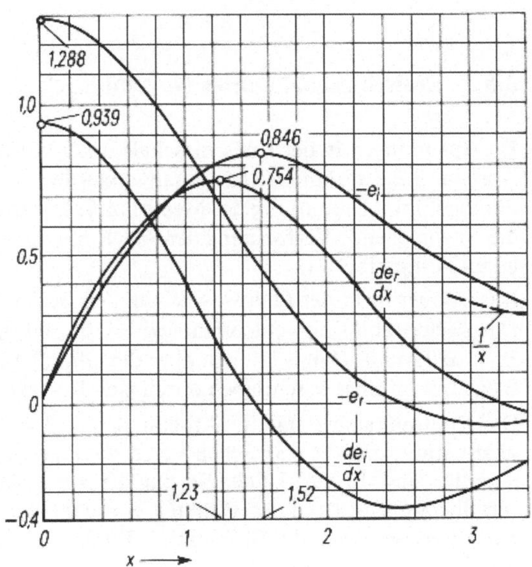

Bild 3.25
Lösungen der Behelfsgleichung (nach [37])

Für die Lösungsfunktionen ergibt die Gl. (3.128) die folgenden allgemeinen Formeln

$$\begin{bmatrix} \vartheta & \dot{\vartheta} \\ \psi_s & \dot{\psi}_s \end{bmatrix} = \begin{bmatrix} g_r & -g_i \\ g_i & g_r \end{bmatrix} \begin{bmatrix} \dfrac{e_r}{\mu^{2/3}} & \dfrac{\cos\varphi}{\mu^{1/3}} \dfrac{de_r}{dx} \\ \dfrac{e_i}{\mu^{2/3}} & \dfrac{\cos\varphi}{\mu^{1/3}} \dfrac{de_i}{dx} \end{bmatrix}. \qquad (3.130)$$

Diese Formeln sind durch die Beziehungen

$$(ge)^{\boldsymbol{\cdot}} \approx g\dot{e},$$

die den Beschränkungen (b), (h) und $\mu^{1/3} \gg 1$ Rechnung tragen, vereinfacht worden.

Die asymptotische Lösung (3.128) kann auch für andere Randbedingungen eingesetzt werden. Die Erweiterung wird mit Hilfe von zwei Integralen der homogenen Gleichung

$$\frac{d^2 e}{dx^2} + ixe = 0$$

erreicht, die der Gl. (f) entspricht. Die asymptotischen Lösungen für die allgemeinen Randbedingungen finden sich in den Monographien [33], [133].

Die maximalen Werte von $|\dot{\vartheta}|$, $|\dot{\psi}|$ treten nach Gl. (3.126), (3.130) in der Zone wo $|\cos\varphi| \sim 1$ (Bild 3.24) auf. In dieser Zone besteht ein Biegespannungszustand, und die Funktionen

ϑ, ψ variieren intensiv. Hier sind die Vereinfachungen (a) gerechtfertigt. Es ist auch konsistent bei der asymptotischen Berechnung der Spannungen, in diesem Bereich die Größen von $\nu\vartheta/R$, $\nu\psi/R$ gegen $\dot{\vartheta}/a$ bzw. $\dot{\psi}/a$ zu vernachlässigen. Damit ergeben sich aus den Gln. (3.82) und (1.95) die Formeln für die maximalen Spannungen

$$\frac{N_\theta}{h} = Eh' \frac{\dot{\psi}}{a}, \qquad \sigma_{M\xi} = \frac{M_\xi}{h^2/6} = \frac{Eh}{2(1-\nu^2)} \frac{\dot{\vartheta}}{a}. \tag{3.131}$$

Die asymptotischen Formeln werden im folgenden für zwei Anwendungsprobleme eingesetzt.

3.8.3 Kreisringschale unter Normaldruck

Die Spannungen in der Kreisringschale unter konstantem Normaldruck wurden bereits im Abschn. 3.2.5 diskutiert. Die Analyse wurde aber ohne Rücksicht auf die Wandbiegung durchgeführt. Die Lösung der Membrantheorie wurde auch nicht daraufhin überprüft, ob die entsprechende Verformung der Schale mit der Kontinuität der geschlossenen Meridianlinien kompatibel ist.

Das ist aber nicht der Fall, was sich an den Beziehungen (3.124) bis (3.126) erkennen läßt. Die Membranlösung entspricht $\psi_s = 0$ und $Q_\xi = 0$, insbesondere $Q_\xi(-\pi/2) = P_z(-\pi/2) = 0$. Damit können aber die Gln. (3.126) nicht erfüllt werden: Es besteht eine Biegeverformung, beschrieben durch eine Korrekturlösung ϑ, $\psi_s \neq 0$.

Die Kontinuitätsbedingung (Abschn. 1.8.4, 3.4.5) für die geschlossenen Meridianlinien setzt voraus, daß die elastischen Verschiebungen in allen Punkten der Meridianlinie kontinuierlich sind. Es darf keinen Sprung der Verschiebungen geben. Die Differenz der Axialverschiebungen (u_z) in den Punkten $\xi = \mathrm{const}$ und $\xi = \mathrm{const} + 2\pi$ muß also gleich Null sein. Berechnet man die Differenz im Punkt $\xi = 0$ bzw. $\xi = 2\pi$, so folgt aus Gl. (3.79) in der linearen Näherung (mit (3.123))

$$\Delta_z = u_z\big|_{2\pi}^{0} = -\int_0^{2\pi} (\vartheta \sin\xi - \varepsilon_\xi \cos\xi) a \, d\xi \tag{3.132}$$

Die Kontinuität verlangt, daß für geschlossene Meridianlinien $\Delta_z = 0$ ist.

Die Korrektur zur Membranlösung läßt sich als eine Lösung der Gl. (3.126) mit $k - 1 = 0$ ermitteln. Die Konstante $P°$ findet sich aus der Kontinuitätsbedingung $\Delta_z = 0$ mit Hilfe der Formel (3.132) (in der der Term $\varepsilon_\xi \cos\xi$ vernachlässigbar klein ist).

Die Korrekturlösung kann ohne Schwierigkeiten mit der Hilfe der Fourierreihen (3.124) ermittelt werden. Man setzt die Reihen in die Gl. (3.126) ein und erhält für die Koeffizienten b_j, a_j ein System algebraischer Gleichungen (was im Abschn. 3.8.4 näher beschrieben ist). Wenn der Wanddickenparameter μ nicht groß ist (d. h. bei $\mu < 10$), benötigt man nur zwei bis drei Terme dieser Reihen. Andererseits kann schon bei $\mu \geqslant 10$ die asymptotische Lösung (3.130) eingesetzt werden. Die Ergebnisse zeigen [17], [72], daß die Biegespannungen in der Wand (besonders bei $a \sim R_\mathrm{m}$) nicht klein gegen die Membranspannungen sind. Aber sie treten in den Bereichen auf, wo $|\sin\varphi| \ll 1$ ist, während die maximale Spannung außerhalb dieses Bereichs auftritt und praktisch allein durch die Membrankraft N_ξ bestimmt wird. Dafür erhält man aus (3.125) die Formel

$$\left|\frac{N_\xi}{h}\right|_{\max} = \frac{qa}{h} \frac{R_\mathrm{m} - \frac{1}{2}a}{R_\mathrm{m} - a}. \tag{3.133}$$

3.8.4 Toroidaler Kompensator

Untersuchen wir die Verformung einer offenen Kreisringschale, die durch die axialen Kräfte P_z wie im Schema von Bild 3.24 belastet wird. Es ist ein Rechenschema eines toroidalen Kompensators, der zwei Rohre elastisch verbindet.

Die Analyse von Abschn. 3.8.3 zeigt, daß die periodischen Lösungsfunktionen ψ_s, ϑ durch die Gln. (3.126) ohne deren h'-Glieder bestimmt werden können. Die Lösungsgleichungen sind also (bei $q = 0$, $\psi_s = \psi$):

$$\begin{aligned} &(r\dot{\psi})^{\bullet} + \mu\vartheta\cos\xi = 0\,, \\ &(r\dot{\vartheta})^{\bullet} - \mu\psi\cos\xi = P^{\circ}\sin\xi\,, \\ &r = 1 + (a/R_{\mathrm{m}})\cos\xi\,, \end{aligned} \tag{3.134}$$

wobei auch berücksichtigt ist, daß für eine Schale mit geschlossenen Breitenkreisen $k = 1$ gilt.

Die periodische und symmetrische in bezug auf die Ebene $\xi = 0$ (Bild 3.24) Lösung kann in der Form von Sinus-Reihen

$$\psi = P^{\circ}\sum_j b_j \sin j\xi\,, \qquad \vartheta = P^{\circ}\sum_j a_j \sin j\xi \qquad (j = 1, 2, \ldots) \tag{3.135}$$

gesucht werden.

Setzt man die Reihen (3.135) in die Gl. (3.134) ein und transformiert die linken Seiten jeder Gleichung auf eine Fourierreihenform, so müssen die Fourierkoeffizienten vor $\sin\xi$, $\sin 2\xi$, ... auf beiden Seiten jeder Gleichung einander gleich sein. Damit ergibt sich für jede der Harmonischen $\sin\xi$, $\sin 2\xi$, ... eine algebraische Gleichung. Zusammen bilden die Gleichungen ein System, das die Koeffizienten a_j, b_j bestimmen läßt. So folgt aus den Gln. (3.134) mit (3.135)

$$\begin{aligned} &\frac{\mathrm{d}}{\mathrm{d}\xi}\left[\left(1 + \frac{a}{R_{\mathrm{m}}}\cos\xi\right)P^{\circ}\sum_j j b_j \cos j\xi\right] + \mu\cdot(\cos\xi)P^{\circ}\sum_j a_j \sin j\xi = 0\,, \\ &\frac{\mathrm{d}}{\mathrm{d}\xi}\left[\left(1 + \frac{a}{R_{\mathrm{m}}}\cos\xi\right)P^{\circ}\sum_j j a_j \cos j\xi\right] - \mu\cdot(\cos\xi)P^{\circ}\sum_j b_j \sin j\xi = P^{\circ}\sin\xi\,. \end{aligned} \tag{a}$$

Transformieren wir die linken Seiten dieser Gleichungen mit Hilfe der bekannten Formeln

$$\begin{aligned} &2\cos m\xi\cdot\cos n\xi = \cos(m+n)\xi + \cos(m-n)\xi\,, \\ &2\sin m\xi\cdot\cos n\xi = \sin(m+n)\xi + \sin(m-n)\xi\,, \end{aligned} \tag{3.136}$$

so werden die Gln. (a) zu

$$\begin{aligned} &\sum_j\left\{-j^2\sin j\xi - \frac{a}{R_{\mathrm{m}}}\left(j\frac{j+1}{2}\sin(j+1)\xi + j\frac{j-1}{2}\sin(j-1)\xi\right)\right\}\begin{bmatrix} b_j \\ a_j \end{bmatrix} \\ &\quad + \frac{\mu}{2}\left\{\sin(j+1)\xi + \sin(j-1)\xi\right\}\begin{bmatrix} a_j \\ -b_j \end{bmatrix} = \begin{bmatrix} 0 \\ \sin\xi \end{bmatrix}. \end{aligned}$$

Nach der Umgruppierung, wie z. B. in

$$\sum_j{}' j b_j \sin(j\pm 1)\xi = \sum_j (j\mp 1) b_{j\mp 1}\sin j\xi \quad ,$$

nehmen die Gleichungen die Form

$$\sum_j \left\{ j^2 \begin{bmatrix} b_j \\ a_j \end{bmatrix} + \frac{a}{R_m} j \frac{j-1}{2} \begin{bmatrix} b_{j-1} \\ a_{j-1} \end{bmatrix} + \frac{a}{R_m} j \frac{j+1}{2} \begin{bmatrix} b_{j+1} \\ a_{j+1} \end{bmatrix} + \frac{\mu}{2} \begin{bmatrix} -a_{j-1} - a_{j+1} \\ b_{j-1} + b_{j+1} \end{bmatrix} \right\} \sin j\xi = \begin{bmatrix} 0 \\ -\sin\xi \end{bmatrix}$$

an. Um diese Gleichungen zu erfüllen, muß jeder Faktor bei den Funktionen $\sin j\xi$ gleich Null sein. Damit ergibt sich das System:

$$\begin{bmatrix} 1\cdot 2 & 1\cdot 2\lambda & 0 & . & 0 & -\mu & 0 & . \\ 2\cdot 1\lambda & 2^2\cdot 2 & 2\cdot 3\lambda & . & -\mu & 0 & -\mu & . \\ 0 & 3\cdot 2\lambda & 3^2\cdot 2 & . & 0 & -\mu & 0 & . \\ 0 & 0 & 4\cdot 3\lambda & . & 0 & 0 & -\mu & . \\ . & . & . & . & . & . & . & . \\ 0 & \mu & 0 & . & 1\cdot 2 & 1\cdot 2\lambda & 0 & . \\ \mu & 0 & \mu & . & 2\cdot 1\lambda & 2^2\cdot 2 & 2\cdot 3\lambda & . \\ . & . & . & . & . & . & . & . \end{bmatrix} \begin{bmatrix} b_1 \\ b_2 \\ b_3 \\ b_4 \\ . \\ a_1 \\ a_2 \\ . \end{bmatrix} = \begin{bmatrix} 0 \\ 0 \\ 0 \\ 0 \\ . \\ -2 \\ 0 \\ . \end{bmatrix}, \quad \lambda = \frac{a}{R_m}. \tag{3.137}$$

Die Lösung dieses Systems bestimmt die Reihen (3.135) von ψ, ϑ. Mit ψ, ϑ sind die Verformung und der Spannungszustand der Schale durch explizite Formeln zu berechnen.

Es stellt sich heraus, daß die Festigkeit des toroidalen Kompensators praktisch durch die Wandbiegungsspannung $\sigma_{M\xi}$ bestimmt wird. Die maximale Spannung wird durch die Formel (3.131) wie folgt berechnet:

$$|\sigma_\xi|_{\max} = \frac{Eh/2a}{1-\nu^2} \left|\dot{\vartheta}\right|_{\max} = \sigma^\circ \frac{P_z a 6}{2\pi R_m h^2}, \qquad \sigma^\circ = \left|\sum_j j a_j \cos j\xi\right|_{\max}. \tag{3.138}$$

Von Bedeutung ist auch die Längenänderung der Schale in der axialen Richtung. Dafür ergeben die Gln. (3.132) und (3.135):

$$\Delta_z = -\int_{-\pi}^{\pi} \vartheta \sin\xi a \,d\xi = \Delta^\circ \frac{Pa^3}{2R_m D}, \qquad \Delta^\circ = -a_1 \tag{3.139}$$

(wobei der Beitrag der Dehnung ε_ξ vernachlässigt worden ist).

Die Faktoren σ° und Δ° sind im Bild 3.26 durch Graphen dargestellt. Die Graphen zeigen ganz deutlich zwei Bereiche der Schalengestalten, in denen die Faktoren σ°, Δ° (und, wie wir bald sehen werden, der ganze Spannungszustand) ziemlich einfach bestimmt werden können.

Der erste Bereich umfaßt die „dickeren" Schalen mit kleineren Werten des Parameters μ. Für $\mu < 1$ ergibt die Lösung des Systems (3.137)

$$\vartheta = P^\circ a_1 \sin\xi, \qquad a_1 = -1, \qquad \sigma^\circ = \Delta^\circ = 1.$$

Der Spannungszustand dieser Schalen ist eine nahezu reine Wandbiegung in Meridianrichtung. Die Spannung $\sigma_{M\xi}$ ist maximal in den Schnitten $\xi = 0, \pm\pi$ (Bild 3.24).

Den anderen Grenzfall stellen die dünnen Schalen mit $\mu \gg 1$ dar. Die Graphen deuten für diese Schalengruppe die folgenden Näherungsformeln an:

$$\Delta^\circ = \frac{2}{\mu}, \qquad \sigma^\circ = \frac{0{,}754}{\mu^{1/3}}. \tag{3.140}$$

Diese Formeln können aber auch direkt aus der asymptotischen Lösung (3.130) abgeleitet werden. Die Formel (3.140) für $\Delta°$ ist schon bei $\mu > 10$ praktisch genau. Die asymptotische Formel für $\sigma°$ ist anwendbar bei $\mu > 20$.

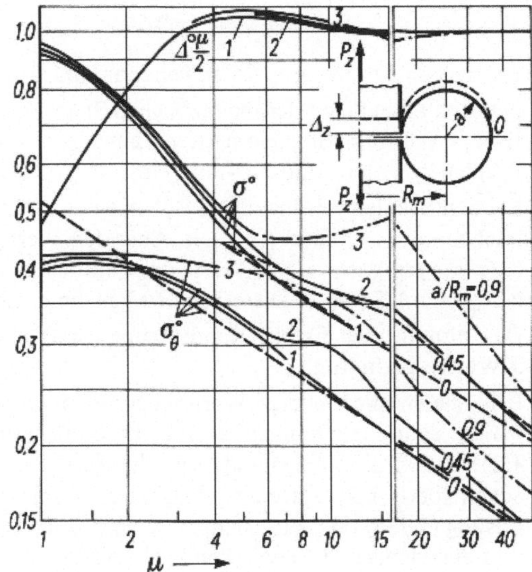

Bild 3.26
Die Steifigkeits- und Spannungsfaktoren von Kompensatoren (nach [17])

Für den Bereich der mittleren Wanddicken (für $1 < \mu < 10$) steht eine einfache Berechnungsmöglichkeit durch die Fourier-Reihen-Lösung zur Verfügung. Für diesen Bereich braucht man in den Reihen nur die Terme bis $j < 5$ beizubehalten. Die Zahl der zu lösenden Gleichungen läßt sich auf zwei reduzieren, und die Berechnung wird äußerst einfach, wenn man auf den Einfluß von einem der zwei Geometrieparameter verzichtet und in den Gln. (3.137) $\lambda = a/R_m = 0$ setzt. Die Zulässigkeit dieser Annahme ist schon auf Grund der im Bild 3.26 zusammengefaßten Rechenergebnisse ersichtlich (und wird etwas weiter besprochen).

Streichen wir die λ-Glieder, so entfällt eine Hälfte der Gln. (3.137). Diese Gleichungen ergeben

$$a_2, a_4, \ldots = 0, \qquad b_1, b_3, \ldots = 0.$$

Die verbleibenden Gleichungen lassen eine Hälfte der restlichen Unbekannten eliminieren. Man erhält ein System für $a_1, a_3, \ldots$ oder für $b_2, b_4, \ldots$. Die erste Version ergibt

$$\left.\begin{aligned} &\begin{bmatrix} 1 + \mu^2/16 & \mu^2/16 & \cdot \\ \mu^2/16 & 9 + \mu^2/16 + \mu^2/64 & \cdot \\ \cdot & \cdot & \cdot \end{bmatrix} \begin{bmatrix} a_1 \\ a_3 \\ \cdot \end{bmatrix} = \begin{bmatrix} -1 \\ 0 \\ \cdot \end{bmatrix}, \\ &b_j = \frac{\mu}{2j^2}(a_{j-1} + a_{j+1}), \qquad j = 2, 4, \ldots . \end{aligned}\right\} \tag{3.141}$$

Damit wird die Ermittlung von ϑ, ψ und der Verformung für die Schalen außerhalb des Bereiches der asymptotischen Formeln (3.140) ganz einfach. Für den Dehnungsfaktor erhält man durch die Gln. (3.137) mit $\lambda = 0$, wenn man zuerst die a_j eliminiert und ein System für b_2, b_4 löst, die Formeln

$$\Delta^\circ = -a_1 = \frac{1 + \mu^2/144 - \delta}{1 + 10\mu^2/144 - \delta}, \qquad \delta = \frac{(\mu/12)^4}{4 + 17\mu^2/1800}, \tag{3.142}$$

die für Schalen mit $\mu \leqslant 25$ anwendbar sind.

Die Unabhängigkeit der maßgeblichen Spannungen und der Dehnsteifigkeit der toroidalen Kompensatoren vom Geometrieparameter $\lambda = a/R_{\mathrm{m}}$ und auch von Bedingungen auf den Rändern $\xi = \pm\pi$ (Bild 3.24) hat eine klare mechanische Deutung.

Bei den Schalen mit kleineren μ-Werten entstehen die maximalen Spannungen in den Bereichen um $\xi = 0$ und $\xi = \pm\pi$. Aber den Werten $\mu \sim 1$ entsprechen bei dünnen Schalen ($h/a \ll 1$) nur sehr kleine Werte des Parameters $\lambda = a/R_{\mathrm{m}}$: Nach der Definition von μ gilt $a/R_{\mathrm{m}} = \mu h/3a \ll 1$. Diese Schalen benehmen sich wie bei $a/R_{\mathrm{m}} = 0$.

Das stimmt auch für die Randstörung. Sie ist bei toroidalen Kompensatoren bei kleinen μ-Werten geringfügig.

Bei Schalen mit größeren Werten des Geometrieparameters μ verschieben sich die Stellen, wo die Spannungen maximal sind, in die Bereiche um die Scheitellinien $\xi = \pm\pi/2$ (Bild 3.24). Auch die Längenänderung des Kompensators wird durch die Verformung in den Scheitelbereichen bestimmt. Hier hat die Randstörung keine Wirkung und die periodische Lösung (3.135) oder die asymptotische Lösung (3.128) (für jeden Viertelteil des Meridians) sind ausreichend. In Bereichen $|\xi| \approx \pi/2$ ist $R = R_{\mathrm{m}} + a\cos\xi \approx R_{\mathrm{m}}$, und der Wert von a/R_{m} hat keinen Einfluß.

3.9 Drehsymmetrische Biegung krummer Rohre

Wir untersuchen reine Biegung dünnwandiger krummer Rohre. Die Kräfte an jedem Rand sind statisch äquivalent einem Moment M (Bild 3.27). Die Verteilung dieser Kräfte ist nicht vorgegeben. Sie wird der Spannungsverteilung in einem beliebigen Meridianschnitt gleichgesetzt und mit dem Spannungszustand eines Rohres ermittelt. Es ist dies also ein St.-Venantsches Problem. Vom Standpunkt der Analyse der drehsymmetrischen Verformung geht es um eine dünnwandige Rotationsschale, die vor der Verformung einen Winkel θ zwischen zwei Meridianebenen umfaßt (Bild 1.5). Infolge einer Randbelastung und einer drehsymmetrischen Flächenlast verformt sich die Schale zu einem Sektor mit dem Winkel

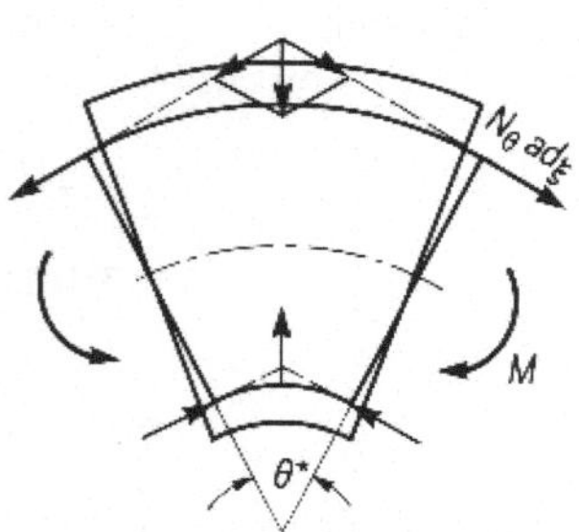

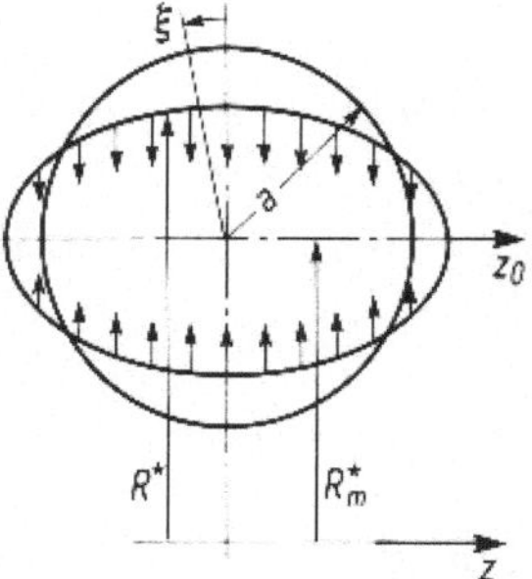

Bild 3.27 St.-Venantsches drehsymmetrisches Biegungsproblem

$\theta^* = k\theta$ (Bild 3.27). Der Parameter k bestimmt den Biegewinkel $(k-1)\theta$. Jeder Querschnitt wird verformt, bleibt aber in einer Meridianebene. Die deformierte Schale bleibt drehsymmetrisch. Es ist eine Distorsionsverformung, die durch die Gln. (3.77) beschrieben wird. Wir beginnen mit der Spezialisierung dieser Gleichungen für das Biegeproblem. Dann wird die Rohrbiegung untersucht: erst die lineare Näherung (das Kármán-Problem), abschließend die großen Verschiebungen (das Brazier-Problem). Die Analyse läßt sich auf unrunde Rohre und auf dünnwandige Stäbe mit offenen Profilen erweitern [11], [19], [46], [47], [96].

3.9.1 Lösungsgleichungen

Für das formulierte Problem können die Gln. (3.77) in der folgenden dimensionslosen Form eingesetzt werden [19]

$$\begin{aligned} &\ddot{\psi} - \mu^*\cos(\varphi+\vartheta) + \mu\cos\varphi = 0\,, \qquad \mu = a^2/(h'R_\mathrm{m})\,, \qquad \mu^* = k\mu\,, \\ &\ddot{\vartheta} - \mu^*\psi\sin(\varphi+\vartheta) = Fa^2/(R_\mathrm{m}D)\,. \end{aligned} \tag{3.143}$$

Die Vereinfachung, die von den Gln. (3.77) zu denen von (3.143) führt, betrifft die Flächenlastterme mit dem kleinen Faktor h', die in (3.77) unterstrichenen Terme, und setzt die Einschränkung der Schalengeometrie $R/R_\mathrm{m} \cong 1$ voraus. Die Größenordnung dieser Terme wird in Abschn. 3.4.4 besprochen.

Die Möglichkeit, die Flächenlastterme mit $h'F_1$ in dem ungünstigsten Fall des konstanten Druckes q zu vernachlässigen, wird im Abschn. 3.8.4 bestätigt.

Auch die Annahme der „Schlankheit“ des Rohres ($R/R_\mathrm{m} \cong 1$) ist keine wesentliche Beschränkung der Genauigkeit. Es ist mehrmals durch Beispielrechnungen und analytisch (zuerst für die Rohrbiegung schon im Jahre 1943 bei H. Karl [73]) nachgewiesen worden, daß der Einfluß der Annahme $R = R_\mathrm{m}$ auf die Lösung wesentlich geringer als $|R/R_\mathrm{m} - 1|$ ist. Darüber hinaus kann eine Lösung, die nur den Betrag des Moments der Randkräfte, nicht aber deren Verteilung oder die Reaktionen der Randeinspannung berücksichtigt, nur

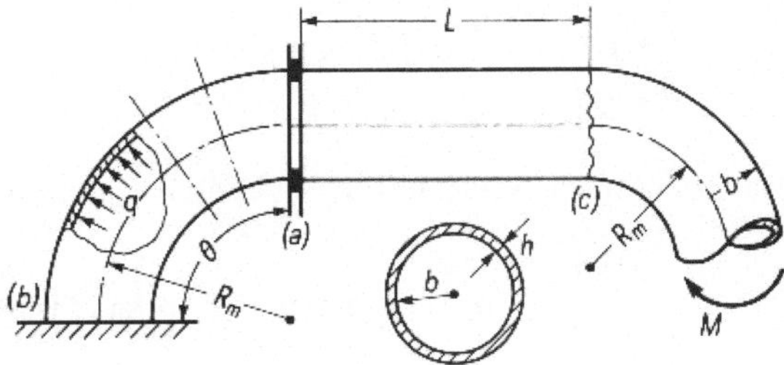

Bild 3.28
Schema eines Abschnittes einer Rohrleitung

weit genug von den Rändern ausreichend genau sein. Um solche St.-Venantsche Lösungen anwenden zu dürfen, muß die Länge θR_m eines krummen Stabes groß gegen $2\,|R - R_\mathrm{m}|$ sein. Andererseits kann der Winkel θ (Bild 3.28) kaum größer als π sein. Damit kann die St.-Venantsche Lösung nur bei $\pi R_\mathrm{m} \gg 2\,|R - R_\mathrm{m}|$ oder $R_\mathrm{m} \gg |R - R_\mathrm{m}|$ anwendbar sein, was so viel wie $R/R_\mathrm{m} \cong 1$ bedeutet.

3.9.2 Lineare Rohrbiegung

Die Grundlage der Analyse der Rohrbiegung*) geht auf die klassische Arbeit von Th. v. Kármán 1911 [74] zurück. Darin wurde auch die genaue Erklärung der Besonderheiten der Biegung dünnwandiger krummer Rohre gegeben.

Diese Besonderheiten (der Kármán-Effekt) werden durch die radialen Resultierenden der Kräfte $N_\theta a\,\mathrm{d}\xi$ (Bild 3.27) in den Querschnitten eines Rohrkrümmers bestimmt. Die Resultierenden deformieren die Querschnitte. Dem widersteht nur die Biegesteifigkeit der (dünnen) Rohrwand.

Infolge der Querschnittsverformung vermindert sich das Biegemoment, das einem Wert der Krümmungsänderung des Rohres entspricht. Die Biegung der Rohrwand in der Umfangsrichtung führt bei dünnwandigen Rohren zu maßgeblichen Spannungen.

Das Ziel der Analyse schließt die Ermittlung der Spannungen und der Krümmungsänderung des Rohres ein.

Mit den Beziehungen der Linearisierung (3.123) werden die Gln. (3.143) für kreisrunde Rohre zu

$$\ddot{\psi} + \mu\vartheta\cos\xi = -(\mu^* - \mu)\sin\xi\,, \qquad \ddot{\vartheta} - \mu\psi\cos\xi = Fa^2/R_\mathrm{m}D\,. \tag{3.144}$$

Die Terme von F, die den gleichmäßigen Normaldruck q vertreten, sind in der linearen Näherung gleich Null. (Mit $F = 0$ sind die Gln. (3.144) mit denen von E. Reissner [37], [121] identisch.)

Aber wird die Querschnittsverformung infolge der Rohrbiegung unrund, so wird die Flächenlastfunktion F nicht mehr gleich Null. Der Innendruck widersteht (bei $R \cong R_\mathrm{m}$) der Querschnittsverformung. Der Außendruck vergrößert die Unrundheit des Querschnittes, sei es eine ursprünglich unrunde Form oder eine Folge der elastischen Verformung eines kreisrunden Profils (was hier untersucht wird).

Um den Einfluß eines Normaldrucks zu berücksichtigen, bestimmen wir die Flächenlastfunktion nach Gl. (3.122) mit (3.121) und

$$R/R_\mathrm{m} = 1\,, \qquad s^* = \sin\varphi^* = \cos\xi - \vartheta\sin\xi\,,$$
$$c^* = \cos\varphi^* = -\sin\xi - \vartheta\cos\xi\,, \qquad P^\circ = 0\,.$$

Das ergibt, nach Streichung der in bezug auf ϑ nichtlinearen Terme:

$$F\frac{a^2}{DR_\mathrm{m}} = q^\circ\left\{\cos\xi\int_0^\xi \vartheta\sin\xi\,\mathrm{d}\xi + \vartheta\sin\xi\int_0^\xi\cos\xi\,\mathrm{d}\xi - \sin\xi\int_{-\pi/2}^\xi \vartheta\cos\xi\,\mathrm{d}\xi\right.$$
$$\left. - \vartheta\cos\xi\int_{-\pi/2}^\xi \sin\xi\,\mathrm{d}\xi\right\}.$$

Die Lösung der Gln. (3.144) erfolgt durch Einsetzen der Fourierreihen (3.124). Ähnlich der im Abschn. 3.8.4 ausführlich beschriebenen Transformation erhält man für die Fourierkoeffizienten das folgende System linearer Gleichungen

*) Das Schrifttum dieses Problems ist sehr umfangreich. Eine kurze Übersicht findet sich u. a. in [19].

$$\left.\begin{aligned} -j^2 b_j + \frac{\mu}{2}(a_{j-1}+a_{j+1}) &= -(\mu^* - \mu)\delta_{j1}\,, \\ -j^2 a_j - \frac{\mu}{2}(b_{j-1}+b_{j+1}) &= q^\circ \frac{j^2}{j^2-1} a_j \qquad (j = 1, 2, \ldots)\,, \end{aligned}\right\} \tag{3.145}$$

wobei $\delta_{11} = 1$, $\delta_{j1} = 0$, wenn $j \neq 1$, a_0, $b_0 = 0$. Die rechte Seite der zweiten Gl. (3.145) vertritt die Flächenlastfunktion F.

Die linken Seiten der Gln. (3.145) sind identisch mit denen von Gl. (3.137) bei $\lambda = 0$.

Es ist leicht nachzuprüfen, daß die Gln. (3.145) für eine Hälfte der Unbekannten Nullwerte ergeben:

$$a_1 = a_3 = \ldots = 0\,, \qquad b_2 = b_4 = \ldots = 0\,. \tag{3.146}$$

Eine Hälfte der Gln. (3.145) ist damit identisch erfüllt. Die verbleibenden Gleichungen lassen sich zur folgenden Form reduzieren

$$\left.\begin{aligned} & b_j = \frac{\mu}{2j^2}(a_{j-1}+a_{j+1}) + (\mu^* - \mu)\delta_{j1}\,, \\ & \begin{bmatrix} A_{22} & \mu^2/36 & 0 & \cdot \\ \mu^2/36 & A_{44} & \mu^2/100 & \cdot \\ 0 & \mu^2/100 & A_{66} & \cdot \\ \cdot & \cdot & \cdot & \cdot \end{bmatrix} \begin{bmatrix} a_2 \\ a_4 \\ a_6 \\ \cdot \end{bmatrix} = -\frac{\mu^* - \mu}{2} \begin{bmatrix} \mu \\ 0 \\ 0 \\ \cdot \end{bmatrix}; \\ & A_{nn} = n^2 + q^\circ \frac{n^2}{n^2-1} + \frac{\mu^2}{2}\,\frac{n^2+1}{(n^2-1)^2}\,. \end{aligned}\right\} \tag{3.147}$$

Mit den Funktionen ψ, ϑ sind der Spannungszustand und die Verformung grundsätzlich bestimmt.

Wir benötigen noch einen Ausdruck für das Biegemoment im Querschnitt des Rohres als Funktion der Krümmungsänderung (Parameter $\mu^* - \mu$) oder des Biegewinkels $(\theta^* - \theta)$.

Die Gl. (3.78) bestimmt das Biegemoment um die Achse z der Drehsymmetrie (Bild 3.27) Das Moment M um die Achse z_0, die durch den Schwerpunkt des Querschnittes geht, erhält man aus Gl. (3.78), wenn R^* durch $R^* - R^*_{\mathrm{m}}$ ersetzt wird. Damit und mit $N_\theta = Ehh'\,\dot{\psi}/a$ aus Gl. (3.82) erhält man

$$Ehh' \int\limits_0^{2\pi} \dot{\psi}(R^* - R^*_{\mathrm{m}})\,\mathrm{d}\xi = M\,, \tag{3.148}$$

wobei der Term $M_\theta s^*$ in Gl. (3.78) vernachlässigt wurde. (Man kann nachprüfen, daß dieser Anteil in M lediglich von der Größenordnung von h/a ist.)

Mit dem Wert $R^* - R^*_{\mathrm{m}} = a\cos\xi$ und der Fourierreihe (3.124) von ψ erhält man aus (3.148) in der *linearen* Näherung

$$\left.\begin{aligned} & \frac{\theta^* - \theta}{\theta R_{\mathrm{m}}} = \frac{1}{R^*_{\mathrm{m}}} - \frac{1}{R_{\mathrm{m}}} = \frac{M}{KEJ}\,, \\ & K = \frac{b_1(\mu)}{\mu^* - \mu}\,, \qquad J = \pi a^3 h\,. \end{aligned}\right\} \tag{3.149}$$

Das ist die Kármánsche Formel: Die Krümmung vermindert die Biegesteifigkeit eines dünnwandigen Rohres von EJ auf KEJ.

Wenn in jeder der Fourierreihen (3.124) der Funktionen ϑ, ψ nur zwei Glieder (mit a_2, a_4 bzw. b_1, b_3) beibehalten werden, ergibt sich nach den Gln. (3.146), (3.149) die Formel

$$K = \frac{1 + \mu^2/144 + q^\circ/3 - \Delta}{1 + 10\mu^2/144 + q^\circ/3 - \Delta}, \quad \Delta = \frac{(\mu/12)^4}{4 + 4q^\circ/15 + 17\mu^2/1800}. \quad (3.150)$$

Damit ergibt sich der Kármán-Koeffizient mit ausreichender Genauigkeit für Rohre von kleiner und mittlerer Krümmung: für $\mu < 20$. Für die Berechnung der Spannungen sind erfahrungsgemäß in den Fourierreihen (3.124) von ϑ und ψ wenigstens die Glieder mit $j \leqslant \mu^{1/2} + 2$ zu behalten. Bei dünnwandigeren und stärker gekrümmten Rohren muß man mehr Glieder in den Reihen und mehr Gleichungen im System (3.146) behalten. Aber bei größeren μ-Werten (schon bei $\mu > 10$) kann die einfache asymptotische Lösung (die Formeln (3.130)) verwendet werden. Damit erhält*) man (s. die Arbeit [37])

$$K = \frac{2}{\mu}. \quad (3.151)$$

Auch die maximalen Spannungen in Umfangs- und Längsrichtung lassen sich durch die einfachen Ausdrücke

$$|\sigma_\xi|_{\max} = \sigma^\circ \sigma_B, \quad |N_\theta/h|_{\max} = \sigma_\theta^\circ \sigma_B,$$
$$\sigma_B = Ea\left(\frac{1}{R_m^*} - \frac{1}{R_m}\right) = \frac{Ma}{KJ} \quad (3.152)$$

mit den Spannungsfaktoren σ°, σ_θ° berechnen. Die Graphen für die Biegesteifigkeits- und Spannungsfaktoren K, σ°, σ_θ° sind auf Grund der Fourierreihenlösung und der asymptotischen Lösung im Bild 3.29 aufgeführt. (Natürlich berücksichtigen die Formeln (3.151), (3.152) und die Graphen den Normaldruckeinfluß nicht.)

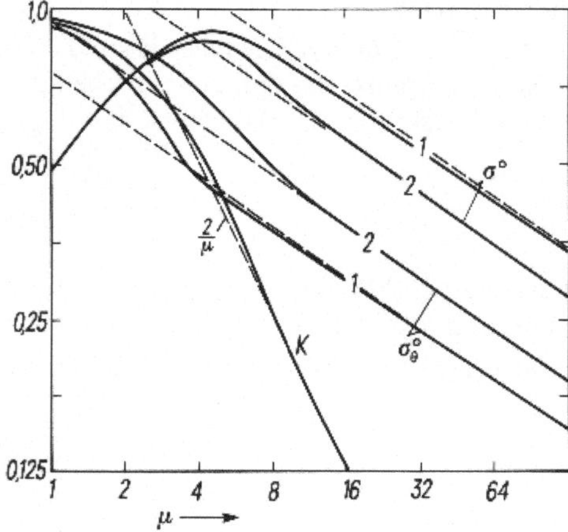

Bild 3.29
Biegesteifigkeits- und Spannungsfaktoren krummer Rohre (nach [22])
1 Biegung in der Krümmungsebene;
2 Biegung senkrecht zur Krümmungsebene

*) Diese Formel wurde zuerst auf Grund der Ergebnisse der Fourierreihen-Lösung von L. Beskin 1945 [25] vorgeschlagen.

Das Problem der Biegung eines krummen Rohres senkrecht zur Krümmungsebene läßt sich in einer ähnlichen Weise lösen [17], [35], [132]. Die Spannungsfaktoren sind auch für die räumliche Biegung im Bild 3.29 dargestellt. Die Steifigkeitsfaktoren K stimmen bei der räumlichen Biegung und der Biegung in der Krümmungsebene überein.

Wir gehen nun zum letzten der zu besprechenden drehsymmetrischen Probleme über. Im Gegensatz zu den vorhergehenden Ausführungen ist es ein nichtlineares Problem. Die elastischen Verschiebungen dürfen groß sein, lediglich die Verzerrungen sind weiterhin beschränkt: klein gegen 1.

3.9.3 Nichtlineare Biegung. Brazier-Problem

Schon im Jahre 1927 erzielte L. G. Brazier eine Näherungslösung*) [26] des nichtlinearen Biegeproblems eines Zylinderrohres. Er zeigte, daß mit der elastischen Krümmung des Rohres der Kármán-Effekt sich so verstärkt, daß bei einem bestimmten Krümmungswert das Biegemoment sein Maximum erreicht. (Das maximale Moment wurde von L. G. Brazier als die Biegetraglast angesehen. Das Traglastproblem wird im Abschn. 6 besprochen.)

Wir betrachten die Verformung eines elastischen Rohres bei einer beliebig großen vorgegebenen Krümmungsänderung $1/R_{\mathrm{m}}^{*} - 1/R_{\mathrm{m}}$. Keine Bedingungen an den Rohrenden werden gestellt. Es ist ein St.-Venantsches Problem: Die Distorsion einer drehsymmetrischen Schale, die sich vom Öffnungswinkel θ zu $\theta k = \theta^*$ (Bild 1.5, 3.27) biegt.

Die Lösung wird mit Hilfe der Gln. (3.143) vorgenommen.

Für den Kreisquerschnitt und die Koordinate $\xi = \varphi - \pi/2$ nach Bild 3.5 werden die Gln. (3.143) mit $F = 0$ zu

$$\ddot{\psi} = -\mu^* \sin(\xi + \vartheta) + \mu \sin\xi\,, \qquad \ddot{\vartheta} = \mu^* \psi \cos(\xi + \vartheta)\,. \tag{3.153}$$

Die trigonometrischen Funktionen der Unbekannten ϑ werden durch die Potenzreihen vertreten

$$\begin{bmatrix} \sin(\xi+\vartheta) \\ \cos(\xi+\vartheta) \end{bmatrix} = \begin{bmatrix} \sin\xi & \cos\xi \\ \cos\xi & -\sin\xi \end{bmatrix} \begin{bmatrix} \cos\vartheta \\ \sin\vartheta \end{bmatrix}, \qquad \begin{aligned} \cos\vartheta &= 1 - \vartheta^2/2! + \vartheta^4/4! - \dots, \\ \sin\vartheta &= \vartheta - \vartheta^3/3! + \vartheta^5/5! - \dots . \end{aligned}$$

Für das Biegemoment im Querschnitt des Rohres ergibt die Gl. (3.148) nach partieller Integration

$$Ehh' \int_{-\pi}^{\pi} (-\cos\varphi^*)\, \psi a \,\mathrm{d}\xi = M\,. \tag{3.154}$$

Hier ist das Verhältnis (3.51) $\dot{R}^*/a^* = \cos\varphi^*$ und $a^* = a$ berücksichtigt worden. Setzen wir in Gl. (3.154) $\cos(\varphi + \vartheta) = -\sin(\xi + \vartheta)$ (für das kreisrunde Rohr) und den Ausdruck von $\sin(\xi + \vartheta)$ über die Fourierreihe von ψ nach (3.153) und (3.124) ein, so ergibt sich [11]:

$$\frac{M}{\pi a E h h'} = \frac{\mu}{\mu^*} b_1 + \frac{1}{\mu^*} \sum_j j^2 b_j^2\,. \tag{3.155}$$

In der linearen Näherung verbleibt in der Formel nur der Term mit b_1, und man erhält die Gl. (3.149).

*) Die Lösung war elegant einfach. Das könnte eine der Ursachen der zahlreichen Anläufe, sie zu verbessern, sein, die auch nach der genauen Untersuchung des Biegeproblems (E. Reissner, H. J. Weinitschke 1963 [122]) nicht ausbleiben.

Die Lösung wird (wie im linearen Fall) in der Fourierreihenform (3.124) gesucht, wobei mit $q = 0$ es $\psi_s = \psi$ ist. Durch Einsetzen von den Fourierreihen ergeben sich für die Koeffizienten a_j, b_j der Funktionen ϑ, ψ algebraische Gleichungen. Aber die Operationen mit den Reihen sind wesentlich verwickelter als im linearen Fall, untersucht im Abschn. 3.9.2. Es müssen nämlich Fourierkoeffizienten von Produkten von mehreren Fourierreihen bestimmt werden (s. Gln. (3.68)). Das wird nun mit Zuhilfenahme einer Matrizenform der Multiplikation von Fourierreihen [14] durchgeführt.

Wir bestimmen die Koeffizienten einer Fourierreihe, die als Produkt von Fourierreihen angegeben ist. Dazu benützen wir die Bezeichnungen für die Fourierkoeffizienten von $d(\xi)$, $e(\xi)$ und $f(\xi) = d(\xi)e(\xi)$

$$\frac{f_0}{2} + \sum_j (f_j \cos j\xi + f_{sj} \sin j\xi) = \left[\frac{d_0}{2} + \sum_j (d_j \cos j\xi + d_{sj} \sin j\xi)\right] \cdot \left[\frac{e_0}{2} + \sum_j (e_j \cos j\xi + e_{sj} \sin j\xi)\right]$$

sowie für die Spaltenmatrizen aus den Fourierkoeffizienten:

$$\boldsymbol{d} = \begin{bmatrix} d_0/2 \\ d_1 \\ d_2 \\ \cdot \end{bmatrix}, \quad \boldsymbol{d}_s = \begin{bmatrix} 0 \\ d_{s1} \\ d_{s2} \\ \cdot \end{bmatrix}, \quad \boldsymbol{e} = \begin{bmatrix} e_0/2 \\ e_1 \\ e_2 \\ \cdot \end{bmatrix}, \ldots . \tag{3.156}$$

Die Multiplikationsformeln (3.136) und

$$2 \sin m\xi \cdot \sin n\xi = \cos(m-n)\xi - \cos(m+n)\xi$$

transformieren das Produkt von jedem Paar Glieder der Reihen d und e. Das Summieren aller dieser Produkte ergibt die Koeffizienten f_j, f_{sj}. Zusammengefaßt mit Hilfe der Formeln der Matrizenmultiplikation erhält man eine allgemeine Beziehung zwischen den Fourierkoeffizienten von Funktionen $d(\xi)$, $e(\xi)$ und $f(\xi) = d \cdot e$:

$$\begin{bmatrix} \boldsymbol{f} \\ \boldsymbol{f}_s \end{bmatrix} = \begin{bmatrix} \boldsymbol{d}_+ & \boldsymbol{d}_{s-} \\ \boldsymbol{d}_{s+} & \boldsymbol{d}_- \end{bmatrix} \begin{bmatrix} \boldsymbol{e} \\ \boldsymbol{e}_s \end{bmatrix}. \tag{3.157}$$

Die hier eingeführten Matrizen $\boldsymbol{d}_+, \ldots, \boldsymbol{d}_-$ sind durch die folgenden Formeln für die Elemente der i-ten Zeile und j-ten Spalte definiert:

$$\begin{aligned} (d_\pm)_{0j} &= \frac{1}{4}(d_j \pm d_j), & (d_\pm)_{ij} &= \frac{1}{2}(d_{|i-j|} \pm d_{i+j}), \\ (d_{s\pm})_{0j} &= \frac{1}{4}(d_{sj} \pm d_{sj}), & (d_{s\pm})_{ij} &= \frac{1}{2}[d_{si+j} \pm d_{s|i-j|} \operatorname{sign}(i-j)]. \end{aligned} \tag{3.158}$$

Jede Funktion ist meistens durch eine Fourierreihe zu repräsentieren, die entweder nur cosinus-Glieder oder ausschließlich sinus-Glieder enthält. Dann ist die Funktion durch die entsprechende Teilmatrix vertreten (z. B., $\boldsymbol{f}$ oder $\boldsymbol{f}_s$). Dabei reduziert sich die Formel (3.157) auf eine der folgenden:

$$\boldsymbol{f} = \boldsymbol{d}_+ \boldsymbol{e}, \quad \boldsymbol{f} = \boldsymbol{d}_{s-} \boldsymbol{e}_s, \quad \boldsymbol{f}_s = \boldsymbol{d}_{s+} \boldsymbol{e}, \quad \boldsymbol{f}_s = \boldsymbol{d}_- \boldsymbol{e}_s. \tag{3.159}$$

Laut der Definition (3.156) kennzeichnen die Indizes „s" die Matrizen, gebildet aus Koeffizienten einer Sinus-Reihe. In den Fällen, wo kein Mißverständnis auftreten kann, werden diese Indizes weggelassen.

Wir wenden uns wieder dem Problem der Rohrbiegung zu. Die Reihen

$$\vartheta = \sum_j a_j \sin j\xi, \qquad \psi = \sum_j b_j \sin j\xi, \tag{3.160}$$

werden durch die folgenden Matrizen vertreten:

$$\vartheta = \begin{bmatrix} 0 \\ a_1 \\ a_2 \\ \cdot \end{bmatrix}, \qquad \psi = \begin{bmatrix} 0 \\ b_1 \\ b_2 \\ \cdot \end{bmatrix}.$$

Die Gleichungen für a_j, b_j, die sich nach Substitution von (3.160) in die Differentialgleichungen (3.153) ergeben (vgl. (3.145)), lassen sich mit Hilfe der Formel (3.159) als das folgende Matrizensystem aufstellen:

$$\begin{gathered}\psi = \Lambda^{-2}(\mu^* s^* - \mu s), \qquad \vartheta = -\Lambda^{-2}\mu^* c_{-}^{*}\psi, \\ \begin{bmatrix} s^* \\ c^* \end{bmatrix} = \begin{bmatrix} s \\ c \end{bmatrix} + \begin{bmatrix} s_+ & c_- \\ c_+ & -s_- \end{bmatrix} \begin{bmatrix} -\dfrac{1}{2}\vartheta_- \vartheta + \dfrac{1}{4!}\vartheta_+ \vartheta_+ \vartheta_- \vartheta - \dots \\ \vartheta - \dfrac{1}{3!}\vartheta_+ \vartheta_- \vartheta + \dots \end{bmatrix}, \\ c = s = \begin{bmatrix} 0 \\ 1 \\ 0 \\ \cdot \end{bmatrix}, \qquad \Lambda^{-2} = \begin{bmatrix} 0 & 0 & 0 & \cdot \\ 0 & 1^{-2} & 0 & \cdot \\ 0 & 0 & 2^{-2} & \cdot \\ \cdot & \cdot & \cdot & \cdot \end{bmatrix}.\end{gathered} \tag{3.161}$$

Bei den Matrizen s^*, s, s_+, s_-, ϑ, ϑ_+, ϑ_- sind die Indizes s weggelassen. Die Matrizen s^* und s sind die Spalten aus Fourierkoeffizienten der Funktionen $\sin(\xi + \vartheta)$ bzw. $\sin\xi$; c^* und c sind analoge Matrizen für $\cos(\xi + \vartheta)$ bzw. $\cos\xi$; $c_\pm$ und $s_\pm$ sind Quadratmatrizen, zusammengestellt nach den Gln. (3.158) aus den Koeffizienten von $\cos\xi$ bzw. $\sin\xi$, von denen ein Koeffizient gleich Eins, die restlichen gleich Null sind:

$$\begin{gathered} c_+ = \frac{1}{2}\begin{bmatrix} 0 & 1 & 0 & \cdot \\ 2 & 0 & 1 & \cdot \\ 0 & 1 & 0 & \cdot \\ \cdot & \cdot & \cdot & \cdot \end{bmatrix}, \qquad c_- = \frac{1}{2}\begin{bmatrix} 0 & 0 & 0 & \cdot \\ 0 & 0 & 1 & \cdot \\ 0 & 1 & 0 & \cdot \\ \cdot & \cdot & \cdot & \cdot \end{bmatrix}, \\ s_+ = \frac{1}{2}\begin{bmatrix} 0 & 0 & 0 & \cdot \\ 2 & 0 & -1 & \cdot \\ 0 & 1 & 0 & \cdot \\ \cdot & \cdot & \cdot & \cdot \end{bmatrix}, \qquad s_- = \frac{1}{2}\begin{bmatrix} 0 & 1 & 0 & \cdot \\ 0 & 0 & 1 & \cdot \\ 0 & -1 & 0 & \cdot \\ \cdot & \cdot & \cdot & \cdot \end{bmatrix}. \end{gathered} \tag{3.162}$$

Die Koeffizienten der Fourierreihen von ψ und ϑ – die Matrizen ψ und ϑ – werden durch Iterationslösung der Gln. (3.161) ermittelt.

Die Iteration beginnt mit einem Ansatz für μ^*, s^*, c^* in der ersten Gl. (3.161), diese ergibt dann die erste Näherung für ψ. Mit dieser Matrix ψ liefert die andere Gl. (3.161) die erste

Näherung für ϑ. Jede der nächsten Näherungen wird ähnlich – durch den Einsatz der zuvor ermittelten $\boldsymbol{s}^*$, $\boldsymbol{c}^*$ und ψ in den rechten Seiten der Gln. (3.161) – ermittelt.

Für die Zylinderschale, d. h. ein Rohr ohne Vorkrümmung, kann die Iteration mit $\boldsymbol{s}^* = \boldsymbol{s}$, $\boldsymbol{c}^* = \boldsymbol{c}$ beginnen. Das ergibt eine einfache explizite erste Näherung

$$\psi = (\mu^* - \mu)\sin\xi\,, \qquad \vartheta = -\frac{1}{8}(\mu^* - \mu)\mu^*\sin 2\xi\,. \tag{3.163}$$

Die Ergebnisse der drei ersten Näherungen sind für das klassische Brazier-Problem für einen Zylinder ($\mu = 0$) in Tab. 3.2 zusammengefaßt. Die Zahlen entsprechen einer elastischen Krümmung $\mu^* = 1{,}6$, bei der das Biegemoment fast sein Maximum erreicht (Bild 3.30); $a_1, a_3, b_2, b_4 = 0$; $M^\circ = Ma^2/EJh'$, für kreisrunde Rohre $J = \pi a^3 h$.

Tab. 3.2

Näherung	b_1	b_3	b_5	a_2	a_4	a_6	M°
1 (3.163)	1,600	0	0	−0,3200	0	0	1,600
2	1,2980	−0,0030	0,0001	−0,3269	0,0119	−0,0005	1,0581
3	1,2971	−0,0030	0,0001	−0,3278	0,0126	−0,0006	1,0574

Die Tabelle zeigt eine gute Genauigkeit schon in der zweiten Näherung. Die Konvergenz der Iterationen ist abhängig davon, daß die 0-te Näherung – die angesetzten Matrizen $\boldsymbol{s}^*$ und $\boldsymbol{c}^*$ – nicht zu weit von der tatsächlichen Schalenform abweicht. Die beschriebene Iterationsprozedur ist für Vorkrümmungen $\mu < 2$ effektiv. Für größere Vorkrümmungswerte kann ein anderer, ein wenig komplizierterer Iterationsprozeß [17] verwendet werden.

Die vorgeführte Lösung läßt sich für unrunde Rohre und auch für Außendruckbelastung einsetzen [11], [19], [46]. Die berechneten nichtlinearen Charakteristika Biegemoment-Krümmungsänderung sind im Bild 3.30 aufgeführt. Es wird im Abschn. 6 festgestellt, daß die dünnen Rohre unter einer Biegelast einbeulen, die kleiner als das maximale Biegemoment ist. Die Beulmomente sind mit Punkt „B“ im Bild 3.30 gekennzeichnet.

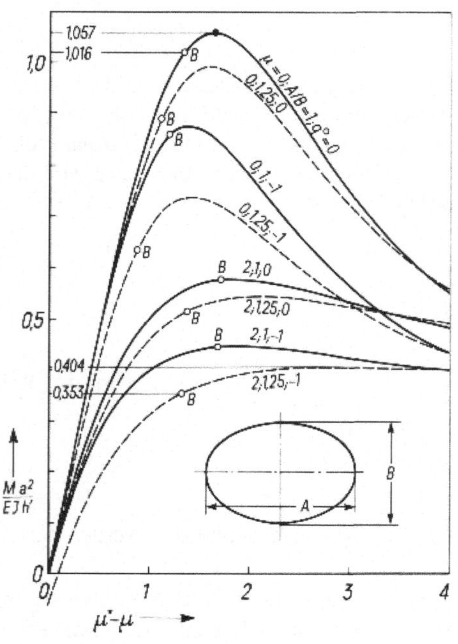

Bild 3.30
Nichtlineare Biegung langer Rohre (nach [46]). Einfluß der Vorkrümmung (μ), der Achsenrelation A/B elliptischer Querschnitte (Strichlinien) und des Normaldruckes ($q^\circ = qb^3/D$)

4 Drehschalen. Belastung ohne Rotationssymmetrie

4.1 Allgemeines

4.1.1 Variablentrennung

Wir lassen nun die Einschränkung der Drehsymmetrie bezüglich der Belastung fallen. Damit verlassen wir das einfachste und am besten untersuchte eindimensionale Rechenschema.

Bei der nichtrotationssymmetrischen Belastung variiert die Verformung bezüglich beider Flächenkoordinaten ξ, θ. Aber in der linearen Analyse bleibt die Geometrie der Schale in Richtung der Parallelkreise konstant, unabhängig von der Koordinate θ. Unter diesen Umständen können die Argumente ξ, θ getrennt werden. Das zweidimensionale lineare Problem reduziert sich auf eine Folge eindimensionaler Probleme, in denen die Verformung durch Funktionen von nur einer Koordinate ξ ermittelt wird. Dazu braucht man nur alle Parameter der Belastung und der Verformung der Schale sowie die Schnittkräfte und -momente durch Fourierreihen bezüglich θ darzustellen und diese Reihen in alle Gleichungen und Randbedingungen der Schalentheorie einzusetzen. Da bei der Rotationssymmetrie die Koeffizienten aller Gleichungen von θ unabhängig sind, führt das zu einem separat zu lösenden Problem für die Verformung entsprechend jeder der Harmonischen $\sin j\theta$, $\cos j\theta$, $j = 0, 1, \ldots$.

Wir betrachten diesen Vorgang. Den Ausgangspunkt bildet das System der Gleichgewichts- und Kompatibilitätsgleichungen (1.60), (1.35). Im Falle der drehsymmetrischen Form werden durch Einsetzen der Parameter der (unverformten) Rotationsfläche nach (1.18) bis (1.20)

$$\frac{1}{R'_\xi} = \frac{1}{R_\xi} = \frac{\dot\varphi}{a}, \qquad a = \text{const}, \qquad \frac{1}{R'_\theta} = \frac{1}{R_\theta} = \frac{\sin\varphi}{R}, \qquad b = R(\xi),$$

$$\frac{1}{\varrho'_\theta} = \frac{1}{\varrho_\theta} = \frac{\cos\varphi}{R}, \qquad \frac{1}{\varrho'_\xi} = 0, \qquad R^{\bullet} = a\cos\varphi$$

die Gleichgewichtsbeziehungen (1.60) zu

$$\begin{aligned} &\frac{(RN_\xi)^{\bullet}}{aR} + \frac{S_{\theta,\theta}}{R} + \frac{Q_\xi}{R_\xi} - N_\theta\frac{\cos\varphi}{R} + q_\xi = 0, \\ &\frac{(RS_\xi)^{\bullet}}{aR} + \frac{N_{\theta,\theta}}{R} + \frac{Q_\theta}{R_\theta} + S_\theta\frac{\cos\varphi}{R} + q_\theta = 0, \end{aligned} \tag{4.1}$$

$$\begin{aligned}
&\frac{(RQ_\xi)^\cdot}{aR} + \frac{Q_{\theta,\theta}}{R} - \frac{N_\xi}{R_\xi} - \frac{N_\theta}{R_\theta} + q = 0\,,\\
&RaQ_\xi = (RM_\xi)^\cdot - aM_\theta\cos\varphi + aH_{\theta,\theta}\,,\\
&RaQ_\theta = aM_{\theta,\theta} + (RH_\xi)^\cdot + aH_\theta\cos\varphi\,, \qquad S_\xi - \frac{H_\theta}{R_\theta} = S_\theta - \frac{H_\xi}{R_\xi} = S\,.
\end{aligned} \tag{4.1}$$

Die Kompatibilitätsgleichungen (1.37) nehmen für diese Geometrie die Form

$$\begin{aligned}
&\frac{(R\varkappa_\theta)^\cdot}{a} - \tau_{,\theta} + \frac{\gamma_{,\theta}}{R_\xi} - \varkappa_\xi\cos\varphi - \lambda_\theta\frac{R}{R_\xi} = 0\,,\\
&\frac{(R^2\tau)^\cdot}{Ra} - \varkappa_{\xi,\theta} - \frac{R_\theta}{aR}\left(\frac{R^2\gamma}{2R_\theta^2}\right)^\cdot - \lambda_\xi\frac{R}{R_\theta} = 0\,,\\
&\frac{(R\lambda_\theta)^\cdot}{Ra} - \frac{\lambda_{\xi,\theta}}{R} + \frac{\varkappa_\theta}{R_\xi} + \frac{\varkappa_\xi}{R_\theta} = 0\,,\\
&Ra\lambda_\theta = (R\varepsilon_\theta)^\cdot - \varepsilon_\xi a\cos\varphi - a\gamma_{,\theta}/2\,,\\
&Ra\lambda_\xi = -a\varepsilon_{\xi,\theta} + (R^2\gamma)^\cdot/2R
\end{aligned} \tag{4.2}$$

an. Im folgenden wird die Betrachtung auf die Verformung, die symmetrisch zur Ebene $\theta = 0$ ist, beschränkt. Im ganz allgemeinen Fall braucht man nur den bezüglich der Ebene $\theta = 0$ antimetrischen Verformungszustand zu superponieren.

Wie aus den Bildern 1.5 und 1.8 ersichtlich, entsprechen dem Symmetriefall die folgenden Entwicklungen*) der Komponenten der Flächenbelastung sowie der Spannungs- und Verformungsparameter:

$$\begin{bmatrix} N_\xi & N_\theta & M_\xi & M_\theta & Q_\xi & q_\xi \\ \varkappa_\theta & \varkappa_\xi & \varepsilon_\theta & \varepsilon_\xi & \lambda_\theta & q \end{bmatrix} = \sum_j \begin{bmatrix} N_\xi^j & N_\theta^j & M_\xi^j & M_\theta^j & Q_\xi^j & q_\xi^j \\ \varkappa_\theta^j & \varkappa_\xi^j & \varepsilon_\theta^j & \varepsilon_\xi^j & \lambda_\theta^j & q^j \end{bmatrix} \cos j\theta\,, \tag{4.3}$$

$$\begin{bmatrix} S_\xi & H_\xi & Q_\theta & q_\theta \\ \tau & \gamma & \lambda_\xi & H_\theta \end{bmatrix} = \begin{bmatrix} S_\xi^0 & H_\xi^0 & Q_\theta^0 & q_\theta^0 \\ \tau^0 & \gamma^0 & \lambda_\xi^0 & H_\theta^0 \end{bmatrix} + \sum_j \begin{bmatrix} S_\xi^j & H_\xi^j & Q_\theta^j & q_0^j \\ \tau^j & \gamma^j & \lambda_\xi^j & H_\theta^j \end{bmatrix} \sin j\theta\,, \tag{4.4}$$

wobei die Amplitudengrößen $N_\xi^j, \ldots, q_\theta^j$ Funktionen von ξ sind, $j = 0, 1, \ldots$. Setzen wir in den Gln. (4.1), (4.2) die Variablen gleich deren Fourierreihen, so bekommen wir an der linken Seite jeder Gleichung eine Fourierreihe. Die Gleichung kann nur dann erfüllt sein, wenn jeder Fourierkoeffizient der linken Seite dem entsprechenden Koeffizienten der anderen Gleichungsseite gleich ist. Das ergibt ein System gewöhnlicher Differentialgleichungen für die *Amplitudenwerte* $N_\xi^j(\xi), \ldots$.

Wir nehmen als Beispiel die erste Gl. von (4.1). Das Einsetzen der Reihen (4.3), (4.4), Differentiation bezüglich θ und eine einfache Umstellung der Terme ergibt

$$\sum_j \left[\frac{(RN_\xi^j)^\cdot}{aR} + \frac{jS_\theta^j}{R} - N_\theta^j\frac{\cos\varphi}{R} + \frac{Q_\xi^j}{R_\xi} + q_\xi^j\right]\cos j\theta = 0\,.$$

Jeder Ausdruck in der Rechteckklammer (jeder Fourierkoeffizient der linken Gleichungsseite) ist gleich Null. Es gibt genau so viele dieser Gleichungen für $j = 0, 1, 2, \ldots$, wie

*) Die Terme $S^0, \ldots, \lambda_\xi^0$ der Gln. (4.4) gehören natürlich nicht zur sinus-Reihe.

Glieder in den Reihen (4.3), (4.4) beibehalten werden. Die Gleichungen, die für einen j-Wert aus allen partiellen Differentialgleichungen (4.1) folgen, bilden für die Amplituden $N^j_\xi(\xi), \ldots$ ein Gleichungssystem:

$$\left.\begin{aligned}
&\frac{(RN^j_\xi)^\bullet}{Ra} + \frac{jS^j_\theta}{R} - N^j_\theta\frac{\cos\varphi}{R} + \frac{Q^j_\xi}{R_\xi} + q^j_\xi = 0\,,\\
&\frac{(RS^j_\xi)^\bullet}{aR} - \frac{jN^j_\theta}{R} + S^j_\theta\frac{\cos\varphi}{R} + \frac{Q^j_\theta}{R_\theta} + q^j_\theta = 0\,,\\
&\frac{(RQ^j_\xi)^\bullet}{Ra} + \frac{jQ^j_\theta}{R} - \frac{N^j_\xi}{R_\xi} - \frac{N^j_\theta}{R_\theta} + q^j = 0\,,\\
&RaQ^j_\xi = (RM^j_\xi)^\bullet - aM^j_\theta\cos\varphi + ajH^j_\theta,\\
&RaQ^j_\theta = -jaM^j_\theta + (R^2H^j_\xi)^\bullet/R\,,\\
&S^j = S^j_\xi - H^j_\theta/R_\theta = S^j_\theta - H^j_\xi/R_\xi\,.
\end{aligned}\right\} \qquad (4.5)$$

An Stelle der Ableitung $\partial(\ )/\partial\theta$ erscheint in Gl. (4.5) entsprechend

$$(\cos j\theta)_{,\theta} = -j\sin j\theta\,, \qquad (\sin j\theta)_{,\theta} = j\cos j\theta$$

der Multiplikator $-j$ bzw. j.

Systeme analog zu (4.5) folgen offensichtlich aus (4.2) für die Amplituden $\varkappa^j_\theta(\xi), \ldots, \gamma^j(\xi)$.

4.1.2 Drehsymmetrische Probleme

Besondere Eigenschaften haben jene Spannungszustände, die den in der Parallelkreisrichtung *konstanten* Gliedern der Reihen (4.3), (4.4) entsprechen. Setzt man in den Gln. (4.5) $j = 0$, werden die erste, dritte und vierte dieser Gleichungen äquivalent den drei Gln. (3.59) bis (3.63). Der Unterschied (die Gln. (3.59) bis (3.63) berücksichtigen große Verformung, sind integriert worden und ohne die 0-Zeichen geschrieben) ist hier unwesentlich.

Aber im drehsymmetrischen Falle ($j = 0$) schließen die Gleichgewichtsbeziehungen (4.5) noch drei nichttriviale Gleichungen ein. Diese weisen keine der in Abschn. 3 auftretenden Resultierenden (N^0_ξ, N^0_θ, M^0_ξ, M^0_θ, Q^0_ξ) auf. Dafür aber enthalten die zweite, fünfte und sechste Gl. von (4.5) bei $j = 0$ die Resultierenden der Schubspannungen S^0_ξ, S^0_θ, H^0_ξ, H^0_θ, Q^0_θ, die in keiner der restlichen Gln. (4.5) vorkommen und in dem in Abschn. 3 untersuchten drehsymmetrischen Zustand gleich Null sind. Diese Schnittlasten gehören zu den zwei drehsymmetrischen Torsionsproblemen, die im Bild 4.1 durch die Schemata, bezeichnet mit L_z bzw. N_z, aufgeführt sind. Es gibt also vier drehsymmetrische Probleme. Die zwei, die im Abschn. 3 untersucht werden, sind im Bild 4.1 mit P_z und M_z bezeichnet. (Der Sinn der Parameter P_z und M_z ist aus Abschn. 3 erkennbar.) Das Torsionsmoment L_z ist statisch äquivalent den Schubspannungen, die entlang einem Breitenkreis konstant sind. Der andere Torsionsfall (N_z im Bild 4.1) entspricht der Verformung eines krummen, dünnwandigen Stabes. Es ist eine Torsion durch Endkräfte, die den Kräften N_z in Richtung der Achse der Drehsymmetrie entsprechen.

Die vier drehsymmetrischen Fälle sind eigentlich *St.-Venantsche Probleme*. Die Verteilung der Last wird in jedem Fall eigens angesetzt. Sie ist rotationssymmetrisch in den Fällen P_z

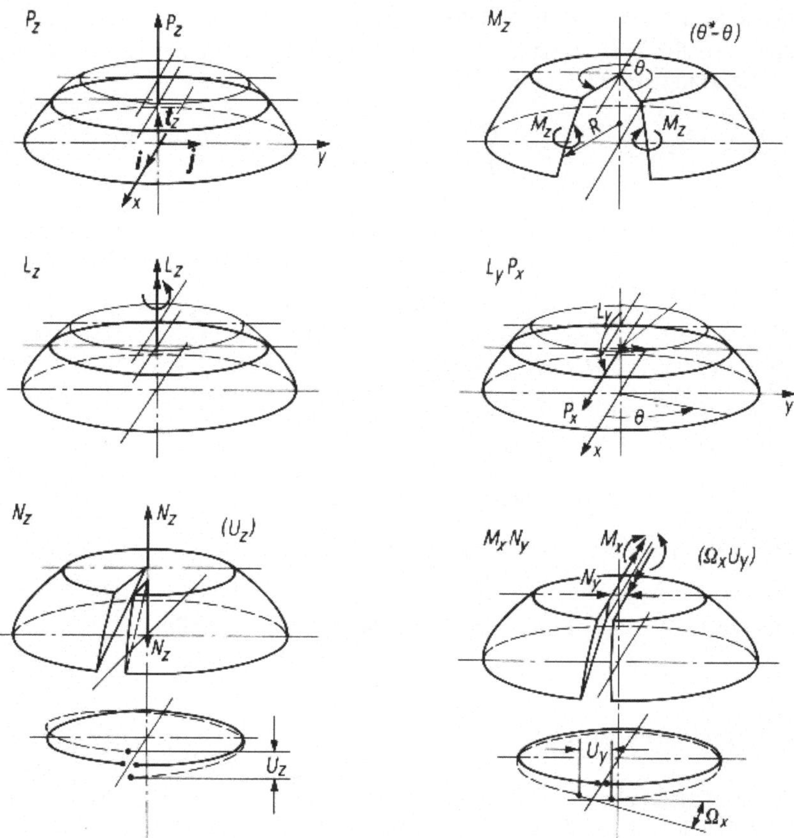

Bild 4.1 St.-Venantsche Probleme der Drehschalen und krummen Stäbe

und L_z. Für die zwei Stabfälle M_z und N_z müssen die Randkräfte genau so verteilt sein wie die Spannungen, die von der Lösung für den dem Rand entsprechenden Schnitt θ = const bestimmt werden. Man erkennt die St.-Venantsche *semiinverse Methode.*

Eine elegante Lösung der zwei Torsionsprobleme stammt von E. Reissner und F. Y. M. Wan [115]. Eine Darstellung dieser Lösung findet sich u.a. in [17].

4.1.3 Die antimetrischen St.-Venant-Probleme

Wir betrachten die Fälle, die durch die cos θ bzw. sin θ-Terme der Fourierreihen (4.3), (4.4) beschrieben werden: Biegung einer Drehschale in der Meridianebene und Querbiegung eines krummen dünnwandigen Stabes.

Diese zwei Probleme (bezeichnet im Bild 4.1 mit L_y, P_x bzw. M_x, N_y) haben dieselbe Besonderheit wie die drehsymmetrischen Fälle: Die Schnittlasten im Breitenkreisschnitt (N_ξ, S_ξ, M_ξ, H_ξ) sind mit der resultierenden Kraft P_x und mit dem resultierenden Moment L_y durch die Bedingungen der statischen Äquivalenz eindeutig verbunden.

Diese Verhältnisse können entsprechend dem Bild 4.2 in folgender Form aufgestellt werden

$$\int_0^{2\pi} \begin{bmatrix} N_z \\ N_R \cos\theta - S_\xi \sin\theta \end{bmatrix} R\,\mathrm{d}\theta = \begin{bmatrix} P_z \\ P_x \end{bmatrix},$$

$$\begin{bmatrix} N_z \\ N_R \end{bmatrix} = \begin{bmatrix} \sin\varphi & -\cos\varphi \\ \cos\varphi & \sin\varphi \end{bmatrix} \begin{bmatrix} N_\xi \\ Q_\xi \end{bmatrix}, \tag{a}$$

$$\int_0^{2\pi} [N_z R \cos\theta + (M_\xi \cos\theta - H_\xi \cos\varphi \sin\theta)] R\,\mathrm{d}\theta = -L_y .$$

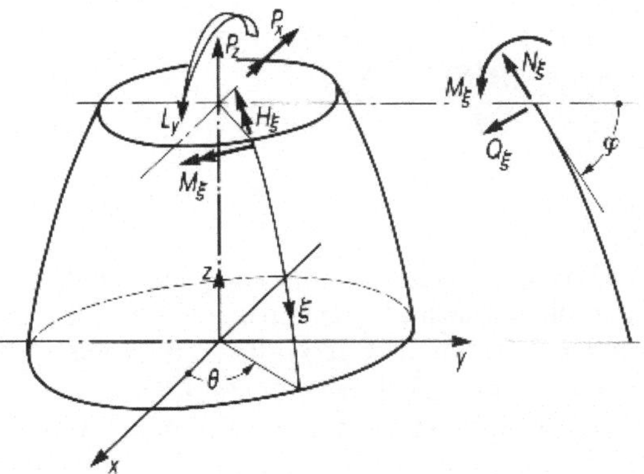

Bild 4.2
Schnittkräfte und die Resultierenden

Nach Substitution der Fourierreihen (4.3), (4.4) folgen aus den Gln. (a) die Beziehungen

$$N_\xi^0 \sin\varphi - Q_\xi^0 \cos\varphi = P_z/2\pi R , \tag{4.6}$$

$$\left.\begin{aligned} N_\xi^1 \cos\varphi + Q_\xi^1 \sin\varphi - S_\xi^1 &= P_x/\pi R ; \\ N_\xi^1 \sin\varphi - Q_\xi^1 \cos\varphi + M_\xi^1/R - H_\xi^1 \cos\varphi/R &= -L_y/\pi R^2 . \end{aligned}\right\} \tag{4.7}$$

Das Verhältnis (4.6) ist bereits als Gl. (3.59) für den Fall der Drehsymmetrie unter Berücksichtigung großer Verformungen aufgestellt worden.

Die Gln. (4.6), (4.7) stellen nichtdifferentielle Verhältnisse zwischen den Amplituden der Spannungsparameter dar. Das sind *Integrale* der *Gleichgewichtsgleichungen.*

Es sind diese Integrale und die statisch-geometrisch äquivalenten Integrale der Kompatibilitätsgleichungen, was die Lösung der in Bild 4.1 aufgeführten Probleme vereinfachen läßt:

Für die drehsymmetrischen Probleme ermöglichen die Integrale die Reissner-Meissner-Gleichungen. Für die Spannungsverteilung nach $\cos\theta$ bzw. $\sin\theta$ (die Fälle P_x, L_y, Ω_x, U_y im Bild 4.1) führen sie zu analogen Vereinfachungen (s. Abschn. 4.3).

Für die übrigen Spannungsverteilungen – entsprechend $\cos j\theta$, $j \geqslant 2$ – gibt es die Integrale und die damit verbundenen Vereinfachungen nicht. Der Grund liegt auf der Hand: Die als $\cos j\theta$, $\sin j\theta$, $j \geqslant 2$ verteilten Kräfte sind innerhalb eines Parallelkreis-Schnittes ausgeglichen. Deren Resultierende sind gleich Null.

4.2 Membrantheorie

4.2.1 Gleichgewichtsbedingungen

Behalten wir in den Gln. (4.1) nur die Membrankräfte bei, d.h. vernachlässigen wir die Wandbiegungs- und Torsionsmomente M_ξ, M_θ, H_ξ und somit auch die Querkräfte Q_ξ und Q_θ, dann werden die Gln. (4.1) zu

$$\begin{aligned}
&\frac{(RN_\xi)^{\bullet}}{aR} - \frac{N_\theta}{R}\cos\varphi + \frac{S_{,\theta}}{R} + q_\xi = 0\,, \\
&\frac{(R^2S)^{\bullet}}{aR^2} + \frac{N_{\theta,\theta}}{R} + q_\theta = 0\,, \\
&\frac{N_\xi}{R_\xi} + \frac{N_\theta}{R_\theta} = q \qquad (S_\xi = S_\theta = S)\,.
\end{aligned} \tag{4.8}$$

Die übrigen Gleichgewichtsbedingungen fallen in der Membrantheorie aus. Sie enthalten nur die vernachlässigten Spannungsresultierenden: Die Wandbiegungs- und Torsionsmomente sowie die Querkräfte. Das System (4.8) enthält so viel Gleichungen wie Unbekannte – drei. (Vgl. Abschn. 2.6.)

Zwei der Unbekannten lassen sich mit (4.8) über N_ξ ausdrücken. Das führt zu einer verhältnismäßig einfachen Differentialgleichung für N_ξ. Dafür setzen wir in den ersten zwei Gln. (4.8) entsprechend der dritten Gl. (4.8) und $R_\theta = R/\sin\varphi$ den Ausdruck

$$\frac{N_\theta}{R} = \left(q - \frac{N_\xi}{R_\xi}\right)\frac{1}{\sin\varphi} \tag{4.9}$$

ein. Die zwei Gleichungen werden zu ($q_z = q\cos\varphi - q_\xi\sin\varphi$):

$$\begin{bmatrix} \dfrac{R_\theta R}{a}\dfrac{\partial}{\partial\xi} & \dfrac{\partial}{\partial\theta} \\ -\dfrac{R_\theta}{R_\xi\sin\varphi}\dfrac{\partial}{\partial\theta} & \dfrac{\partial}{a\partial\xi} \end{bmatrix} \begin{bmatrix} RN_\xi\sin\varphi \\ R^2S \end{bmatrix} = \begin{bmatrix} q_zR_\theta R^2 \\ -R^2q_\theta - RR_\theta\dfrac{\partial q}{\partial\theta} \end{bmatrix}. \tag{4.10}$$

Die Elimination der Variablen S ergibt

$$\left.\begin{aligned}
&\left(\frac{\partial}{a\partial\xi}\frac{R_\theta R}{a}\frac{\partial}{\partial\xi} + \frac{R}{R_\xi\sin^2\varphi}\frac{\partial^2}{\partial\theta^2}\right)N_\xi R\sin\varphi = F\,, \\
&F = \frac{\partial}{a\partial\xi}(q_zR_\theta R^2) + RR_\theta\frac{\partial^2 q}{\partial\theta^2} + R^2\frac{\partial q_\theta}{\partial\theta}\,.
\end{aligned}\right\} \tag{4.11}$$

Gleichungen ähnlicher Struktur bestimmen die tangentialen Komponenten u, v der elastischen Verschiebung über die Membrankräfte N_ξ, S. (Diese Gleichungen finden sich z.B. im Buch [104].)

Setzt man in die Gln. (4.10), (4.11) für die Schnittkräfte und Lastkomponenten die Fourierreihen (4.3), (4.4) ein, so ergeben sich die folgenden Gleichungen für die Amplitudengrößen $N^j_\xi(\xi)$, $S^j(\xi)$:

$$\frac{R_\theta}{a}\frac{\mathrm{d}}{\mathrm{d}\xi}(RN^j_\xi \sin\varphi) + jRS^j = q^j_z R_\theta R\,; \tag{4.12}$$

$$\left.\begin{aligned} &\left(\frac{\mathrm{d}}{a\,\mathrm{d}\xi}\frac{R_\theta R}{a}\frac{\mathrm{d}}{\mathrm{d}\xi} - \frac{j^2 R_\theta}{R_\xi \sin\varphi}\right) RN^j_\xi \sin\varphi = F^j\,, \\ &F^j = \frac{\mathrm{d}}{a\,\mathrm{d}\xi}(q^j_z R_\theta R^2) - R_\theta R j^2 q^j + R^2 j q^j_\theta\,. \end{aligned}\right\} \tag{4.13}$$

Wobei entsprechend der Definition von q_z und der Fourierreihen von q, q_ξ gilt:

$$q^j_z = q^j \cos\varphi - q^j_\xi \sin\varphi\,.$$

In besonderen Fällen – für drehsymmetrische und $\sin\theta$, $\cos\theta$-Spannungszustände (besprochen im Abschn. 4.1.3) – läßt sich die Gl. (4.13) analytisch integrieren.

Wenden wir uns dem Fall der sog. Windbelastung zu: Wo die Verformung in Umfangsrichtung wie $\cos\theta$ bzw. $\sin\theta$ variiert. (Dieser Fall tritt als das Rechenschema von windbelasteten Drehschalen auf.)

4.2.2 Windbelastung

Um die Gl. (4.13) im Fall $j = 1$ zu integrieren, transformieren wir sie zu

$$\frac{\mathrm{d}}{a\,\mathrm{d}\xi}\frac{1}{\sin\varphi}\frac{\mathrm{d}}{a\,\mathrm{d}\xi}(N^1_\xi R^2 \sin\varphi) = \frac{F^1}{R}\,. \tag{4.14}$$

Die zweimalige Integration ergibt

$$N^1_\xi = \frac{1}{R^2\sin\varphi}\left[C_2 + C_1\int \sin\varphi\, a\,\mathrm{d}\xi + \int\left(\sin\varphi\int\frac{F^1}{R}a\,\mathrm{d}\xi\right)a\,\mathrm{d}\xi\right]. \tag{4.15}$$

Damit und mit den Beziehungen (4.12), (4.9) sowie $N_\xi = N^1_\xi \cos\theta$, $S = S^1 \sin\theta$ sind die Membrankräfte bestimmt. Es bleibt nur, die Konstanten C_1, C_2 aus den Randbedingungen zu ermitteln.

Wenn im Scheitelpunkt einer Kuppel keine konzentrierte Last angebracht ist, sind beide Integrationskonstanten gleich Null. Sonst hätte im Scheitelpunkt, wo $R = 0$ ist, eine statisch ungerechtfertigte Singularität entstehen müssen.

Die Membrankräfte können auch direkt aus den Integralen (4.7) der Gleichgewichtsbedingungen und der dritten Gl. (4.8) gewonnen werden. Vernachlässigt man in Gl. (4.7) die mit der Wandbiegung verbundenen M_ξ- und Q_ξ-Terme, und setzt man in Gl. (4.8) $[N_\xi \;\; N_\theta] = [N^1_\xi \;\; N^1_\theta] \cos\theta$, so ergeben diese Gleichungen

$$\left.\begin{aligned} &N^1_\xi = -L_y\frac{1}{\pi R^2\sin\varphi}\,, \qquad N^1_\theta = R_\theta q^1 - N^1_\xi\frac{R_\theta}{R_\xi}\,, \\ &S^1 = N^1_\xi\cos\varphi - \frac{P_x}{\pi R}\,. \end{aligned}\right. \tag{4.16}$$

Das Biegemoment $L_y(\xi)$ und die Querkraft $P_x(\xi)$ im Breitenkreisschnitt der Schale werden genau so ermittelt wie für den Querschnitt eines Balkens (s. Abschn. 4.2.3).

4.2.3 Kugelschale. Beispiel

Als eine Illustration der Membranlösung untersuchen wir den Spannungszustand einer Kuppel unter einem idealisierten Winddruck. Die Belastung wird durch die folgenden Formeln angesetzt (s. Bild 4.3)

$$q_\xi = q_\theta = 0\,, \qquad q = -p\cos\theta\sin\xi \qquad (\xi = \varphi)\,. \tag{4.17}$$

Das heißt, die Windkräfte wirken senkrecht zur Kuppelfläche. An einer Seite der Kuppel sind es Druck-, an der anderen Saugkräfte.

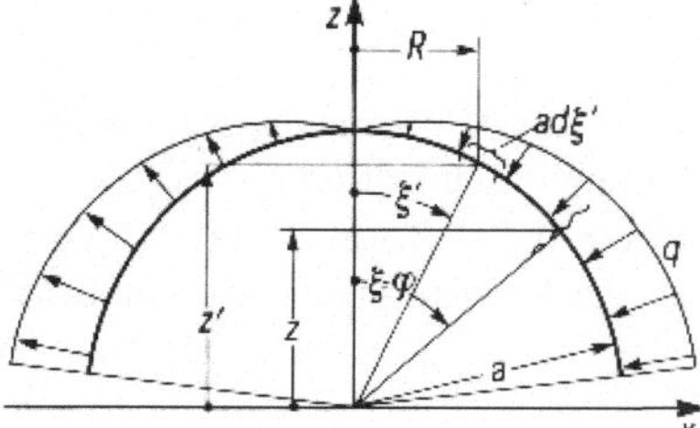

Bild 4.3
Kugelkuppel unter Winddruck

Die Lösung beginnt mit der Ermittlung der Querkraft P_x und des Biegemoments L_y. Unmittelbar nach den Schemata von Bild 4.2, 4.3 lassen sich die folgenden Formeln (die auch für andere Schalenformen gelten) aufstellen

$$\begin{aligned} P_x &= -\int_0^{2\pi}\int_0^{\xi} q_x R\,\mathrm{d}\theta\, a\,\mathrm{d}\xi'\,, \\ L_y &= \int_0^{2\pi}\int_0^{\xi} [q_x(z'-z) - q_z R\cos\theta] R\,\mathrm{d}\theta\, a\,\mathrm{d}\xi'\,. \end{aligned} \tag{4.18}$$

Hier bezeichnen ξ, z die Koordinaten des Breitenkreisschnittes, für den die P_x und L_y bestimmt werden. Im Unterschied dazu werden die Integrationsvariablen bezeichnet ξ', $z' = z(\xi')$. Mit den Ausdrücken

$$q_x = q_r\cos\theta\,, \qquad q_r = q\sin\xi'\,, \qquad q_z = q\cos\xi'$$

und dem Winddruck q nach (4.17) sowie $R = a\sin\xi'$ und $z' = a\cos\xi'$ ergeben die Formeln (4.18) nach dem Integrieren

$$[P_x \;\; L_y] = \frac{\pi}{3}a^2 p(2 - 3\cos\xi + \cos^3\xi)[1 \;\; a\cos\xi]\,.$$

Damit liefern die Formeln (4.16) die Amplituden der drei Schnittkräfte; so z. B.

$$N_\xi^1 = -\frac{L_y}{\pi a^2\sin^3\xi} = -\frac{pa}{3}\,\frac{\cos\xi}{\sin^3\xi}(2 - 3\cos\xi + \cos^3\xi)\,.$$

Der biegungsfreie Spannungszustand wird für die meisten Schalen (vgl. Abschn. 2.7) angestrebt und auch im großen und ganzen realisiert (s. Abschn. 2.6). Aber es gibt fast in jeder realen Schale Bereiche, in denen Biegung und Torsion der Schalenwand nicht vermieden werden können oder brauchen. Der allgemeine Spannungszustand, der auch Wandbiegung und -Torsion einbeziehen kann, wird für die antimetrische Verformung („Windbelastung") im nächsten Abschnitt untersucht.

4.3 Biegetheorie, der antimetrische Fall

Der Spannungszustand, der in Umfangsrichtung wie $\cos\theta$ bzw. $\sin\theta$ variiert, wird durch Gleichungen vom Reissner-Meissner-Typ beschrieben. Damit werden auf diese Probleme die Methoden und zum Teil auch die Ergebnisse der Analyse der drehsymmetrischen Verformung übertragen.

4.3.1 Integrale der Schalengleichungen

Wie schon im Abschn. 4.1.3 diskutiert, läßt der $\cos\theta$-, $\sin\theta$-Verformungsfall Integrale der Gleichgewichts- und Kompatibilitätsgleichungen zu. Wir formulieren nun die Gleichgewichtsbedingung für einen Teil der Schale, der durch die Schnittebenen ξ = const, $\theta = 0, \pi$ begrenzt wird (Bild 4.4). Das Element steht unter der Wirkung der Schnittkräfte an seinen vier Seiten und der verteilten Belastung. Das Gleichgewicht der Momente aller dieser Kräfte um die Achse z ergibt

$$\left[\int_0^\pi \left(S_\xi R + H_\xi \sin\varphi + \frac{a}{R}\int q_\theta R^2 \mathrm{d}\xi\right) R\,\mathrm{d}\theta\right]_{\xi_1}^{\xi} + M_z(\xi,\pi) - M_z(\xi,0) = 0\,,$$
$$M_z(\xi,\theta) = \int_{\xi_1}^{\xi} (N_\theta R + M_\theta \sin\varphi) a\,\mathrm{d}\xi = R V\cos\theta\,, \tag{4.19}$$

wobei $a\xi$ die Länge der Meridianlinie ist, $\varphi(\xi)$ entspricht der Darstellung von Bild 4.2. Es ist eine *neue Unbekannte* – die *Spannungsfunktion* $V(\xi)$ – eingeführt worden.

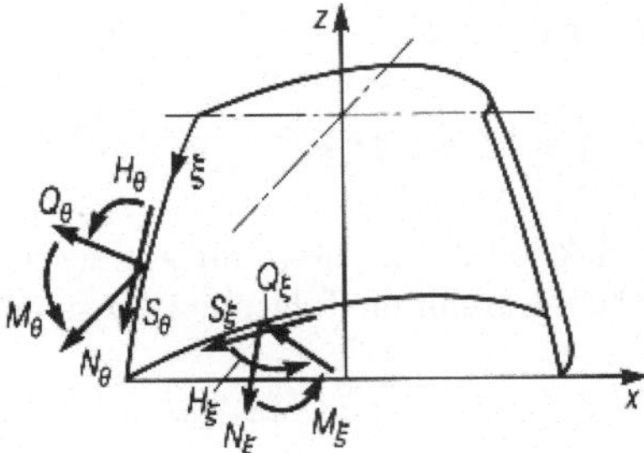

Bild 4.4
Ein Teil der Schale. Schnittkräfte und Momente

Entsprechend der vorausgesetzten Verteilung der Schnittlasten und der äußeren Belastung gilt

$$[S_\xi \;\; H_\xi \;\; q_\theta] = [S_\xi^1 \;\; H_\xi^1 \;\; q_\theta^1]\sin\theta\,, \qquad [N_\theta \;\; M_\theta] = [N_\theta^1 \;\; M_\theta^1]\cos\theta\,.$$

Damit ergeben die Gln. (4.19) nach der Integration in bezug auf θ und Differentiation bezüglich ξ:

$$N_\theta^1 R + M_\theta^1 \sin\varphi = (RV)^\bullet/a\,, \qquad (\;)^\bullet = \mathrm{d}(\;)/\mathrm{d}\xi\,,$$
$$S_\xi^1 R + H_\xi^1 \sin\varphi + f = V\,, \qquad f = \frac{a}{R}\int_{\xi_1}^{\xi} R^2 q_\theta^1 \mathrm{d}\xi\,. \tag{4.20}$$

Die Integrale (4.7) der Gleichgewichtsbeziehungen bilden zusammen mit den Gln. (4.20) ein System von vier algebraischen Gleichungen. Damit können die vier Schnittkräfte über die Funktion V, die Schnittmomente M_ξ, H_ξ und die Belastung (f, P_x, L_y) in folgender Weise ausgedrückt werden:

$$\left.\begin{aligned} RN_\theta^1 &= (RV)^\cdot/a - M_\theta^1 \sin\varphi\,, \\ RN_\xi^1 &= V\cos\varphi - M_\xi^1 \sin\varphi + f_1\,, \\ RS^1 &= RS_\xi^1 - H_\theta^1 R/R_\theta = V - 2H^1 \sin\varphi - f\,, \\ RQ_\xi^1 &= V\sin\varphi - H_\xi^1 + M_\xi^1\cos\varphi + f_2\,; \\ \begin{bmatrix} f_1 \\ f_2 \end{bmatrix} &= \begin{bmatrix} \cos\varphi & -\sin\varphi \\ \sin\varphi & \cos\varphi \end{bmatrix} \begin{bmatrix} P_x/\pi - f \\ L_y/\pi R \end{bmatrix}, \qquad H^1 = \frac{H_\xi^1 + H_\theta^1}{2}\,. \end{aligned}\right\} \tag{4.21}$$

Die statisch-geometrische Dualität (s. Abschn. 2.2) deutet darauf hin, daß für die Verformungsparameter $\varkappa_\xi$, $\varkappa_\theta$, γ, λ_θ Verhältnisse ähnlich zu (4.21) und (4.7) gelten. Um diese Beziehungen aufzustellen, brauchen wir die Integrale der Kompatibilitätsgleichungen.

Die Integrale lassen sich am einfachsten in Vektorform ermitteln. Die Integration der Gln. (1.39), (1.41) ergibt die folgenden Beziehungen zwischen den Verzerrungsparametern $\boldsymbol{\varepsilon}_\theta$, $\boldsymbol{\varkappa}_\theta$ und den neuen Parametern $\boldsymbol{\Omega}$ und $\boldsymbol{U}$, die die Distorsion der Schale vertreten (s. Bild 4.1):

$$-\int_0^{2\pi} \boldsymbol{\varkappa}_\theta R\,\mathrm{d}\theta = \boldsymbol{\Omega}\,, \qquad \int_0^{2\pi} (\boldsymbol{\varepsilon}_\theta + \boldsymbol{R}\times\boldsymbol{\varkappa}_\theta) R\,\mathrm{d}\theta = [\boldsymbol{R}\times\boldsymbol{\vartheta} + \boldsymbol{u}]_0^{2\pi} = \boldsymbol{U}\,, \tag{4.22}$$

wobei $\boldsymbol{R}(\xi)$ ein radialer Vektor von der z-Achse bis zur Referenzfläche der Schale ist.

Wir formulieren nun die Beziehung zwischen den Verzerrungsparametern $\boldsymbol{\varepsilon}_\xi$, $\boldsymbol{\varkappa}_\xi$ und der Verschiebung eines Breitenkreises ξ = const in Relation zum Rand $\xi = \xi_1$. Entsprechend der im Abschn. 1.3.3 gegebenen Definition der Parameter $\boldsymbol{\varepsilon}_\xi$, $\boldsymbol{\varkappa}_\theta$ (insbesondere nach (1.39), (1.41)) erhält man:

$$\int_{\xi_1}^{\xi} [\boldsymbol{\varepsilon}_\xi + (\boldsymbol{R} + z\boldsymbol{t}_z)\times\boldsymbol{\varkappa}_\xi]\,a\,\mathrm{d}\xi = [(\boldsymbol{R} + z\boldsymbol{t}_z)\times\boldsymbol{\vartheta} + \boldsymbol{u}]_{\xi_1}^{\xi}\,.$$

Die Projektion dieser Gleichung auf die z-Achse und Berücksichtigung von $\varkappa_\xi = \varkappa_\xi^1 \cos\theta$, $\varepsilon_\xi = \varepsilon_\xi^1 \cos\theta$ ergibt die folgende Beziehung, die der zweiten Gl. (4.19) analog ist:

$$\int_{\xi_1}^{\xi} (-\varkappa_\xi R + \varepsilon_\xi \sin\varphi)\,a\,\mathrm{d}\xi = [-R\vartheta_\xi - u_z]_{\xi_1}^{\xi} = -R\vartheta(\xi)\cos\theta\,. \tag{4.23}$$

Mit dieser Gleichung wird eine neue Unbekannte $\vartheta(\xi)$ eingeführt. Sie hat eine klare geometrische Bedeutung: $\vartheta\cos\theta$ ist nämlich der durch elastische Verformung entstandene Drehwinkel der Tangente zum Meridian in einem Punkt $m(\xi, \theta)$ in Relation zur Ebene des Breitenkreises, der durch diesen Punkt läuft.

Die Gl. (4.23) und die Beziehungen, die aus der Gl. (4.22) durch Projektion auf die Achsen x und y erhalten werden, sind statisch-geometrisch den Gln. (4.7) und (4.19) dual.

Genauer gesagt folgen die genannten Beziehungen aus den Gln. (4.7) und (4.19), wenn die Spannungsparameter durch die Verformungsparameter gemäß den Beziehungen (2.1) und außerdem

$$P_x, L_y \quad \text{bzw.} \quad V \quad \text{durch} \quad -\Omega_x,\ -U_y,\ -\vartheta \tag{4.24}$$

ersetzt werden.

Wenn keine Flächenbelastung vorhanden ist, sind die Kräfte- und Momentenresultierenden P_x, L_y Konstanten. Konsequenterweise sind die statisch-geometrisch dualen Größen Ω_x, U_y ebenfalls konstant.

Die Dualitätsverhältnisse (2.1) und (4.24) gestatten es, die Formeln (4.21) zu den folgenden Beziehungen für die Verformungsparameter zu transformieren

$$\left.\begin{aligned}
R\varkappa_\xi^1 &= (R\vartheta)^\bullet/a + \varepsilon_\xi^1 \sin\varphi\,,\\
R\varkappa_\theta^1 &= \vartheta\cos\varphi + \varepsilon_\theta^1 \sin\varphi + g_1\,,\\
R\tau^1 &= -\vartheta + \gamma^1\sin\varphi\,,\\
R\lambda_\theta^1 &= -\vartheta\sin\varphi + \frac{1}{2}\gamma^1 + \varepsilon_\theta\cos\varphi - g_2\,;\\
\begin{bmatrix} g_1 \\ g_2 \end{bmatrix} &= \begin{bmatrix} \cos\varphi & -\sin\varphi \\ \sin\varphi & \cos\varphi \end{bmatrix} \begin{bmatrix} \Omega_x/\pi \\ U_y/\pi R \end{bmatrix}.
\end{aligned}\right\} \tag{4.25}$$

Die aus den Integralen der Feldgleichungen abgeleiteten Formeln (4.21), (4.25) erlauben es, die folgende Reduzierung des Lösungssystems des Windbelastungsproblems vorzunehmen.

4.3.2 Schwerin-Chernina-Gleichungen

Die vorhandenen Ausdrücke der Schnittkräfte durch die Funktion $V(\xi)$ und der Verformungsparameter durch $\vartheta(\xi)$ lassen alle Unbekannten durch V und ϑ darstellen. Es bleibt nur noch, die Elastizitätsbeziehungen heranzuziehen.

Setzt man in die Gln. (1.88), (1.89) die Verhältnisse $N_\xi = N_\xi^1 \cos\theta, \ldots$ des antimetrischen Problems ein, so bekommt man nach Streichung der Faktoren $\cos\theta$ bzw. $\sin\theta$ die Elastizitätsgleichungen zwischen den Amplitudengrößen:

$$\begin{aligned}
M_\xi^1/D &= \varkappa_\xi^1 + \nu\varkappa_\theta^1\,, & Eh\varepsilon_\xi^1 &= N_\xi^1 - \nu N_\theta^1\,,\\
M_\theta^1/D &= \varkappa_\theta^1 + \nu\varkappa_\xi^1\,, & Eh\varepsilon_\theta &= N_\theta^1 - \nu N_\xi^1\,,\\
H^1/D &= (1-\nu)\tau^1\,, & Eh\gamma^1 &= 2(1+\nu)S^1\,.
\end{aligned} \tag{4.26}$$

(Die Analyse wird auf homogene isotrope Schalen beschränkt. Der allgemeinere Fall der elastischen Eigenschaften ist analog.) Setzt man die Ausdrücke aller Unbekannten durch V und ϑ in die vierte Gleichung von (4.5) und in die analoge Kompatibilitätsgleichung, die aus (4.2) folgt,

$$\begin{aligned}
&(RM_\xi^1)^\bullet/a - M_\theta^1\cos\varphi + H_\theta^1 - RQ_\xi^1 = 0\,,\\
&(R\varepsilon_\theta^1)^\bullet/a - \varepsilon_\xi^1\cos\varphi - \gamma^1/2 - R\lambda_\theta^1 = 0\,,
\end{aligned} \tag{4.27}$$

ein, so erhält man zwei Gleichungen für $V(\xi)$ und $\vartheta(\xi)$.

Diese Gleichungen enthalten aber eine Vielzahl von Termen, die zu klein sind, um im Rahmen der Genauigkeit der Theorie dünner Schalen behalten werden zu dürfen. Es wäre inkonsequent (und möglicherweise sogar nachteilig für die Lösung), diese Terme in den Gleichungen zu behalten.

Die kleinen Terme sind von zwei Arten. – Die ersten sind im Vergleich zu den Haupttermen der entsprechenden Gleichung von der Größenordnung

$$\frac{D}{EhRR_K} \sim \frac{h^2}{12RR_K}, \qquad R_K = R_\xi, R_\theta, \tag{4.28}$$

was offensichtlich weit unter der Fehlergrenze der Theorie dünner Schalen (s. Abschn. 1.4.1) liegt.

Zur zweiten Gruppe gehören die V-Terme der Ausdrücke von $M_\xi^1(\vartheta, V)$, $M_\theta^1(\vartheta, V)$ und $H^1(\vartheta, V)$ sowie ϑ-Terme der Ausdrücke $\varepsilon_\xi^1(V, \vartheta)$, $\varepsilon_\theta^1(V, \vartheta)$ und $\gamma^1(\dot{V}, \vartheta)$, die aus den Gln. (4.26), (4.21), (4.25) erhalten werden. Diese Terme können nach Substitution von $M_\xi^1(\vartheta, V), \ldots, \varepsilon_\theta^1(V, \vartheta)$ in die Gl. (4.27) abgeschätzt werden. Sie erzeugen in den Gleichungen Glieder, die im Vergleich zu den Haupttermen der entsprechenden Gleichung die Größenordnung

$$\frac{h^2}{12aR}\left|\frac{V^{\bullet}}{V}\right|, \quad \frac{h^2}{12a^2}\left|\frac{V^{\bullet\bullet}}{V}\right|, \quad \frac{h^2}{12aR}\left|\frac{\vartheta^{\bullet}}{\vartheta}\right| \quad \text{oder} \quad \frac{h^2}{12a^2}\left|\frac{\ddot{\vartheta}}{\vartheta}\right| \tag{4.29}$$

haben. Die Relationen zwischen den Funktionen ϑ, V und deren Ableitungen lassen sich über das Intervall L der Variation dieser Funktionen abschätzen. Nach der Definition (1.49) von L gilt:

$$\frac{|\dot{V}|}{a} \sim \frac{V}{L}, \quad \frac{|\dot{\vartheta}|}{a} \sim \frac{\vartheta}{L}, \quad \frac{|\ddot{V}|}{a^2} \sim \frac{V}{L^2}, \quad \frac{|\ddot{\vartheta}|}{a^2} \sim \frac{\vartheta}{L^2}. \tag{4.30}$$

Damit haben die Schätzwerte (4.29) die Größenordnung von $h^2/(12RL)$ oder $h^2/(12L^2)$, was auch deutlich unter der Grenze der Genauigkeit der Theorie dünner Schalen liegt. Die Schätzwerte der Fehler der Theorie (1.48) sind $|h/R_\theta| \leqslant h/R$ oder $(h/L)^2$.

Also müssen die besprochenen Terme der transformierten Gln. (4.27) vernachlässigt werden.

Dementsprechend entfallen in den Formeln (4.21) und (4.25) mehrere kleine Terme. Die Formeln vereinfachen sich auf

$$\begin{aligned} RN_\theta^1 &= (RV)^{\bullet}/a, & R\varkappa_\xi^1 &= (R\vartheta)^{\bullet}/a, \\ RN_\xi^1 &= V\cos\varphi + f_1, & R\varkappa_\theta^1 &= \vartheta\cos\varphi + g_1, \\ RS^1 &= V - f, & R\tau^1 &= -\vartheta. \end{aligned} \tag{4.31}$$

Setzen wir die Ausdrücke (4.31) und die Gln. (4.21), (4.25) für Q_ξ^1, λ_θ^1 in die Gln. (4.27) ein, so folgt daraus das Lösungssystem für ϑ, V – die Schwerin-Chernina-Gleichungen*):

$$\left.\begin{aligned} &(\dot{V}R)^{\bullet}\frac{1}{a^2} - V\left[\frac{4}{R} - \frac{2-2\nu}{R}\sin^2\varphi + \frac{1-\nu}{R_\xi}\cos\varphi\right] + Eh\vartheta\sin\varphi \\ &= -Ehg_2 + \frac{1-\nu}{R}f_1\cos\varphi - \frac{\nu}{a}\dot{f}_1 - \frac{2+2\nu}{R}f, \\ &(\dot{\vartheta}R)^{\bullet}\frac{1}{a^2} - \vartheta\left[\frac{4}{R} - \frac{2+2\nu}{R}\sin^2\varphi + \frac{1+\nu}{R_\xi}\cos\varphi\right] - \frac{1}{D}V\sin\varphi \\ &= \frac{1}{D}f_2 + \frac{1+\nu}{R}g_1\cos\varphi + \frac{\nu}{a}\dot{g}_1. \end{aligned}\right\} \tag{4.32}$$

---

*) Zuerst abgeleitet für Kugelschalen von E. Schwerin [131] (auf Anregung von H. Reissner), die Gleichungen wurden verallgemeinert von V. S. Chernina [32].

Die Ähnlichkeit mit den Reissner-Meissner-Gleichungen (3.71) fällt auf. Die Bezeichnung V der Spannungsfunktion stimmt mit der Verwendeten für den drehsymmetrischen Fall überein. Aber trotz der Analogie sind es inhaltlich verschiedene Größen. Das gilt natürlich auch für die Variable ϑ nach (4.23): Sie ist mit dem Drehwinkel ϑ nach der Gl. (3.53) nicht identisch.

Für die weitere Vereinfachung und Lösung der Gln. (4.32) gilt mit wenigen Einschränkungen das gleiche wie für das drehsymmetrische Problem und die linearen Reissner-Meissner-Gleichungen (s. Abschn. 3).

Bei den weniger intensiv variierenden Flächenlasten und Schalenformen (was bei den „lasttragenden" Schalen wie Kugel-, Kegel- und Zylinderschale der Fall ist) und bei geeigneten Randbedingungen ist der Spannungszustand nahezu biegefrei. Also kann eine partikuläre Lösung der Gln. (4.32) durch die Anwendung der *Membrantheorie* ermittelt werden. Die Wirkung der vorgegebenen Randbedingungen kann superponiert werden.

Der Spannungszustand aber, der durch eine Randstörung erzeugt wird, kann ein intensiv bezüglich ξ variierender *Randeffekt* sein. Bei solchen Randstörungsproblemen entspricht die Veränderung der Funktionen $\vartheta(\xi)$, $V(\xi)$ den Bedingungen

$$\frac{|\ddot{V}|}{a^2} \gg \frac{4|V|}{R^2}, \frac{1}{R}\left|\frac{V}{R_\xi}\right|; \qquad \frac{|\ddot{\vartheta}|}{a^2} \gg 4\frac{|\vartheta|}{R}, \frac{1}{R}\left|\frac{\vartheta}{R_\xi}\right|.$$

Damit sind die Gln. (4.32) den folgenden äquivalent:

$$\begin{aligned} &(\dot{V}R)^{\boldsymbol{\cdot}}/a^2 + Eh\vartheta\sin\varphi = -Ehg_2, \\ &(\dot{\vartheta}R)^{\boldsymbol{\cdot}}/a^2 - \frac{1}{D}V\sin\varphi = \frac{1}{D}f_2. \end{aligned} \tag{4.33}$$

Die hier vernachlässigten Terme der Gln. (4.32) mit den Belastungsfunktionen f_1 und g_1 sind ebenso unbedeutend wie die F_1-Terme in den Gln. (3.71).

Außer der Randstörung beschreiben die Gln. (4.33) ausreichend genau die lineare Verformung von flexiblen Schalen und insbesondere von krummen Rohren und toroidalen Kompensatoren [17].

Die Formulierung der Randbedingungen, die dem Windlastproblem und der Verwendung der Schwerin-Chernina-Gleichungen entsprechen, hat Besonderheiten, die im nächsten Abschnitt besprochen werden.

4.3.3 Randbedingungen

Das System (4.32) oder (4.33) ist von vierter Ordnung. Dementsprechend können und müssen an jedem Schalenrand ξ = const zwei Bedingungen erfüllt werden. Die übrigen zwei Bedingungen an diesem Rand sind (analog zu dem drehsymmetrischen Fall, erörtert im Abschn. 3.4.5) bei der Lösung der Schwerin-Chernina-Gleichungen identisch erfüllt.

Die *Kräftebedingungen* bestimmen an einem Rand die vier in (1.106) aufgelisteten Spannungsparameter. Für die $\cos\theta$- bzw. $\sin\theta$-Spannungsverteilung sind das die Größen

$$\begin{aligned} &N^1_\xi\cos\theta, \qquad \left(Q^1_\xi + \frac{1}{R}H^1_\xi\right)\cos\theta = Q^1_{(\xi)}\cos\theta, \\ &[S^1_\xi + (H^1_\xi/R)\sin\varphi]\sin\theta = S^1_{(\xi)}\sin\theta, \qquad M^1_\xi\cos\theta. \end{aligned} \tag{4.34}$$

Aber die vier Amplitudenwerte sind voneinander nicht unabhängig. Sie werden durch zwei Beziehungen miteinander verbunden. Das sind die Gln. (4.7), die sich auf folgende Form reduzieren lassen

$$\begin{aligned} &N_\xi^1 \cos\varphi + Q_{(\xi)}^1 \sin\varphi - S_{(\xi)}^1 = P_x/\pi R\,, \\ &N_\xi^1 \sin\varphi - Q_{(\xi)}^1 \cos\varphi + M_\xi^1/R = -L_y/\pi R^2\,. \end{aligned} \tag{4.35}$$

Diese Verhältnisse sind bei der Ableitung der Schwerin-Chernina-Gleichungen schon berücksichtigt worden. Jede Lösung (ϑ, V) dieser Gleichungen erfüllt die Gln. (4.35) (auch) am Schalenrand. Es verbleibt nur, zwei Bedingungen bezüglich der vier Größen (4.34) an einem Rand zu erfüllen. Zum Beispiel sind an einem unbelasteten freien Rand zwei der Größen (4.34) gleich Null zu setzen. Damit werden die anderen zwei Parameter an dem Rand auch zu Null. (Hier $P_x = 0$, $L_y = 0$.)

Eine ähnliche Situation besteht für die *geometrischen* Randbedingungen. Im allgemeinen Fall können diese Bedingungen über die vier Parameter (1.113) ausgedrückt werden. Für das vorliegende Problem sind das

$$\begin{aligned} &\varkappa_\theta^1 \cos\theta\,, \qquad (\lambda_\theta^1 - \gamma^1/2R)\cos\theta\,, \\ &(\tau^1 - (\gamma^1/R)\sin\varphi)\sin\theta\,, \qquad \varepsilon_\theta^1 \cos\theta\,. \end{aligned} \tag{4.36}$$

Werden diese Größen durch eine Lösung ϑ, V der Gln. (4.32) oder (4.33) bestimmt, so erfüllen sie an einem Schalenrand zwei Bedingungen identisch. Es sind Bedingungen, die den Projektionen von Gl. (4.22) auf zwei Achsen in der Breitenkreisebene entsprechen. Es verbleibt nur, zwei Bedingungen für die Parameter (4.36) an einem Rand zu erfüllen.

Als *Beispiel* betrachten wir die Bedingungen an einem Rand $\xi = \xi_1$, der in einen *undeformierbaren Körper* eingebaut ist. An einem solchen Rand müssen laut Abschn. 1.8.3 alle vier Parameter (4.36) gleich Null sein. Für die Lösung der Schwerin-Chernina-Gleichungen reicht es, wenn (neben den Distorsionswerten Ω_x, U_y) die Dehnung der Randkontur und die Torsion der Randfläche gleich Null sind:

$$\xi = \xi_1: \qquad \varepsilon_\theta^1 = 0\,, \qquad \tau^1 - (\gamma^1/R)\sin\varphi = 0\,. \tag{4.37}$$

Diese Bedingungen lassen sich über ϑ und V mit Hilfe der Gln. (4.31) und (4.26) ausdrücken.

Geometrische Randbedingungen können auch über die Verschiebungskomponenten u, v, w formuliert werden.

Der Drehwinkel (der Tangentialebene) in der Symmetrieebene $\theta = 0$ wird über ϑ mit der Hilfe der Gln. (4.25) und (1.44) bestimmt:

$$\vartheta_\xi^1 = \int \varkappa_\xi^1 a\,\mathrm{d}\xi = \int [(R\vartheta)^\cdot + a\varepsilon_\xi^1 \sin\varphi]\frac{1}{R}\,\mathrm{d}\xi \approx \int (R\vartheta)^\cdot \frac{1}{R}\,\mathrm{d}\xi\,. \tag{4.38}$$

Die Verschiebung $u_z = u_z^1 \cos\theta$ in der Richtung der z-Achse und die damit verbundene Rotation u_z^1/R (s. Bild 4.2) des Breitenkreises werden durch ϑ mit Hilfe von Gl. (4.23) ausgedrückt. Setzt man in Gl. (4.23) den Drehwinkel ϑ_ξ^1 nach (4.38) ein, so ergibt sich nach partieller Integration:

$$\frac{u_z^1}{R} = -\int (\vartheta\cos\varphi + \varepsilon_\xi^1 \sin\varphi)\frac{a}{R}\,\mathrm{d}\xi\,. \tag{4.39}$$

Wir führen noch den Ausdruck für die Verschiebung $u_x = u_x^1 \cos\theta$ in Richtung der x-Achse auf. Unmittelbar nach dem Schema von Bild 4.2 erhält man mit $\varphi^* = \varphi + \vartheta_\xi$, $ds_\xi^* = a^* d\xi$ die Formel

$$\begin{aligned} u_x^1 = u_r^1 &= \int [a^* \cos\varphi^* - a\cos\varphi]_{\theta=0} d\xi \\ &= -\int (\vartheta_\xi^1 \sin\varphi - \varepsilon_\xi^1 \cos\varphi) a\, d\xi\,. \end{aligned} \tag{4.40}$$

Die Integrationskonstanten in den Formeln (4.38) bis (4.40) sind durch die Starrkörper-Rotation und -Verschiebung eines der Ränder bestimmt.

4.3.4 Anwendungen

Die Ähnlichkeit der Schwerin-Chernina-Gleichungen mit den Reissner-Meissner-Gleichungen kann auf weitgehende Gemeinsamkeiten der zwei Verformungsfälle zurückgeführt werden. Besonders ähnlich, fast übereinstimmend, sind die Gln. (4.33) mit den linearisierten Gln. (3.77) ohne die unterstrichenen Terme. Beide Systeme können als Spezialfälle der (nichtlinearen) Gleichungen der flexiblen Schalen (s. Abschn. 2.7 und [19]) angesehen werden.

Das hat praktische Konsequenzen. Lösungswege und auch Erfahrungen, die für die drehsymmetrische Verformung gewonnen worden sind, können in vielen Fällen auf das „Windbelastungsproblem“ übertragen werden.

Es sei hier diesbezüglich auf zwei Bereiche hingewiesen: Das Randstörungsproblem und die flexiblen Schalen, insbesondere die krummen Rohre.

Die Isomorphie der Gleichungen und der Randbedingungen erlaubt es, die einfachste *Randeffektlösung* von Geckeler-Staerman (s. Abschn. 3.5.3), wenn sie bei drehsymmetrischer Deformation anwendbar ist, auch zur Lösung des antimetrischen Problems heranzuziehen.

Bei der *Rohrbiegung* lassen sich fast alle Ergebnisse der linearen drehsymmetrischen Lösung (dargestellt im Abschn. 3.9.2) auf die anderen St.-Venantschen Probleme erweitern.

Werden die Gln. (4.33) für die *Querbiegung* der Rohre spezialisiert, so ergeben sich Gleichungen, die bis auf den Sinn der Verformungsparameter des Rohres mit den Gln. (3.144) übereinstimmen. Es stellt sich heraus, daß sowohl bei der Querbiegung in der Krümmungsebene des Rohres als auch bei der *räumlichen* Biegung die Biegesteifigkeit des Rohres denselben Wert KEJ hat wie bei der drehsymmetrischen Biegung. – Der Kármán-Koeffizient K ist durch die gleichen Formeln (3.150), (3.151) bestimmt. Auch die maximale Spannung kann in allen diesen Biegungsfällen mit der Gl. (3.152) berechnet werden. Bei der Querbiegung in der Krümmungsebene des Rohres ist der Spannungsfaktor $\sigma°$ gleich dem für reine Biegung. Nur für die räumliche Biegung senkrecht zur Rohrkrümmungsebene soll bei Verwendung der Formel (3.152) ein anderer Wert des Spannungsfaktors eingesetzt werden (s. Bild 3.29).

Näheres über die St.-Venantschen Probleme der Rohrbiegung (auch unter Normaldruck) findet sich in [17], [124].

4.4 Biegetheorie, der allgemeine Fall

Wie schon erwähnt: Kräfte, die wie $\cos j\theta$ bzw. $\sin j\theta$, $j \geqslant 2$ verteilt sind, sind innerhalb eines Parallelkreises ausgeglichen – statisch äquivalent einer Null-Kraft. Das gleiche betrifft die Flächenlasten, verteilt wie $\cos j\theta$, $\sin j\theta$, $j \geqslant 2$. Damit sind die Integrale der Schalengleichungen und die entsprechenden Vereinfachungen (ausgedrückt in den Reissner-Meissner- und Schwerin-Chernina-Gleichungen) für die Fälle $j \geqslant 2$ nicht möglich.

In den Fourierreihen der Spannungs- und Verformungsparameter (4.3), (4.4) dienen die Harmonischen $j \geqslant 2$ hauptsächlich der Präzisierung der Verteilung der Schnittlasten und der Verformung. Meistens ist aber die Verteilung der äußeren Lasten nicht genau bekannt. Sind die äußeren Kräfte Reaktionen von angrenzenden Strukturelementen (Rippen, Flanschen usw.), so stellt die Methode der *finiten Elemente* ein geeignetes Mittel zur Problemlösung dar. Diese Methode erlaubt, auch lokale Öffnungen und andere Komplikationen zu berücksichtigen.

Die Lösung mit der Variablentrennung durch den Einsatz der Fourierreihen (4.3), (4.4) ist zweckmäßig für Drehschalen ohne die erwähnten Besonderheiten. Jede $\cos j\theta$- bzw. $\sin j\theta$-Komponente der Lösung (N^j_ξ, N^j_θ, ...) wird durch ein separates System gewöhnlicher Differentialgleichungen bestimmt. Das System ist von achter Ordnung. Die Art dieser Gleichungen und der entsprechenden Randbedingungen ist in den Gln. (4.5), (4.26) und (4.34) kurz illustriert worden. Ähnliche Verhältnisse zwischen den Amplituden ε^j_ξ, ε^j_θ, ... der Verzerrungsparameter und denen der Verschiebungen folgen aus den Gln. (1.42) bis (1.44).

Aber die Lösung von jedem der Systeme ist nicht ganz einfach. Ergebnisse dieser Lösungen für $j = 2, 3, \ldots$ sollen zusammengefaßt werden. Das wird praktikabel nur mit effektiven Computerprogrammen. Dazu gibt es erprobte Lösungswege. Darstellungen verschiedener Verfahren finden sich in [72], [133] (s. auch Abschn. 5.4.2.1).

Bei weitem die wichtigste und dabei auch die einfachste Klasse bilden die Zylinderschalen. Der allgemeine Spannungszustand wird für diese Schalen im nächsten Abschnitt untersucht.

5 Zylinderschalen und krumme Rohre

5.1 Allgemeines

Kreisrunde Zylinderschalen sind einmalig: Sie können aus Platten durch reine *Biegung* gestaltet werden, und deren lokale Form (die Normalschnittkrümmungen) ist über die ganze Schale *konstant*. Die erste Eigenschaft trägt zur breiten Verwendung der Zylinderschalen in der Technik bei; zusammen mit der zweiten Besonderheit vereinfacht sie die Analyse der Verformung – ermöglicht ein Lösungssystem mit konstanten Koeffizienten. Im Rahmen der Membrantheorie ergibt sich eine geschlossene Lösung. Die allgemeinere Biegetheorie läßt im Spannungszustand zwei unterschiedliche Komponenten erkennen und durch vereinfachte spezialisierte Zweige der Theorie erfassen. Diese Anwendungstheorie läßt sich auf eine große Klasse Schalen zweifacher Krümmung (mit $1/R_\xi R_\theta \neq 0$) erweitern, was im folgenden zur Analyse von Randproblemen krummer Rohre dient.

Die *kreisrunden Zylinderschalen* stellen einen Fall der Drehschale dar. Setzen wir die Flächenkoordinaten ξ und θ entlang der Erzeugenden und der Breitenkreise wie in Bild 5.1 fest, dann wird

$$a = b = R_\theta = R\,, \qquad \varphi = \pi/2\,; \qquad \frac{1}{R_\xi}, \frac{1}{\varrho_\xi}, \frac{1}{\varrho_\theta} = 0\,, \tag{5.1}$$

und die Gleichgewichts- sowie Kompatibilitätsbeziehungen (4.1), (4.2) mit (1.98) sind

$$\left.\begin{aligned} &N^{\bullet}_\xi + S_{,\theta} + bq_\xi = 0\,, && bQ_\xi = M^{\bullet}_\xi + H_{,\theta} \\ &S^{\bullet}_\xi + N_{\theta,\theta} + Q_\theta + bq_\theta = 0\,, && bQ_\theta = M_{\theta,\theta} + H^{\bullet} \\ &Q^{\bullet}_\xi + Q_{\theta,\theta} - N_\theta + bq = 0\,, && S = S_\theta = S_\xi - H/b\,; \end{aligned}\right\} \tag{5.2}$$

$$\left.\begin{aligned} &-\varkappa^{\bullet}_\theta + \tau_{,\theta} = 0\,, && b\lambda_\theta = \varepsilon^{\bullet}_\theta - \gamma_{,\theta}/2\,, \\ &\tau^{\bullet}_\theta - \varkappa_{\xi,\theta} - \lambda_\xi = 0\,, && -b\lambda_\xi = \varepsilon_{\xi,\theta} - \gamma^{\bullet}/2\,, \\ &\lambda^{\bullet}_\theta - \lambda_{\xi,\theta} + \varkappa_\xi = 0\,, && \tau = \tau_\xi = \tau_\theta + \gamma/2b\,. \end{aligned}\right\} \tag{5.3}$$

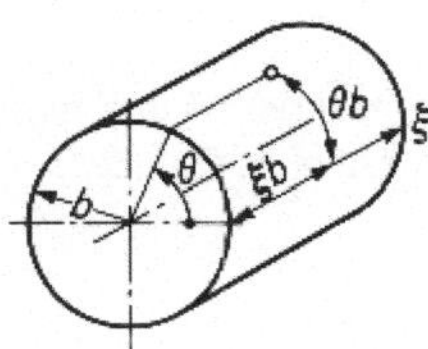

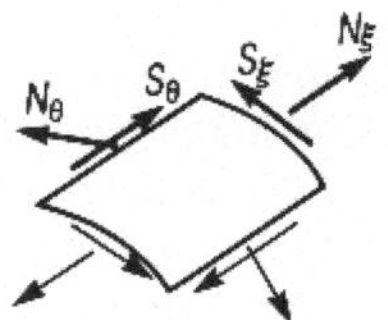

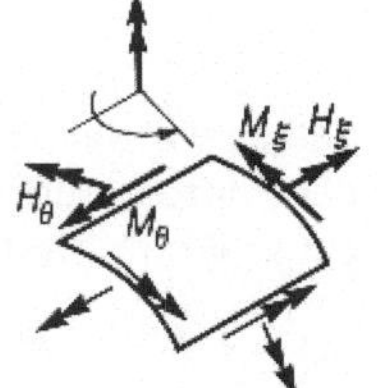

Bild 5.1 Schnittkräfte und Momente in Zylinderschale (ohne die Querkräfte)

Der Inhalt der Gleichgewichtsbeziehungen kann mit Zuhilfenahme vom Bild 5.1 anschaulich eingesehen werden.

Die Gln. (5.2) sind denen unter (5.3) entsprechend den Beziehungen (2.1) *dual* zugeordnet. Die Ausdrücke der Verzerrungsparameter über die Komponenten der Verschiebung u, v, w (1.42) bis (1.44) werden für die Zylinderschale zu

$$\left.\begin{aligned} b\varepsilon_\xi &= \dot{u}\,, & b\varepsilon_\theta &= v_{,\theta} + w\,, & b\gamma &= u_{,\theta} + \dot{v}\,;\\ b^2\varkappa_\xi &= -\ddot{w}\,, & b^2\varkappa_\theta &= -w_{,\theta\theta} + v_{,\theta}\,, & b^2\tau &= -\dot{w}_{,\theta} + \dot{v}\,. \end{aligned}\right\} \tag{5.4}$$

Das Gleichungssystem wird durch die Beziehungen zwischen den Schnittkräften und Momenten $N_\xi, \ldots, M_\theta$ und den sechs Verzerrungsparametern $\varepsilon_\xi, \ldots, \varkappa_\theta$ ergänzt. Für elastische Hookesche Werkstoffe können diese Gleichungen unmittelbar vom Abschn. 1.7 übernommen werden.

5.2 Membrantheorie

Die Analyse der Zylinderschalen wird zuerst mit der einfachen und anschaulichen Membrantheorie-Näherung durchgeführt. Den Ansatz der Membrantheorie bildet die Vernachlässigung aller Terme der Gleichgewichtsbedingungen mit den Schnittmomenten $M_\xi, \ldots$, die die Wandbiegung und Wandtorsion vertreten. Mit dieser Annahme werden die Gln. (5.2) durch die folgenden drei Gleichungen mit drei Unbekannten ersetzt

$$\left.\begin{aligned} \dot{N}_\xi + S_{,\theta} + q_\xi b &= 0\,,\\ \dot{S} + N_{\theta,\theta} + q_\theta b &= 0\,,\\ -N_\theta + qb &= 0\,, \end{aligned}\right\} \tag{5.5}$$

wobei $S = S_\xi = S_\theta$ ist.

5.2.1 Fourierreihenlösung

Für geschlossene Zylinder und unter bestimmten Vorkehrungen [17] auch für offene Schalen gibt es eine effektive Lösung in der Fourierreihen-Form. Den Ansatz bilden die Fourierreihen der Flächenlasten und der Schnittkräfte, die für den Fall der Symmetrie bezüglich der Ebene $\theta = 0$ die folgende Form haben

$$\left.\begin{aligned} [q_\xi \;\; q \;\; N_\xi \;\; N_\theta] &= \sum_m [q_\xi^m \;\; q^m \;\; N_\xi^m \;\; N_\theta^m] \cos m\theta\,,\\ [q_\theta \;\; S] &= \sum_m [q_\theta^m \;\; S^m] \sin m\theta\,, \end{aligned}\right\} \tag{5.6}$$

wobei die Fourierkoeffizienten $q_\xi^m, \ldots, S^m$ Funktionen von ξ sind.

Setzen wir die Entwicklungen (5.6) in die Gln. (5.5) ein, so ergibt sich (aus dem Vergleich der Fourierkoeffizienten) für die Amplituden N_ξ^m, N_θ^m, S^m bei jedem Wert $m = 0, 1, 2, \ldots$ ein separates System gewöhnlicher Differentialgleichungen:

$$\begin{aligned} \dot{N}_\xi^m + mS^m + q_\xi^m b &= 0\,,\\ \dot{S}^m - mN_\theta^m + q_\theta^m b &= 0\,, \end{aligned} \qquad N_\theta^m = bq^m\,, \qquad (\,)^{\cdot} = \frac{\mathrm{d}}{\mathrm{d}\xi}(\,)\,. \tag{5.7}$$

Dieses System läßt sich in einer geschlossenen Form integrieren. Mit dem N_θ^m-Wert aus der dritten Gl. (5.7) liefert die zweite Gleichung einen Ausdruck für $\dot{S}^m$ über die Flächenlasten q^m, q_θ^m. Die Integration ergibt die Variable S^m. Damit wird aus der ersten Gl. (5.7) $\dot{N}_\xi^m$ und dann auch N_ξ^m gewonnen. Bestimmt man die Integrationskonstanten über die Werte S_0^m, N_0^m der Schnittkräfte bei $\xi = 0$, so ergibt die bereits skizzierte Integration der Gln. (5.7):

$$S^m = \int (mN_\theta^m - q_\theta^m b)\,\mathrm{d}\xi = S_0^m + \int_0^\xi (mq^m - q_\theta^m) b\,\mathrm{d}\xi\,, \tag{5.8}$$

$$\begin{aligned} N_\xi^m &= -\int (mS^m + q_\xi^m b)\,\mathrm{d}\xi \\ &= N_0^m - mS_0^m \xi - \iint_0^\xi (m^2 q^m - m q_\theta{}^m) b\,\mathrm{d}\xi^2 - \int_0^\xi q_\xi^m b\,\mathrm{d}\xi\,. \end{aligned} \tag{5.9}$$

Die Schnittkräfte N_ξ, N_θ, und S bestimmen über die Elastizitätsverhältnisse die Verzerrungsparameter ε_ξ, ε_θ, γ und $\varkappa_\xi$, $\varkappa_\theta$, τ. Aus diesen Parametern können über die Gln. (5.4) die Verschiebungen u, v, w ermittelt werden.

Die skizzierte Ermittlung von Verschiebungen wird auch in Fourierreihenform durchgeführt. In Verbindung mit der angesetzten Symmetrie des Spannungszustandes können die Verschiebungskomponenten in der folgenden Fourierreihenform dargestellt werden

$$[u \quad w] = \sum_m [u^m \quad w^m] \cos m\theta\,, \qquad v = \sum_m v^m \sin m\theta\,, \tag{5.10}$$

wobei die Amplitudenwerte u^m, v^m und w^m Funktionen von der Koordinate ξ sind.

Die Verzerrungs-Verschiebungs-Beziehungen (5.4) ergeben nach Substitution der Entwicklungen (5.10) und der Ausdrücke von ε_ξ, ε_θ, γ über N_ξ^m, N_θ^m, S^m nach (1.89) und (5.6) die Formeln:

$$\left.\begin{aligned} \frac{Eh}{b}\dot{u}^m &= N_\xi^m - \nu N_\theta^m\,, \\ \frac{Gh}{b}\dot{v}^m &= S^m + mu^m \frac{Gh}{b}\,, \\ \frac{Eh}{b} w^m &= N_\theta^m - \nu N_\xi^m - mv^m \frac{Eh}{b}\,. \end{aligned}\right\} \tag{5.11}$$

Die Integration ergibt

$$\begin{aligned} \frac{Eh}{b} u^m &= \frac{Eh}{b} u_0^m + \int_0^\xi (N_\xi^m - \nu N_\theta^m)\,\mathrm{d}\xi\,, \\ \frac{Eh}{b} v^m &= \frac{Eh}{b} v_0^m + \int_0^\xi \left(\frac{E}{G} S^m + mu^m \frac{Eh}{b}\right) \mathrm{d}\xi\,. \end{aligned} \tag{5.12}$$

Werden hier die Ausdrücke (5.7) bis (5.9) für die Kräfteamplituden N_θ^m, N_ξ^m, S^m eingesetzt, so bestimmen die Formeln (5.12) die Verschiebungen über die vier „Anfangswerte" u_0^m, v_0^m, S_0^m, N_0^m und über die Flächenbelastung (vorgegeben durch q_ξ^m, q_θ^m, q^m).

Die hier dargestellte Lösung läßt sich in einer praktikablen Matrizenform zusammenfassen. Das ist die Aufgabe des nächsten Abschnittes.

5.2.2 Übertragungsmatrix

Die Schnittkräfte S, N_ξ und die Verschiebungskomponenten u und v gehören zu den Größen, die in die Randbedingungen der Membrantheorie (s. Abschn. 2.6) einbezogen werden. Das macht es möglich, die Ausdrücke von S, N_ξ, u, v nach (5.8), (5.9) und (5.12) zu einem effektiven Lösungsvorgang auszubauen. Dieser Vorgang erhält eine besonders klare Gestalt durch die Matrizenform*).

Die vier Ausdrücke können als ein Verhältnis zwischen den Spaltenmatrizen der Schnittkräfte und Verschiebungskomponenten im Schnitt $\xi = 0$ und in einem beliebigen Schnitt $\xi = \text{const}$ dargestellt werden:

$$\begin{aligned} y^m(\xi) &= M^m(\xi) y^m(0) + Q^m(\xi) \\ y^m(\xi) &= \left\{ -mS^m \quad N_\xi^m \quad \frac{Eh}{b} u^m \quad \frac{Eh}{mb} v^m \right\}. \end{aligned} \tag{5.13}$$

Die hier eingeführte *Übertragungsmatrix* $M^m(\xi)$ und die *Flächenlastmatrix* $Q^m(\xi)$ fassen die Ergebnisse der dargestellten Integration zusammen. Die Übertragungsmatrix ergibt sich aus (5.8), (5.9) und (5.12) zu:

$$\begin{bmatrix} -mS^m \\ N_\xi^m \\ \dfrac{Eh}{b} u^m \\ \dfrac{Eh}{bm} v^m \end{bmatrix} = \begin{bmatrix} 1 & 0 & 0 & 0 \\ \xi & 1 & 0 & 0 \\ \dfrac{1}{2}\xi^2 & \xi & 1 & 0 \\ -\dfrac{E}{G}\dfrac{\xi}{m^2} + \dfrac{\xi^3}{3!} & \dfrac{\xi^2}{2} & \xi & 1 \end{bmatrix} \begin{bmatrix} -mS_0^m \\ N_0^m \\ \dfrac{Eh}{b} u_0^m \\ \dfrac{Eh}{mb} v_0^m \end{bmatrix} + Q^m(\xi). \tag{5.14}$$

Wie schon in (5.8), (5.9), (5.12) bezeichnen S_0^m, N_0^m, u_0^m, v_0^m die Werte von $S^m(\xi)$, $N_\xi^m(\xi)$, $u^m(\xi)$, $v^m(\xi)$ bei $\xi = 0$.

Für den praktisch interessanten *Fall* der Flächenbelastung durch einen *Normaldruck* q (Innendruck – positiv) lautet die Flächenlastmatrix

$$Q^m = -m^2 b \begin{bmatrix} \int_0^\xi q^m \mathrm{d}\xi \\ \iint_0^\xi q^m \mathrm{d}\xi^2 \\ \iiint_0^\xi q^m \mathrm{d}\xi^3 + \dfrac{\nu}{m^2}\int_0^\xi q^m \mathrm{d}\xi \\ \iiiint_0^\xi q^m \mathrm{d}\xi^4 + \dfrac{\nu}{m^2}\iint_0^\xi q^m \mathrm{d}\xi^2 - \dfrac{E}{Gm^2}\iint_0^\xi q^m \mathrm{d}\xi^2 \end{bmatrix}. \tag{5.15}$$

*) Wir folgen dabei den Arbeiten von H. Öry [106] sowie von H. Öry und G. Fahlbusch [107]. In der Arbeit [107] findet sich die Aufstellung und Anwendung von Übertragungsmatrizen für Kegelschalen (s. auch die Arbeit von G. Czerwenka [40]).

Wenn der Normaldruck und damit die Fourierkoeffizienten q^m in bezug auf ξ (entlang der Schale) konstant sind, ergibt sich aus (5.15):

$$Q^m = -q^m b \begin{bmatrix} m^2\xi \\ m^2\xi^2/2 \\ m^2\xi^3/3! + \nu\xi \\ m^2\xi^4/4! - E\xi^2/(2G) + \nu\xi^2/2 \end{bmatrix}. \tag{5.16}$$

Die Formel (5.14) enthält als Unbekannte nur die vier *Zustandsgrößen* bei $\xi = 0$: $-mS_0^m, \ldots, Ehv_0^m/(mb)$. Diese Konstanten lassen sich aus den Randbedingungen ermitteln. Es gibt zwei Bedingungen an jedem der zwei Ränder ξ = const für jede der Harmonischen $m = 0, 1, \ldots$. Den Ablauf der Lösung illustriert das folgende Beispiel.

5.2.3 Waagerechter Zylinderbehälter auf Endstützen

Ermitteln wir den Spannungszustand eines kreisrunden Zylinderbehälters nach Bild 5.2, der unter einem hydrostatischen Normaldruck q einer Flüssigkeit steht. Jeder der beiden Deckel des Behälters ist abgestützt. Die Deckel sind völlig undeformierbar in eigener Ebene. In Richtung der Zylindererzeugenden aber ist ein Deckel völlig nachgiebig. Er überträgt an den Schalenrand die vom Flüssigkeitsdruck erzeugten axialen Kräfte N_B. Die Verteilung dieser Randkräfte wird näherungsweise bestimmt.

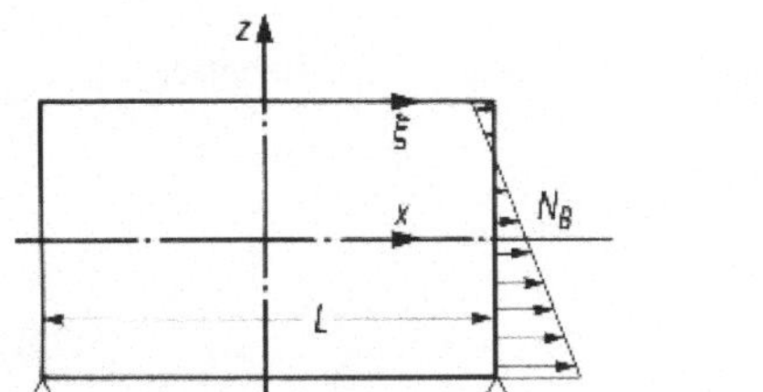

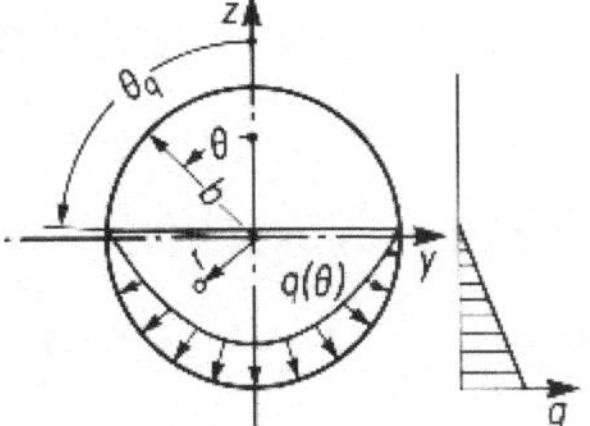

Bild 5.2 Behälter belastet durch Gewicht der Flüssigkeit

Die Lösung beginnt mit der Analyse der Flächenbelastung und der Randkräfte. Dann werden die Bedingungen an den Rändern und in der Symmetrieebene $\xi = L/2b$ (s. Bild 5.2) besprochen. Mit Hilfe dieser Bedingungen werden die Anfangswerte in der Matrizenformel (5.12) bestimmt.

5.2.3.1 Flächenbelastung Zwei Fälle der hydrostatischen Belastung unterscheiden sich wesentlich: ein *voller* und ein nur *zum Teil gefüllter Behälter* (s. Bild 5.2).

Wir betrachten zunächst den ersten Fall. Aus dem Schema vom Bild 5.2 folgt für die Drucklast die Formel

$$q(\theta) = q(\pi/2) - \gamma b \cos\theta, \tag{5.17}$$

wobei γ das spezifische Gewicht der Flüssigkeit ist, und $q(\pi/2)$ ist der Druck in der Ebene $\theta = \pm\pi/2$, der beliebig vorgegeben sein kann.

Die Flächenlastmatrix (5.16) wird über die Fourierkoeffizienten q^m der Funktion $q(\theta)$ ausgedrückt.

Für den *vollen Behälter* (für die Belastung (5.17)) sind offensichtlich alle q^m-Koeffizienten außer q^0 und q^1 gleich Null. Die Formel (5.17) braucht nur umgeschrieben werden:

$$q(\theta) = q^0 + q^1 \cos\theta\,, \qquad q^0 = q(\pi/2)\,, \qquad q^1 = -\gamma b\,. \tag{5.18}$$

5.2.3.2 Randkräfte Die Verteilung der *Axialkräfte* N_B (s. Bild 5.2), die vom Deckel auf den *Rand* der Zylinderschale übertragen werden, ist statisch unbestimmt. Sie kann nur über die Bedingungen der Anpassung der verformten Deckel und Schale ermittelt werden. Diese Ermittlung geht über den Rahmen der hier besprochenen Membrantheorie hinaus. Für die nicht zu kurzen Behälter sind außerdem diese Randkräfte von einer ganz geringen Bedeutung. Das erlaubt uns, die Kräfte N_B nur näherungsweise zu bestimmen.

Dafür wird nun angenommen, daß die Kräfte N_B allein durch die Terme einer Fourierreihe vertreten sein dürfen, die nicht statisch ausgeglichen sind:

$$N_B = N_B^0 + N_B^1 \cos\theta\,; \qquad N_B^m = 0\,, \qquad m \geqslant 2\,. \tag{5.19}$$

Die Werte von N_B^1, N_B^0 werden aus Gleichgewichtsbedingungen für einen Deckel bestimmt. Außer der Randkräfte $N_B(\theta)$ steht der Deckel unter der Wirkung des Flächendruckes $q = q(r,\theta)$. Das Gleichgewicht der am Deckel angreifenden Kräfte in Längsrichtung und der Momente parallel der Symmetrieebene (xz im Bild 5.2) liefert die Gleichungen:

$$\int_0^{2\pi} N_B \begin{bmatrix} 1 \\ b\cos\theta \end{bmatrix} b\,\mathrm{d}\theta = \int_0^{2\pi} \mathrm{d}\theta \int_0^b q(r,\theta) \begin{bmatrix} 1 \\ r\cos\theta \end{bmatrix} r\,\mathrm{d}r\,. \tag{a}$$

Der Druck $q(r,\theta)$ der Flüssigkeit auf den Deckel ist für den vollgefüllten Behälter

$$q(r,\theta) = q^0 - \gamma r \cos\theta\,, \qquad q^0 = q(\pi/2)\,.$$

Damit ergeben die Gln. (a) mit (5.19)

$$N_B^0 = q^0 b/2\,, \qquad N_B^1 = -\gamma b^2/4\,. \tag{5.20}$$

5.2.3.3 Zustandsgrößen bei $\xi = 0$ Der Spannungszustand und die Verformung werden mit Hilfe der Gln. (5.14), (5.16) über die vier Zustandsgrößen $-mS_0^m$, ..., $Ehv_0^m/(mb)$ ($m = 0, 1, \ldots$) bestimmt. Die vier Parameter werden für jeden m-Wert durch die Randbedingungen festgelegt. Entsprechend den postulierten Eigenschaften der Deckel sind die Verschiebungen eines Randes in seiner Ebene verhindert, und er trägt die axiale Streckenlast $N_B(\theta)$. Diese Randbedingungen lauten bei $\xi = 0, L/b$: $v = 0$, $N_\xi = N_B$. Für die Koeffizienten der Fourierreihen (5.6), (5.10) bedeutet das:

$$\xi = 0, L/b: \qquad v^m = v_0^m = 0\,, \qquad N_\xi^m = N_0^m = N_B^m\,. \tag{5.21}$$

Mit den N_B^m-Werten nach (5.20) ergibt sich

$$N_0^0 = q^0 b/2\,, \qquad N_0^1 = -\gamma b^2/4\,, \qquad N_0^m = 0 \quad \text{bei} \quad m \geqslant 2\,. \tag{5.22}$$

Die übrigen zwei Zustandsgrößen (S_0^m, u_0^m) lassen sich aus den Bedingungen in der *Symmetrieebene* $\xi = L/2b$ ermitteln. Infolge der Symmetrie verschwinden hier die Schubkräfte ($S = 0$), und die Querschnittsebene bleibt eben ($u = 0$). Damit sind auch die Koeffizienten der Fourierreihen von S und u gleich Null

$$\xi = L/2b: \qquad S^m = 0\,, \qquad u^m = 0\,, \qquad m = 0, 1, \ldots\,. \tag{5.23}$$

Setzen wir den Flächenlastvektor Q^m nach der Gl. (5.16) in die Formel (5.14) ein, so werden damit die Gln. (5.23) zu:

$$-mS_0^m - q^m m^2 L/2 = 0\,,$$
$$-mS_0^m\left(\frac{L}{2b}\right)^2\frac{1}{2} + N_0^m\frac{L}{2b} + \frac{Eh}{b}u_0^m - q^m b\left[m^2\left(\frac{L}{2b}\right)^3\frac{1}{3!} + \nu\frac{L}{2b}\right] = 0\,. \tag{5.24}$$

Daraus ergibt sich mit den q^m-Werten aus (5.18) und N_0^m aus (5.22)

$$S_0^1 = \gamma bL/2\,, \qquad \frac{Eh}{b}u_0^1 = \frac{\gamma L^3}{24b} + \gamma bL\frac{1-4\nu}{8}\,,$$
$$S^m = u^m = 0 \qquad (m = 2, 3, \ldots)\,. \tag{5.25}$$

5.2.3.4 Spannungszustand im vollgefüllten Behälter Mit den Zustandsgrößen für $\xi = 0$ nach (5.22), (5.25) sind der Spannungszustand und die Verschiebungen im wesentlichen durch die Gln. (5.14) bestimmt. Es ist eine Überlagerung gleichmäßiger Dehnungen in Längs- und Umfangsrichtung ($m = 0$ Komponente) und einer „Balkenbiegung" ($m = 1$ Komponente).

Maßgeblich sind die Längsspannungen N_ξ/h in der Mitte des Behälters bei $\theta = 0$ (Bild 5.2), wo $N_\xi = N_\xi^0 + N_\xi^1$ ist. Nach (5.22) mit $q^0 = \gamma b$, (5.25), (5.14) und (5.16) ergibt sich

$$N_\xi^0 = \gamma b^2/2\,, \qquad N_\xi^1\left(\frac{L}{2b}\right) = -\gamma\frac{L^2}{8}\left(1 + 2\frac{b^2}{L^2}\right). \tag{5.26}$$

Wir vergleichen die Spannung N_ξ^1/h mit dem Wert σ_ξ, der aus der elementaren Balkentheorie folgt. Dafür vertreten wir den Behälter durch das Schema eines Balkens vom Bild 5.3. Die Streckenlast ist gleich dem Gewicht der Flüssigkeit pro Einheit der Behälterlänge. (Das Eigengewicht des Behälters wird nicht berücksichtigt.) Für die Spannung im Punkt $\theta = 0$, $\xi = L/2b$ (Bild 5.2) ergibt die bekannte Formel der Festigkeitslehre

$$\sigma_\xi = \frac{Mb}{J} = -\gamma\pi b^2\frac{L^2}{8}\,\frac{b}{\pi b^3 h} = -\gamma\frac{L^2}{8h}\,. \tag{5.27}$$

Dieser Wert stimmt mit N_ξ^1/h nach (5.26) bis auf den Faktor $1 + 2b^2/L^2$ überein. (Diese Korrektur vertritt den variablen Anteil des Druckes der Flüssigkeit auf die Deckel.) Eine Übereinstimmung mit der Balkentheorie gibt es auch für die Schubkraft S.

Die elastischen Verschiebungen können mit Hilfe der Gln. (5.14), (5.11) und (5.10) bestimmt werden.

Aus den Gln. (5.4) und den Elastizitätsverhältnissen (1.88) lassen sich auch die (vernachlässigten) Momente M_ξ, M_θ abschätzen. Man findet, daß die Biegespannungen in der Schalenwand lediglich von der Größenordnung von h/b gegen die Membranspannungen N_ξ/h sind. Ebenso unbedeutend ist die Wandtorsion.

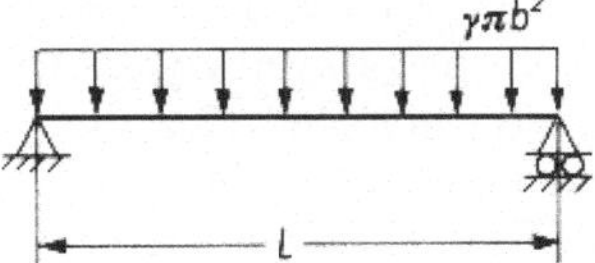

Bild 5.3
Balkenschema vom Behälter

Es wäre aber übereilt, aus diesem Beispiel den Schluß zu ziehen, daß die Membrantheorie in einem anderen Fall verläßliche Ergebnisse liefert. Das nächste Beispiel zeigt die Unzulänglichkeit der Membrantheorie für den gleichen Behälter, wenn er lediglich nicht vollgefüllt ist.

Der biegefreie Spannungszustand ist für die Zylinderschalen auch bei günstigen Randbedingungen nicht gesichert.

5.2.3.5 Halbgefüllter Behälter Wenn die Flüssigkeit nur bis zu einem Pegel ($\theta = \theta_q$ im Bild 5.2) reicht, gilt die Formel (5.17) nur für den gefüllten Bereich. Außerhalb dieses Bereiches ist $q(\theta) = 0$. Für den *zur Hälfte gefüllten* Behälter gilt also

$$\begin{aligned} |\theta| \leqslant \pi/2: \quad & q(\theta) = 0\,; \\ |\theta| > \pi/2: \quad & q(\theta) = -\gamma b \cos\theta\,, \qquad q(r,\theta) = -\gamma r \cos\theta\,. \end{aligned} \tag{5.28}$$

Damit enthält die Fourierreihe (5.6) mehrere bedeutende Glieder. Die Koeffizienten werden durch die Fourier-Formeln wie folgt bestimmt

$$q^0 = \frac{1}{2\pi}\int_0^{2\pi} q(\theta)\,\mathrm{d}\theta\,, \qquad m \geqslant 1: \qquad q^m = \frac{1}{\pi}\int_0^{2\pi} q(\theta)\cos m\theta\,\mathrm{d}\theta\,.$$

Daraus erhält man mit $q(\theta)$ nach den Gln. (5.28) die Fourierkoeffizienten

$$\begin{aligned} &[q^0 \;\; q^1 \;\; q^2 \;\; \ldots] = \frac{\gamma b}{\pi}\left[1 \;\; -\frac{\pi}{2} \;\; \frac{2}{3} \;\; 0 \;\; -\frac{2}{15} \;\; 0 \;\; \ldots\right], \\ &m = 2, 4, 6, \ldots: \qquad q^m = -(-1)^{m/2} 2\gamma b/[\pi(m^2-1)]\,. \end{aligned} \tag{5.29}$$

Die Gln. (a) ergeben mit $q(r,\theta)$ nach (5.28) die Randlastkoeffizienten von (5.19):

$$N_B^0 = \gamma b^2/3\pi\,, \qquad N_B^1 = -\gamma b^2/8\,; \qquad N_B^m = 0,\, m \geqslant 2\,. \tag{5.30}$$

Mit den Randlastparametern nach (5.30) liefern die Randbedingungen (5.21) die Zustandsparameter bei $\xi = 0$

$$\begin{aligned} &v_0^m = 0\,, \qquad N_0^0 = \gamma b^2/3\pi\,, \qquad N_0^1 = -\gamma b^2/8\,, \qquad N_0^{m+2} = 0\,, \\ &m = 0, 1, \ldots. \end{aligned} \tag{5.31}$$

Die Bedingungen (5.23) in der Symmetrieebene bestimmen nach der Substitution von q^m aus (5.29) und der Anfangszustandsparameter (5.31) die übrigen Parameter der Lösung (5.14) – Fourierkoeffizienten der Verschiebung und der Schubkraft am Rand $\xi = 0$. Insbesondere erhält man

$$S_0^0 = 0\,, \qquad S_0^1 = \gamma b L/4\,, \qquad S_0^m = -m q^m L/2 \qquad (m = 2, 3, \ldots)\,. \tag{5.32}$$

Die maßgeblichen Spannungen sind auch in diesem Fall mit der Schnittkraft N_ξ in dem mittleren Querschnitt $\xi = L/2b$ verbunden. Die Fourierkoeffizienten der Schnittkraft ergeben sich aus den Formeln (5.14), (5.16) mit den Anfangszustandsgrößen (5.31), (5.32) und den Flächenlastamplituden (5.29). Man erhält analog zu Gl. (5.26) für den Querschnitt $\xi = L/2b$ die Schnittkraft:

$$N_\xi\left(\frac{L}{2b}, \theta\right) = \sum_m N_\xi^m\left(\frac{L}{2a}\right)\cos m\theta = \frac{\gamma b^2}{3\pi} - \frac{\gamma L^2}{16}\left(1 + 2\frac{b^2}{L^2}\right)\cos\theta$$

$$+ \frac{\gamma L^2}{4\pi}\sum_{m=2,4,\ldots}\frac{m^2(-1)^{m/2}}{m^2-1}\cos m\theta\,. \tag{5.33}$$

Der konstante Term vertritt die axiale Zugkraft, erzeugt durch den Druck der Flüssigkeit auf die Deckel. Das gilt auch für den Faktor $1 + 2b^2/L^2$. Setzt man $1 + 2b^2/L^2 = 1$, so stimmt der $\cos\theta$-Term mit der Balkenspannung*) $(Mb/J)\cos\theta$ überein.

Die restlichen Glieder der Reihe (5.33) (die für $m = 2, 4, \ldots$) präsentieren den Einfluß der Verformung der Querschnitte des Behälters. (Bei einem vollgefüllten Behälter sind alle diese Terme gleich Null.) Es fällt auf, daß die Glieder mit $\cos 2\theta$, $\cos 4\theta$, ... von beträchtlicher Größe sind, und daß die Fourierreihe von N_ξ divergiert. Die Reihenglieder steigen sogar gewissermaßen mit der Nummer m an. Man braucht nicht die Biegespannungen zu berechnen, um festzustellen: Die Membranlösung ist in diesem Fall unzulänglich. Die Wandbiegung (besonders in Querrichtung) ist offensichtlich ein wichtiger Bestandteil der inneren Kräfte, die der Belastung widerstehen.

Inwieweit die Membrantheorie in diesem Fall anwendbar ist, zeigt die Lösung des gleichen Problems mit Hilfe der Biegetheorie im Abschn. 5.3.5.

5.3 Biegetheorie von Zylinderschalen

5.3.1 Fourierreihenlösung

Ein beliebiges lineares Problem der Zylinderschale kann mit Hilfe der Gln. (5.2) bis (5.4) und der Elastizitätsverhältnisse von Abschn. 1.7 beschrieben werden. Entwicklung der Unbekannten in Fourierreihen

$$N_\xi = \sum_m N_\xi^m(\xi)\cos m\theta\,, \qquad \ldots, \tag{5.34}$$

erlaubt, wie in Abschn. 4 dargestellt, die Trennung der Variablen: Die Fourierkoeffizienten N_ξ^m, N_θ^m, ... werden für jeden Wert $m = 0, 1, \ldots$ durch ein separates System gewöhnlicher Differentialgleichungen bestimmt. Speziell für *kreisrunde* Zylinderschalen liefert die Fourierreihenlösung wesentliche Einsichten in die Art der möglichen Spannungszustände.

Die Analyse wird leichter und übersichtiger, wenn das Lösungssystem auf ein System von drei Gleichungen für die Verschiebungskomponenten u, v und w reduziert wird. Die Grundlage der Reduktion bilden die Gleichungen, die durch die Elimination der Kräfte S_ξ, Q_ξ, Q_θ aus den ersten drei Gln. (5.2) folgen:

$$\left.\begin{aligned} &N_\xi^\bullet + S_{,\theta} + bq_\xi = 0\,,\\ &S^\bullet + N_{\theta,\theta} + 2H^\bullet/b + M_{\theta,\theta}/b + bq_\theta = 0\,,\\ &-N_\theta b + M_\xi^{\bullet\bullet} + 2H^\bullet_{,\theta} + M_{\theta,\theta\theta} + b^2 q = 0\,. \end{aligned}\right\} \tag{5.35}$$

---

*) Diese Spannung ist zweimal kleiner als in (5.27), weil der Behälter zweimal weniger Flüssigkeit enthält.

Setzt man die Verzerrung-Verschiebung-Beziehungen (5.4) in die Elastizitätsverhältnisse (1.88) ein, so ergeben sich die folgenden Ausdrücke der Schnittkräfte und -Momente über die Verschiebungskomponenten

$$\left.\begin{aligned} N_\xi &= \frac{B}{b}(u^{\bullet} + \nu v_{,\theta} + \nu w)\,, & M_\xi &= \frac{D}{b^2}(-w^{\bullet\bullet} - \nu w_{,\theta\theta} + \nu v_{,\theta})\,,\\ N_\theta &= \frac{B}{b}(v_{,\theta} + w + \nu u^{\bullet})\,, & M_\theta &= \frac{D}{b^2}(-w_{,\theta\theta} + v_{,\theta} - \nu w^{\bullet\bullet})\,,\\ S &= \frac{Gh}{b}(u_{,\theta} + v^{\bullet})\,, & H &= \frac{Gh^3}{6b^2}(-w^{\bullet}_{,\theta} + v^{\bullet})\,. \end{aligned}\right\} \qquad (5.36)$$

Für die isotropen Schalen gilt

$$\begin{aligned} B &= Eh/(1-\nu^2)\,,\\ D &= Eh^3/12(1-\nu^2)\,,\\ G &= E/(2+2\nu)\,. \end{aligned}$$

Setzt man die Ausdrücke (5.36) in die Gleichgewichtsbeziehungen (5.35) ein, so erhält man das Lösungssystem

$$\begin{bmatrix} \frac{\partial^2}{\partial\xi^2} + \frac{1-\nu}{2}\frac{\partial^2}{\partial\theta^2} & \frac{1+\nu}{2}\frac{\partial^2}{\partial\xi\partial\theta} & \nu\frac{\partial}{\partial\xi}\\ \frac{1+\nu}{2}\frac{\partial^2}{\partial\xi\partial\theta} & \frac{1-\nu}{2}\frac{\partial^2}{\partial\xi^2} + \frac{\partial^2}{\partial\theta^2} + k\delta & \frac{\partial}{\partial\theta} - k\frac{\partial}{\partial\theta}d\\ \nu\frac{\partial}{\partial\xi} & \frac{\partial}{\partial\theta} - k\frac{\partial}{\partial\theta}d & 1 + k\left(\frac{\partial^2}{\partial\xi^2} + \frac{\partial^2}{\partial\theta^2}\right)^2 \end{bmatrix} \begin{bmatrix} u\\ v\\ w \end{bmatrix}$$

$$= \frac{b^2}{B}\begin{bmatrix} -q_\xi\\ -q_\theta\\ q \end{bmatrix}, \quad d = (2-\nu)\frac{\partial^2}{\partial\xi^2} + \frac{\partial^2}{\partial\theta^2}, \quad \delta = d - \nu\frac{\partial^2}{\partial\xi^2}, \quad k = D/(Bb^2)\,. \qquad (5.37)$$

Die Terme mit dem Faktor $k = h^2/(12b^2)$ vertreten in den Gleichungen die Biegung und Torsion der Schalenwand. Werden diese Terme gestrichen, so entspricht das System (5.37) der Membrantheorie.

Der Einsatz der Fourierreihen (5.6) und (5.10) reduziert die Gln. (5.37) auf ein System gewöhnlicher Differentialgleichungen. Dieses System zerfällt in unabhängige Teilsysteme, jedes für die drei Amplituden $u^m(\xi)$, $v^m(\xi)$ und $w^m(\xi)$ entsprechend jedem Wert $m = 1, 2, \ldots$. Der drehsymmetrische Anteil (für $m = 0$) ist abgetrennt zu untersuchen.

Die erwähnten Gleichungen folgen aus (5.37) durch Ersetzen von $u, \ldots, q$ durch $u^m(\xi), \ldots, q^m(\xi)$, sowie von $\partial^2/\partial\theta^2$ durch $-m^2$ und schließlich von $u_{,\theta}\, w_{,\theta}$ und $v_{,\theta}$ durch $-mu^m$, $-mw^m$ bzw. mv^m:

$$\begin{bmatrix} \dfrac{\mathrm{d}^2}{\mathrm{d}\xi^2} - \dfrac{1-\nu}{2} m^2 & \dfrac{1+\nu}{2} m \dfrac{\mathrm{d}}{\mathrm{d}\xi} & \nu \dfrac{\mathrm{d}}{\mathrm{d}\xi} \\ -\dfrac{1+\nu}{2} m \dfrac{\mathrm{d}}{\mathrm{d}\xi} & \dfrac{1-\nu}{2} \dfrac{\mathrm{d}^2}{\mathrm{d}\xi^2} - m^2 + k\delta_m & -m + kmd_m \\ \nu \dfrac{\mathrm{d}}{\mathrm{d}\xi} & m - kmd_m & 1 + k\left(\dfrac{\mathrm{d}^2}{\mathrm{d}\xi^2} - m^2\right)^2 \end{bmatrix} \begin{bmatrix} u^m \\ v^m \\ w^m \end{bmatrix}$$

$$= \frac{b^2}{B} \begin{bmatrix} -q_\xi^m \\ -q_\theta^m \\ q^m \end{bmatrix}, \qquad d_m = (2-\nu)\frac{\mathrm{d}^2}{\mathrm{d}\xi^2} - m^2, \qquad \delta_m = d_m - \nu \frac{\mathrm{d}^2}{\mathrm{d}\xi^2} \qquad (m = 1, 2, \ldots). \tag{5.38}$$

Die Lösung dieses linearen Systems ist eine Summe aus einer partikulären Lösung und aus dem allgemeinen Integral des entsprechenden homogenen Systems, d.h. der Gln. (5.38) mit den rechten Seiten gleich Null. Das homogene System beschreibt die Verformung der Schale durch Kräfte und Momenten, die an den Rändern ξ = const eingeprägt sind.

Betrachten wir die Wirkung der Randkräfte näher.

In den praktisch bedeutenden Fällen variieren die Randkräfte nicht sehr intensiv. Diese Kräfte können ausreichend genau durch die Fourierreihen beschrieben werden, in denen nur die $\cos m\theta$, $\sin m\theta$ Terme behalten werden, die der Bedingung

$$m^2 \ll \sqrt{12}\,\frac{b}{h} \tag{5.39}$$

entsprechen.

Die Gln. (5.38) haben konstante Koeffizienten. Dabei kann die Lösung des entsprechenden homogenen Systems in der Exponentialform

$$[u^m \;\; v^m \;\; w^m] = \mathrm{e}^{\alpha m \xi}[A \;\; B \;\; C]\,, \tag{5.40}$$

gesucht werden (A, B, C sind Konstanten).

Setzt man diese Ausdrücke in den Gln. (5.38) ein, so erhält man (bei q_ξ, q_θ, $q = 0$) nach Division beider Seiten jeder Gleichung mit $m^2 \exp(\alpha m \xi)$ die Gleichungen:

$$\begin{bmatrix} \alpha^2 - \dfrac{1-\nu}{2} & \dfrac{1+\nu}{2}\alpha & \dfrac{\nu}{m}\alpha \\ -\dfrac{1+\nu}{2}\alpha & \dfrac{1-\nu}{2}\alpha^2 - 1 + k\delta_\alpha & -\dfrac{1}{m} + kmd_\alpha \\ \dfrac{\nu}{m}\alpha & \dfrac{1}{m} - kmd_\alpha & \dfrac{1}{m^2} + km^2(\alpha^2-1)^2 \end{bmatrix} \begin{bmatrix} A \\ B \\ C \end{bmatrix} = \mathbf{0}\,, \tag{5.41}$$

$$d_\alpha = (2-\nu)\alpha^2 - 1\,, \qquad \delta_\alpha = d_\alpha - \nu\alpha^2\,.$$

Dieses homogene algebraische System hat nur dann eine von Null verschiedene Lösung, wenn die Determinante der Koeffizientenmatrix gleich Null ist. Das ergibt eine Gleichung für die Konstante α.

Nach der Entwicklung der Determinante und Umordnung nach Potenzen von α läßt sich die Gleichung in folgender Form schreiben:

$$(1+4k)\alpha^8 - 4(1+k)\alpha^6 + \left[6 + (1-\nu^2)k - \frac{8-2\nu^2}{m^2} + \frac{1-\nu^2}{m^4}\left(\frac{1}{k}+4\right)\right]\alpha^4 - 4\left(1-\frac{1}{m^2}\right)^2\alpha^2 + \left(1-\frac{1}{m^2}\right)^2 = 0\,.$$

Diese Gleichung muß entsprechend der Genauigkeit der Schalentheorie vereinfacht werden. Die Glieder von der Größenordnung von $k = h^2/(12b^2)$ gegen 1 müssen gestrichen werden. Damit wird die Gleichung für $m \geqslant 1$ zu

$$\alpha^8 - 4\alpha^6 + \left(\frac{1-\nu^2}{m^4 k} + 6\right)\alpha^4 - 4\left(1-\frac{1}{m^2}\right)^2\alpha^2 + \left(1-\frac{1}{m^2}\right)^2 = 0\,. \tag{5.42}$$

5.3.2 Aufspaltung des Spannungszustandes

Die Größe α bestimmt laut Gl. (5.40) die Variation der Verformung in bezug auf ξ. Es ergibt sich aus der Gl. (5.40) das Verhältnis

$$\left|\frac{\partial^2 F}{\partial \xi^2}\right| \sim |\alpha^2| \left|\frac{\partial^2 F}{\partial \theta^2}\right|, \tag{5.43}$$

wobei $F(\xi, \theta)$ jeder der Funktionen u, v, w entspricht.

Wir stellen nun aufgrund der Gl. (5.42) fest, daß die in Umfangsrichtung mäßig intensiv variierenden Kräfte eine sich in zwei einfache Komponenten auflösende Verformung der Schale erzeugen. Die Anteile entsprechen den kleinen bzw. den großen Wurzeln der Gl. (5.42).

Befassen wir uns zuerst mit den *kleinen Wurzeln* der Gl. (5.42) – mit der Verformung, die $|\alpha^2| \ll 1$ und demzufolge der Bedingung (5.43)

$$\left|\frac{\partial^2 F}{\partial \xi^2}\right| \ll \left|\frac{\partial^2 F}{\partial \theta^2}\right|$$

entspricht. Bei $|\alpha^2| \ll 1$ verbleiben in der Gleichung nur zwei Terme. Die Gl. (5.42) wird zu

$$\frac{1-\nu^2}{m^4 k}\alpha^4 + \left(1-\frac{1}{m^2}\right)^2 = 0\,, \qquad \alpha = \pm\frac{1\pm \mathrm{i}}{\sqrt{2}}\left[\frac{h}{b}\,\frac{m^2-1}{\sqrt{12(1-\nu^2)}}\right]^{1/2}. \tag{5.44}$$

Damit ergeben sich vier Wurzeln, die in der Tat klein sind, denn gemäß der Bedingung (5.39) gilt für α-Werte nach (5.44):

$$|\alpha^2| \sim m^2 \frac{h}{\sqrt{12}\,b} \ll 1\,. \tag{5.45}$$

Setzt man voraus, daß die *übrigen* vier *Wurzeln* der Gl. (5.42) *groß* gegen 1 sind ($|\alpha^2| \gg 1$), so entfallen bei der Ermittlung dieser Wurzeln alle Terme der Gl. (5.42) mit niedrigeren Potenzen von α außer dem Term mit dem Faktor $1/k \gg 1$. Die Gleichung wird zu

$$\alpha^8 + \frac{1-\nu^2}{m^4 k}\alpha^4 = 0\,. \tag{a}$$

Von den Wurzeln dieser Gleichung sind vier gleich Null. Sie vertreten lediglich eine unbrauchbare Näherung der vier kleinen Wurzeln, die bereits durch die Gln. (5.44) bestimmt worden sind. Schließen wir die Wurzeln $\alpha = 0$ aus, so ergibt sich für die großen Wurzeln die Gleichung

$$\alpha^4 + \frac{1-\nu^2}{m^4 k} = 0 \quad \text{oder} \quad \alpha = \pm\frac{1 \pm \mathrm{i}}{\sqrt{2h^\circ m}}\,, \qquad h^\circ = \frac{h}{b\sqrt{12(1-\nu^2)}}\,. \tag{5.46}$$

Ist die Bedingung (5.39) erfüllt, so sind diese Wurzeln tatsächlich groß

$$|\alpha^2| \sim \frac{\sqrt{12}}{m^2}\,\frac{b}{h} \gg 1 \tag{5.47}$$

und damit erfüllen sie auch die volle Gl. (5.42).

Jeder der acht Wurzeln entspricht eine unabhängige Lösung nach (5.40). Eine lineare Kombination der acht Integrale des homogenen Systems und einer Lösung des Systems (5.38) mit den Flächenlasttermen ergibt das allgemeine Integral des Systems.

Die acht Integrale der homogenen Gleichungen lassen sich über reelle Funktionen φ_n, die in Gl. (3.36) definiert sind, ausdrücken. Somit kann die allgemeine Lösung in der folgenden Form präsentiert werden:

$$w(\xi,\theta) = w_H + w_R + w_q = \sum_m (w_H^m + w_R^m + w_q^m)\cos m\theta\,; \tag{5.48}$$

$$w_H^m = \sum_{j=1}^{4} C_j \varphi_j(\xi\beta_m)\,, \qquad \beta_m = \left(\frac{m^4 - m^2}{2}h^\circ\right)^{1/2}, \qquad w_R^m = \sum_{j=1}^{4} C_j' \varphi_j\left(\frac{\xi}{\sqrt{2h^\circ}}\right). \tag{5.49}$$

Die Ausdrücke für u und v sind offensichtlich analog. Sie unterscheiden sich durch die Werte der Konstanten, durch den q-Term und durch die $\sin m\theta$-Funktion statt $\cos m\theta$ im Fall von v.

Der Anteil der Verformung w_H^m variiert viel weniger intensiv als w_R^m (solange die Bedingung (5.39) erfüllt ist).

Die Wirkung der Randlast – vertreten durch die Funktion w_H^m – erstreckt sich $3b/hm^2$-mal weiter vom Schalenrand in die Schale hinein als der Verformungsanteil $w_R^m(\xi)$. Dementsprechend bestimmt die Funktion $w_H^m(\xi)$ den Hauptteil der Wirkung der Randkräfte – den *Hauptspannungszustand.* (Daher das Zeichen „H".)

Der andere Anteil der Verformung, beschrieben durch $w_R^m(\xi)$, vertritt den *Randeffekt.* Die Funktionen $\varphi_j(\xi/\sqrt{2h^\circ})$, die w_R^m bilden, variieren genauso intensiv wie der drehsymmetrische Randeffekt, besprochen im Abschn. 3.3.3. Bemerkenswert ist, daß diese Übereinstimmung gleichermaßen alle $\cos m\theta$, $\sin m\theta$-Komponenten der Verformung betrifft. Die einzige Beschränkung ist die Bedingung (5.39) für m.

Es ergibt sich also eine Teilung des Spannungszustandes. Die Verformung separiert sich in zwei grundsätzlich verschiedene Komponenten (und den Flächenlastanteil).

Meistens können die zwei Komponenten abgetrennt voneinander, durch verschiedene Teilgruppen der Randbedingungen bestimmt werden.

Darüber hinaus kann jeder der zwei Komponenten der Verformung – der Hauptspannungszustand und der Randeffekt – durch ein spezialisiertes und dadurch vereinfachtes Gleichungssystem beschrieben werden. Wir untersuchen zuerst diese Gleichungen und Randbedingungen für den Hauptspannungszustand.

5.3.3 Halbmembrantheorie

Setzt man den Ausdruck $w = w_H = w_H^m \cos m\theta$ nach (5.49) und die entsprechenden u_H, v_H in Formeln (5.4) und (5.36) für die Schalenverzerrung bzw. für die Schnittkräfte und -momente ein, so ergeben sich aufschlußreiche Abschätzungen dieser Größen.

Für den Hauptspannungszustand sind die Schnittmomente M_ξ, H so viel kleiner als M_θ, daß alle Terme der Gleichgewichtsbedingungen mit M_ξ, H vernachlässigbar klein sind. Das kann auch anders formuliert werden: Für den Hauptspannungszustand brauchen die Gleichgewichtsbedingungen nur die Resultierenden der Membranspannungen im Schnitt ξ = const zu berücksichtigen. In jedem Schnitt θ = const sind dagegen alle Schnittkräfte und -momente der Schalentheorie von Bedeutung. Der Hauptspannungszustand ist also halbbiegefrei oder halbmembran.

In den Kompatibilitätsgleichungen entfallen dabei, wie das die statisch-geometrische Dualität, beschrieben im Abschn. 2.2, erwarten läßt, die Glieder mit ε_θ und γ.

Für den Hauptspannungszustand nehmen die Gleichgewichts- und Kompatibilitätsgleichungen (5.2) bzw. (5.3) die folgende vereinfachte Form an.

$$\left.\begin{aligned} &\dot{N}_\xi + S_{,\theta} + bq_\xi = 0\,, \\ &\dot{S} + N_{\theta,\theta} + M_{\theta,\theta}/b + bq_\theta = 0\,, \\ &-N_\theta b + M_{\theta,\theta\theta} + b^2 q = 0\,. \end{aligned}\right\} \tag{5.50}$$

$$\left.\begin{aligned} &-\dot{\varkappa}_\theta + \tau_{,\theta} = 0\,, \\ &\dot{\tau} - \varkappa_{\xi,\theta} + \varepsilon_{\xi,\theta}/b = 0\,, \\ &\dot{\varkappa}_\xi b + \varepsilon_{\xi,\theta\theta} = 0 \qquad (\lambda_\xi = -\varepsilon_{\xi,\theta}/b)\,. \end{aligned}\right\} \tag{5.51}$$

Die Flächenlasten q_ξ, q_θ und q sind in die Gln. (5.50) des Hauptspannungszustandes einbezogen. Damit gelten auch für die Verteilung der Flächenlasten in bezug auf ξ und θ bestimmte Beschränkungen, die denen für den Spannungszustand entsprechen. – Die Flächenlasten müssen gemäß der Bedingung (5.43) mit (5.45) in Längsrichtung viel weniger intensiv variieren als in Umfangsrichtung. Das wird ausgedrückt durch die Bedingungen

$$\left|\frac{\partial^2}{\partial\xi^2}[q_\xi \ q_\theta \ q]\right| \ll \left|\frac{\partial^2}{\partial\theta^2}[q_\xi \ q_\theta \ q]\right|$$

Neben den vereinfachten Gleichgewichts- und Kompatibilitätsgleichungen gelten für den Halbmembranzustand auch vereinfachte Elastizitätsverhältnisse. Das betrifft die Beziehungen

$$M_\theta = D(\varkappa_\theta + \nu\varkappa_\xi)\,, \qquad \varepsilon_\xi Eh = N_\xi - \nu N_\theta$$

aus den Gln. (1.88), (1.89). Drückt man hier $\varkappa_\theta$, $\varkappa_\xi$, N_ξ, N_θ über die Verschiebungen u_H, v_H und w_H aus, so findet man, daß die Terme mit $\nu\varkappa_\xi$ bzw. νN_θ vernachlässigbar klein gegenüber den Termen mit $\varkappa_\theta$ bzw. N_ξ sind. Damit reduzieren sich die zwei Elastizitätsgleichungen für den Halbmembranspannungszustand zu

$$\varepsilon_\xi = N_\xi / Eh\,, \qquad M_\theta = D\varkappa_\theta\,. \tag{5.52}$$

Die Gln. (5.50) bis (5.52) bilden ein vollständiges System. Es sind acht Gleichungen für acht Unbekannte.

Die Geometrie der Verformung kann neben den Kompatibilitätsgleichungen (5.51) auch durch die Verzerrung-Verschiebung-Verhältnisse beschrieben werden. Diese Beziehungen folgen für den Halbmembranspannungszustand aus den Gln. (5.4), wenn in diesen Gleichungen die Größen ε_θ und γ vernachlässigt werden:

$$\begin{aligned} b\varepsilon_\xi &= u^{\bullet}\,, & b^2\varkappa_\xi &= -w^{\bullet\bullet}\,, \\ v_{,\theta} + w &= 0\,, & b^2\varkappa_\theta &= -w_{,\theta\theta} + v_{,\theta}\,, \\ u_{,\theta} + v^{\bullet} &= 0\,, & b^2\tau &= -w^{\bullet}_{,\theta} + v^{\bullet}\,. \end{aligned} \tag{5.53}$$

Es bleibt nunmehr festzustellen, welche *Randbedingungen* den Halbmembranzustand bestimmen. Das System (5.50) bis (5.53) ist in bezug auf ξ von nur vierter Ordnung. Die Verformung der Schale wird also durch zwei Bedingungen an jedem Rand ξ = const bestimmt. Das dürfen aber keinesfalls beliebige zwei aus den (insgesamt vier an einem Rand) Bedingungen der allgemeinen Schalentheorie sein.

Es liegt auf der Hand, daß die Randbedingungen nicht für die in diesen Gleichungen vernachlässigten Größen gestellt werden können. – Die Randbedingungen dürfen nicht die folgenden Schnittlasten und Verzerrungsparameter einbeziehen:

$$M_\xi\,, \qquad H_\xi = H\,, \qquad Q_\xi\,; \qquad \varepsilon_\theta\,, \qquad \gamma\,, \qquad \lambda_\theta\,. \tag{5.54}$$

(Zusammen mit den Schnittmomenten wurden in den Gleichgewichtsbedingungen auch die Terme mit der Querkraft $Q_\xi = M^{\bullet}_\xi/b + H_{,\theta}/b$ fallengelassen; mit den Verzerrungen ε_θ, γ ist auch λ_θ vernachlässigt worden.)

Für die Bedingungen an einem Rand ξ = const sind außerdem die Parameter unzulässig, die mit den vernachlässigten Größen unmittelbar verbunden sind. Das betrifft vor allem die Verschiebung w (die im wesentlichen zum Randeffekt gehört und die virtuelle Arbeit der vernachlässigten Querkraft Q_ξ bestimmt).

Die Bedingungen an einem Rand ξ = const dürfen für den Halbmembranzustand durch die folgenden Parameter (aus denen in (1.106), (1.113)) ausgedrückt werden

$$N_\xi\,, \quad S\,, \quad \varkappa_\theta\,, \quad \tau \qquad (S_{(\xi)} = S, \quad \tau_{(\theta)} = \tau)\,. \tag{5.55}$$

Es ist in diesem Abschnitt bisher vorausgesetzt worden, daß die Schale rohrartig geschlossen ist, d.h. keine Ränder θ = const hat. Das ist aber keine Vorbedingung, weder für die Zerlegung des Spannungszustandes noch für die Vereinfachung der Gleichungen des halbmembranen Hauptspannungszustandes.

Die Halbmembrangleichungen (5.50) bis (5.53) und die entsprechenden Randbedingungen können auch ohne Fourierreihenentwicklungen begründet werden. Sie folgen aus konsequentem Abschätzen der Terme der allgemeinen Schalengleichungen für die Verformung, die die Bedingung (5.43) mit (5.45) erfüllt [17], [19].

In einem Schnitt θ = const schließt der Halbmembranzustand alle Schnittkräfte und -momente (außer $H_\theta = H$) ein. Vollständig wird auch die damit verbundene Verformung der Schnittflächen θ = const bestimmt. Das Lösungssystem (5.50) bis (5.53) ist von achter Ordnung in bezug auf die Koordinate θ. Der volle Satz von vier Bedingungen der Theorie dünner Schalen (behandelt im Abschn. 1.8) kann und muß auf jedem Rand θ = const auch für den Halbmembranzustand erfüllt werden.

Es ergibt sich also für den Hauptspannungszustand eines Zylinders ein spezialisierter Zweig der allgemeinen Theorie – die Halbmembrantheorie. Das ist ein kompletter Satz von Gleichungen und Randbedingungen, die für einen Spannungszustand vereinfacht worden sind, der viel intensiver in bezug auf eine der Koordinaten (θ) als in der Richtung der anderen Flächenkoordinate (ξ) variiert.

Die Gleichungen der Halbmembrantheorie lassen sich zu einem einfachen, übersichtlichen System reduzieren: Alle Unbekannten können über N_ξ und $\varkappa_\theta$ ausgedrückt werden. Für N_ξ und $\varkappa_\theta$ ergibt sich ein System von nur zwei Gleichungen. Die Ausdrücke von S, und N_θ über N_ξ und M_θ sowie von τ und $\varkappa_\xi$ über $\varkappa_\theta$, ε_ξ folgen unmittelbar aus den Gln. (5.50) bzw. (5.51). Damit werden die restlichen zwei Gln. (5.50) bis (5.51) (die zweite Gleichung von jeder Gruppe, differenziert in bezug auf θ) zu*)

$$\left.\begin{aligned} &\ddot{N_\xi} - WM_\theta/b = -b\dot{q}_\xi + bq_{\theta,\theta} + bq_{,\theta\theta} = q_\Sigma, \\ &\ddot{\varkappa_\theta} + W\varepsilon_\xi/b = 0, \qquad W = \frac{\partial^4}{\partial\theta^4} + \frac{\partial^2}{\partial\theta^2}. \end{aligned}\right\} \tag{5.56}$$

Drückt man hier mit Hilfe der Elastizitätsbeziehungen (5.52) zwei der Unbekannten über die restlichen zwei aus, ergibt sich das Lösungssystem:

$$\ddot{N_\xi} - WD\varkappa_\theta/b = q_\Sigma, \qquad \ddot{\varkappa_\theta} + W\frac{N_\xi}{Ehb} = 0. \tag{5.57}$$

Für homogene Schalen mit konstanter Wanddicke, wenn die Parameter D und Eh über die Schalenfläche konstant sind, können die Gln. (5.57) unmittelbar zu Gleichungen für N_ξ bzw. $\varkappa_\theta$ reduziert werden:

$$\begin{aligned} &\left(\frac{\partial^4}{\partial\xi^4} + \frac{D}{Ehb^2}W^2\right)N_\xi = \ddot{q_\Sigma}, \\ &\left(\frac{\partial^4}{\partial\xi^4} + \frac{D}{Ehb^2}W^2\right)\varkappa_\theta = -\frac{Wq_\Sigma}{Ehb}. \end{aligned} \tag{5.58}$$

Diese Gleichungen werden im Abschn. 5.3.5 zur Lösung eines Beispiels angewendet.

Setzt man in die homogenen Gln. (5.58) die Ansätze

$$[N_\xi \ \ \varkappa_\theta] = [N \ \ \varkappa]\,\mathrm{e}^{\alpha m\xi}\cos m\theta$$

($N, \varkappa$ – Konstanten) ein, so erhält man für α erwartungsgemäß die charakteristische Gl. (5.44).

Wenden wir uns dem anderen Anteil des Spannungszustandes – dem Randeffekt – zu.

---

*) Diese Gleichungen sind von W. S. Wlassow [156] vorgeschlagen worden. Der Operator W trägt seinen Namen.

5.3.4 Randeffekt

Ähnlich der Analyse des Hauptspannungszustandes im Abschn. 5.3.3 lassen sich die allgemeinen Schalengleichungen auch für die Verformung, die viel intensiver in bezug auf die Koordinate ξ als in θ variiert, wesentlich vereinfachen.
Drücken wir die Spannungsresultierenden und die Verformungsparameter über den entsprechenden Anteil der allgemeinen Lösung (5.48)

$$[u_R^m \quad v_R^m \quad w_R^m] = \sum_{j=1}^{4} [A_j \quad B_j \quad C_j]\, \varphi_j\left(\frac{\xi}{\sqrt{2h^\circ}}\right) \tag{5.59}$$

aus. Dann ergibt sich für diesen Anteil der Verformung, daß alle Terme der allgemeinen Gleichgewichts- und Kompatibilitätsgleichungen mit den Größen

$$M_\theta, \quad H, \quad Q_\theta \qquad \text{bzw.} \quad \varepsilon_\xi, \quad \gamma, \quad \lambda_\xi \tag{5.60}$$

vernachlässigbar klein sind. Die Größenordnung dieser Terme gegen die anderen Glieder der entsprechenden Gleichung liegt unter $m^2h/(3b)$ (vgl. (5.47)).
Mit derselben Genauigkeit lassen sich die Elastizitätsverhältnisse (1.88), (1.89) zur folgenden Form vereinfachen

$$\varepsilon_\theta = N_\theta/(Eh)\,, \qquad M_\xi = D\varkappa_\xi\,. \tag{5.61}$$

Zur gleichen Abschätzung der kleinen Terme der allgemeinen Gleichungen führt das Kriterium der Variation der Randeffekt-Komponente des Spannungszustandes:

$$\left|\frac{\partial^2 F}{\partial \xi^2}\right| \gg \left|\frac{\partial^2 F}{\partial \theta^2}\right|. \tag{5.62}$$

Ohne die kleinen Terme mit den Größen (5.60) werden die Gln. (5.2), (5.3) zu

$$\begin{aligned} &N_\xi^\bullet + S_{,\theta} = 0\,, && -\varkappa_\theta^\bullet + \tau_{,\theta} = 0\,,\\ &S^\bullet + N_{\theta,\theta} = 0\,, && \tau^\bullet - \varkappa_{\xi,\theta} = 0\,,\\ &M_\xi^{\bullet\bullet}/b - N_\theta = 0\,, && \varepsilon_\theta^{\bullet\bullet}/b + \varkappa_\xi = 0\,. \end{aligned} \tag{5.63}$$

Die Flächenlastterme sind in diesen Gleichungen nicht vertreten. – Meistens variieren die Flächenlasten q_ξ, q_θ, q in bezug auf ξ weniger intensiv, und die entsprechende Verformung kann durch die Gleichungen des Hauptspannungszustandes bestimmt werden (s. Abschn. 5.3.3).
Die Beziehungen (5.4) nehmen für die Randeffekt-Verformung, d. h. für die Bedingungen (5.62) die folgende Gestalt an:

$$\begin{aligned} &u^\bullet = 0\,, && b\varepsilon_\theta = w\,, && u_{,\theta} + v^\bullet = 0\,;\\ &b^2\varkappa_\xi = -w^{\bullet\bullet}\,, && b^2\varkappa_\theta = -w_{,\theta\theta}\,, && b^2\tau = -w^\bullet_{,\theta}\,. \end{aligned} \tag{5.64}$$

Die zwei letzten Gleichungen aus (5.63) ergeben nach Substitution von $N_\theta = Eh\varepsilon_\theta$ und $\varkappa_\xi = M_\xi/D$ aus (5.61) das einfache Lösungssystem

$$M_\xi^{\bullet\bullet} - \varepsilon_\theta Ehb = 0\,, \qquad \varepsilon_\theta^{\bullet\bullet} + M_\xi b/D = 0\,,$$

oder nach Elimination der einen oder der anderen Unbekannten

$$\left(\frac{\partial^4}{\partial \xi^4} + \frac{Ehb^2}{D}\right)\begin{bmatrix} \varepsilon_\theta \\ M_\xi \end{bmatrix} = 0 . \tag{5.65}$$

(Setzt man hier $\varepsilon_\theta = w/b$ nach (5.64) und den Ausdruck (5.10), (5.40) für w ein, so erhält man eine charakteristische Gleichung, die mit der Gl. (5.46) identisch ist.)

Die Lösung der Randeffektgleichungen läßt die im Hauptspannungszustand ausgefallenen Randbedingungen erfüllen. Die Superposition des Randeffekts ergänzt die Beschreibung des Spannungszustandes durch die in der Halbmembrantheorie vernachlässigten Variablen.

Es fällt auf, daß die Gln. (5.65) und dementsprechend die Funktionen, die die Randeffektverformung bestimmen, von der Variation der Verformung in der Umfangsrichtung unabhängig sind. Eine Last z. B., die am Rand wie $\cos m\theta$ verteilt angreift, also ausgeglichen am Abschnitt von Länge $4\pi b/m$ ist, erzeugt einen Randeffekt, der unabhängig von m und damit von der Länge $4\pi b/m$ ist. (Die Intensität des Abklingens ist lediglich durch die Relation von h zu $R = b$ bemessen.) Das widerspricht dem Prinzip von St.-Venant.

Dementgegen variiert der Hauptspannungszustand im Einklang mit dem Prinzip von St.-Venant. Das ergibt sich aus der Halbmembrantheorie vom Abschn. 5.3.3. Die Kräfte, die an einem Rand wie $\cos m\theta$ verteilt sind, erzeugen eine Verformung, die desto intensiver abklingt, je kürzer der Randabschnitt $4\pi b/m$ ist. (Das Abklingen ist aber nach den Formeln (5.47) und (5.48) langsamer für dünnere Schalen – für kleinere h/b-Werte.)

5.3.5 Anwendungsbeispiel: Zylinderbehälter

Wenden wir die aufgeführte Biegetheorie am Beispiel vom liegenden Zylinderbehälter (Bild 5.2), für den sich die Membrantheorie im Abschn. 5.2.3 nicht ausreichend erwiesen hat, an.

Wir suchen die Fourierreihenlösung in der Form (5.6) und

$$\varkappa_\theta = \sum \varkappa_\theta^m(\xi) \cos m\theta .$$

Damit liefern die Gln. (5.57) die folgenden Gleichungen für die Amplituden der Schnittkraft in Längsrichtung und der Krümmungsänderung in Umfangsrichtung

$$\begin{aligned} \ddot{N}_\xi^m - (m^4 - m^2)\frac{D}{b}\varkappa_\theta^m &= -m^2 b q^m , \\ \ddot{\varkappa}_\theta^m + (m^4 - m^2)\frac{1}{Ehb} N_\xi^m &= 0 . \end{aligned} \tag{5.66}$$

Die anderen Schnittkräfte, -momente, Verschiebungen und Verformungsparameter lassen sich mit Hilfe von (5.50) bis (5.53) über N_ξ und $\varkappa_\theta$ ausdrücken.

Für den Hauptspannungszustand, beschrieben durch die Halbmembrantheorie des Abschn. 5.3.3, gelten die gleichen Randbedingungen bei ξ = const wie in der Membrantheorie. Diese Bedingungen sind im Abschn. 5.2.3 diskutiert worden. An beiden Rändern der Zylinderschale (Bild 5.2) sind die Schnittkräfte N_ξ und die tangentiale Komponente v der Verschiebung vorgegeben. Entsprechend den N_B^m-Werten von (5.30) sind die Randbedingungen (5.21):

$$\begin{aligned} &\xi = 0, L/b: \quad N_\xi^0 = \gamma b^2/(3\pi), \quad N_\xi^1 = -\gamma b^2/8, \quad N_\xi^{m+2} = 0; \\ &v^m = 0 \quad (m = 0, 1, \ldots). \end{aligned} \tag{5.67}$$

Integration der ersten Gl. (5.66) bei $m = 0, 1$ ergibt für $N_\xi^0(\xi)$, $N_\xi^1(\xi)$ Ausdrücke, die mit denen der Matrizenformel (5.14) übereinstimmen. Insbesondere erhält man für den mittleren Querschnitt $\xi = L/2b$ die Werte, die bereits in der Gl. (5.33) auftreten

$$N_\xi^0(L/2b) = \gamma b^2/(3\pi), \qquad N_\xi^1(L/2b) = -\gamma L^2/16 - \gamma b^2/8. \tag{5.68}$$

(Bei $m = 0$ und 1 entfällt in der ersten Gl. von (5.66) der Biegeterm.)

Die Bedingungen (5.67) $v^m = 0$ bedeuten, daß die Ränder keine Krümmungsänderung bekommen können, d.h.:

$$\xi = 0, L/b: \quad \varkappa_\theta^m = 0, \quad m = 0, 1, 2, \ldots. \tag{5.69}$$

Diese Bedingungen folgen auch aus den Beziehungen (5.53): Setzt man in Gl. (5.53) die Fourierreihen (5.10) ein, so erhält man die Ausdrücke für die Fourierkoeffizienten von $\varkappa_\theta$ und τ über die $v^m(\xi)$

$$\begin{aligned} b^2\varkappa_\theta^m &= -(m^3 - m)v^m, \\ b^2\tau^m &= -(m^2 - 1)\dot{v}^m \qquad \left(\tau = \sum_m \tau^m(\xi)\sin m\theta\right). \end{aligned} \tag{5.70}$$

Die Verformung entsprechend $\varkappa_\theta^0 + \varkappa_\theta^1 \cos\theta$ ist gleich Null. Das folgt auch aus den Kontinuitätsbedingungen für den geschlossenen Querschnitt. Wir bestimmen nun $\varkappa_\theta^m$, N_ξ^m, $m \geqslant 2$.

Die Lösung der Gln. (5.57), die die Randbedingungen (5.67) und (5.69) identisch erfüllt, kann in der folgenden Form gesucht werden

$$N_\xi^m = \sum_j N_j^m \sin j\frac{\pi b\xi}{L}, \qquad \varkappa_\theta^m = \sum_j \varkappa_j^m \sin j\frac{\pi b\xi}{L} \qquad (m = 2, 3, \ldots). \tag{5.71}$$

Wir entwickeln auch die Konstanten q^m in die Fourierreihen

$$q^m = q^m \sum_{j=1,3,\ldots} \frac{4}{\pi j}\sin j\frac{\pi b\xi}{L} \qquad \left(\sum_{j=1,3,\ldots} \frac{4}{\pi j}\sin j\frac{\pi b\xi}{L} = 1\right). \tag{5.72}$$

Setzen wir die Fourierreihen (5.71), (5.72) in die Gln. (5.66) ein, so ergibt sich mit

$$\frac{\partial^2}{\partial\xi^2}\sin j\frac{\pi b\xi}{L} = -\left(\frac{j\pi b}{L}\right)^2 \sin j\frac{\pi b\xi}{L} \tag{5.73}$$

das algebraische System:

$$\left.\begin{aligned} -\left(j\frac{\pi b}{L}\right)^2 N_j^m - (m^4 - m^2)\frac{D}{b}\varkappa_j^m &= -bm^2\frac{4}{\pi j}q^m, \\ -\left(j\frac{\pi b}{L}\right)^2 \varkappa_j^m + (m^4 - m^2)\frac{1}{Ehb}N_j^m &= 0. \end{aligned}\right\} \tag{5.74}$$

Für jeden Wert $m = 2, 3, \ldots$ liefert dieses System einfache Formeln für die Fourierkoeffizienten N_j^m, $\varkappa_j^m$ der Reihen (5.71). Damit ist das Problem im wesentlichen gelöst. Die Größen N_ξ, $\varkappa_\theta$ bestimmen auch die maßgeblichen Spannungen nach der Gl. (1.95) mit $M_\xi = -\nu M_\theta$, $M_\theta = D\varkappa_\theta$ und N_θ aus der letzten Gl. (5.50).

Wir betrachten etwas näher die Schnittkräfte N_ξ in der Mitte der Schale – im Querschnitt $\xi = L/(2b)$. Die Fourierreihen (5.71) ergeben mit den Koeffizienten N_j^m aus (5.74):

$$N_\xi^m\left(\frac{L}{2b}\right) = \sum_j N_j^m \sin j\frac{\pi}{2} = q^m m^2 \frac{L^2}{8b} k_m \qquad (m = 2, 3, \ldots) \tag{5.75}$$

$$k_m = \frac{32}{\pi^3} \sum_{1,3,\ldots} \frac{(1/j)^3 \sin j\pi/2}{1 + (l/j)^4 (m^4 - m^2)^2}, \tag{5.76}$$

$$l = \frac{L}{\pi b} h^{\circ 1/2}, \qquad h^\circ = \left(\frac{D}{Ehb^2}\right)^{1/2}. \tag{5.77}$$

Die Konvergenz der Reihe (5.76) ist besser für kürzere Schalen – bei kleineren l-Werten. Für reale Behälterabmessungen reichen schon die Glieder $j = 1, 3, 5$ aus.

Mit den Koeffizienten nach (5.68), (5.75) erhält man die Fourierreihe (5.6) in der Form:

$$N_\xi\left(\frac{L}{2b}, \theta\right) = \frac{\gamma b^2}{3\pi} - \frac{\gamma L^2}{16}\left(1 + 2\frac{b^2}{L^2}\right)\cos\theta + \frac{\gamma L^2}{4\pi} \sum_{2,4,\ldots} k_m \frac{m^2(-1)^{m/2}}{m^2 - 1} \cos m\theta. \tag{5.78}$$

Bis auf die Koeffizienten k_m stimmt das mit der Membranlösung (5.33) überein. Die Faktoren k_m vertreten die Wirkung der Wandbiegung. Dadurch entsteht ein wesentlicher Unterschied, besonders bei längeren Schalen – größeren l-Werten. Aber auch bei kleinen L, h° (und damit l) konvergieren die Faktoren k_m mit den Werten von $[l^4(m^4 - m^2)^2]^{-1}$ gegen Null. Im Gegensatz zur Membranlösung (5.33) ist damit die Konvergenz der Reihe (5.78) gesichert.

Einfache Stichprobenrechnungen demonstrieren die Effizienz der Lösung (5.78). Zum Beispiel für einen verhältnismäßig kurzen und dünnwandigen Behälter mit $L = 5b$, $h = 0{,}01\,b$ ergibt sich aus (5.77) $l = 0{,}08755$. Damit sind die Faktoren k_m schon bei $m \geqslant 6$ unter 0,02.

(Die Konvergenz der Reihe $\varkappa_\theta^m \cos m\theta$ ist etwas schwächer als bei N_ξ.)

5.4 Rohrkrümmer

Die Halbmembrantheorie der Schalen *zweifacher Krümmung* wird anhand der Anwendung auf das Rohrkrümmerproblem dargelegt.

Die Biegung von gekrümmten Rohren ist in Abschn. 3.8.5 mit Hilfe der St.-Venantschen semiinversen Lösung untersucht worden. Die Bedingungen an den Rändern sind ausgeklammert worden. Der Anwendungsbereich dieser Lösung ist offensichtlich sehr begrenzt, und die Grenzen sind schwer abzuschätzen. – Das Prinzip von St.-Venant gilt für dünnwandige Körper nur eingeschränkt. Z. B. reicht die Randstörung (untersucht in Abschn. 5.3.3, 5.3.5) weit in die Zylinderschale hinein.

Aus der Erfahrung und Experimenten wurde schon Anfang der 50er Jahre klar, daß für reale Rohrkrümmer (Bild 3.27) die Randeinflüsse maßgeblich sein können und unbedingt zu berücksichtigen sind. Dafür wurden Versuchsergebnisse herangezogen. Die theoretische Behandlung der Rohrkrümmer mit vorgegebenen Randbedingungen gelang erst durch die Halbmembrantheorie (1965, [12]).

Diese Theorie wird im folgenden zur Analyse der Rohrkrümmer unter Biegung eingesetzt. Dabei wird nur die lineare Näherung besprochen. (Die nichtlineare Lösung findet sich in [12], [21].)

Die Computertechnik macht natürlich effektive numerische Untersuchungen der Rohrkrümmerprobleme möglich. Wichtige Ergebnisse sind in dieser Richtung in den Arbeiten [102], [155] erzielt worden.

Kommt es aber auf die grundsätzlichen Beziehungen zwischen den Konstruktionsparametern und den mechanischen Eigenschaften der Rohrkrümmer an, dann sind die analytischen Lösungen hilfreich. Im folgenden werden hauptsächlich Fourierreihenlösungen besprochen.

5.4.1 Halbmembrantheorie

Wir betrachten eine dünne Schale nach dem Schema von Bild 5.4. Die lokale Geometrie ist drehsymmetrisch. Auf Grund der Analyse von Abschn. 1.2.4 wird diese Geometrie durch die folgenden Parameter charakterisiert*)

$$R_\theta = b = \text{const}\,, \qquad R_\xi = R/\cos\theta\,, \qquad 1/\varrho_\theta = 0\,,$$
$$\varrho_\xi = R/\sin\theta\,, \qquad a = a(\theta)\,. \tag{5.79}$$

Es wird die im Abschn. 5.3.3 für die Zylinderschale eingesetzte Hypothese der Halbmembrantheorie angenommen: In den Gleichgewichtsbedingungen werden alle die Schnittkräfte (Q_ξ) und -momente (M_ξ, $H_\xi = H$) vernachlässigt, welche die durch die Wanddicke variierenden Spannungen im Schnitt ξ = const repräsentieren. Die statisch-geometrisch analogen Terme mit λ_θ, ε_θ, γ werden in den Kompatibilitätsgleichungen vernachlässigt. Schließlich werden die Elastizitätsverhältnisse in der vereinfachten Form (5.52) angenommen.

Auch für Schalen zweifacher Krümmung kann nachgewiesen werden, daß alle diese Vereinfachungen die mathematischen Folgen der Grundannahme (5.43), (5.45) sind.

(Der Nachweis und die der Hypothese entsprechende Theorie flexibler Schalen wird in [19] behandelt.)

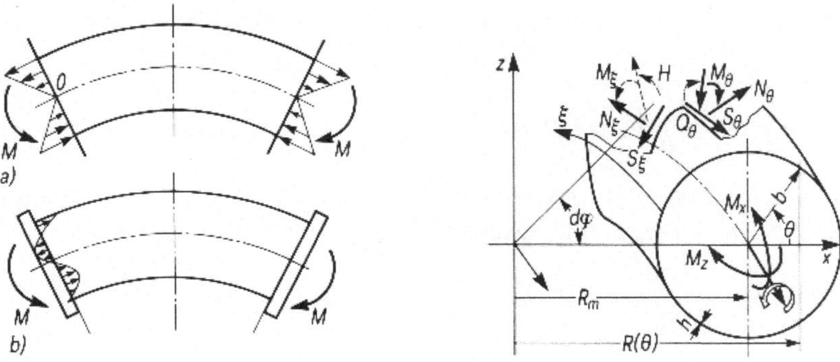

Bild 5.4 Rohrkrümmer mit dünnen (a) und steifen (b) Flanschen

*) Das hier verwendete Koordinatensystem von Bild 5.4 lehnt sich an den Fall der Zylinderschale an. Daher der Unterschied zu Koordinaten, die im Abschn. 3.9 für die drehsymmetrische Rohrbiegung eingesetzt sind.

Nach der Substitution der Geometrieparameter (5.79) und der Vereinfachung, entsprechend der Hypothese, nehmen die Gleichgewichts- und Kompatibilitätsgleichungen (1.64), (1.37) die Form an

$$\left.\begin{aligned} & N_\xi^\bullet + (a^2 S)_{,\theta}/(ab) + a q_\xi = 0\,, \\ & S^\bullet + (aN_\theta)_{,\theta}/b + (aM_\theta)_{,\theta}/b^2 + N_\xi a/\varrho_\xi + a q_\theta = 0\,, \\ & \frac{N_\theta}{b} + \frac{N_\xi}{R_\xi} - \frac{(aM_\theta)_{,\theta\theta}}{ab^2} = q\,; \end{aligned}\right\} \tag{5.80}$$

$$\left.\begin{aligned} & \varkappa_\theta^\bullet - (a^2\tau)_{,\theta}/(ab) = 0\,, \\ & -\tau^\bullet + (a\varkappa_\xi)_{,\theta}/b - (a\varepsilon_\xi)_{,\theta}/b^2 + \varkappa_\theta a/\varrho_\xi = 0\,, \\ & \frac{\varkappa_\xi}{b} + \frac{\varkappa_\theta}{R_\xi} + \frac{(a\varepsilon_\xi)_{,\theta\theta}}{ab^2} = 0\,. \end{aligned}\right\} \tag{5.81}$$

Die weitere Analyse wird auf die „schlanken" Rohre beschränkt, d.h. es wird angenommen, daß die Radien $R(\theta)$ (Bild 5.4) aller „Fasern" des Rohres dem Mittelradius R_m gleichgesetzt werden dürfen:

$$R(\theta)/R_\mathrm{m} \approx 1\,. \tag{5.82}$$

Diese Annahme wurde schon in Verbindung mit dem Biegungsproblem der „langen" Rohre in Abschn. 3.9 diskutiert. Berechnungen mit Hilfe der vollen Gleichungen der allgemeinen Schalentheorie zeigen [17], daß die Vereinfachung (5.82) zu keinen zusätzlichen Ungenauigkeiten führt, solange $R_\mathrm{m} > 4b$ ist. Etwa in diesen Grenzen liegt auch generell der Anwendungsbereich der Halbmembrantheorie.

Das Verhältnis (5.82) bedeutet, daß der Lamé-Parameter a als konstant behandelt wird. – Entsprechend der Definition (1.1) bestimmt dieser Parameter die Länge der ξ-Linien, und nach Bild 5.4 gilt

$$\mathrm{d}s_\xi = a\,\mathrm{d}\xi = R\,\mathrm{d}\varphi \approx R_\mathrm{m}\mathrm{d}\varphi\,. \tag{5.83}$$

Die Koordinate ξ wird nun so gewählt, daß $a = b$ ist. Das vereinfacht die Gln. (5.80), (5.81). Drückt man mit Hilfe der dritten dieser Gleichungen die Variablen N_θ und $\varkappa_\xi$ über die anderen Unbekannten aus

$$N_\theta = -\frac{b}{R_\xi}N_\xi + \frac{1}{b}M_{\theta,\theta\theta} + bq\,, \qquad \varkappa_\xi = -\frac{b}{R_\xi}\varkappa_\theta - \frac{1}{b}\varepsilon_{\xi,\theta\theta}\,, \tag{5.84}$$

so können die übrigen Gln. (5.81), (5.82) unter Verwendung der Elastizitätsverhältnisse (5.52) $\varepsilon_\xi = N_\xi/Eh$, $M_\theta = D\varkappa_\theta$ zu folgendem Lösungssysstem reduziert werden

$$\left.\begin{aligned} S^\bullet &= \left(\frac{b}{R_\xi}N_\xi\right)_{,\theta} - \frac{b}{\varrho_\xi}N_\xi - \frac{D}{b}(\varkappa_{\theta,\theta\theta\theta} + \varkappa_{\theta,\theta}) - (q_\theta + q_{,\theta})b\,, \\ N_\xi^\bullet &= -S_{,\theta} - bq_\xi\,, \\ \tau^\bullet &= -\left(\frac{b}{R_\xi}\varkappa_\theta\right)_{,\theta} + \frac{b}{\varrho_\xi}\varkappa_\theta - \frac{1}{Ehb}(N_{\xi,\theta\theta\theta} + N_{\xi,\theta})\,, \\ \varkappa_\theta^\bullet &= \tau_{,\theta}\,. \end{aligned}\right\} \tag{5.85}$$

Die vier Variablen S, N_ξ, τ und $\varkappa_\theta$ treten auch in den Randbedingungen der Halbmembrantheorie (vgl. Abschn. 2.7 und 5.3.3) auf. Die Variablen bilden einen *Zustandsvektor* für einen Schnitt ξ = const.

Die Gln. (5.85) lassen sich zu einem System von zwei dimensionslosen Gleichungen reduzieren. Dafür differenzieren wir die erste und die dritte dieser Gleichungen in bezug auf θ und substituieren die Ausdrücke von $S_{,\theta}$ und $\tau_{,\theta}$ aus den anderen zwei Gleichungen. Das ergibt

$$\begin{bmatrix} L & -W \\ W & L \end{bmatrix} \begin{bmatrix} N_\xi/(Ehh^\circ) \\ \varkappa_\theta b \end{bmatrix} = \frac{b^3}{D} \begin{bmatrix} -q_\xi^{\bullet} + q_{\theta,\theta} + q_{,\theta\theta} \\ 0 \end{bmatrix} \tag{5.86}$$

$$\left.\begin{aligned} L &= \frac{\partial^2}{h^\circ \partial\xi^2} + \mu \frac{\partial^2}{\partial\theta^2} \cos\theta - \mu \frac{\partial}{\partial\theta} \sin\theta \,, \qquad W = \frac{\partial^4}{\partial\theta^4} + \frac{\partial^2}{\partial\theta^2} \,, \\ h^\circ &= \left(\frac{D}{Ehb^2}\right)^{1/2} = \frac{h/b}{\sqrt{12(1-\nu^2)}} \,, \\ \mu &= \frac{b}{R_m h^\circ} = \sqrt{12(1-\nu^2)} \frac{b^2}{R_m h} \,. \end{aligned}\right\} \tag{5.87}$$

Der Parameter μ stimmt mit dem entsprechenden Parameter der „langen" Rohre (Abschn. 3.8) überein.

Im Grenzfall, wenn die Rohrkrümmung $1/R_m$ gleich Null ist, sind die Gln. (5.86) mit den Gln. (5.57) der Zylinderschale identisch.

Auch für die Verzerrungs-Verschiebungs-Beziehungen (1.42) bis (1.44) führen die Annahmen der Halbmembrantheorie zu einer wesentlichen Vereinfachung. Für schlanke, kreisrunde Rohre mit $a = b$ nehmen diese Beziehungen die Form an

$$\left.\begin{aligned} & v_{,\theta} + w = 0 \,, && u_{,\theta} + v^{\bullet} = 0 \,, \\ & b^2 \varkappa_\theta = b \vartheta_{\theta,\theta} = -w_{,\theta\theta} - w \,, && \varepsilon_\xi = \frac{u^{\bullet}}{b} + \frac{w}{R_\xi} \,. \end{aligned}\right\} \tag{5.88}$$

(Die ersten zwei Gln. (5.88) vertreten die Annahmen $|\varepsilon_\theta| \ll |w/b|$, $|\gamma| \ll |v^{\bullet}/b|$.)

Die Formeln für $\varkappa_\xi$ und τ sind in (5.88) nicht aufgeführt. – Sie können aus (5.81) durch die Substitution von $\varkappa_\theta$ und ε_ξ nach (5.88) gewonnen werden.

Für die Randbedingungen bei ξ = const gelten fast buchstäblich dieselben Betrachtungen, die im Abschn. 5.3.3 für die Zylinderschale formuliert worden sind. Es müssen an einem Rand nur zwei Bedingungen erfüllt werden. Die in der Halbmembrantheorie entfallenen Bedingungen schließen die in dieser Theorie vernachlässigten Variablen M_ξ, H, Q_ξ, ε_θ, γ, λ_θ, deren lineare Kombinationen und die Verschiebung w ein. Diese Variablen gehören zum Randeffekt und dessen Randbedingungen. Außer der Variablen N_ξ, S, $\varkappa_\theta$ und τ dürfen die Randbedingungen der Halbmembrantheorie durch die Komponenten u, v der Verschiebung ausgedrückt werden.

5.4.2 Fourierreihenansatz. Variablentrennung

Der Einsatz von Fourierreihen der Unbekannten (bezüglich der Variablen θ) reduziert die partiellen Differentialgleichungen des Problems zu einem System gewöhnlicher Differentialgleichungen. Der weitere Lösungsgang kann verschiedenen Wegen folgen. Zuerst wird eine Lösung skizziert, die über die *numerische Integration* zur Aufstellung der Übertragungsmatrix führt. (Eingehender werden zwei Versionen der analytischen Lösung in Abschn. 5.4.3 dargestellt.)

5.4.2.1 Übertragungsmatrix Auch im weiteren setzen wir die Symmetrie der Verformung in bezug auf die Krümmungsebene des Rohres voraus. Dementsprechend werden die Schnittkräfte und Verformungsparameter durch die Fourierreihen

$$[S \quad \tau] = \sum_0^n \left[S_m \quad \frac{\tau_m}{b} \right] \sin m\theta, \qquad [N_\xi \quad \varkappa_\theta] = \sum_0^n \left[N_m \quad \frac{f_m}{b} \right] \cos m\theta \tag{5.89}$$

vertreten. Setzt man diese Reihen in das System (5.85) ein, so ergibt sich ein System gewöhnlicher Differentialgleichungen, das in folgender Matrixform geschrieben werden kann

$$\frac{\mathrm{d}}{\mathrm{d}\xi} \boldsymbol{y}(\xi) = \boldsymbol{A}\boldsymbol{y}(\xi) + \boldsymbol{p}(\xi),$$

$$\boldsymbol{y} = \begin{bmatrix} \boldsymbol{S} \\ \boldsymbol{N}_\xi \\ \boldsymbol{\tau} \\ \boldsymbol{\varkappa}_\theta \end{bmatrix}, \qquad [\boldsymbol{S} \quad \boldsymbol{N}_\xi \ldots] = \begin{bmatrix} S_0 & N_0 & . \\ S_1 & N_1 & . \\ S_2 & N_2 & . \\ . & . & . \end{bmatrix}. \tag{5.90}$$

Die Spaltenmatrix der Unbekannten $\boldsymbol{y}(\xi)$ wird aus den Spaltenmatrizen der vier Variablen $\boldsymbol{S}, \ldots, \boldsymbol{\varkappa}_\theta$ gebildet. Die Quadratmatrix $\boldsymbol{A}$ wird nach dem Gleichungssystem (5.85) zusammengestellt*). Dabei können die Formeln (3.157) für Produkte von Fourierreihen benutzt werden.

An jedem Rand des Rohres sind zwei Bedingungen für die Spalten-Matrizen $\boldsymbol{S}$, $\boldsymbol{N}_\xi$, $\boldsymbol{\varkappa}_\theta$ und $\boldsymbol{\tau}$ vorzugeben.

Die allgemeine Lösung kann mit Hilfe einer Übertragungsmatrix $\boldsymbol{Y}(\xi)$ in der folgenden Form dargestellt werden:

$$\boldsymbol{y}(\xi) = \boldsymbol{Y}(\xi)\boldsymbol{y}(0) + \boldsymbol{y}_p(\xi). \tag{5.91}$$

Die Matrizen $\boldsymbol{Y}(\xi)$ und $\boldsymbol{y}_p(\xi)$ können als Lösungen der folgenden Anfangsprobleme ermittelt werden

$$\frac{\mathrm{d}}{\mathrm{d}\xi} \boldsymbol{Y}(\xi) = \boldsymbol{A}\,\boldsymbol{Y}(\xi), \qquad \boldsymbol{Y}(0) = \begin{bmatrix} 1 & 0 & 0 & . \\ 0 & 1 & 0 & . \\ 0 & 0 & 1 & . \\ . & . & . & . \end{bmatrix}, \tag{a}$$

$$\frac{\mathrm{d}}{\mathrm{d}\xi} \boldsymbol{y}_p(\xi) = \boldsymbol{A}\boldsymbol{y}_p(\xi) + \boldsymbol{p}(\xi), \qquad \boldsymbol{y}_p(0) = \boldsymbol{0}. \tag{b}$$

Damit ist $\boldsymbol{Y}$ als eine Zusammenstellung der $4n + 4$ (durch Spaltenmatrizen vertretenen) Anfangswertprobleme definiert.

Um die Formel (5.91) für die Bestimmung des Zustandsvektors $\boldsymbol{y}(\xi)$ fertigzustellen, bleibt es, nur die Anfangswertmatrix $\boldsymbol{y}(0)$ durch die vorgegebenen Randbedingungen zu ermitteln. Dafür stehen vier Randbedingungen für vier $(n + 1) \times 1$-Matrizen $\boldsymbol{S}, \ldots$ (also $4n + 4$ „skalare" Randbedingungen) und die Gleichungen zwischen den Zustandsvektoren an den zwei Rändern

---

*) Ein ähnlicher Vorgang findet sich in Abschn. 5.4.2.2.

$$y(L/b) = Y(L/b)y(0) + y_p(L/b)$$

zur Verfügung. Sie bestimmen die Elemente der Zustandsvektoren $y(0)$ und $y(L/b)$. Die Elemente von $y(L/b)$ können eliminiert werden.

Entsprechend den Kontinuitätsbedingungen sind für ein Rohr f_0, f_1 und damit auch τ_0, τ_1 gleich Null (s. Abschn. 4.2.2.3).

Für den Fall der Zylinderschale sind alle Berechnungen viel einfacher. Mit $1/R_\xi = 0$, $1/\varrho_\xi = 0$ sind alle Koeffizienten des Systems (5.86) konstant. Die Verformung, die *jeder* $\cos m\theta$ bzw. $\sin m\theta$-Komponente des Spannungszustandes entspricht –, d.h. die Variablen $S_m(\xi), \ldots f_m(\xi)$ – kann unabhängig von den anderen Variablen bestimmt werden. Bei derselben Struktur der Lösung reduzieren sich die Matrixdimensionen drastisch (vgl. die Analyse der Zylinderschale von Abschn. 5.3).

Die entscheidende Etappe der skizzierten Lösung ist offensichtlich die Integration der Gleichungen (a) und (b). Die Anfangswertprobleme können numerisch gelöst werden. Als effektiv hat sich dabei die Runge-Kutta-Methode bewährt.

Der hier kurz vorgeführte Lösungsvorgang ist in der Arbeit von A. Kalnins [72] (s. auch die Veröffentlichung von G. A. Cohen [38]) für das Drehschalenproblem eingehend dargelegt.

Einen anderen numerischen Vorgang, der auch für nichtlineare Probleme geeignet ist und u.U. schneller zum Ziele führt, stellt das sog. Schießverfahren dar (dessen anregende Beschreibung sich im Buch von J. Stoer, R. Bulirsch, Einführung in die Numerische Mathematik II, Springer-Verlag 1973, findet).

Bei dem Lösungsvorgang (a), (b), (c), der ein Randwertproblem auf ein Anfangswertproblem reduziert, kann eine Komplikation auftreten. – Wenn die Länge (L) der Schale eine gewisse Grenze übersteigt, tritt ein Genauigkeitsverlust auf. Die Ursache ist, daß die Anfangswertlösungen mit ξ wachsen. Das Anwachsen der Elemente der Matrizen Y, y_p mit ξ ist exponentiell. Dagegen bleiben die Zustandsgrößen – die Elemente der Matrix $y(\xi)$ – begrenzt. Ist die Länge der Schale groß, so ergeben sich Zustandsgrößen $y(\xi) = \{N_\xi, \ldots\}$ aus (5.91) als kleine Differenzen großer Zahlen. Für die drehsymmetrischen Schalen und vollen Schalengleichungen wird die kritische Länge auf ca. $L = 4R\sqrt{h/R}$ geschätzt [72]. Das ist etwa eine Breite der Randeffektzone (vgl. Abschn. 3.3.3 und 5.3.4). Ist die Meridianlinie länger, muß das Integrationsintervall aufgeteilt werden. Bei der Halbmembranlösung ist der Randeffektanteil der Verformung abgetrennt. Der Hauptspannungszustand variiert weniger intensiv. Die direkte Integration der Gln. (5.90) kann für ca. b/hm-mal größere Meridianlängen durchgeführt werden. Die kritische Länge liegt bei etwa $4b\sqrt{b/hm^2}$.

Die numerische Integration ist im Normalfall ausführbar. Die wesentlichen Eigenschaften einer Vielzahl von Schalen treten aber deutlicher durch die analytischen Lösungen hervor.

5.4.2.2 Reduzierte Gleichungen Wenden wir uns der Lösung der Gln. (5.86) zu. Die zwei dimensionslosen Variablen werden in der folgenden Reihenform gesucht:

$$N_\xi/(Ehh^\circ) = N = N_0 + M^\circ \cos\theta + \sum_{2,3,\ldots} N_m(\xi)\cos m\theta,$$

$$\varkappa_\theta b = f = \sum_{2,3,\ldots} f_m(\xi)\cos m\theta. \tag{5.92}$$

Die Terme f_0 und $f_1 \cos\theta$ der Reihe von $\varkappa_\theta b$ sind bei einem Rohr gleich Null. Das ergibt sich aus den Bedingungen der Kontinuität: In jedem Punkt des Rohres (ξ, θ) sind die Verzerrung, die Spannungen und die Verschiebungen denen im anliegenden Punkt $(\xi,\ \theta + 2\pi)$ (Bild 5.4) genau gleich. Das wird u.a. durch die folgenden Gleichungen ausgedrückt:

$$\int_0^{\theta+2\pi} \begin{bmatrix} 1 \\ \cos\theta \end{bmatrix} \varkappa_\theta \mathrm{d}\theta = \begin{bmatrix} 0 \\ 0 \end{bmatrix}. \tag{5.93}$$

Die erste Bedingung stellt fest, daß der Drehwinkel der Tangentialebene in jedem Punkt der Schale kontinuierlich variiert. Die andere Bedingung (5.93) bedeutet Kontinuität der Verschiebung in Richtung der z-Achse.

Die Resultierende der Normalkräfte N_ξ im Querschnitt des Rohres und das Moment M dieser Kräfte lassen sich direkt durch die Koeffizienten N_0 und $M°$ der Reihe (5.92) ausdrücken:

$$\int_0^{2\pi} N_\xi b \,\mathrm{d}\theta = 2\pi E h h° b N_0, \qquad M = \int_0^{2\pi} N_\xi b \cos\theta \, b \,\mathrm{d}\theta = (EJh°/b)M°, \tag{5.94}$$

Wir substituieren die Reihen von N und f (5.92) in Gl. (5.86).

Nach einer Umgruppierung liefert der Vergleich der Fourierkoeffizienten beider Seiten jeder Gl. (5.86) ein System gewöhnlicher Differentialgleichungen für $N_m(\xi)$, $f_m(\xi)$. In der Matrizenform (Abschn. 3.9.3) lautet das System wie folgt

$$\begin{bmatrix} \boldsymbol{L} & -\boldsymbol{W} \\ \boldsymbol{W} & \boldsymbol{L} \end{bmatrix} \begin{bmatrix} \boldsymbol{N} \\ \boldsymbol{f} \end{bmatrix} = \frac{b^3}{D} \begin{bmatrix} \boldsymbol{q}_\Sigma \\ \boldsymbol{0} \end{bmatrix}, \quad \boldsymbol{N} = \begin{bmatrix} N_0 \\ M° \\ N_2 \\ \cdot \end{bmatrix}, \quad \boldsymbol{f} = \begin{bmatrix} 0 \\ 0 \\ f_2 \\ \cdot \end{bmatrix}, \tag{5.95}$$

wobei $\boldsymbol{q}_\Sigma$ die Spalten-Matrix der Fourierkoeffizienten des Flächenlastgliedes der Gl. (5.86) ist. (Im folgenden werden nur Beispiele untersucht, bei denen $q_\Sigma = 0$ ist.)

Die Matrizen $\boldsymbol{L}$ und $\boldsymbol{W}$ vertreten die Operatoren L bzw. W: Die Produkte $\boldsymbol{LN}$, $\boldsymbol{Lf}$, $\boldsymbol{WN}$ bzw. $\boldsymbol{Wf}$ sind gleich den Spaltenmatrizen der Fourierkoeffizienten der Funktionen LN, Lf, WN bzw. Wf. Die Formel für $\boldsymbol{W}$ folgt unmittelbar aus der Definition (5.87): $W_{mm} = m^4 - m^2$, $W_{ij} = 0$, wenn $i \neq j$. Die Matrix $\boldsymbol{L}$ ist etwas komplizierter. Um die Fourierkoeffizienten der Funktion LN nach (5.87) zu ermitteln, benötigen wir solche Koeffizienten für die Terme von LN mit $N \cdot \cos\theta$ und $N \cdot \sin\theta$. Die Koeffizientenmatrizen dieser zwei Funktionen werden durch Formeln (3.159), (3.162) bestimmt

$$\begin{aligned} &(\cos\theta)(N_0 + M°\cos\theta + N_2\cos 2\theta + \ldots) \mathrel{\dot{\to}} \boldsymbol{c}_+ \boldsymbol{N}, \\ &(\sin\theta)\ (N_0 + M°\cos\theta + N_2\cos 2\theta + \ldots) \mathrel{\dot{\to}} \boldsymbol{s}_+ \boldsymbol{N}. \end{aligned} \tag{5.96}$$

Das Zeichen $\dot{\to}$ verbindet eine Funktion und die Spaltenmatrix ihrer Fourierkoeffizienten.

Der nächste Schritt in der Aufstellung der Matrix $\boldsymbol{L}$ betrifft die Differentiation in bezug auf θ. Mit der Einheitsmatrix $\boldsymbol{E}$ bekommt man

$$\begin{aligned} &\boldsymbol{L} = \boldsymbol{E}\frac{\partial^2}{h°\partial\xi^2} - \mu\boldsymbol{\Lambda}^2\boldsymbol{c}_+ - \mu\boldsymbol{\Lambda}\boldsymbol{s}_+, \\ &\boldsymbol{E} = \begin{bmatrix} 1 & 0 & . \\ 0 & 1 & . \\ . & . & . \end{bmatrix}, \quad \boldsymbol{\Lambda} = \begin{bmatrix} 0 & 0 & 0 & . \\ 0 & 1 & 0 & . \\ 0 & 0 & 2 & . \\ . & . & . & . \end{bmatrix}. \end{aligned} \tag{5.97}$$

Dabei wird berücksichtigt, daß die Funktionen $N\sin\theta$ und $f\sin\theta$ durch eine $\sin m\theta$-Reihe vertreten werden und dementsprechend $(N\sin\theta)_{,\theta} \div\!\!\rightarrow \boldsymbol{\Lambda s}_{+}\boldsymbol{N}$ bzw. $(f\sin\theta)_{,\theta} \div\!\!\rightarrow \boldsymbol{\Lambda s}_{+}\boldsymbol{f}$ gilt. Die Funktionen $N\cos\theta$, $f\cos\theta$ werden durch $\cos m\theta$-Reihen vertreten, und die Matrizen der Fourierkoeffizienten der entsprechenden Glieder von LN bzw. Lf sind gleich $-\boldsymbol{\Lambda c}_{+}\boldsymbol{N}$, $-\boldsymbol{\Lambda c}_{+}\boldsymbol{f}$.

Es ist meistens zweckmäßig, die statisch bestimmten N_0- und $M°$-Terme des Systems (5.94) auf die rechten Seiten der Gleichungen zu stellen. Dann entfallen im System (sind identisch erfüllt) die vier Gleichungen, die den Zeilen Nr. 0 und 1 der Matrizen $\boldsymbol{L}$ und $\boldsymbol{W}$ entsprechen. Das System wird zu

$$\left.\begin{aligned}&\begin{bmatrix}\check{\boldsymbol{L}} & -\check{\boldsymbol{W}}\\ \\ \check{\boldsymbol{W}} & \check{\boldsymbol{L}}\end{bmatrix}\begin{bmatrix}\check{\boldsymbol{N}}\\ \\ \check{\boldsymbol{f}}\end{bmatrix}=\begin{bmatrix}3\mu M°\\0\\0\\\dots\end{bmatrix},\quad \check{\boldsymbol{N}}=\begin{bmatrix}N_2\\N_3\\\dots\end{bmatrix},\quad \check{\boldsymbol{f}}=\begin{bmatrix}f_2\\f_3\\\dots\end{bmatrix};\\ &L_{mm}=\frac{\mathrm{d}^2}{h°\mathrm{d}\xi^2},\qquad L_{m,m\pm1}=-\mu\frac{m^2\mp m}{2},\qquad W_{mm}=m^4-m^2,\end{aligned}\right\}\tag{5.98}$$

wobei die Matrizen $\check{\boldsymbol{L}}$ und $\check{\boldsymbol{W}}$ nur die Spalten und Zeilen ab Nr. 2 besitzen, und alle nicht in (5.98) angegebenen Elemente von $\check{\boldsymbol{L}}$ und $\check{\boldsymbol{W}}$ sind gleich Null.

Da die Matrix $\check{\boldsymbol{W}}$ eine Diagonalmatrix ist, kann eine der Unbekannten – $\boldsymbol{N}$ oder $\boldsymbol{f}$ – aus dem System leicht eliminiert werden. Das ergibt

$$\boldsymbol{Df}=-\begin{bmatrix}3\mu M°\\0\\\dots\end{bmatrix},\qquad \boldsymbol{D}=\check{\boldsymbol{W}}+\check{\boldsymbol{L}}\check{\boldsymbol{W}}^{-1}\check{\boldsymbol{L}}\,.\tag{5.99}$$

Zwischen der Schnittkraft N_ξ und der Funktion $\varkappa_\theta b = f$, die die Querschnittsverformung beschreibt, gibt es nach den Gln. (5.92) und (5.98) die folgende Beziehung:

$$\frac{N_\xi}{Ehh°}=N_0+M°\cos\theta-\sum_m\left[\frac{1}{m^3-m}\,\frac{\mathrm{d}^2 f}{h°\mathrm{d}\xi^2}-\frac{\mu/2}{m-1}f_{m-1}-\frac{\mu/2}{m+1}f_{m+1}\right]\frac{\cos m\theta}{m}$$
$$(f_0=f_1=0\,,\quad m=2,3,\dots)\,.\tag{5.100}$$

5.4.2.3 Grenzfall – lange Rohre Das Randproblem der Rohrkrümmer enthält natürlich als einen Grenzfall das St.-Venantsche Problem der langen Rohre. In einer ausreichend großen Entfernung von den Rohrenden ist die Verformung, erzeugt durch die reine Biegung, nahezu konstant in bezug auf die Längskoordinate. Hier variieren die Fourierkoeffizienten $N_m(\xi)$ und $f_m(\xi)$ nur unbedeutend. Die Glieder mit den Ableitungen $\ddot{N}_m$ bzw. $\ddot{f}_m$ können in den Gln. (5.98) für diesen Teil des Rohres vernachlässigt werden. Im mittleren Teil des Rohres bestimmen die Gln. (5.98) nahezu konstante Größen N_m und f_m. Die Gln. (5.98) müssen unter diesen Umständen die gleiche Verformung des Rohres bestimmen wie die algebraischen Gln. (3.145) des drehsymmetrischen Problems.

Die Übereinstimmung läßt sich nachprüfen. Zuerst wird das Moment ($M°$) in den Gln. (5.98) über die Krümmungsänderung ($\mu^*-\mu$) ausgedrückt. Dazu benützen wir die Gl. (3.149). Setzen wir b_1 aus der Gl. (3.145) ein, so ergibt sich mit den Ausdrücken (5.87) und (5.94) für die Parameter μ, μ^* bzw. $M°$ die Beziehung:

$$M°=\mu^*-\mu+\frac{1}{2}\mu a_2\,.\tag{5.101}$$

Damit und mit dem Verhältnis (5.88), (5.92) $f = \varkappa_\theta b = \vartheta_{\theta,\theta}$ oder $f = \{2a_2\, 3a_3 \ldots\}$ nimmt die Gl. (5.99) die Form eines Systems algebraischer Gleichungen für die konstanten Elemente der Matrix f an. Jede zweite dieser Gleichungen ergibt die Identität $0 = 0$. Streicht man diese Identitäten, so stimmt das System für $a_2, a_4, \ldots$ mit dem System (3.147) überein. Das bestimmt eine Lösung der Gln. (5.98) für die reine Biegung (M = const):

$$f = \varkappa_\theta b = \sum_m m a_m \cos m\theta\,, \qquad N = M^\circ \cos\theta + \sum_j j b_j \cos j\theta$$

mit a_m $(m = 2, 4, \ldots)$ und b_j $(j = 3, 5, \ldots)$ nach (3.147).

5.4.2.4 Lösung mit eindimensionalen Fourierreihen Die Gln. (5.99) sind linear, und deren Koeffizienten sind konstant. Für solche Systeme gilt ein einfacher analytischer Lösungsweg (vorgeschlagen von A. I. Lur'é [94]). Diese Lösung bestimmt die Unbekannten $f_m(\xi)$ über eine Hilfsfunktion $F(\xi)$ durch die folgenden Formeln

$$f_m(\xi) = \varDelta_m F\,, \tag{5.102}$$

wobei $\varDelta_m$ ein linearer Operator ist, definiert als der Faktor des Elementes D_{2m} der Determinante der Matrix $\boldsymbol{D}$ des Systems (5.99):

$$\boldsymbol{D} = \begin{bmatrix} D_{22} & D_{23} & D_{24} & \cdot \\ D_{32} & D_{33} & D_{34} & \cdot \\ D_{42} & D_{43} & D_{44} & \cdot \\ \cdot & \cdot & \cdot & \cdot \end{bmatrix}, \qquad \varDelta_2 = \begin{vmatrix} D_{33} & D_{34} & \cdot \\ D_{43} & D_{44} & \cdot \\ \cdot & \cdot & \cdot \end{vmatrix}, \qquad \varDelta_3 = -\begin{vmatrix} D_{32} & D_{34} & \cdot \\ D_{42} & D_{44} & \cdot \\ \cdot & \cdot & \cdot \end{vmatrix}.$$

Die Funktion $F(\xi)$ wird definiert als die allgemeine Lösung der Gleichung

$$(\det \boldsymbol{D})\, F(\xi) = -3\mu M^\circ\,. \tag{5.103}$$

Die so bestimmten Variablen f_m sind in der Tat die allgemeine Lösung des Systems (5.99): Die der ersten Zeile von $\boldsymbol{D}$ entsprechende Gleichung (5.99) wird durch Einsetzen von f_m identisch mit der Gl. (5.103). Alle anderen Gleichungen des Systems (5.99) sind durch f_m bei einer beliebigen Funktion F erfüllt. – Die linke Seite jeder dieser Gleichungen wird $\sum_j D_{ij} f_j = (\sum_j D_{ij} \varDelta_j) F$. Und $\sum_j D_{ij} \varDelta_j$ ist gleich Null als eine Summe von Produkten von Elementen einer Zeile der Determinante $\det \boldsymbol{D}$ und der Faktoren ihrer anderen Zeile.

Die allgemeine Lösung der Gl. (5.103) kann in der exponentiellen Form dargestellt werden

$$F = \sum_k C_k \exp \xi d_k h^\circ + F_p(\xi)\,, \tag{5.104}$$

wobei C_k – Integrationskonstanten und F_p – eine partikuläre Lösung der Gl. (5.103) bezeichnen. Die Konstanten d_k sind Wurzeln der folgenden Behelfsgleichung

$$\det \boldsymbol{D}(d) = 0\,. \tag{5.105}$$

Die Matrix $D(d)$ wird aus D durch Substitution von

$$\frac{\mathrm{d}^2}{h^\circ \mathrm{d}\xi^2}$$

durch die unbekannte Konstante d^2 erhalten.

Die Potenz der Gl. (5.105) ist gleich viermal die Zahl der zu ermittelnden Funktionen f_m. Aber die Lösung dieser Gleichung und vor allem die Form der Funktionen f_m sind wesentlich vereinfacht, dank der Struktur der Matrix $\boldsymbol{D}$. Die Gleichung (5.105) enthält die Unbekannte nur in den Potenzen 0, 4, 8, ... Ferner sind für realistische Geometrien der Rohre die vierten Potenzen der Wurzeln d_k reelle negative Größen. Einen Hinweis auf diese Werte gibt die Form der Gl. (5.105) bei $\mu = 0$ (für Zylinderschalen). In diesem Fall sind alle Elemente der Matrix $\boldsymbol{D}$ außer den Diagonalelementen D_{mm} gleich Null. Dabei wird die Gl. (5.105) zu $D_{22}(d) D_{33}(d) \dots D_{nn}(d) = 0$. Sie zerfällt in $n-1$ Gleichungen $D_{mm}(d) = 0$. Das ergibt die Wurzeln, die durch die Gl. (5.44) bestimmt werden.

Die Wurzeln der Gl. (5.105) reihen sich zu Gruppen von vier $(\pm 1 \pm \mathrm{i}) \alpha_m$, $m = 2, 3, \dots n$. Die vier entsprechenden partikulären Lösungen können durch vier reelle Funktionen $\varphi_j(\alpha_m \xi)$ nach Gl. (3.36) oder durch die Kryloff-Funktionen von Tab. 3.1 ausgedrückt werden. Die allgemeine Lösung (3.104) wird damit eine lineare Kombination dieser Funktionen mit reellen Integrationskonstanten $C'_{mj} \neq C_{mj}$:

$$F = \sum_{m=2}^{n} \sum_{j=1}^{4} C'_{mj} \varphi_j(\alpha_m \xi) + F_p = \sum_{m=2}^{n} \sum_{j=1}^{4} C_{mj} K_j(\alpha_m \xi) + F_p \,. \tag{5.106}$$

Die Integrationskonstanten werden durch die Randbedingungen – vier für jede der Funktionen $f_m(\xi)$ – bestimmt. Damit wird die Ermittlung von $\varkappa_\theta$ abgeschlossen. Der Spannungszustand und die Verformung lassen sich explizit berechnen.

5.4.3 Biegung von Rohrkrümmern

5.4.3.1 Randbedingungen Das Schema von Bild 3.28 zeigt drei Typen von Bedingungen an den Rohrenden.

a) Ein dünner Flansch schließt die Verformung des Randes in seiner Ebene aus. Er kann aber kaum die Verwölbung des Randes verhindern. Der Flansch überträgt die äußeren Längskräfte direkt auf den Schalenrand. Wenn zwischen dem Flansch und dem anliegenden Konstruktionsteil eine weiche Einlage eingesetzt ist, kann eine lineare Verteilung der Randkräfte angenommen werden. Für die Biegung durch äußere Momente M (Bild 5.4) an Rohrenden gelten also die Randbedingungen

$$\varkappa_\theta = 0 \,, \qquad N_\xi = \frac{M}{J} b h \cos\theta \qquad (J = \pi b^3 h) \,.$$

Für die Koeffizienten der Reihen (5.92) entspricht das den Bedingungen am Rand

$$f_m = 0 \,, \qquad N_m = 0 \quad \text{oder} \quad f_m = 0 \,, \qquad \ddot{f}_m = 0 \,. \tag{5.107}$$

Die Äquivalenz der Bedingungen $f_m = 0$, $N_m = 0$ und $f_m = \ddot{f}_m = 0$ folgt aus der Formel (5.100).

b) Ein starrer Flansch verhindert die Verformung des Randes nicht nur in der Querschnittsebene, sondern auch die Verwölbung des Randes. Das wird in der Halbmembrantheorie durch die Bedingungen $\varkappa_\theta = 0$, $\tau = 0$ ausgedrückt. Über die Funktionen $f_m(\xi)$ werden diese Randbedingungen mit Hilfe der Gl. (5.85) $\tau_{,\theta} = \dot{\varkappa}_\theta$ wie folgt vertreten

$$f_m = 0 \,, \qquad \dot{f}_m = 0 \,. \tag{5.108}$$

c) Der Anschluß eines Rohres an einen anderen Rohrabschnitt, der sich durch die Krümmung oder andere Geometrieparameter unterscheidet (Bild 3.28), wird durch vier Kontinuitätsbedingungen (Abschn. 5.3.3) ausgedrückt. – Die Verformung beider Ränder und die Schnittkräfte an beiden Seiten der Anschlußlinie müssen gleich sein. In der Halbmembrantheorie bedeutet das $\varkappa_\theta = \hat{\varkappa}_\theta$, $\tau = \hat{\tau}$, $N_\xi = \hat{N}_\xi$, $S = \hat{S}$, wobei das „Dach" die Parameter der anliegenden Schale kennzeichnet. Über die Funktionen f_m werden die Anpassungsbedingungen wie folgt ausgedrückt:

$$[f_m \; \dot{f}_m \; \ddot{f}_m \; \dddot{f}_m] = [\hat{f}_m \; \dot{\hat{f}}_m \; \ddot{\hat{f}}_m \; \dddot{\hat{f}}_m] \,. \tag{5.109}$$

5.4.3.2 Verschiebungen. Biegewinkel Die Komponenten der Verschiebung (u, v und w) können mit Hilfe der Fourierreihen besonders einfach über die Lösungsfunktion $f = \varkappa_\theta b$ ausgedrückt werden. Die Beziehungen der Halbmembrantheorie (5.88) ergeben für die Fourierkoeffizienten der Reihen (5.10) von u, v und w die folgenden Formeln (die Indizes werden anders als in (5.10) plaziert):

$$v_j = -w_j/j\,, \qquad u_j = -\dot{w}_j/j^2 \qquad (j = 1, 2, \ldots)\,, \tag{5.110}$$

$$w_0 = 0\,, \qquad w_m = bf_m/(m^2 - 1) \qquad (m = 2, 3, \ldots)\,. \tag{5.111}$$

(Die Gl. $w_0 = 0$ folgt aus der in (5.88) vertretenen Beziehung $\varepsilon_\theta \cong 0$.)

Es ist leicht nachprüfbar, daß die Terme $u_0 + u_1 \cos\theta$, $v_1 \sin\theta \, w_1 \cos\theta$ in den Reihen (5.10) die *Starrkörperverschiebung* eines Rohrquerschnittes darstellen. Insbesondere beschreiben die Größen

$$(w_1 \cos\theta)\cos\theta - (v_1 \sin\theta)\sin\theta = -v_1 = w_1 \quad \text{und} \quad u_1/b$$

die Verschiebung bzw. die Rotation eines Querschnittes $\xi = \text{const}$ parallel zur Symmetrieebene (Bild 5.4).

Der Biegewinkel $\varphi - \varphi^*$ (φ nach Bild 5.4) eines Rohres ergibt sich als die Differenz der Rotationswinkel $u_1(\xi)/b$ der Ränder $\xi = 0$, L/b. Die Starrkörper-Verschiebungen u_1, v_1, w_1 können nicht durch die Gln. (5.110) bis (5.111) ermittelt werden. Den Ausdruck von u_1 über die Lösungsfunktion f bestimmen wir über die Beziehung zwischen den Verschiebungskomponenten und der Schnittkraft N_ξ. Diese Beziehung ergibt sich aus den Gln. (5.52), (5.88), (5.110) und (5.111) als

$$\frac{N_\xi}{Eh} = \varepsilon_\xi = \frac{\dot{u}_0}{b} - \sum_m \left(\frac{\ddot{w}_m}{bm^2} - \frac{w_{m-1}}{2R}\,\frac{m-2}{m-1} - \frac{w_{m+1}}{2R}\,\frac{m+2}{m+1} \right) \cos m\theta$$

$$(m = 0, 1, 2, \ldots;\; w_0 = w_{-1} = 0)\,.$$

Jeder der $\cos m\theta$-Terme von N_ξ muß mit dem entsprechenden Term des Ausdrucks (5.100) gleich sein. Das liefert

$$\frac{\ddot{w}_1}{b} + \frac{w_2}{2R}\,\frac{3}{2} = M^\circ h^\circ = \frac{Mb}{EJ}\,.$$

Nach der Substitution von $\dot{w}_1 = -u_1$ und $w_2 = bf_2/3$ aus (5.110) und (5.111) erhält man

$$\frac{\dot{u}_1}{b} = \frac{Mb}{EJ} - \frac{bf_2}{4R}$$

und daraus die Formel für den Biegewinkel

$$\varphi^* - \varphi = \int_{\xi_1}^{\xi_2} \frac{\dot{u}_1}{b} \,\mathrm{d}\xi = \frac{ML}{EJ} - \frac{b}{4R} \int_{\xi_1}^{\xi_2} f_2(\xi)\,\mathrm{d}\xi\,.$$

Die Größe ML/EJ ist gleich dem Biegewinkel nach der elementaren Balkenformel – ohne die Querschnittsverformung; ξ_1, ξ_2 sind die Koordinaten der Rohrränder, $\xi_2 - \xi_1 = L/b$. Die Formel für den Biegewinkel läßt sich in einer Form darstellen*), die der entsprechenden Beziehung (3.149) der „langen" Rohre ähnlich ist

$$\varphi^* - \varphi = \frac{ML}{K_\varphi EJ}, \qquad \frac{1}{K_\varphi} = 1 + \left(\frac{1}{K} - 1\right)\delta, \qquad \delta = \frac{b}{L}\int_{\xi_1}^{\xi_2} \frac{f_2}{2a_2}\,\mathrm{d}\xi\,. \tag{5.112}$$

Der hier eingeführte Korrekturfaktor K_φ wird gleich dem Kármánschen Faktor K (Abschn. 3.9.2), wenn das Rohr „unbegrenzt lang" ist. In diesem Fall ist $f_2/2a_2 = 1$. Im anderen Grenzfall – bei sehr kurzen Rohren mit Endflanschen – ist die Querschnittsverformung behindert. Dann – mit $f_2 = 0$ – liefert die Gl. (5.112) $\delta = 0$ und $K_\varphi = 1$. Trotz Krümmung und Dünnwandigkeit biegt sich ein kurzes Rohr wie ein Zylinderbalken.

Der Faktor δ hat eine mechanische Bedeutung. Er ist der Anteil der Zusatznachgiebigkeit $(1/K) - 1$ eines *langen* krummen Rohres, der dem *randversteiften* Rohrkrümmer übrig bleibt.

5.4.3.3 Einfache Näherung Es kommt nicht selten darauf an, über eine einfache und mechanisch durchsichtige analytische Einschätzung der Parametereinflüsse zu verfügen. Die entsprechende explizite Formel leistet die einfachste Näherung der Lösung von Abschn. 5.4.3.2 mit nur einem Term $(f_2(\xi)\cos 2\theta)$ der Reihe (5.92). Der Geltungsbereich dieser Näherung erfaßt etwa die Rohre kleiner und mittlerer Krümmung – mit

$$\mu = 12(1 - \nu^2)\frac{b^2}{R_\mathrm{m} h} \leqslant 8\,.$$

Das schließt die meisten Rohre der Hoch- und Mitteldruckleitungen ein. Für die Relationen vom Querschnittsradius b zur Wanddicke h und zum Krümmungsradius R_m gleich $b/h = 10$, $b/R = 1/4$ ist z.B. $\mu = 8{,}26$.

Mit der Funktion $f_2(\xi)$ nach den Gln. (5.102), (5.106)

$$\frac{f_2}{2a_2} = 1 + \sum_1^4 C_j' \varphi_j(\xi\alpha_2 h^{\circ 1/2}) = 1 + \sum_1^4 C_j K_j(\xi\alpha_2 h^{\circ 1/2}) \tag{5.113}$$

ergibt sich aus der Formel (5.112) mit Hilfe der Tab. 3.1:

$$\begin{aligned} &\delta = 1 + \frac{1}{l^*}\left(C_1A_2 + C_2A_3 + C_3A_4 - \frac{1}{4}C_4A_1\right), \\ &A_j = K_j(l^*)\,, \qquad l^* = \alpha_2 h^{\circ 1/2} L/2b\,. \end{aligned} \tag{5.114}$$

Die Ergebnisse dieser einfachsten Lösung für die zwei Fälle der Randversteifung von Bild 5.4 werden in Bild 5.5 dargestellt. Es betrifft Rohrkrümmer mit gleichen Bedingungen an

---

*) Nach den Gln. (3.149) und (3.144) ist $\mu^* - \mu = M^\circ/K$. Damit ergibt sich aus (5.101) $M^\circ = \frac{1}{2}\mu a_2/[(1/K) - 1]$.

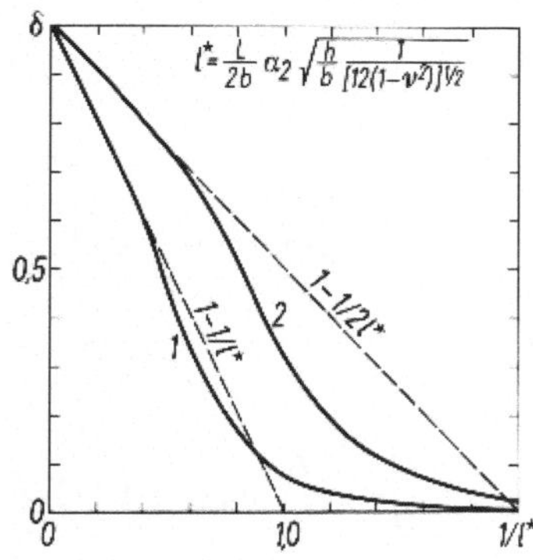

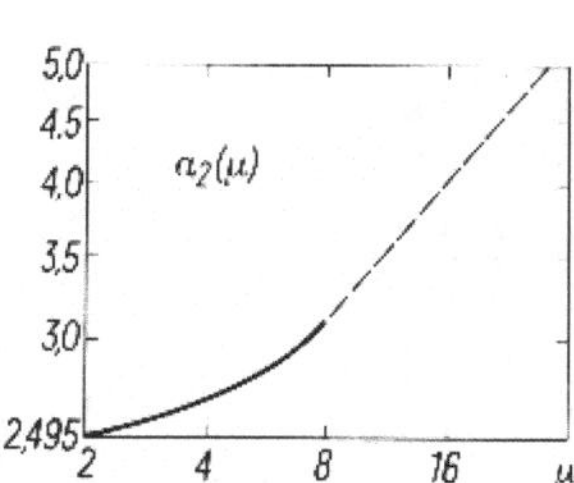

Bild 5.5 Faktor der Randversteifung δ: 1 steife Flansche, 2 dünne Flansche

beiden Rändern. Legt man $\xi = 0$ in die Mittelebene des Rohrkrümmers, so entfallen in der Lösung (5.113) die antimetrisch variierenden Terme C_2K_2 und C_4K_4 (s. Tab. 3.1):

$$C_2 = C_4 = 0\,. \tag{5.115}$$

Für den Fall *„dünner" Endflansche* ergibt die Formel (5.114) mit den Werten von C_m nach (5.115) und nach den Randbedingungen $f_2 = \ddot{f}_2 = 0$ bei $\xi = \pm L/2b$ aus (5.107)

$$\delta = 1 - \frac{1}{2l^*}\,\frac{\sinh 2l^* + \sin 2l^*}{\cosh 2l^* + \cos 2l^*}\,. \tag{5.116}$$

Für die Rohrkrümmer mit den *starren Endflanschen*, d.h. mit den Randbedingungen (5.108), erhält man auf analogem Wege

$$\delta = 1 - \frac{1}{l^*}\,\frac{\cosh 2l^* - \cos 2l^*}{\sinh 2l^* + \sin 2l^*}\,. \tag{5.117}$$

Neben den Graphen des Randversteifungsfaktors nach (5.116) und (5.117) ist im Bild 5.5 zur Berechnung des Längeparameters nach (5.114) ein Graph für α_2 vorgeführt. Der Wert von α_2 ist durch die kleinsten Wurzeln ($\pm\alpha_2 \pm \mathrm{i}\alpha_2$) der Gl. (5.105) bestimmt. Dabei ist die 3×3-Matrix $\boldsymbol{D}$ eingesetzt worden.

Die Graphen von Bild 5.5 lassen drei Gruppen von Rohren erkennen.

Für lange Rohre ist $\delta = 1$. Für diese Rohre gilt die eindimensionale Theorie vom Abschn. 3.9.2.

Kurze Rohre – die mit $\delta \ll 1$ – deformieren sich wie gerade Balken, ohne Kármán-Effekt. Es gilt die elementare Biegetheorie.

Bei den Rohren mittlerer Länge wird die Verformung sowohl von der Krümmung und der Wanddicke (μ) wie auch von der Länge und von den Randbedingungen bestimmt. Für diese Rohre ist die zweidimensionale Theorie erforderlich.

Die einfachste Lösung, präsentiert in diesem Abschnitt, wird ungenau bei größeren μ-Werten, etwa bei $\mu > 10$. Für Rohre größerer Krümmung benötigt die Reihenlösung mehr $\cos m\theta$-Terme. Dabei kann die numerische Lösung von Abschn. 5.4.2.2 eingesetzt werden. Einen anderen effektiven Lösungsweg bietet der Einsatz von zweidimensionalen Fourierreihen [17], [21], [105].

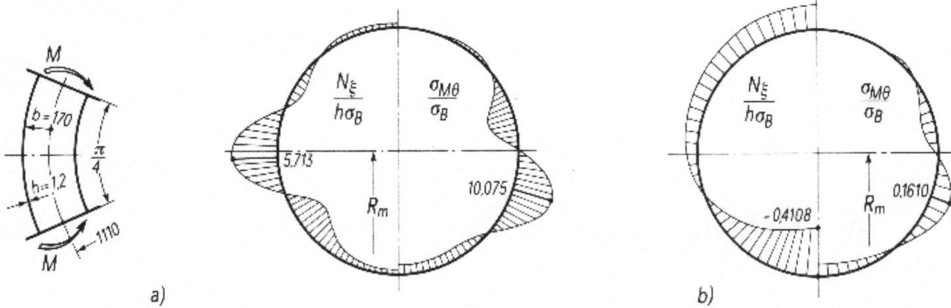

Bild 5.6 Biegung vom Rohrkrümmer: a) dünne Flansche, b) steife Flansche. Längsspannung N_ξ/h und Wandbiegespannung $\sigma_{M\theta} = \varkappa_\theta Eh/2(1-\nu^2)$ im Rohrmitte-Querschnitt, bezogen auf $\sigma_B = Mb/J$ (nach [105])

5.4.3.4 Beispiele Ergebnisse der Lösung mit Hilfe von zweidimensionalen Fourierreihen illustrieren in Bild 5.6 den Spannungszustand von Rohren. Die zwei Beispiele betreffen Rohre mit großem Krümmungsparameter, aber kleiner Länge: Nach (5.87) bzw. (5.77) μ = 72,2, l = 0,074. Der Einfluß der Randversteifung ist drastisch: Bei „dünnen" Flanschen reduziert sich die Querschnittsverformung auf etwa 1/3 dessen, was sich bei einem langen Rohr ergeben würde. Die Flansche „b", die auch Verwölbung der Ränder verhindern, machen die Wandbiegungsspannungen noch ca. 40mal kleiner.

Alle Wissenschaft ist nur eine Verfeinerung des Denkens des Alltags. (A. Einstein)

6 Stabilität

6.1 Allgemeines

6.1.1 Schalenbeulung

Bei hinreichend kleinen Lasten ist das Gleichgewicht eines elastischen Systems stabil. Wenn aber in der Schale große Druckkräfte entstehen, kann die dünne Wand beulen. Die Beullast ist um so niedriger, je dünner die Schalenwand ist. Für moderne – oft sehr dünnwandige – Schalenkonstruktionen bestimmt das Beulen meistens die Traglast.

Der Grundspannungszustand ist bei vielen, lasttragenden Schalen fast über die ganze Schale biegefrei (vgl. Abschn. 2.6). Infolge des Membranspannungszustandes entstehen in der Schale nur geringe elastische Formänderungen. Der Vorbeulzustand kann bei solchen Schalen (zumindest näherungsweise) ohne Rücksicht auf diese Formänderungen und auf die nichtlineare Veränderung der Spannungsverteilung ermittelt werden. Das Beulen entsteht als eine Verzweigung des Gleichgewichts. – Den biegefreien Spannungen und Verformungen der Schale überlagern sich Biegespannungen; die Schale verbiegt sich.

Anders sieht die Vorbeulverformung bei den weniger steifen oder gar flexiblen Schalen aus. Es gibt erhebliche Vorbeulveränderungen der Geometrie und damit auch der Spannungsverteilung. Das Beulen wird durch die vorhergehende nichtlineare elastische Verformung begünstigt. Die Stabilitätsuntersuchung betrifft dabei kompliziert variierende (bezüglich der Flächenkoordinaten und auch der Belastungsparameter) Schalenform und Spannungsverteilung.

Aber auch in diesem Fall muß die Beulanalyse den Verzweigungspunkt suchen – den Zustand der Schale, von dem aus eine unbegrenzt kleine zusätzliche Verformung (eines anderen Typs als Vorbeulverformung) möglich wird. Die Last, die die Schale in diesen Zustand des indifferenten Gleichgewichts bringt – die Beullast –, wird aus einem in bezug auf die Beulverformung linearen Eigenwertproblem ermittelt.

Die zwei erwähnten Varianten der Stabilitätsprobleme werden durch die Beispiele a) und b) von Bild 6.1 illustriert. Die Konstruktion besteht aus zwei miteinander gelenkig verbundenen Stäben, die gelenkig unverschieblich aufgelagert sind. In beiden Fällen stehen zur Ermittlung der Vorbeulverformung die Gleichgewichtsbedingung für den Knotenpunkt, an dem die Kraft P und die Druckkräfte N der beiden Stäbe wirken, die Kompatibilitätsbedingung zwischen der Länge l der Stäbe und deren elastischer Verkürzung δ und die Elastizitätsbeziehung zur Verfügung:

$$P - 2N \sin\alpha^* = 0\,, \qquad (l + \delta)\cos\alpha^* = l\cos\alpha\,, \qquad \delta = -Nl/EA\,.$$

Im Fall a) sind der Winkel α sowie die Dehnsteifigkeit eines Stabes (EA/l) groß. Die vorkritische Verformung ist sehr gering. Deshalb kann man näherungsweise $\alpha^* \approx \alpha$ anneh-

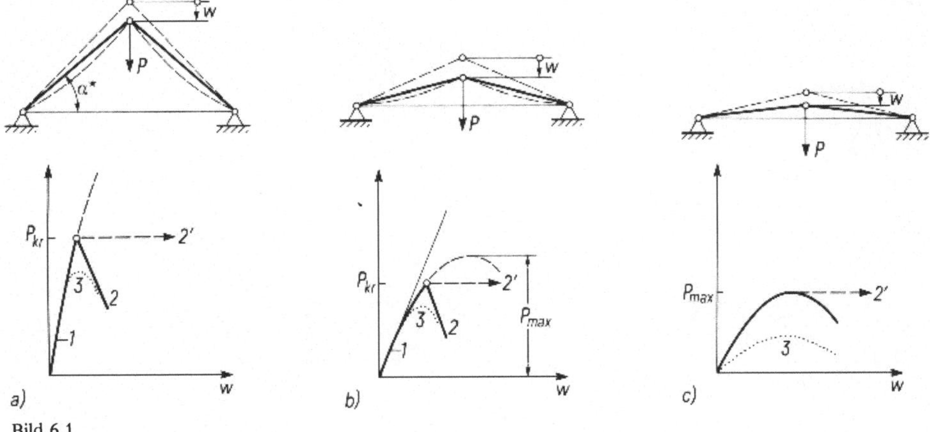

Bild 6.1

men. Die Veränderung der Geometrie des Systems und der Kraftverhältnisse kann vernachlässigt werden. Das Verhältnis $P = P(w)$ bis zum Knicken ist praktisch linear. Die Knickkraft der Stäbe, nach der Eulerschen Formel $N_{cr} = \pi^2 EI/l^2$ bestimmt, und $\alpha^* = \alpha$ ergeben die Knicklast $P_{cr} = 2N_{cr} \sin \alpha$ der Gesamtstruktur.

Im Fall eines flachen Systems (b) in Bild 6.1) kann das noch stabile System beträchtlich deformiert werden. Die kritische Last wird durch den kleineren Wert von α^* vermindert. Die eigentliche Stabilitätsuntersuchung ist in beiden Fällen mit der Lösung des Euler-Problems identisch. Es ist ein lineares Stabilitätsproblem für ein (unbegrenzt) vorverformtes System.

6.1.2 Durchschlag

Das Schema c) in Bild 6.1 illustriert noch eine andere Art des Versagens eines elastischen Systems: Es gibt keine Verzweigung des Gleichgewichts und keine Biegung der Stäbe, weil die Druckkräfte in den Stäben *unter* dem kritischen Wert bleiben. Die bei der Steigerung der Last stetig wachsende Deformation vermindert die Steifigkeit des Systems $\partial P/\partial w$. Wenn der *maximale Lastwert* erreicht wird, wächst die Verformung des Systems ohne weitere Erhöhung der Belastung. Das System schlägt zu einem anderen, nicht nahen Gleichgewichtszustand durch. Für Schalen ist dieses Durchschlagen meistens mit der Zerstörung der Schale verbunden. Die Traglast entspricht in diesem Fall dem maximalen Lastwert. Sie wird als ein charakteristischer Wert eines durch große Verschiebungen deformierten Systems ermittelt.

Man erkennt aus dem Beispiel von Bild 6.1, wie die Vorbeulverformung bei weniger steifen Systemen die Beullast vermindern oder im extremen Fall direkt – bei Lasten unter der Beullast – zum Versagen führen kann.

6.1.3 Imperfektionen

Das einfache System von Bild 6.1 kann auch die Wirkung der geometrischen Imperfektionen illustrieren. Sind nämlich die Stäbe von Anfang an etwas vorgekrümmt, so ändert sich das Verhalten des Systems. Die Verformung des Systems wird in diesem Fall durch die

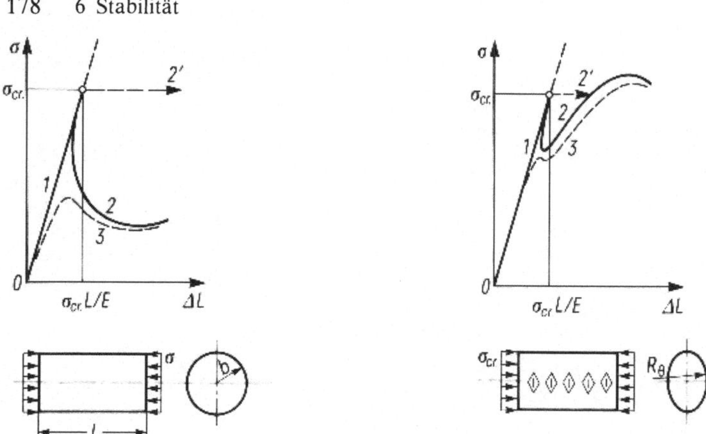

Bild 6.2 Kreisrunde und ovale Zylinderschalen unter konstantem Axialdruck. Gleichgewichtspfade 1 und 2 für ideale Schalen, 3 für Schalen mit Imperfektionen

Kurven 3 von Bild 6.1 veranschaulicht. Die Traglast kann sich wesentlich vermindern. Es gibt für *dieses* System mit Imperfektionen keine Verzweigung des Gleichgewichts. Die Traglast ist durch das Erreichen des Maximums der Belastung determiniert, d.h. durch eine Durchschlagsinstabilität (limit-point).

Soweit die elementar nachvollziehbaren Beispiele. Das Verhalten dünner Schalen zeigt (bei allen Komplikationen) weitgehend ähnliche Züge. Das wird in Bild 6.2 am Beispiel eines kreisrunden und ovalen Zylinders unter konstantem Axialdruck illustriert.

Die Versuchswerte der Beullasten dünner Schalen weichen von den theoretischen Werten ab. Die Versuchswerte sind niedriger. Ein besonders wichtiger und gut untersuchter Fall, bei dem zugleich die gemessenen Beullasten am weitesten unter den theoretischen Werten liegen, stellt eine kreisrunde Zylinderschale unter Axialdruck dar (Bild 6.3). Eine Zusam-

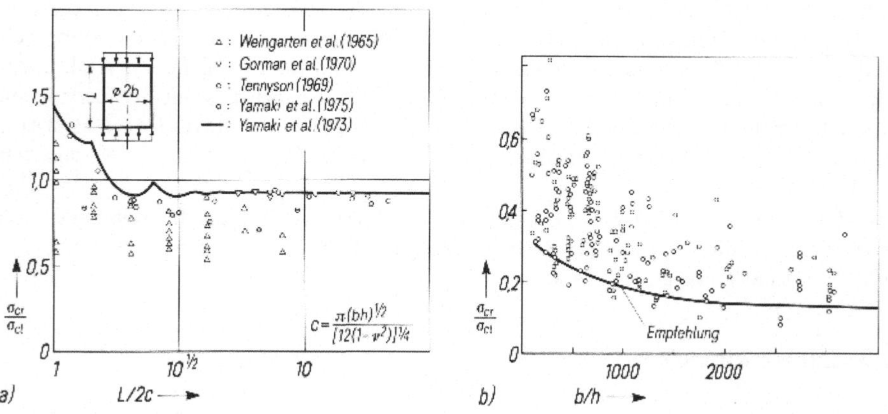

Bild 6.3 a) Beulspannung von Zylinderschalen mit eingebauten Rändern unter Axialdruck; Theorie und Versuchsergebnisse (nach N. Yamaki [157])
b) Versuchsdaten und die empfohlene Referenzbeulspannung (nach D. Brush und B. Almroth [28])

menfassung der Daten von verhältnismäßig genau ausgeführten Versuchsobjekten mit der theoretischen Beulspannung σ_{cl} idealer Zylinderschalen (s. Abschn. 6.3.1) präsentiert Bild 6.3a. Die Streuung war bei anderen Experimenten noch größer (vgl. Bild 6.3b). Nach langer Kontroverse wird z. Z. anerkannt, daß die Hauptursache der niedrigen Beullasten die schwer zu vermeidenden kleinen Abweichungen der Anfangsform der Schale sind*). Der Einfluß der Imperfektionen ist nicht nur bei verschiedenen Schalentypen, sondern vor allem bei verschiedenen Belastungsfällen unterschiedlich. So zum Beispiel besteht bei Zylinderschalen ein nur sehr mäßiger Einfluß der Imperfektionen auf den kritischen Wert eines Normaldruckes.

W. T. Koiter (1945) hat eine Theorie entwickelt, die die Anfälligkeit einer Schale bei bestimmter Belastung für den Einfluß der Imperfektionen erklärt und bewerten läßt**). Die Analyse von W. T. Koiter zieht zur Beurteilung des Einflusses der Imperfektionen die Nachbeulverformung der Schale heran. Die Analyse ist asymptotisch genau bei (noch) kleinen Beulverformungen – in der Nähe des Verzweigungspunktes des Gleichgewichts. Wenn die Nachbeulbelastung-Verformung-Kurve im Verzweigungspunkt eine negative Neigung hat wie in den Bildern 6.1, 6.2, führt das Beulen zum Verlust der Tragfähigkeit. Unter konstant bleibender Last steigt die Verformung explosionsartig an, wie das die Linien 2′ in Bild 6.1, 6.2 zeigen. In solchen Fällen ist der Einfluß der Imperfektionen groß.

Wenn die tatsächliche Vorbeulgeometrie und Spannungsverteilung berücksichtigt werden, ergibt die Theorie einen Traglastwert, der in guter qualitativer Übereinstimmung mit dem Experiment steht. Man gewinnt eine Einsicht in die Beuleigenschaften einer Konstruktion.

Aber die quantitativen Informationen über die zu erwartenden Imperfektionen von Schalenstrukturen sind unzureichend (s. darüber [3]). Der Einfluß der Imperfektionen auf die Traglast ist gravierend (Bild 6.3). Die Konstruktionspraxis orientiert sich an den Beullasten idealer Schalen, die aus Rücksicht auf unvermeidliche Imperfektionen mit statistisch bestimmten „knock down“ Faktoren zu Rechenwerten reduziert werden. Die entsprechende Empfehlung gibt Bild 6.3b wieder. (In Fällen, bei denen sich ein großer Rechenaufwand lohnt, greift man zur EDV-Analyse [27].)

6.2 Stabilitätsgleichungen

Im folgenden werden hauptsächlich die Beullasten imperfektionsloser elastischer Schalen betrachtet. Die Analyse besteht im wesentlichen aus zwei Etappen, die schon am Beispiel von Bild 6.1 erkennbar sind.

Im ersten Schritt wird der Vorbeulspannungszustand ermittelt. Wenn es erforderlich ist, wird dabei auch die (geometrische) Nichtlinearität berücksichtigt.

Die zweite Etappe stellt die Untersuchung der Stabilität des Vorbeulzustandes dar. Dabei wird geprüft, ob der Gleichgewichtszustand stabil ist, oder ob eine (zuerst kleine) Beul-

*) In den Monographien [28], [51] und in den umfassenden Arbeiten [3], [27], [30] gibt es eingehende Analysen dieses vielseitigen Problems und deren Entwicklung seit den Arbeiten von Th. von Kármán und H. S. Tsien (1941) und L. H. Donnell und C. C. Wan (1950).

**) Eine kritische Übersicht der entsprechenden Literatur bis 1970 geben J. W. Hutchinson und W. T. Koiter [65], neuere Darstellungen der Theorie finden sich in [28], [29], Anwendungen in [3], [27], [53], [64] u. a.

verformung bei konstant gehaltener Belastung möglich ist. Dieser Zustand kennzeichnet das indifferente Gleichgewicht.

Die Beulanalyse der Schale führt auf ein lineares Eigenwertproblem. Sie ist der gut bekannten Euler-Lösung des Knickproblems eines Stabs analog. Die Beulverformung wird durch Stabilitätsgleichungen beschrieben, die natürlich keine Belastungsglieder mehr enthalten. Auch die entsprechenden Randbedingungen schließen keine äußeren Lasten ein (homogene Randbedingungen). Die Koeffizienten der Stabilitätsgleichungen hängen von der Geometrie und vom Spannungszustand der beliebig vorverformten Schale ab.

Die Beullast läßt sich als die Last bestimmen, bei der die Stabilitätsgleichungen außer der trivialen Nullösung auch eine nichttriviale Lösung haben.

6.2.1 Intensiv variierende Beulverformung

Meistens entspricht die Beuldeformation einer Schale den Bedingungen der Anwendbarkeit der Theorie von Abschn. 2.5. Wir kennzeichnen alle Parameter des Vorbeulzustandes mit einem hochgestellten ° und alle bei der Beulung zusätzlich entstehenden Größen mit einem Stern. Die Verformungs- und Spannungsfunktionen W, Ψ nach dem Beulen sind dann $W^\circ + W^*$, $\Psi^\circ + \Psi^*$. Setzt man $W^\circ + W^*$ und $\Psi^\circ + \Psi^*$ für W, Ψ in die Gleichungen (2.23) ein, so erhält man mit Rücksicht darauf, daß W°, Ψ° eine Lösung des Systems für die gegebenen Belastungen und Randbedingungen ist, Gleichungen für W^*, Ψ^*

$$\begin{aligned} &D\nabla^4 W^* + \nabla_k^2 \Psi^* - L(W^\circ + W^*, \Psi^\circ + \Psi^*) + L(W^\circ, \Psi^\circ) = 0\,, \\ &\frac{1}{Eh}\nabla^4 \Psi^* - \nabla_k^2 W^* + \frac{1}{2}L(W^\circ + W^*, W^\circ + W^*) - \frac{1}{2}L(W^\circ, W^\circ) = 0\,. \end{aligned} \tag{6.1}$$

Da die Verformung am Anfang der Beulung infinitesimal klein ist, können die bezüglich Ψ^* und W^* nichtlinearen Terme vernachlässigt werden. Damit werden die Gln. (6.1) linear. Führt man die expliziten Bezeichnungen der Vorbeulkrümmungen und der Spannungsresultierenden entsprechend den Gln. (1.29), (2.33), (2.34)

$$\left.\begin{aligned} &\frac{a^2}{R_\xi} - W^\circ_{,\xi\xi} = \frac{a^2}{R'_\xi}\,, \quad \frac{b^2}{R_\theta} - W^\circ_{,\theta\theta} = \frac{b^2}{R'_\theta}\,, \quad ab\tau = -W^\circ_{,\xi\theta}\,, \\ &b^2 N_\xi = \Psi^\circ_{,\theta\theta}\,, \quad a^2 N_\theta = \Psi^\circ_{,\xi\xi}\,, \quad abS = -\Psi^\circ_{,\xi\theta} \end{aligned}\right\} \tag{6.2}$$

ein, setzt man $a = b$ und schreibt ψ, W statt ψ^*, W^*, so werden die Stabilitätsgleichungen zu

$$\begin{aligned} &b^2 D\nabla^4 W + \frac{1}{R'_\xi}\Psi_{,\theta\theta} + \frac{1}{R'_\theta}\Psi_{,\xi\xi} - 2\tau\Psi_{,\xi\theta} - N_\xi W_{,\xi\xi} - N_\theta W_{,\theta\theta} - 2S W_{,\xi\theta} = 0\,, \\ &\frac{b^2}{Eh}\nabla^4\Psi - \frac{1}{R'_\xi}W_{,\theta\theta} - \frac{1}{R'_\theta}W_{,\xi\xi} + 2\tau W_{,\xi\theta} = 0\,, \\ &\nabla^2 = \frac{1}{b^2}\left(\frac{\partial^2}{\partial\xi^2} + \frac{\partial^2}{\partial\theta^2}\right). \end{aligned} \tag{6.3}$$

Das sind Gleichungen für die sog. flachen Schalen (Abschn. 2.5.5). Die Koordinaten ξ, θ sind den Längen $a\xi$ und $b\theta$ der ξ- und θ-Linien proportional.

Die Gln. (6.3) haben stets die triviale Lösung $\Psi = 0$, $W = 0$, die die homogenen Randbedingungen des Stabilitätsproblems erfüllen.

Wenn der Gleichgewichtszustand, beschrieben durch die Krümmungsparameter $1/R'_\xi$, $1/R'_\theta$, τ und die Schnittkräfte N_ξ, N_θ, S, indifferent wird, ist eine Beulverformung Ψ, $W \neq 0$ möglich. – Die Gln. (6.3) ergeben sowohl den kritischen Lastwert als auch die Beulform, die diesem Lastwert entspricht.

Wie die ursprünglichen Gleichungen der „flachen" Schalen (2.39),so sind auch die Gln. (6.3) nur unter bestimmten Bedingungen anwendbar (Abschn. 2.5). Ein anderes System von Stabilitätsgleichungen folgt aus der Halbmembrantheorie.

6.2.2 Stabilitätsgleichungen der Halbmembrantheorie

Das nichtlineare Gleichungssystem der Halbmembrantheorie folgt direkt aus den Gln. (1.60), (1.37), (5.52), nachdem die Glieder mit den Variablen (5.54) gestrichen worden sind. Beschränkt man die Analyse auf drehsymmetrische lokale Geometrien der unverformten Schale und setzt b = const, so wird das nichtlineare Gleichungssystem zu (vgl. (5.81), (5.80), (5.52)):

$$\left.\begin{aligned}
&N_\xi^\bullet + \frac{(a^2 S)_{,\theta}}{ab} + q_\xi a = 0\,,\\
&S^\bullet + \frac{(aN_\theta)_{,\theta}}{b} + \frac{a}{\varrho'_\xi} N_\xi + \frac{(aM_\theta)_{,\theta}}{R'_\theta b} + q_\theta a = 0\,,\\
&\frac{N_\theta}{R'_\theta} + \frac{N_\xi}{R'_\xi} + 2S\tau - \frac{(aM_\theta)_{,\theta\theta}}{ab^2} = q\,;
\end{aligned}\right\} \tag{6.4}$$

$$\left.\begin{aligned}
&\varkappa_\theta^\bullet - \frac{(a^2\tau)_{,\theta}}{ab} = 0\,,\\
&-\tau^\bullet + \frac{(a\varkappa_\xi)_{,\theta}}{b} - \frac{(a\varepsilon_\xi)_{,\theta}}{R'_\theta b} + \frac{a}{\varrho_\xi}\varkappa_\theta = 0\,,\\
&\frac{\varkappa_\xi}{R'_\theta} + \frac{\varkappa_\theta}{R_\xi} + \frac{(a\varepsilon_\xi)_{,\theta\theta}}{ab^2} = \tau^2\,, \qquad \left(\lambda_\xi = \frac{(a\varepsilon_\xi)_{,\theta}}{ab}\right);
\end{aligned}\right\} \tag{6.5}$$

$$M_\theta = D\varkappa_\theta\,, \qquad Eh\varepsilon_\xi = N_\xi\,. \tag{6.6}$$

Dieses System von acht Gleichungen für acht Unbekannte (die Krümmungsradien R'_ξ, R'_θ, ϱ'_ξ werden nach (1.29), (1.37) über $\varkappa_\xi$, $\varkappa_\theta$, ε_ξ ausgedrückt) beschreibt den Spannungs- und Deformationszustand von Schalen für unbeschränkt große elastische Verschiebungen. Das System kann auf vier Gleichungen für die Parameter N_ξ, S, $\varkappa_\theta$, τ analog (5.85) oder zu einem System für N_ξ, $\varkappa_\theta$ analog (5.86) reduziert werden.

Mit $a \approx b$ erhält man aus den zweiten Gln. (6.4), (6.5), nachdem diese bezüglich θ differenziert worden sind, das folgende System:

$$\begin{aligned}
&\left(\frac{\partial^2}{\partial\xi^2} - \frac{\partial}{\partial\theta}\frac{b}{\varrho'_\xi} + \frac{\partial^2}{\partial\theta^2}\frac{R'_\theta}{R'_\xi}\right) N_\xi - \frac{D}{b} W'\varkappa_\theta = b[(R'_\theta q)_{,\theta\theta} - q_{\xi,\xi} + q_{\theta,\theta}]\\
&\left(\frac{\partial^2}{\partial\xi^2} - \frac{\partial}{\partial\theta}\frac{b}{\varrho_\xi} + \frac{\partial^2}{\partial\theta^2}\frac{R'_\theta}{R_\xi}\right)\varkappa_\theta + \frac{1}{Ehb} W' N_\xi = 0\,;
\end{aligned} \tag{6.7}$$

$$W' = \frac{\partial^2}{\partial\theta^2}\frac{R_\theta'}{b}\frac{\partial^2}{\partial\theta^2} + \frac{\partial}{\partial\theta}\frac{b}{R_\theta'}\frac{\partial}{\partial\theta}. \tag{6.8}$$

Daher folgen Stabilitätsgleichungen für eine breite Klasse Schalenformen und Spannungsverteilungen [19]. Wir betrachten nun Kreiszylinderschalen unter Normaldruck q ($q_\xi = q_\theta = 0$) und Axialkraft. Die Instabilität führt zur Wandbiegung bestimmt durch $\varkappa_\theta$ und die konstante Schnittkraft erhält ein Inkrement $N_\xi^1 Ehh°$:

$$\frac{1}{Ehh°}N_\xi = N° + N_\xi^1, \qquad N° = -\frac{P}{2\pi b}\frac{1}{Ehh°}, \tag{6.9}$$

wobei P die Axialkraft im Zylinderquerschnitt ist. Setzt man den Ausdruck (6.9) in die Gln. (6.7) ein und behält nur lineare in bezug auf N_ξ^1 und $\varkappa_\theta$ Terme bei, so bekommt man die Gleichungen

$$\begin{gathered}\left(W - \frac{b^3}{D}\frac{\partial^2}{\partial\theta^2}q\right)\varkappa_\theta b - \left(\frac{\partial^2}{h°\partial\xi^2} + N°\frac{\partial^2}{\partial\theta^2} - N°\frac{\partial^4}{\partial\theta^4}\right)N_\xi^1 = 0, \\ \frac{\partial^2}{h°\partial\xi^2}\varkappa_\theta b + WN_\xi^1 = 0, \qquad W = \frac{\partial^2}{\partial\theta^4} + \frac{\partial^2}{\partial\theta^2}.\end{gathered} \tag{6.10}$$

Hier sind $1/R_\theta' = 1/b + \varkappa_\theta$ und $1/R_\xi' = \varkappa_\xi$, $1/\varrho_\xi' = \lambda_\xi$ mit Hilfe von Gln. (6.5), (6.6) über $\varkappa_\theta$, N_ξ ausgedrückt worden.

6.3 Zylinderschale unter Axialdruck

6.3.1 Die klassische Lösung

Betrachten wir eine geschlossene Kreiszylinderschale, die an den Rändern durch einen stetigen Axialdruck (vgl. Bild 6.2a) belastet wird. Um Ansätze für die Untersuchung der Beulstabilität zu gewinnen, wenden wir uns zuerst den Versuchsergebnissen zu. Den Arbeiten [50], [145] verdankt man Filme, die es erlauben, den Beulvorgang eines axial belasteten Kreiszylinders in der Zeitlupe nachzuverfolgen. Bild 6.4 gibt einige Stufen des Beulvorgangs wieder. Das Versuchsobjekt war ein äußerst genau hergestellter und eingespannter Zylinder, bei dem sowohl die Spannungen als auch die Wanddicke und die Krümmungen möglichst konstant über die ganze Länge und Umfang der Schale waren. Trotzdem ist ursprünglich nur eine einzige Beule eingesprungen. Die Beule war von etwa gleichen Abmessungen in Längs- und Querrichtung, deren Längen in der Arbeit [50] zu $2\pi b/18$ eingeschätzt worden sind. Bei einer Wanddicke $h = 0{,}254$ mm und einem Radius $b = 100$ mm bedeutet das, daß Breite und Länge einer Beule sich zu

$$2{,}2\pi\sqrt{hb} \tag{6.11}$$

ergaben.

Da die erste Beule weit von den Rändern der Schale aufgetreten ist, kann man annehmen, daß die Randbedingungen keine wesentliche Rolle beim Beulvorgang gespielt haben. Das Beulen war *lokal* – einzig und allein durch den Spannungszustand und die Geometrie im Bereich des Beulens determiniert.

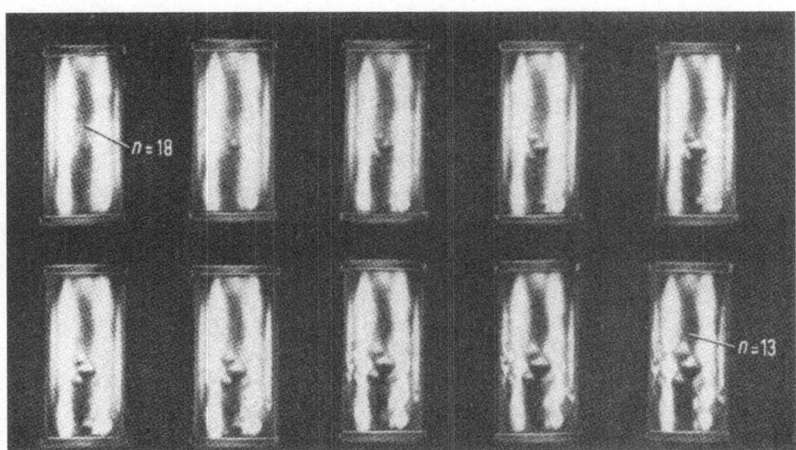

Bild 6.4 Beulen eines Kreiszylinders unter Axialdruck (nach M. Esslinger [50])

Damit kann folgender Schluß gezogen werden: Wenn die Schale nicht zu kurz ist, haben die Randbedingungen auf das Beulen außerhalb der Randzone keinen großen Einfluß. Wir setzen deswegen die Beulverformung in der einfachsten Form an:

$$w = A\sin\bar{m}\xi\cos n\theta, \qquad \bar{m} = \frac{m\pi b}{L}; \qquad m = 1, 2, \ldots; \quad n = 0, 1, 2, \ldots . \tag{6.12}$$

Hier bezeichnet L die Länge der Zylinderschale, und A ist eine freie Konstante.

Für eine Zylinderschale ohne Vorbeulkrümmungsänderung ($R'_\theta = R_\theta$, $1/R'_\xi = 0$, $\tau = 0$) nehmen die Stabilitätsgleichungen (6.3) für unbegrenzt kleine Beulverformungen $W = w$ (s. Abschn. 2.5.3) die Form

$$b^2 D\nabla^4 w + \frac{1}{R_\theta}\Psi_{,\xi\xi} - N_\xi w_{,\xi\xi} = 0, \qquad \frac{b^2}{Eh}\nabla^4\Psi - \frac{1}{R_\theta}w_{,\xi\xi} = 0 \tag{6.13}$$

an.

Für eine Kreiszylinderschale, bei der die Koeffizienten dieser Gleichungen $1/R_\theta = 1/b$ und N_ξ konstant sind, läßt sich die Variable Ψ aus den Gln. (6.13) leicht eliminieren. Man erhält mit $\nabla^4\Psi = Ehw_{,\xi\xi}/b^3$ die Gleichung

$$b^2 D\nabla^8 w + \frac{Eh}{b^4}w_{,\xi\xi\xi\xi} - N_\xi\nabla^4 w_{,\xi\xi} = 0. \tag{6.14}$$

Substitution von Gl. (6.12) in Gl. (6.14) ergibt die Gleichung:

$$A\left\{(\bar{m}^2 + n^2)^4\frac{D}{b^6} + \frac{Eh}{b^4}\bar{m}^4 + N_\xi\frac{\bar{m}^2}{b^4}(\bar{m}^2 + n^2)^2\right\}\sin\bar{m}\xi\cos n\theta = 0. \tag{6.15}$$

Die kritische Druckspannung $\sigma_{cr} = -N_\xi/h$ findet sich aus der Beulbedingung $A \neq 0$ – der Faktor in der geschweiften Klammer muß dann gleich Null sein. Das ergibt

$$\frac{\sigma_{cr}}{Eh^\circ} = \frac{1}{\chi} + \chi\,, \quad \chi = \frac{\bar{m}^2}{(\bar{m}^2 + n^2)^2}\,\frac{1}{h^\circ}\,;$$
$$h^\circ = \left(\frac{D}{Ehb^2}\right)^{1/2} = \frac{h}{b\sqrt{12(1-\nu^2)}}\,, \tag{6.16}$$

wobei die Werte von $\bar{m}$, n durch die zusätzliche Bedingung determiniert werden, daß σ_{cr} einen minimalen Wert haben muß. Aus der Gleichung $\partial\sigma_{cr}/\partial\chi = 0$ folgt $\chi = 1$ oder

$$\frac{\bar{m}^2}{(\bar{m}^2 + n^2)^2}\,\frac{1}{h^\circ} = 1\,. \tag{6.17}$$

Damit erhält man aus (6.16) die klassische Formel*)

$$\sigma_{cr} = 2Eh^\circ = \frac{Eh}{b\sqrt{3(1-\nu^2)}} = \sigma_{cl}\,. \tag{6.18}$$

Für $\nu = 0{,}3$ gilt

$$\sigma_{cl} = 0{,}605\,Eh/b\,.$$

Diese kritische Spannung kann, entsprechend den Gln. (6.12), (6.17), eine Menge verschiedener Beulformen erzeugen. Wir betrachten davon zwei.

Die drehsymmetrische Beulfigur $w = A\sin\bar{m}\xi$ folgt aus Gl. (6.12), für $n = 0$. Dabei wird aus (6.17) $\bar{m}^2 h^\circ = 1$ erhalten und

$$w = A\sin\frac{\xi}{h^{\circ 1/2}}\,. \tag{6.19}$$

Die drehsymmetrische Beulform ist eine Sinusfunktion mit der halben Wellenlänge (aus der Beziehung $\xi/h^{\circ 1/2} = \pi$ und $\xi = c/b$):

$$c = \pi b h^{\circ 1/2} = \pi\frac{(bh)^{1/2}}{[12(1-\nu^2)]^{1/4}}\,. \tag{6.20}$$

Quadratische Beulen sind nach Gl. (6.17) durch die Werte $\bar{m} = n = 1/2h^{\circ 1/2}$ gegeben. Die halben Wellenlängen c_ξ, c_θ in Längs- und Umfangsrichtung sind (aus $\bar{m}c_\xi/b = \pi$)

$$c_\xi = c_\theta = 2\pi b h^{\circ 1/2} = 2c \tag{6.21}$$

(was der Breite der Randeffektzone nach (3.43) gleich ist).

Mit $\nu = 0{,}3$ ergibt sich nach (6.21) $2c_\xi = 2{,}2\pi\sqrt{bh}$. Das entspricht den Abmessungen von (6.11), die für eine *einzeln* auftretende Beule (Bild 6.4) geschätzt wurden.

Setzt man die Ausdrücke für $w = W$ und Ψ in die Formeln (6.2) ein, so kann gezeigt werden, daß die Beulverformung nach (6.12) den folgenden Bedingungen an den Schalenrändern entspricht

$$\xi = 0, \frac{L}{b}: \quad w = 0\,, \quad v = 0\,, \quad w_{,\xi\xi} = 0 \quad (M_\xi = 0)\,, \quad N_\xi^* = 0\,, \tag{6.22}$$

---

*) Diese kritische Druckspannung wurde zuerst von R. Lorenz ermittelt (Phys. Z. **12** (1911) 241).

wobei N_ξ^* ein Inkrement der Schnittkraft N_ξ ist, das beim Beulen auftritt (N_ξ^* ist das Inkrement der Kraft $N_\xi = -\sigma_{cr} h$, die die Instabilität verursacht).

Die Bedingungen (6.15) gehören zu einer Schale, die an den Rändern mit zwei in ihrer Ebene steifen, aber völlig biegsamen Scheiben verbunden ist.

Die aufgeführte Lösung ist bei sehr kurzen und bei sehr langen Schalen unzureichend. Im folgenden betrachten wir diese zwei Fälle.

6.3.2 Kurze Schalen

Offensichtlich gilt die Lösung (6.12), (6.18) nur für Schalen, die nicht kürzer als eine halbe Wellenlänge (6.20) sind, d.h. die die Bedingung

$$L > c = \frac{\pi\sqrt{hb}}{[12(1-\nu^2)]^{1/4}} \approx 1{,}7\sqrt{hb}$$

erfüllen.

Die kritische Spannung für kürzere Schalen tendiert nach (6.16) zu $\sigma_{cr} = Eh^\circ/\chi$. Aus (6.16) folgt für diesen Schalentyp $n = 0$, $m = 1$ und

$$\sigma_{cr} = Eh^\circ \bar{m}^2 h^\circ = \frac{\pi^2 D}{L^2 h} \qquad \left(D = \frac{Eh^3}{12(1-\nu^2)}\right). \tag{6.23}$$

Das ist die kritische Spannung einer sehr breiten Platte ($b \gg L$) mit frei drehbar aufgelagerten Rändern bei $\xi = 0, L/b$. Für den ganzen Bereich $L \leqslant c$ (und $n = 0$) kann (6.16) auf folgende Form reduziert werden

$$\sigma_{cr} = \sigma_{cl}\frac{1}{2}\left(\frac{c^2}{L^2} + \frac{L^2}{c^2}\right). \tag{6.24}$$

Der entsprechende Graph ist in Bild 6.5 aufgetragen.

6.3.3 Längere Schalen

Ein langer Zylinder kann knicken wie ein Stab mit einem undeformierten Querschnitt. Die Festkörperverschiebung des Querschnittes wird durch $w = w_1(\xi)\cos\theta$ (vgl. Abschn. 5.4.3.2), also $n = 1$, beschrieben. Die Donnell-Gleichungen und damit auch die Lösung

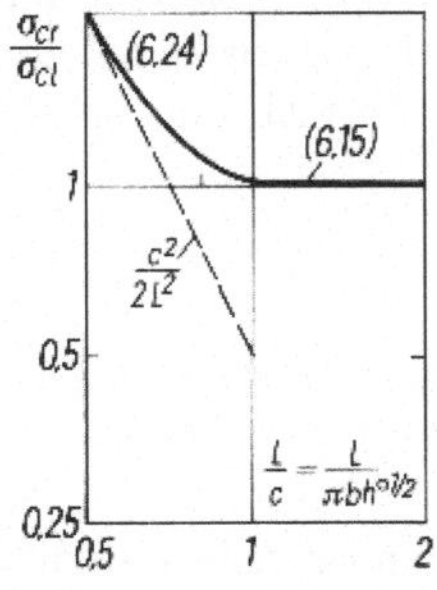

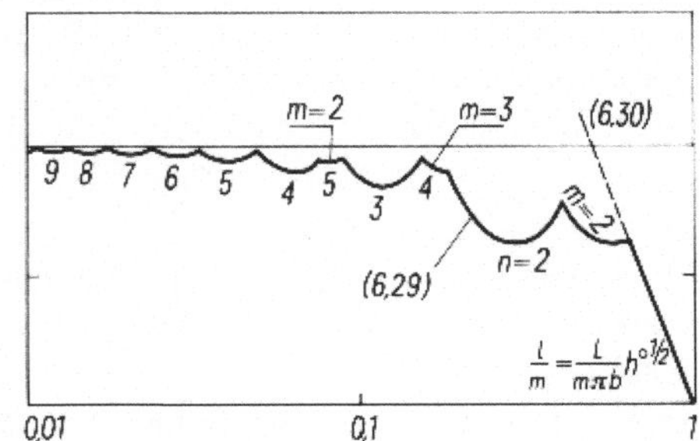

Bild 6.5 Kritische Axialdruckspannung (vgl. [54], [55])

(6.18) sind in diesem Fall nicht anwendbar. Auch für $n = 2, 3$ ist diese Theorie weniger genau. Eine einfache Lösung für lange Zylinder ergibt die Halbmembrantheorie.

Wir setzen die Beulverformung und die zusätzlich entstehende Schnittkraft in der Form

$$[\varkappa_\theta b \quad N_\xi^1] = [A \quad B] \sin \bar{m}\xi \cos n\theta, \qquad \bar{m} = \frac{m\pi b}{L} \tag{6.25}$$

an. Diese Ansätze erfüllen die Randbedingungen

$$\xi = 0, L/b: \qquad \varkappa_\theta = 0 \qquad (v = 0), \qquad N_\xi^1 = 0, \tag{6.26}$$

die in der Halbmembrantheorie (Abschn. 5.3.3) den Bedingungen (6.22) entsprechen. Nach Einsetzen von (6.25) in (6.10) erhält man zwei lineare Gleichungen für A und B.

$$\begin{bmatrix} n^4 - n^2 + q\dfrac{b^3}{D}n^2 \dfrac{m^2}{l^2} + N^\circ(n^4 + n^2) & \\ -\dfrac{m^2}{l^2} & n^4 - n^2 \end{bmatrix} \begin{bmatrix} A \\ B \end{bmatrix} \sin \bar{m}\xi \cos n\theta = 0\,; \tag{6.27}$$

$$l = \frac{L}{\pi b} h^{\circ 1/2}. \tag{6.28}$$

Als Bedingung der Instabilität $A, B \neq 0$ muß die Koeffizientendeterminante dieses Systems gleich Null sein. Damit ergeben sich Beziehungen für die kritischen Werte des Axialdruckes N° und des Normaldruckes q.

Mit den Definitionen (6.9), (6.18) von N° und σ_{cl} folgt aus (6.27) für $q = 0$ die Formel für die kritische Spannung $N_{cr}^\circ E h h^\circ = \sigma_{cr}$:

$$\sigma_{cr} = \frac{1}{2}\sigma_{cl}\left\{\frac{l^2}{m^2}(n^4 - n^2) + \frac{m^2}{l^2(n^4 - n^2)}\right\}\frac{n^2 - 1}{n^2 + 1}. \tag{6.29}$$

Die Minimierung von σ_{cr} bestimmt den Längenbereich, bei dem das Beulen mit einer bestimmten Umfangswellenzahl n stattfindet. Die minimalen Werte von σ_{cr}/σ_{cl} sind gleich $(n^2 - 1)/(n^2 + 1)$.

Für $n = 2, 3, \ldots$ entsprechen sie den Zylinderlängen, bei denen $m/l = (n^4 - n^2)^{1/2}$, wobei $m = 1, 2, \ldots$ die Zahl der Halbwellen in Längsrichtung ist. Die Werte von σ_{cr} nach (6.29) sind im Bild 6.5 dargestellt. Außer der im Bild 6.5 mit $m = 2, 3$ bezeichneten Abschnitte entspricht die Girlandenkurve den Beulformen mit einer Halbwelle in Längsrichtung ($m = 1$).

Für lange Zylinderschalen kann aber die kritische Spannung aus der Eulerschen Stabknickung noch kleiner als σ_{cr} nach (6.29) sein. Für einen Zylinder mit frei drehbar aufgelagerten Endquerschnitten ergibt die Eulersche Formel, umgeschrieben mit σ_{cl} und l nach (6.18) bzw. (6.28)

$$\sigma_{cr} = \frac{\pi^2 E}{L^2}\frac{\pi b^3 h}{2\pi b h} = \frac{\sigma_{cl}}{4l^2}. \tag{6.30}$$

(Diese Formel kann auch mit Hilfe der Halbmembrangleichungen (6.7) abgeleitet werden. Dabei muß natürlich auch die Verbiegung des Rohres beim Knicken berücksichtigt werden.)

Eine andere Analyse der Beulfestigkeit von Zylinderschalen für alle Längen und deren graphische Darstellung (wie im Bild 6.5) findet sich u.a. im Buch von W. Flügge [55].

6.3.4 Einfluß der Randstörung

Die Lösung (6.16), (6.24) zeigt eine Erhöhung der Beulspannung σ_{cr} für kurze Rohre. Wenn die ganze Rohrlänge kleiner als die Breite des Randeffektes ($L < c$) ist, wird die unterstützende Wirkung der Randversteifungen beträchtlich. Bild 6.5 zeigt diesen Effekt für die Randbedingungen (6.22).

Die tatsächliche Versteifung der Ränder ist oft effektiver. Sie schließt auch die Drehung des Randes und seine Verwölbung aus; die Bedingungen sind dann $w_{,\xi} = 0$, $u = 0$ statt $M_\xi = 0$, $N_\xi^* = 0$, von (6.22).

Andererseits kann natürlich die Randzone die beulschwache Stelle der Schale sein. Das ist vor allem der Fall, wenn der Rand in Umfangsrichtung nicht gestützt ist, was durch die Bedingung $S_\xi = 0$, statt der Bedingung $v = 0$ in (6.22) ausgedrückt wird. N. Hoff [62] (und etwas früher, auf eine andere, auch sehr elegante Weise, D. G. Ashwell [6]) hat gezeigt, daß bei solchen Randbedingungen der kritische Axialdruck sich bis auf die Hälfte der kritischen Spannung σ_{cl} nach (6.18) reduzieren kann.

Bisher ist ein biegefreier Vorbeulzustand vorausgesetzt worden. Es ist angenommen worden, daß in der Schale nur die axiale Druckspannung σ_ξ vorhanden und diese über die ganze Schale konstant ist. Die Vorbeulverformung besteht somit nur aus einer unbedeutenden Veränderung der Länge und des Radius der Zylinderschale. Wird diese Verformung am Rand verhindert (wie in Bild 6.6 schematisch dargestellt), so kann die lokale Geometrie der Schale gestört werden. Es entsteht eine Veränderung der Geometrie der Schale und der Vorbeulspannungen (vgl. Abschn. 6.1).

In den Stabilitätsgleichungen (z. B. in den Gln. (6.3)) wird der entsprechende Vorbeulzustand durch nunmehr variable Krümmungen $1/R_\xi'$, ... und Schnittkräfte N_ξ, ... vertreten. Die Koeffizienten der Differentialgleichungen (6.3) sind nicht mehr konstant. Das Stabilitätsproblem betrifft somit eine Schale zweifacher Krümmung und muß für einen sich bezüglich ξ, θ variierenden Spannungszustand gelöst werden. Dieses Problem ist mit verschiedenen numerischen Verfahren*) für mehrere Randbedingungen untersucht worden.

Die kritische Spannung von Zylinderschalen mit starr eingespannten Rändern und Berücksichtigung der Vorbeulverformung [157] ist in Bild 6.3a dargestellt. Für Schalen, die länger als $2c \approx \pi\sqrt{bh}$ sind, vermindert die Randstörung des Vorbeulzustandes die kritische

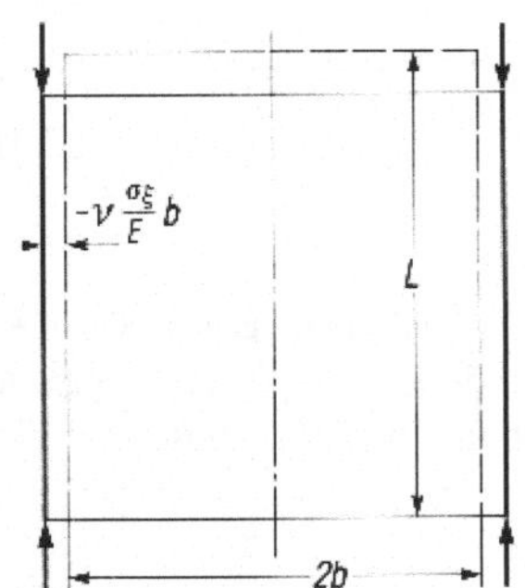

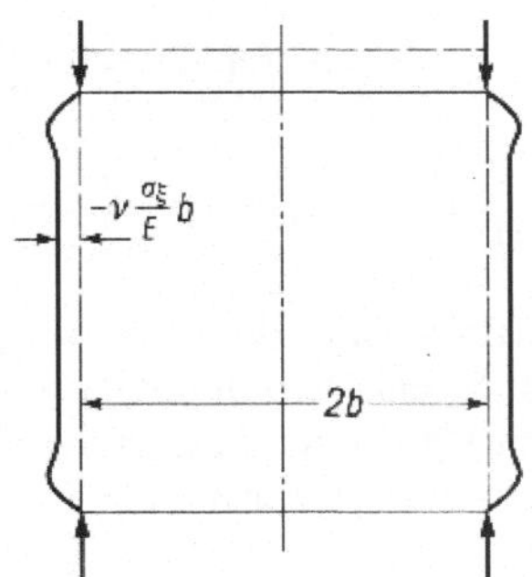

Bild 6.6 Randversteifung führt zur Änderung der Vorbeulgeometrie [28]

*) Die Literaturhinweise s. in der Monographie [28], in [27], [30], [151], [157] und in den Beiträgen der Sammelbände [45], [158].

Spannung auf ca. 0,92 σ_{cl}. Die Verminderung ist nicht groß. Andererseits liegen bei Schalen, die kürzer als die Randeffektzone sind, die kritischen Spannungen über dem Wert σ_{cl}. Solche kurze Schalen kommen u.a. als Schalenabschnitte zwischen Ringrippen vor. Öfter aber ist die Tragfähigkeit der Schalen durch das Beulen außerhalb der Randeffektzone begrenzt.

In den bisher behandelten Beispielen sind die Lösungswege nur für Kreiszylinderschalen unter konstanten (bezüglich der Flächenkoordinaten) Spannungen untersucht worden. Dabei sind die Koeffizienten der Stabilitätsgleichungen konstant. Wenden wir uns anderen Fällen zu, bei denen die Koeffizienten variabel und die Lösungen viel komplizierter sind.

6.3.5 Variierende Axialspannung. Unrunde Zylinder

Betrachten wir zuerst die Stabilität einer kreisrunden Zylinderschale unter der in Umfangsrichtung variierenden Axialspannung N_ξ/h:

$$N_\xi = -\sigma h \cos\theta \qquad (\sigma = M/\pi b^2 h)\,. \tag{6.31}$$

Das sind die Spannungen infolge der reinen Biegung durch ein Moment M nach der elementaren Biegetheorie. Der Vorbeulzustand wird nach der linearen Theorie bestimmt. (Das allgemeinere Biegungsproblem wird im Abschn. 6.5 betrachtet.)

Wir suchen den kritischen Wert σ_{cr} der Spannungsamplitude σ, bei dem die Schale beult. Dazu können die Gln. (6.13) verwendet werden. Wie aus deren Ableitung klar wird, gelten diese Gleichungen auch für variable Vorbeulkräfte N_ξ, N_θ und Krümmung $1/R_\theta$.

Wir setzen die Beuldeformation in der Form

$$\begin{bmatrix} W \\ \Psi \end{bmatrix} = \sin\bar{m}\xi \sum_{n=0}^{\infty} \begin{bmatrix} A_n \\ B_n \end{bmatrix} \cos n\theta\,, \qquad \bar{m} = \frac{m\pi b}{L} \tag{6.32}$$

an, die den Randbedingungen (6.22) entspricht. Nach Einführung der Ansätze (6.32) in (6.13) mit Berücksichtigung von N_ξ nach (6.31) erhält man für die Fourierkoeffizienten A_n, B_n das Gleichungssystem

$$\begin{aligned} &\sum_{n=0}^{\infty} \left\{ \frac{1}{b^2} D(\bar{m}^2 + n^2)^2 A_n - \frac{1}{b} \bar{m}^2 \mathrm{B_n} - \sigma h \bar{m}^2 A_n \cos\theta \right\} \sin\bar{m}\xi \cos n\theta = 0\,, \\ &\sum_{n=0}^{\infty} \left\{ \frac{1}{b^2 Eh} (\bar{m}^2 + n^2)^2 B_n + \frac{1}{b} \bar{m}^2 A_n \right\} \sin\bar{m}\xi \cos n\theta = 0\,. \end{aligned} \tag{6.33}$$

Die Fourierkoeffizienten beider Seiten jeder Gleichung müssen gleich sein. Bei $(6.33)_2$ bedeutet das, daß die Faktoren in der geschweiften Klammer für jedes $n = 0, 1, \ldots$ gleich Null sind. Damit können die B_n über die A_n ausgedrückt werden. In $(6.33)_1$ muß erst die linke Seite umgewandelt werden:

$$\begin{aligned} \sum_{n=0}^{\infty} A_n \cos\theta \cos n\theta &= \sum_{n=0}^{\infty} \frac{1}{2} A_n [\cos(n+1)\theta + \cos(n-1)\theta] \\ &= \sum_{n=0}^{\infty} \frac{A_{n+1} + A_{n-1}}{2} \cos n\theta + \frac{A_0}{2} \cos\theta\,. \end{aligned}$$

Die erste Gl. (6.33) nimmt somit die Form (σ_{cr} – der kritische Wert von σ)

$$\sum_{n=0} \left\{ \left[\frac{1}{b^2} D(\bar{m}^2 + n^2)^2 + Eh\bar{m}^4(\bar{m}^2 + n^2)^{-2} \right] A_n - \sigma_{cr} h \frac{\bar{m}^2}{2} (A_0 \delta_{0n} + A_{n-1} + A_{n+1}) \right\} \sin \bar{m}\xi \cos n\theta = 0 \tag{6.34}$$

an (wobei, wie aus Gl. (6.32) folgt, $A_{-1} = 0$ ist).

Da die Fourierkoeffizienten beider Seiten dieser Gleichung einander gleich sein müssen, ist in Gl. (6.34) jeder Faktor in der geschweiften Klammer gleich Null. Das führt auf ein System linearer algebraischer Gleichungen für die Koeffizienten A_n. Behält man im System eine endliche Zahl von Gleichungen bei, so kann der (kleinste) Eigenwert σ_{cr} gefunden werden. Das Beulen $A_n \neq 0$ ist möglich, wenn die Koeffizientendeterminante des Systems gleich Null ist.

Der Eigenwert σ_{cr} kann sehr effektiv nach dem Iterationsverfahren von R. v. Mises berechnet werden*). Die Werte der kritischen Spannung (zuerst bestimmt von P. Seide und V. J. Weingarten im Jahre 1961 [134]) hängen von der Wanddicke h ab.

Die kritischen Spannungen (bezogen auf die klassische Beulspannung) ergeben sich zu

h/b	0,01	0,005	0,002	0,001
σ_{cr}/σ_{cl}	1,015	1,009	1,006	1,003

Diese Ergebnisse lassen einen bemerkenswerten Schluß zu. Die rechnerische örtliche Beulspannung ist praktisch gleich der Beulspannung $\sigma_{cl} = 0{,}605\, Eh/b$ eines mit konstantem Axialdruck belasteten Zylinders. Sie ist unabhängig von der Exzentrizität der wirkenden Axialkraft. Der Unterschied zwischem dem maximalen Wert σ_{cr} der kritischen Spannung N_ξ/h und σ_{cl} ist lediglich von Größenordnung h/b.

Darüber hinaus gilt in bestimmten Grenzen (besprochen in Abschn. 6.3.6) das gleiche für eine Druckspannung, verteilt wie $\sigma \cos n\theta$ mit $n = 2, 3, \ldots$ und sogar für einen Axialdruck, der lediglich innerhalb eines engen Längsstreifens der Zylinderschale wirkt. Das wird durch die Ergebnisse der Arbeiten [88], [61] (in denen auch andere einschlägige Literaturhinweise aufgeführt sind) im Bild 6.7 illustriert.

Ähnliche Aussagen können auch für den axialen Beuldruck von unrunden Zylinderschalen gemacht werden. Betrachten wir zuerst kurz den Lösungsweg des Stabilitätspro-

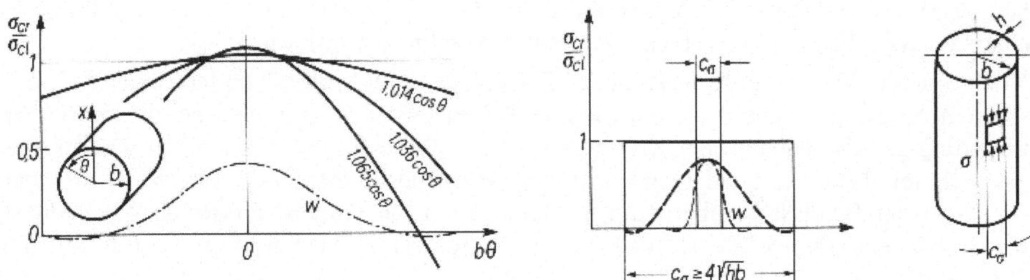

Bild 6.7 Variabler in Umfangsrichtung kritischer Axialdruck

*) S. die Arbeit von M. Esslinger, Ch. Küfe und W. Sagrauske, Der Stahlbau (1975) 71 – 74.

blems. Für unrunde Zylinder kann das Beulproblem mit Hilfe der Gln. (6.13) untersucht werden. Besonders einfach ist die Lösung ovaler Zylinderschalen von Bild 6.2, deren Profilkrümmung durch die folgende Formel gegeben ist,

$$\frac{b}{R_\theta} = 1 - e \cdot \cos 2\theta, \qquad \frac{b}{R_{\theta\max}} = 1 - e. \tag{6.35}$$

Hier wird der Längenparameter b so definiert, daß der Umfang des Profils gleich $2\pi b$ ist und θ von 0 bis 2π variiert. Der Parameter e bestimmt in Gl. (6.35) die Unrundheit des Querschnittes. Setzt man $1/R_\theta$ nach (6.35) in die Gln. (6.13) ein, so erhält man für die Koeffizienten A_n, B_n der Fourierreihen (6.32) ein System, das sich nicht viel von den aus (6.34) folgenden Gleichungen unterscheidet. Bei der kritischen Last verschwindet die Determinante des Systems. J. Kempner u. a. [31], [75] haben den kritischen Wert σ_{cr} des konstanten Axialdruckes für verschiedene Zylinderprofile (6.35) bestimmt. Diese Ergebnisse lassen sich durch folgende Formel erfassen

$$\sigma_{cr} = \lambda \frac{Eh}{R_{\theta\max}\sqrt{3(1-\nu^2)}}, \qquad \lambda \geqslant 1. \tag{6.36}$$

Bei nicht zu intensiv variierender Krümmung $1/R_\theta(\theta)$ und nicht zu großem e ist der Faktor λ nahezu gleich 1. Z. B. ergibt sich für $e \leqslant 0{,}3$ (also für $R_{\theta\max}/R_{\theta\min} \leqslant 1{,}3/0{,}7$) $\lambda < 1{,}03$ bei $h/b = 0{,}01$.

Die Untersuchungen [31], [75] von ovalen Zylindern haben auch die Stabilität unter einem Axialdruck, der in Umfangsrichtung *variabel* ist, erfaßt. Die Vorbeulspannungen waren entsprechend der linearen Biegung nach der Balkenformel zu $\sigma = M_y x/I_y + M_x y/I_x$ angenommen worden. Das Ergebnis dieser Untersuchungen ist, daß die Schale zuerst an den Erzeugenden $\theta = \text{const}$ einbeult, wo die axiale Druckspannung den Wert

$$\frac{Eh}{R_\theta(\theta)\sqrt{3(1-\nu^2)}}$$

erreicht. Diese Regel wurde in [31], [75] als *Ingenieurnäherung* bezeichnet. Man kann aufgrund der Ergebnisse von [31], [75], [151] die Fälle feststellen, für die diese Näherung unzureichend ist. Das sind die Zylinder mit $e > 0{,}33$ (für den Fall, daß der Beulbereich in die Zone, wo $R_\theta = R_{\theta\max}$ ist, fällt).

Die Vielfalt der Beulfälle von Zylinderschalen mit variablem Axialdruck und (oder) variabler Querschnittskrümmung $1/R_\theta$ ist groß. Aber alle diese Fälle lassen sich einem allgemeinen Ansatz vom *lokalen* Beulen unterordnen. Dieser Ansatz und seine Anwendung für eines der komplizierteren Probleme werden in Abschn. 6.5 diskutiert.

Noch eine abschließende Bemerkung zur *Tragfähigkeit unrunder* Zylinderschalen bei konstantem Axialdruck. Die Schalen beulen örtlich ein. Beulen sind auch bei überkritischer Belastung auf die Zone großer Krümmungsradien R_θ beschränkt (Bild 6.2b). Die stärker gekrümmten Teile der Schale sind imstande, einen bestimmten Belastungszuwachs über den Wert der Beullast zu übernehmen. Damit kann die Traglast größer als die Beullast $\sigma_{cr} \cdot 2\pi bh$ sein (Bild 6.2b). Deshalb haben die Imperfektionen weniger Einfluß auf die Traglast als auf die Beullast (auf σ_{cr}).

6.4 Kreiszylinderschale unter Normaldruck

6.4.1 Die einfache Lösung

Ist die Schale außer mit dem Axialdruck noch durch den konstanten Manteldruck q = const belastet, so entsteht zusätzlich die Schnittkraft N_θ. Lassen wir vorerst die *Randstörungen außer acht*, so ergeben die Gln. (3.6) $N_\theta = qR_\theta = qb$. Für die Untersuchung der Stabilität können auch in diesem Fall die Gln. (6.3) herangezogen werden.

Bei N_ξ, N_θ = const folgt aus (6.3) eine Gleichung, die sich von der Gl. (6.14) nur durch einen zusätzlichen Term $-N_\theta w_{,\theta\theta}$ unterscheidet. Die erweiterte Gl. (6.14) lautet:

$$b^2 D \nabla^8 w + \frac{Eh}{b^4} w_{,\xi\xi\xi\xi} - N_\xi \nabla^4 w_{,\xi\xi} - N_\theta \nabla^4 w_{,\theta\theta} = 0\,. \tag{6.37}$$

An den Rändern der Schale bei $\xi = 0,\ L/b$ nehmen wir die Bedingungen (6.22) an. Deshalb kann die Beulform durch die Gl. (6.12) beschrieben werden. Durch Einsetzen von (6.12) in die Gl. (6.37) erhält man mit der Beulbedingung $A \neq 0$ die folgende Gleichung für die kritischen Werte von N_ξ, N_θ

$$(\bar{m}^2 + n^2)^4 \frac{D}{b^6} + \bar{m}^4 \frac{Eh}{b^4} + \left(N_\xi \frac{\bar{m}^2}{b^4} + N_\theta \frac{n^2}{b^4}\right)(\bar{m}^2 + n^2)^2 = 0\,. \tag{6.38}$$

Daraus folgt für den kritischen Manteldruck q_{cr}, der (im Gegensatz zu q) als *Außendruck positiv* ist und mit der entsprechenden Resultierenden in Beziehung $q_{\mathrm{cr}} = -N_\theta/b$ steht, die Gleichung

$$q^\circ_{\mathrm{cr}} - N_\xi \frac{\bar{m}^2/n^2}{Ehh^{\circ 2}} = \frac{(\bar{m}^2 + n^2)^2}{n^2} + \frac{\bar{m}^4/n^2}{(\bar{m}^2 + n^2)^2 h^{\circ 2}}\,, \qquad q^\circ_{\mathrm{cr}} = q_{\mathrm{cr}} \frac{b^3}{D}\,. \tag{6.39}$$

Bei $q = 0$ reduziert sich diese Beziehung zu Gl. (6.16).

Die Werte von $\bar{m}$ und n ergeben sich aus der Bedingung, daß q_{cr} minimal wird. Man findet sofort, daß das (für $N_\xi = 0$) bei $m = 1$ stattfindet: Die Beulen erstrecken sich über die gesamte Länge L der Schale. Das stimmt mit den Versuchsergebnissen (Bild 6.8) überein.

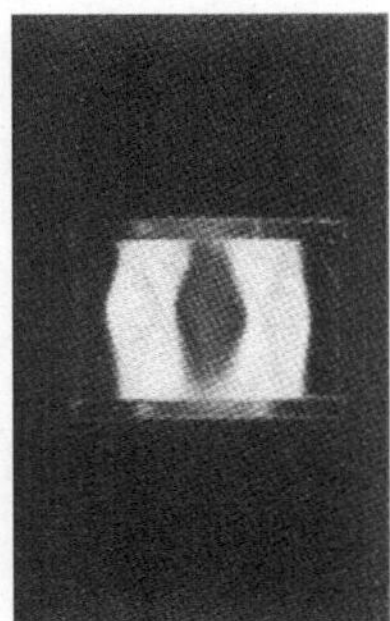

Bild 6.8 Beulen beim Außendruck (nach M. Esslinger und B. Geier [51])

Mit $\bar{m} = m\pi b/L = \pi b/L$ kann die Gl. (6.39) auf folgende Form reduziert werden

$$q_{cr}^{\circ} - N_{\xi}\frac{\alpha^2}{Ehh^{\circ 2}} = n^2(1 + \alpha^2)^2 + \frac{1}{n^6 l^4(1 + \alpha^2)^2},$$
$$\alpha = \frac{\pi b}{nL}, \qquad l = \frac{L}{\pi b}h^{\circ 1/2}. \tag{6.40}$$

Die Größe $\pi b/nL = \alpha$ ist die Relation zwischen der Breite $(\pi b/n)$ und der Länge (L) einer Beule. Es kann natürlich nur eine ganze Zahl n von Beulwellen in Umfangsrichtung vorkommen: $n = 2, 3, \ldots$ Das sind die n-Werte, bei denen die rechte Seite von Gl. (6.40) ein Minimum wird.

Gl. (6.40) kann auf eine Form reduziert werden, in der der kritische Außendruck einfacher durch die Geometrieparameter bestimmt wird. Nach Multiplikation mit $1/\alpha^2 n^2 = L^2/\pi^2 b^2$ wird die Gl. (6.40) für $N_{\xi} = 0$ (keine Axialkraft) zu

$$q_{cr}\frac{L^2 b}{\pi^2 D} = \frac{(1 + \alpha^2)^2}{\alpha^2} + \frac{\alpha^6}{(1 + \alpha^2)^2}\frac{L^4}{c^4}, \tag{6.41}$$

wobei c der Definition (6.20) entspricht*).

Das Beulen erfolgt bei dem minimalen q_{cr}-Wert. Aus $\partial q_{cr}/\partial(\alpha^2) = 0$ erhält man eine Gleichung für α. Mit den α-Werten aus dieser Gleichung ergibt die Gl. (6.41) den kritischen Druck als Funktion von L/c. Die so berechneten Werte von q_{cr} sind im Bild 6.9 dargestellt.

Für sehr *kurze Zylinder*, wenn $(L/c)^4 \ll 1$ ist, wird die Zylinderschale zu einem schmalen Streifen ($L \ll 2\pi b$). Dieser Streifen beult wie eine lange Platte – mit nahezu quadratischen Beulen ($\alpha \cong 1$). Die kritische Spannung der Platte ist $\sigma_{cr} = 4\pi^2 D/L^2 h$. Der entsprechende Wert

$$q_{cr} = 4\pi^2 D/L^2 b \quad \text{folgt aus (6.41) bei} \quad L^4/c^4 = 0{,}11 L^4/b^2 h^2 \ll 16, \quad \alpha = 1\,.$$

Für *lange Zylinderschalen* sind die Gln. (6.38) bis (6.41) nicht geeignet. – Es gilt wegen $L \gg b$

$$1 + \frac{\bar{m}^2}{n^2} = 1 + \alpha^2 = 1 + \left(\frac{\pi b}{nL}\right)^2 \approx 1, \qquad \frac{1}{n^6 l^4} \ll 1\,. \tag{6.42}$$

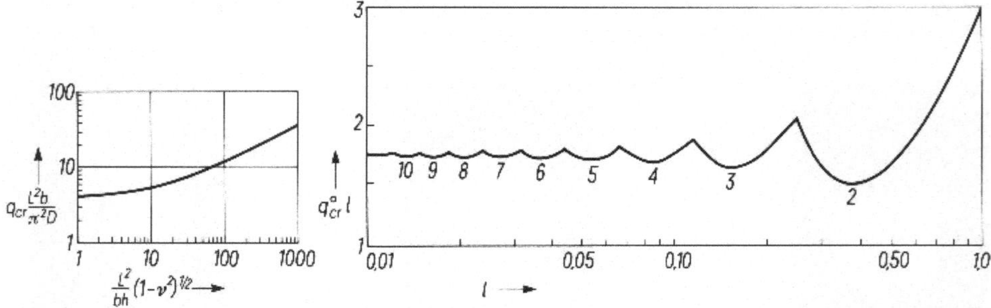

Bild 6.9 Der kritische Manteldruck für die kurzen und die längeren Zylinderschalen (nach [28] bzw. [17], [18])

*) Der oft verwendete [28], [157] *Batdorf-Parameter Z* läßt sich durch die Halbwellenlänge c deuten: $Z = \pi^2 L^2/c^2\sqrt{12} = 2{,}85\,(L/c)^2$.

Damit erhält man aus (6.40) mit $N_\xi = 0$ für den kritischen Druck den Wert $q_{cr} = 4D/b^3$ (für $n = 2$).

Die Donnell-Gleichungen und damit die Lösung (6.37) bis (6.41) sind aber für die Beulverformung *langer* Zylinderschalen ungenau. (Die Bedingung (2.17) ist in diesem Fall nicht erfüllt.)

Den richtigen kritischen Druck für nicht zu kurze Schalen liefert die Halbmembrantheorie. Aus Gl. (6.27) folgt mit $q^\circ_{cr} = -q_{cr}b^3/D$ und $N^\circ = N_\xi/Ehh^\circ$

$$q^\circ_{cr} - \frac{N_\xi}{Ehh^\circ}\,\frac{1}{n^2l^2}\,\frac{n^2+1}{n^2-1} = n^2 - 1 + \frac{1}{n^4l^4}\,\frac{1}{n^2-1}\,. \tag{6.43}$$

Für $N_\xi = 0$, $l > 1$ resultiert daraus $n = 2$ und der exakte Beuldruck $q_{cr} = 3D/b^3$. Die Minimierung der rechten Seite dieser Gleichung ergibt die Zahl n der Beulwellen in Umfangsrichtung*)

$$n \approx \frac{3^{1/8}}{l^{1/2}}, \qquad n = 2, 3, \ldots . \tag{6.44}$$

Die Gln. (6.40) und (6.43) sind einander äquivalent, wenn das Seitenverhältnis α der Beulen (wie bei nicht zu kurzen Schalen) der Bedingung $1 + \alpha^2 \approx 1$ entspricht und zugleich $n^2 - 1 \approx n^2$ ist. Die einfache Halbmembranlösung (6.43) ist ebenso genau oder genauer als (6.40), wenn die Länge L der Schale viel größer als die Länge der Randeffektzone ist:

$$\frac{L}{c} = \frac{L}{\pi b h^{\circ 1/2}} = \frac{l}{h^\circ} > 10\,. \tag{6.45}$$

Zusammen beschreiben die Formeln (6.40), (6.43) das Beulen von Zylinderschalen aller Längen.

Die Axialkräfte N_ξ beeinflussen natürlich den kritischen Wert q_{cr} des Manteldruckes. Werden die Längskräfte N_ξ lediglich durch den allseitigen Außendruck erzeugt, so ist der Einfluß des Axialdruckes unbedeutend, wenn die Schale nicht zu kurz ist. Das erkennt man im Bild 6.10, das die Ergebnisse der Lösung von Gl. (6.39) präsentiert.

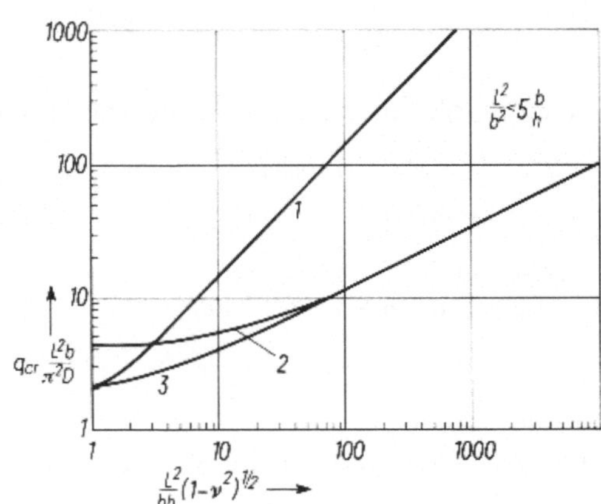

Bild 6.10
Beuldruck einer Zylinderschale (nach [28]):
1 Axialdruck ($N_\xi = qb/2$);
2 Manteldruck ($N_\theta = qa$, $N_\xi = 0$);
3 allseitiger Außendruck q ($N_\theta = qa$, $N_\xi = qa/2$)

*) Das Verhältnis vor Vereinfachung lautet $n^8(1 - 1/n^2)^2/(1 - 2/3n^2) = 3/l^4$.

6.4.2 Starr eingebaute Ränder

Auch für andere Randbedingungen bereitet die Lösung des Stabilitätsproblems von Zylinderschalen (ohne Vorbeulverformung) unter Außendruck keine wesentlichen Schwierigkeiten. In den Stabilitätsgleichungen (6.10) kann die Variable N_ξ^1 leicht eliminiert werden, und für den Fall eines reinen Manteldruckes ($N^\circ = 0$) erhält man für q = const:

$$\frac{\partial^4}{h^{\circ 2}\partial\xi^4}\varkappa_\theta + \left(\frac{\partial^4}{\partial\theta^4} + \frac{\partial^2}{\partial\theta^2}\right)\left(\frac{\partial^4}{\partial\theta^4} + \frac{\partial^2}{\partial\theta^2} - q^\circ\frac{\partial^2}{\partial\theta^2}\right)\varkappa_\theta = 0\,. \tag{6.46}$$

Diese Differentialgleichung hat konstante Koeffizienten. Bei verschiedenen Bedingungen an den Rändern $\xi = 0$, L/b kann die Gleichung eine Lösung der Form

$$\varkappa_\theta = A\left(\sum_{j=1}^{4} C_j \exp(\xi h^{\circ 1/2} d_{jn}) \cos n\theta \qquad (C_j = \text{const})\right. \tag{6.47}$$

haben. Die Konstanten d_{jn} sind die Wurzeln der charakteristischen Gleichung

$$d_{jn}^4 + (n^4 - n^2)(n^4 - n^2 - q_{\mathrm{cr}}^\circ n^2) = 0\,, \tag{6.48}$$

die sich als Beulbedingung $A \neq 0$ durch Einsetzen von (6.47) in die Gl. (6.46) ergibt.

Betrachten wir z. B. den Fall „starrer Endflansche“, die sowohl die Verformung in der Flanschebene ξ = const als auch die *Verwölbung* des Randes *ausschließen*. Die entsprechenden Bedingungen laut Abschn. 5.4.3 sind $\varkappa_\theta = 0$, $\partial\varkappa_\theta/\partial\xi = 0$. Legen wir den Koordinatenursprung $\xi = 0$ in die Mitte der Schale, so ist die Beulverformung symmetrisch in bezug auf ξ. Im Ausdruck (6.47) können die bezüglich $\xi = 0$ unsymmetrischen Terme gestrichen werden, so daß man die einfache Beziehung

$$\varkappa_\theta = (C_1 \cos\xi h^{\circ 1/2} d_n + C_2 \cosh\xi h^{\circ 1/2} d_n)\cos n\theta \tag{6.49}$$

erhält, in der $d_n = |d_{jn}|$ mit $j = 1, 2, 3, 4$.

Einsetzen dieser Funktion in die Randbedingungen

$$\xi = \pm\frac{L}{2b}: \qquad \varkappa_\theta = 0\,, \qquad \frac{\partial\varkappa_\theta}{\partial\xi} = 0 \tag{6.50}$$

ergibt für die Integrationskonstanten das lineare Gleichungssystem

$$\begin{bmatrix} \cos l^* & \cosh l^* \\ -d_n \sin l^* & d_n \sinh l^* \end{bmatrix}\begin{bmatrix} C_1 \\ C_2 \end{bmatrix} = 0\,, \qquad l^* = \frac{L}{2b}h^{\circ 1/2} d_n = \frac{\pi}{2} l d_n\,. \tag{6.51}$$

Das Beulen ($\varkappa_\theta \neq 0$) bedeutet C_1, $C_2 \neq 0$. Deshalb muß die Determinante der Koeffizientenmatrix von (6.51) gleich Null sein. Die kleinste Wurzel dieser Stabilitätsgleichung ist

$$d_n = \frac{1{,}5056}{l}\,. \tag{6.52}$$

Einsetzen von $d_{jn}^4 = d_n^4$ in (6.48) ergibt den kritischen Beuldruck

$$q_{\mathrm{cr}}^\circ = n^2 - 1 + \frac{1{,}5056^4}{n^4 l^4}\,\frac{1}{n^2 - 1}\,. \tag{6.53}$$

Der minimale Wert von q_{cr}° entspricht der Wellenzahl

$$n = 2, 3, 5, \ldots \approx \frac{3^{1/8} \cdot 1{,}50^{1/2}}{l^{1/2}}. \tag{6.54}$$

Die Lösung (6.53) mit (6.54) unterscheidet sich von der Lösung (6.43), (6.44) (abgesehen von der Axialkraft N_{ξ}) durch den Wert $l/1{,}5056$ statt des Längenparameters l. Eine Schale mit „starren" Böden oder Flanschen, die die Verwölbung vollständig verhindern, hat den gleichen kritischen Außendruck wie eine Schale der Länge $L/1{,}5056$, deren Randversteifungen die Verwölbungen nicht behindern (die Querschnittskontur aber erhalten).

Natürlich ist die Halbmembranlösung für kurze Rohre, wenn die Bedingung (6.45) nicht erfüllt ist, nicht anwendbar. Dafür kann dann die Gl. (6.38) verwendet werden. Dabei haben auch die restlichen zwei Randbedingungen, die zum Randeffekt gehören, einen merklichen Einfluß.

Die aufgeführte Halbmembranlösung für Zylinderschalen ist ein Grenzfall der Stabilitätsanalyse für Torusschalen unter Außendruck [18], [19].

6.5 Biegung von Zylinderschalen und vorgekrümmten Rohren

Dünnwandige Rohre versagen unter Biegung durch Beulen. Das ist aus Experimenten bekannt [26], [67], [139]. Aber schon im Vorbeulzustand tritt eine nicht zu vernachlässigende Verformung des Rohres (verbunden mit dem Kármán-Effekt) auf. Bei Zylinderschalen ist diese Vorbeulverformung eine Folge der elastischen Verkrümmung. Das Beulen von Zylinderschalen unter Axialspannungen, die nach der elementaren Theorie verteilt sind, ist bereits in Abschn. 6.3.5 diskutiert worden. Die Vorbeulverformung blieb bei dieser Analyse aber unbeachtet. Andererseits ist die nichtlineare Biegung von Rohren (das Brazier-Problem) ohne Bezug auf die Beulstabilität in Abschn. 3.9.3 untersucht worden. (Das entspricht den zwei sich bis 1965 voneinander getrennt entwickelnden Richtungen der Analyse.)

Die Biegetraglast wird im folgenden als die Beullast der nichtlinear vorverformten Schale ermittelt. Es stellt sich heraus, daß sogar die „unbegrenzt" langen Rohre durch das lokale Beulen versagen. Obwohl das maximale Biegemoment bei den langen Rohren am kleinsten ist, ist es größer als das kritische Biegemoment. Im folgenden wird das Beulmoment auch für vorgekrümmte Rohre beliebiger Länge bestimmt.

6.5.1 Vorbeulverformung

Die Verformung eines elastischen Rohres unter Biegung läßt sich einfach und genau bei beliebig großen Verschiebungen ermitteln, wenn die Randstörungen unbeachtet bleiben (s. Abschn. 3.9.3). Die realen Rohre haben aber endliche Längen, und die Bedingungen an den Rändern sind von beträchtlicher Bedeutung. Die Lösung des Biegeproblems bei Berücksichtigung von Randbedingungen ist in Abschn. 5.4.3 vorgeführt worden. Die Ermittlung des Vorbeulzustandes ist wegen der wesentlichen Nichtlinearität komplizierter. Die nichtlineare Lösung ist mit Hilfe der Halbmembrantheorie (u.a. der Gl. (6.4) bis (6.6)) aufgebaut worden [12], [68], [21]. Einige Ergebnisse dieser Lösung sind in Bild 6.11 aufgeführt. Sie illustrieren den kritischen Zustand von Zylinderrohren verschiedener Länge durch die Graphen der Axialspannungen N_ξ/h und der Krümmungsänderungen $\varkappa_\theta b$ im mittleren Querschnitt des Rohres. In der linearen Näherung sind die Längsspannungen in allen drei Fällen gleich der Balkenspannung $\sigma_B \cos\theta$, d.h. die maximalen Druckspannungen wären statt $-0{,}9027$, $-0{,}7424$ bzw. $-0{,}5865\ \sigma_{cl}$ gleich $-0{,}8142$, $-0{,}6172$ bzw. $-0{,}5273\ \sigma_{cl}$. Die Verformung der Querschnitte, die in dem beulgefährdeten Punkt die Krümmung $b/R_\theta = 1$ um $-0{,}0973$, $-0{,}2576$ bzw. $-0{,}4135$ auf $b/R'_\theta = 0{,}913$; $0{,}742$ bzw. $0{,}587$ herabsetzt, wird in der linearen Näherung gar nicht wahrgenommen.

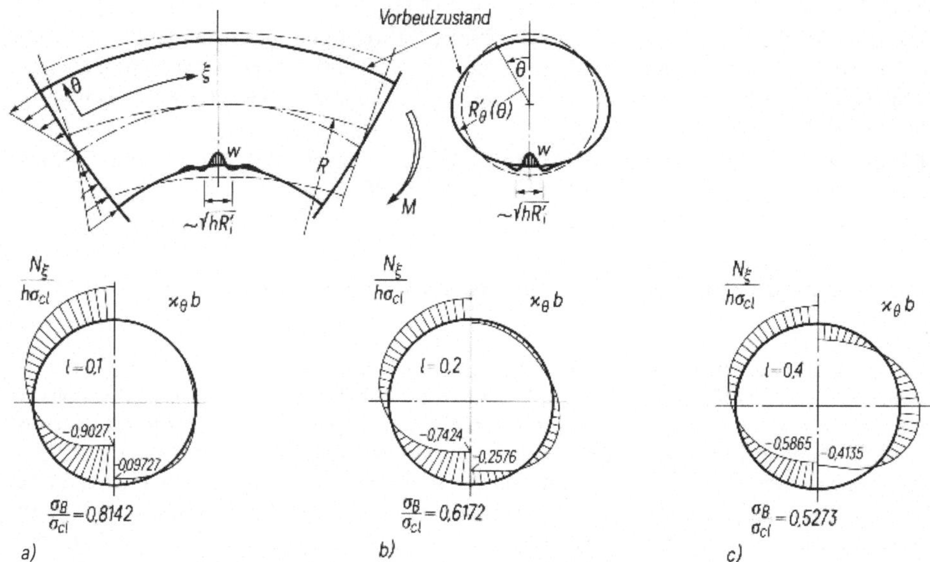

Bild 6.11 Zylinderschalen mit dünnen Endflanschen unter kritischen Biegelasten. Längsspannung und Krümmungsänderung in Umfangsrichtung in der Mitte der Rohrlänge (nach [21]). $\sigma_B = M/\pi b^2 h$

Das Bild 6.11 zeigt bei dem längeren Rohr (mit $l = 0{,}4$) eine Querschnittsverformung, die fast zu den zwei Achsen symmetrisch ist. Dagegen ist bei dem kürzeren Zylinder (mit $l = 0{,}1$) die Verformung des mittleren Querschnittes im wesentlichen auf den axialgedrückten Teil des Querschnittes beschränkt. Die merkbare elastische Verminderung der Querschnittskrümmung entspricht bei dem kurzen Zylinder nur geringen Normalverschiebungen w, die sich aber auf einen schmalen Bereich konzentrieren. Es ist gerade der Bereich, in dem die Axialdruckspannung maximal ist.

Bei einer bestimmten Last kann das Gleichgewicht instabil werden. Die Stabilitätsuntersuchung stößt aber auf Schwierigkeiten. Denn sowohl die Schnittkräfte (N_ξ und N_θ) als auch die Normalschnittkrümmungen ($1/R'_\xi$, $1/R'_\theta$) sind im Vorbeulzustand variabel bezüglich beider Flächenkoordinaten.

Wenden wir uns einer Näherungsanalyse zu, die bei dünnen Schalen eine asymptotisch genaue Bedingung der lokalen Beulstabilität ergibt.

6.5.2 Lokale Stabilität

Eine verbreitete (vielleicht sogar die am meisten auftretende) Art von Instabilität des Gleichgewichts dünner Schalen ist mit dem Einfallen von kleinen Beulen verbunden. Die Länge und Breite einer Beule sind von der Größenordnung $(hR_i')^{1/2}$ (vgl. (6.20)). Die Beulen sind klein gegenüber dem Krümmungsradius R_i' des Normalschnittes, in dem die dominierende Druckspannung auftritt.

Beispiele von lokaler Instabilität sind in Abschn. 6.3.1, 6.3.5 und insbesondere im Bild 6.7 dargestellt worden.

Diese Beispiele deuten auf eine Möglichkeit hin, die Stabilitätsanalyse in bestimmten Fällen wesentlich zu vereinfachen. Die Grundlage dazu bildet die Interpretation der Ergebnisse von Experimenten und numerischen Lösungen in der Form einer Hypothese*):

Die Beulstabilität ist allein durch die Spannungen und die Form der Schale innerhalb der Zone der ersten Beule (Beulen) bestimmt.

Eine direkte Illustration dieser Hypothese: Der kritische Axialdruck, der einen Streifen einer kreisrunden Zylinderschale zum Beulen bringt, ist genauso groß wie der kritische stetige Axialdruck σ_{cl} (Bild 6.7). Die Spannungen außerhalb des Streifens haben keinen fühlbaren Einfluß auf das Beulen, wenn der Streifen nicht schmaler als die Breite $4(hb)^{1/2}$ einer Beule ist, die im Zylinder unter stetigem Axialdruck (nach (6.21)) entsteht [61].

Im vorliegenden Fall der Rohrbiegung (wie auch allgemein bei flexiblen Schalen) gibt es einen bestimmten Bereich der Schale, der als die Zone der eventuellen ersten Beule (Beulen) erkennbar ist. Das ist der Bereich, in dem die Vorbeulverformung ungünstigere Krümmungen $(1/R_\theta', \ldots)$ und Spannungsresultierende $(N_\xi, \ldots)$ erzeugt (Bild 6.11).

Die Hypothese erlaubt uns, die Stabilitätsprüfung auf diesen Bereich und seine nahe Umgebung zu konzentrieren. Außerhalb dieses Bereiches können in der Beulanalyse beliebige Schalengeometrien und Spannungen angenommen werden. (Diese „analytische Erweiterung" darf nur nicht ungünstiger für die lokale Stabilität angesetzt werden als die Situation in der Beulzone.) Damit wird die Beulanalyse wesentlich einfacher, u.a. kann für die Beulverformung die Notwendigkeit entfallen, die Randbedingungen zu erfüllen.

Als *Folge der Hypothese* kann postuliert werden: Sind die Spannungsresultierenden und die Schalenkrümmung innerhalb der Zone der ersten Beule (Beulen) nahezu konstant, so können die entsprechenden Parameter $(N_\xi, \ldots 1/R_\theta', \ldots)$ in den Stabilitätsgleichungen als Konstanten behandelt werden.

Die Voraussetzungen des Folgesatzes sind für sehr dünne Schalen hinreichend genau erfüllt: Die Krümmungen $1/R_\xi'$, $1/R_\theta'$ und die Spannungsresultierenden N_ξ, N_θ variieren (außerhalb der Randeffektzone) mit einer Intensität, die von der Wanddicke unabhängig ist. Die Beulzone dagegen hat die Abmessungen von der Größenordnung $\sqrt{hR_i'}$ (s. Abschn. 6.3.1, 6.3.5). Bei einer genügend geringen Wanddicke ist die Beulzone so klein, daß innerhalb dieser Zone die Krümmungen und Spannungsresultierenden nahezu konstant sind.

Demgemäß liefert der Folgesatz eine *asymptotisch genaue* Stabilitätsbedingung für das lokale Beulen.

Zur Erinnerung sei darauf hingewiesen, daß die Theorie dünner Schalen bei Verwendung der Kirchhoff-Loveschen Normalenhypothese einen Fehler von der Größenordnung h/R

*) Die Grundannahme und deren Folgesatz wurden zuerst formuliert in [19]. Das lokale Herangehen stammt von [141] (1936) und wurde entwickelt in [12], [17], [75].

impliziert (Abschn. 1.4.1). Damit wird klar, daß der Fehler bei der Ermittlung der Beullast mit Hilfe des Folgesatzes meistens von der Größenordnung der Genauigkeit der gesamten Theorie dünner Schalen sein soll. Diese Behauptung läßt sich durch genauere Beulanalysen, die auch die Änderungen der Krümmungen und Spannungsresultierenden innerhalb der Beulzone berücksichtigen [61], [75], [88], voll bestätigen.

Setzen wir nun den Folgesatz zur Untersuchung der Beulstabilität eines Rohres unter Biegung ein. Damit darf zur Stabilitätsprüfung an einem beliebigen Punkt der Schale die Gl. (6.3) mit konstanten Werten der Koeffizienten ($1/R'_\xi, \ldots, S$) herangezogen werden. Es ist klar, daß dabei die aktuellen geometrischen Größen und Schnittlasten in dem betrachteten Punkt eingesetzt werden müssen.

Bei einem Rohr unter reiner Biegung ist der Druckspannungsbereich um den Schnittpunkt der zwei Symmetrieebenen der Verformung (Bild 6.11) beulgefährdet. In anderen Teilen des Rohres (bei nicht zu großer Vorkrümmung $\mu < 2$) sind sowohl die Druckspannungen kleiner als auch die Krümmungen ($1/R'_\theta$) größer.

Im beulgefährdeten Bereich gibt es im Vorbeulzustand keine Schubkräfte und keine Torsion: $S = \tau = 0$.

Setzen wir in die Stabilitätsgleichungen (6.3) mit konstanten Koeffizienten die einfachste Beulverformung analog zu (6.12)

$$[W \quad \Psi] = [A \quad B] \sin m\xi \sin n\theta \tag{6.55}$$

ein. Das ergibt, nach der Streichung von $\sin m\xi \sin n\theta$ in allen Termen, für die Konstanten A und B ein lineares algebraisches System von

$$\begin{bmatrix} \dfrac{D}{b^2}(m^2+n^2)^2 + N_\xi m^2 + N_\theta n^2 & -\dfrac{1}{R'_\xi}n^2 - \dfrac{1}{R'_\theta}m^2 \\ \dfrac{1}{R'_\xi}n^2 + \dfrac{1}{R'_\theta}m^2 & \dfrac{1}{Ehb^2}(m^2+n^2)^2 \end{bmatrix} \begin{bmatrix} A \\ B \end{bmatrix} = \mathbf{0}\,.$$

Beulen tritt ein, wenn $A, B \neq 0$ sind. Das ist nur möglich, wenn die Koeffizientendeterminante des Systems gleich Null wird. Die Beullast ist dann durch die Werte der Schnittkräfte und der Krümmungen der verformten Schale (N_ξ, N_θ, $1/R'_\xi$, $1/R'_\theta$) bestimmt, bei denen die Determinante verschwindet. Damit ergibt sich für die kritischen Werte der Schnittkräfte die Gleichung

$$N_\xi m^2 + N_\theta n^2 = -\left(\frac{n^2}{R'_\xi} + \frac{m^2}{R'_\theta}\right)^2 \frac{Ehb^2}{(m^2+n^2)^2} - \frac{D}{b^2}(m^2+n^2)^2\,. \tag{6.56}$$

Setzen wir die Relationen m/n und N_ξ/N_θ fest, so ergibt die Bedingung $\partial N_\xi/\partial n = 0$ eine Gleichung für n und damit für die Breite c_θ und Länge c_ξ einer Beule

$$c_\theta = \frac{\pi b}{n} = \frac{\pi (hR'_\theta)^{1/2}}{[12(1-\nu^2)]^{1/4}} \frac{H + 1/H}{(1 + R'_\theta H^2/R'_\xi)^{1/2}}, \qquad c_\xi = c_\theta H, \qquad H = n/m\,. \tag{6.57}$$

Mit diesem Wert von n ergibt die Gl. (6.56) für die kritischen Schnittkräfte

$$N_\xi + N_\theta H^2 = \frac{Eh^2}{R'_\theta\sqrt{3(1-\nu^2)}}\left(1 + \frac{R'_\theta}{R'_\xi}H^2\right). \tag{6.58}$$

Die Relation H zwischen der Länge und der Breite einer Beule findet sich aus der Bedingung, daß die N_ξ, N_θ einer minimalen Beullast entsprechen müssen. Dabei unterliegt die Relation H einer wesentlichen Beschränkung, die zugleich die Gültigkeit der Formel (6.58) betrifft. Die Abmessungen einer Beule sind laut (6.57) am kleinsten bei $H = 1$ und wachsen mit H und $1/H$ an. Die tatsächliche Beulgröße ist aber beschränkt: Die (in dieser asymptotischen Betrachtung unberücksichtigten) Änderungen von N_ξ, N_θ, R'_ξ, R'_θ machen das Beulen zunehmend schwieriger mit dem Abstand vom Punkt, für den die Bedingung (6.58) zuerst erfüllt wird. Das bestimmt $H \sim 1$.

Für den Fall der Biegung von Zylinder und vorgekrümmten Rohren, wenn $\mu \lesssim 1$, $M^\circ < 1{,}07$, gilt $|R'_\theta/R'_\xi| \sim |b/R'_\xi| \sim h^\circ(\mu + M^\circ) \sim h/b$. Damit und mit $N_\theta = 0$ wird die Gl. (6.58) zur Formel, die die kritische Druckspannung unabhängig von der Verteilung der Schnittkraft $N_\xi(\xi, \theta)$ und der Krümmung $1/R'_\theta(\xi, \theta)$ bestimmt (vgl. Abschn. 6.3.5):

$$\sigma_{cr} = \frac{|N_\xi|}{h} = \frac{Eh}{R'_\theta\sqrt{3(1-\nu^2)}}. \tag{6.59}$$

Genauere Analyse, die auch die Änderungen von N_ξ, N_θ, R'_ξ, R'_θ in bezug auf die Koordinaten ξ, θ berücksichtigt [22], bestätigt die Gültigkeit der Formeln (6.58) mit $1 + H^2R'_\theta/R'_\xi \approx 1$ und (6.59) für die Rohrbiegung. Die Korrekturen sind lediglich von der Größenordnung von h/b.

Die Gl. (6.59) macht es einfach, die Stabilität des Gleichgewichts eines Rohres unter einer beliebigen Biegelast zu prüfen. Man vergleicht die Werte von N_ξ/h und der rechten Seite von (6.59) im beulgefährdeten Bereich des Rohres. Solange $-N_\xi/h$ unter dem Wert der rechten Seite von Gl. (6.59) bleibt, ist der Spannungszustand stabil. Mit dem Biegemoment wächst die Druckspannung N_ξ/h. Zugleich vermindert sich die Querkrümmung $1/R'_\theta = 1/b + \varkappa_\theta$ im beulgefährdeten Bereich und folgerichtig die rechte Seite von Gl. (6.59). Die Werte von N_ξ und $\varkappa_\theta$ werden durch die Lösung des nichtlinearen Problems bestimmt (was in Abschn. 6.5.1 besprochen worden ist).

Wenden wir uns nun den Ergebnissen der skizzierten Analyse zu.

6.5.3 Beullasten

Das Bild 6.12 zeigt den Verlauf der nichtlinearen Biegung über den Punkt der Verzweigungs-Instabilität hinaus. Die Graphen bestimmen die Biegetraglasten für verschiedene Rohrlängen.

Rohre, deren dimensionslose Länge unter dem Wert $l = 0{,}02$ liegt, verzeichnen keine bedeutende Vorbeulverformung. Für diese Rohre ist die Vorbeulgestalt ein kreisrunder Zylinder, und auch die Axialspannungen unterscheiden sich wenig von denen der elementaren Biegetheorie $N_\xi = Mxh/J$. Die kritische Druckspannung ($Mb/J = M/\pi b^2 h$) ist dem σ_{cl} nahezu gleich. Für diese (kurzen) Rohre gelten die in Abschn. 6.3.5 dargestellten Ergebnisse der linearen Theorie.

Aber auch im anderen Grenzfall, d.h. sehr lange Rohre, bei denen das maximale Biegemoment am kleinsten ist, *beult* ein Rohr vor Erreichen des limit point. Das kritische Biegemoment liegt für Rohre aller Längen und auch bei Rohren mit Vorkrümmung stets *unter* dem maximalen Biegemoment. Rohre versagen durch die Entstehung von Beulen im Bereich der maximalen Druckspannungen (Bild 6.11).

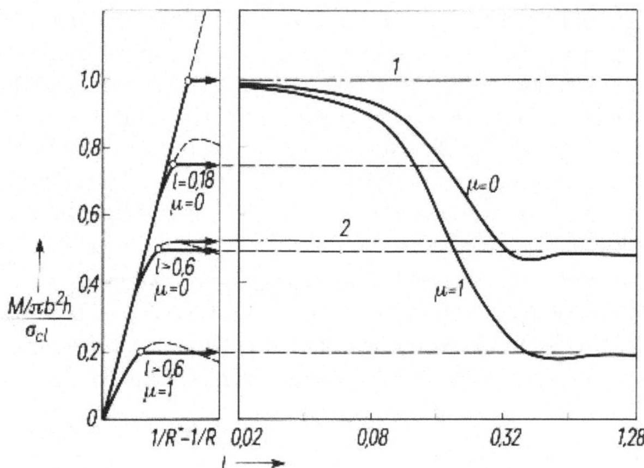

Bild 6.12 Nichtlineare Beziehungen Biegemoment-Krümmungsänderung und die kritischen Biegemomemte für Zylinderschalen (Kurven $\mu = 0$) und vorgekrümmte Rohre ($\mu = 1$) nach [12], [17]. Zum Vergleich die kritischen Momente nach der Theorie von W. Flügge [28], [134] und der L. G. Brazier-Theorie [47], [122], [146] (Geraden 1 bzw. 2)

Die Traglasten von Rohren mit anderen Randbedingungen und Vorkrümmungen, sowie mit Rücksicht auf die Wirkung eines Normaldruckes und der Imperfektionen finden sich in [21].

6.6 Kugelschale unter Außendruck

Eine geschlossene Kugelschale hat bei einem konstanten Außendruck überall gleiche Druckkräfte $N_\xi = N_\theta$. Aus der Gl. (2.41) mit den Abmessungen der Kugelschale $R_\xi = R_\theta = b$ folgt sofort

$$N_\xi = N_\theta = qb/2\,. \tag{6.60}$$

Die Schale hat in dem Vorbeulzustand gar keine Formänderung, lediglich homogene Druckspannungen $\sigma_\xi = \sigma_\theta = N_\xi/h = qb/2h$ in jeder (tangentialen) Richtung. Die Bedingungen für die Anwendung der Analyse vom lokalen Beulen sind ideal. Setzt man die Druckkräfte nach (6.60) und die Radien $R'_\xi = R'_\theta = b$ in die Formel (6.58) ein, so ergibt sich (für beliebige H-Werte) der kritische Außendruck zu

$$q_{\text{cr}} = \frac{2Eh^2}{b^2\sqrt{3(1-\nu^2)}}\,. \tag{6.61}$$

Diese klassische Formel ist zuerst von R. Zoelly abgeleitet worden*). Die tatsächlichen Werte des kritischen Außendrucks sind niedriger. Es gibt dafür zwei wichtige Gründe. Erstens haben Kugelschalen Imperfektionen in der Geometrie und in den elastischen

*) Über ein Knickungsproblem an der Kugelschale. Dissertation, Zürich 1915.

Eigenschaften. Dabei sind die Schalen, wie schon erwähnt, in bezug auf lokales Beulen imperfektionsempfindlich. Zweitens bestehen außer den Membranspannungen (6.60) noch durch Randstörungen erzeugte Biegeverformung. Diese Vorbeulverformung begünstigt das Beulen. (Näheres darüber findet sich in den Arbeiten von H. J. Weinitschke und N. C. Huang [63] sowie im Buch [28]. Sehr aufschlußreich sind auch die Ergebnisse der Versuche von K. Klöppel und O. Jungbluth [28].) Dünne und flache Kugelkuppeln können durchschlagen, ohne vorher einzubeulen. Es ist eine limit-point-Instabilität in der Art, wie sie in Verbindung mit dem Schema von Bild 6.1c besprochen worden ist. Näheres über das Durchschlagen der Kugelschalen und Verweise auf das Schrifttum finden sich in [28].

Literatur

[1] Allman, D. J.; Mansfield, E. H.: The Annular Membrane under Axial Load. J. Appl. Mech. **48** (1981) 975 – 976

[2] Almroth, B. O.; Sobel, L. H.; Hunter, A. R.: An Experimental Investigation of the Buckling of Toroidal Shells. AIAA J. **7** (1969) 2185 – 2186

[3] Arbocz, J.; Babcock, C. D.: Computerized Stability Analysis using measured initial imperfections. Proc. 12th Congr. of the Int. Council of the Aeron. Sci., München (1981) 688 – 701

[4] Argyris, J. H.; Mlejnek, H.-P. : Einführung in die Methode der finiten Elemente. Elementare Strukturmechanik, Band I Statik. Braunschweig: Vieweg 1982

[5] Aron, H.: Das Gleichgewicht und die Bewegung einer unendlich dünnen, beliebig gekrümmten elastischen Schale. J. f. reine angew. Math. **78** (1874)

[6] Ashwell, D. G.: A Characteristic Type of Instability in the Large Deflections of Elastic Plates. Proc. Roy. Soc., Series A **214** (1952) 1116

[7] Axelrad, E. L.: On the Theory of Nonhomogeneous Isotropic Shells. On Temperature Deformation of Nonhomogeneous Shells. Izv. AN SSSR OTN **6/8** (1958) 73 – 76/48 – 52 [in Russisch]

[8] Axelrad, E. L.: Nonlinear Equations of Shells of Revolution and of Bending of Thin-Walled Beams. Izv. AN SSSR OTN Mekh. i Mash. (1960) n. 4 84 – 92 [in Russisch]: translated in Amer. Rocket Soc. J. Suppl. **32** (1962) 1147

[9] Axelrad, E. L.: Flexure of Thin-Walled Beams under Large Elastic Displacements. Izv. AN SSSR OTN Mekh. i Mash. (1961) No. 3 [in Russisch]

[10] Axelrad, E. L.: On the Theory of Non-Homogeneous Anisotropic Shells. Izv. AN SSSR OTN Mekh. i Mash. (1961) No. 2 [in Russisch]

[11] Axelrad, E. L.: Flexure and Stability of Thin-Walled Tubes under Hydrostatic Pressure. Izv. AN SSSR OTN Mekh. i Mash. (1962) No. 1 [in Russisch]

[12] Axelrad, E. L.: Refinement of Critical-Load Analysis for Tube Flexure by Way of Considering Precritical Deformation. Izv. AN SSSR OTN Mekh. i Mash. (1965) No. 4 [in Russisch]

[13] Axelrad, E. L.: Stability of a Curved Pipe of Circular Cross Section under External Pressure. Mech. of Solids **2** (1967) 117 – 120

[14] Axelrad, E. L.: Periodic Solutions of the Axisymmetric Problem of the Shell Theory. Inzhenern. Zhurnal Mekhanika Tverdogo Tela (MTT) (1966) No. 2 [in Russisch]

[15] Axelrad, E. L.: On Different Definitions of Parameters of Shell-Curvature Change and on Compatibility Equations. Mech. of Solids **2** (1967) 68 – 69

[16] Axelrad, E. L.; Kvasnikov, B. N.: Semi-Membrane Theory of Curved Beam-Shells. Mech. of Solids **9** (1974) 125 – 132

[17] Axelrad, E. L.: Flexible Schalen. Gibkie Obolotshki. Moskau: Nauka, 1976 [in Russisch]

[18] Axelrad, E. L.: Flexible-Shell Theory and Buckling of Toroidal Shells and Tubes. Ing.-Arch. **47** (1978) 95 – 104

[19] Axelrad, E. L.: Flexible Shells. Theoretical and Applied Mechanics; Proc. of the 15th Int. Congr. Toronto (1980); ed. by Rimrott, F. P. J. and Tabarrok, B. Amsterdam: North Holland 1981, 45 – 56

[20] Axelrad, E. L.: On Vector Description of Arbitrary Deformation of Shells. Int. J. Solids and Structures **17** (1981) 301 – 304

[21] Axelrad, E. L.; Emmerling, F. A.: Große Verformungen und Traglasten elastischer Rohre unter Biegung und Außendruck. Ing.-Arch. **53** (1983) 41 – 52
[22] Axelrad, E. L.: Flexible Shells. Amsterdam: North Holland 1984
[23] Becker, E.; Bürger, W.: Kontinuumsmechanik. Stuttgart: B. G. Teubner 1975
[24] Bellman, R.: Introduction to Matrix Analysis. 2nd ed. New York: McGraw Hill 1970
[25] Beskin, L.: Bending of Curved Thin Tubes. Appl. Mech. **12** (1945) A1 – A7
[26] Brazier, L. G.: On the Flexure of Thin Cylindrical Shells and Other "Thin" Sections. Proc. Roy. Soc. **116** (1927) 104 – 114
[27] Brendel, B.; Ramm, E.: Nichtlineare Stabilitätsuntersuchungen mit der Methode der finiten Elemente. Ing.-Arch. **51** (1982) 337 – 362
[28] Brush, D. O.; Almroth, B. O.: Buckling of Bars; Plates and Shells. New York: McGraw Hill 1975
[29] Budiansky, B.: Theory of Buckling and Postbuckling Behaviour of Elastic Structures. Adv. Appl. Mech. **14** (1974) 1 – 65
[30] Bushnell, D.: Buckling of Shells – Pitfall for Designers. AIAA 80-0665CP 21st Structures Conference 1980
[31] Chen, J. N.; Kempner, J.: Buckling of Oval Cylindrical Shells under Compression and Asymmetric Bending. AIAA J. **14** (1976) 1235 – 1240
[32] Chernina, V. S.: On a System of Differential Equations of Equilibrium of Shells of Revolution unter Bending Loads. Prikl. Math. i Mekh. **23** (1959) 258 – 265 [in Russisch]
[33] Chernina, V. S.: Statika tonkostennykh obolotchek vrashtchenija. Moscow: Nauka 1968 [in Russisch]
[34] Chernykh, K. F.: Linear Theory of Shells; Part 1 and 2. NASA Techn. Trans. F441; transl. from Russian edition; Leningrad Univ. (1962); (1964)
[35] Chernykh, K. F.: St.-Venant Problems for Thin-Walled Tubes with Circular Axis. Prikl. Mat. i Mekh. **24** (1960) 423 – 432 [in Russisch]
[36] Chien, W. Z.: The Intrinsic Theory of Shells and Plates; Part 1 and 2. Q. Appl. Math. **1** (1944) 297 – 327; **2** (1945) 120 – 135
[37] Clark, R. A.; Reissner, E.: Bending of Curved Tubes. Adv. in Appl. Mech. **2** (1951) 93 – 122
[38] Cohen, G. A.: Computer Analysis of Asymmetrical Deformation of Orthotropic Shells of Revolution. AIAA J. **2** (1964)
[39] Cohen, J. W.: The Inadequacy of the Classical Stress-Strain Relations for the Right Helicoidal Shell. Proc. IUTAM Symp. on the Theory of Thin Elastic Shells; Delft – Amsterdam: North Holland 1960, 415 – 433
[40] Czerwenka, G.: Querkrafteinleitung in zylindrische oder abschnittsweise konisch veränderliche dünne Schalen. DVLR Ber. Nr. 274 (1964)
[41] Danielson, D. A.; Simmonds, J. G.: Accurate Buckling Equations for Arbitrary and Cylindrical Elastic Shells. Int. J. Engng. Sci. **7** (1969) 459 – 468
[42] Dodge, W. G.; Moore, S. E.: Stress Indices and Flexibility Factors for Moment Loadings on Elbows and Curved Pipe. Welding Res. Counc. Bull. (1972) No. 179
[43] Donnell, L. H.: A New Theory for the Buckling of Thin Cylinders under Axial Compression and Bending. Trans. ASME, v. 56 (1934) 795 – 806
[44] Donnell, L. H.: Stability of Thin-Walled Tubes Under Torsion. NACA Rep. 479 (1933)
[45] Elishakoff, I.; Arbocz, J.: Stochastic Buckling of Shells with General Imperfections. Stability in the Mechanics of Continua. IUTAM Symp., ed. F. H. Schroeder. Berlin: Springer 1982
[46] Emmerling, F. A.: Nichtlineare Biegung und Beulen von Zylindern und krummen Rohren bei Normaldruck. Ing.-Arch. **52** (1982) 1 – 16
[47] Emmerling, F. A.: Nichtlineare Biegung eines schwach gekrümmten Rohres. ZAMM **61** (1981) T86 – T89
[48] Epstein, M.; Glockner, P.: Nonlinear Analysis of Multilayered Shells. J. Solids and Structures **13** (1977) 1081 – 1089
[49] Eschenauer, H.; Schnell, W.: Elastizitätstheorie I. Grundlagen, Scheiben und Platten. Mannheim – Wien – Zürich: Wissenschaftsverlag B. I. 1981

[50] Esslinger, M.: Hochgeschwindigkeitsaufnahmen vom Beulvorgang dünnwandiger axialbelasteter Zylinder. Stahlbau **39** (1970)

[51] Esslinger, M; Geier, B.: Postbuckling Behaviour of Structures. Wien: Springer 1975

[52] Fischer, G.: Über den Einfluß der gelenkigen Lagerung auf die Stabilität dünnwandiger Kreisringschalen unter Axiallast und Innendruck. Z. Flugwiss. **11** (1963) 111–119

[53] Fitch, J. R.; Budiansky, B.: Buckling and Postbuckling Behaviour of Spherical Caps under Axisymmetrical Load. AIAA J. **8** (1970) 686–693

[54] Flügge, W.: Die Stabilität der Kreiszylinderschale. Ing. Arch. **3** (1932) 463–506

[55] Flügge, W.: Statik und Dynamik der Schalen. 3. ed. Berlin: Springer 1962

[56] Flügge, W.: Stresses in Shells. 2nd ed. Berlin: Springer 1973

[57] Geckeler, J.: Über die Festigkeit achsensymmetrischer Schalen. Forschungsarbeiten auf dem Gebiet des Ingenieurwesens Nr. 276 (1926)

[58] Goldenveizer, A. L.: Theory of Elastic Thin Shells. Moscow: Nauka 1976 [in Russisch]

[59] Goldenveizer, A. L.: Theory of Elastic Thin Shells. Transl. Pergamon Press 1961

[60] Guenther, W.: Analoge Systeme von Schalengleichungen. Ing.-Arch. **30** (1961) 160–186

[61] Hoff, N. J.; Chao, C. C.; Madsen, W. A.: Buckling of a Thin-Walled Circular Cylindrical Shell Heated along an Axial Strip. J. Appl. Mech. **31** (1964) 253–258

[62] Hoff, N. J.: Low Buckling Stress of Axially Compressed Circular Cylindrical Shells of Finite Length. J. Appl. Mech. **32** (1965) 533–541

[63] Huang, N. C.: Unsymmetrical Buckling of Thin Shallow Spherical Shells. J. Appl. Mech. **31** (1964) 447–457

[64] Hutchinson, J. W.: Buckling and Initial Postbuckling Behaviour of Oval Cylindrical Shells under Axial Compression. J. Appl. Mech. **35** (1968) 66–72

[65] Hutchinson, J. W.; Koiter, W. T.: Postbuckling Theory. Appl. Mech. Rev. **23** (1970) 1353–1366

[66] Il'in, V. P.: On Analysis of Curved Bi-Metallic Tubes. Mech. of Solids (1973) No. 5

[67] Il'in, V. P.: Experimentelle Untersuchung der Vorbeulverformung und des Beulens von Zylinderschalen bei reiner Biegung. Stroitelnoje projektirovanie promyslennych predprijatij (1968) 33–38 [in Russisch]

[68] Il'in, V. P.: Stability of Curved Thin-Walled Tubes with Stiffened Edges under Bending. Mech. of Solids **2** (1968) 134–138

[69] Jahnke, E., Emde, F.; Loesch, F.: Tafeln höherer Funktionen. 7. Aufl. Stuttgart: Teubner 1966

[70] Jordan, P. F.: Buckling of Toroidal Shells under Hydrostatic Pressure. AIAA J. **11** (1973) 1439–1441

[71] Kafka, P. G.; Dunn, M. B.: Stiffness of Curved Circular Tubes with Internal Pressure. Paper Amer. Soc. Mech. Engrs. (1955) n.A32

[72] Kalnins, A.: Analysis of Shells of Revolution Subjected to Symmetrical and Nonsymmetrical Loads. J. Appl. Mech. **31** (1964) 467–476

[73] Karl, H.: Biegung gekrümmter dünnwandiger Rohre. ZAMM **23** (1943) 331–345

[74] Kármán, Th. von: Über die Formänderung dünnwandiger Rohre – insbesondere federnder Ausgleichsrohre. VDI-Z. **55** (1911) 1889–1895

[75] Kempner, J.; Chen, Y. N.: Buckling and Initial Postbuckling of Oval Cylindrical Shells under Combined Axial Compression and Bending. Trans. New York Acad. Sci. **36**, Ser. **2** (1974) n. 2, 171–191

[76] Koiter, W. T.: A Spherical Shell under Point Loads at its Poles. Adv. Appl. Mech.; Prager Anniv. Vol. (1963) 155–169

[77] Koiter, W. T.: On the Nonlinear Equations of Thin Elastic Shells. Proc. Koninkl. Nederl. Akad. van Wet.; Series B **69** (1966) No. 1/2

[78] Koiter, W. T.; Simmonds, J. G.: Foundations of Shell Theory. Proc. 13th ICTAM; ed. by E. Becker, G. K. Michailov. Berlin: Springer 1973

[79] Koiter, W. T.: The Intrinsic Equations of Shell Theory with Some Applications. Mechanics Today; ed. by S. Nemat-Nasser. Oxford: Pergamon Press 1980, 139–154

[80] Koiter, W. T.: Foundations and Basic Equations of Shell Theory; A Survey of Recent Progress. Theory of Shells; 2nd Symp.: ed. by F. Niordsen. Berlin: Springer 1969, 93–105
[81] Koiter, W. T.: General Equations of Elastic Stability for Thin Shells. Proc. Symp. on the Theory of Shells to Honour L. H. Donnell. Houston 1967, 189–227
[82] Koiter, W. T.: A Consistent First Approximation in the General Theory of Thin Elastic Shells. Proc. of the Symp. on the Theory of Thin Elastic Shells; ed. by W. T. Koiter. Amsterdam: North Holland 1960, 12–33
[83] Kostovetsky, D. L.: On Stability of Curved Thin-Walled Tube under External Pressure. Izv. AN SSSR OTN Mekh. i Mash. (1961) No. 1 [in Russisch]
[84] Kraus, H.: Thin Elastic Shells. New York: Wiley 1967
[85] Lanczos, C.: Applied Analysis. Englewood Cliffs; New York: Prentice Hall 1967
[86] Lardner, T. J.; Simmonds, J. G.: On the Lateral Deformation of Shallow Shells of Revolution. Int. J. Solids and Structures **1** (1965) 337–384
[87] Libai, A.: On the nonlinear elastokinetics of shells and beams. J. Aerosp. Sci. **29** (1962) 1190–1195
[88] Libai, A; Durban, D.: Buckling of Cylindrical Shells Subjected to Nonuniform Axial Loads. J. Appl. Mech. **44** (1977) 714
[89] Librescu, L.: On the Thermoelastic Problem of Shells – Treated by Eliminating the Love-Kirchhoff Hypothesis. Non-elastical Shell Problems; Proc. Symp. Warszawa (1964)
[90] Lisovskij, A. S., Okishev, V. K.; Usmanov, J. A.: Ploskij izgib i rastjazhenie ... – Plane Flexure and Extension of Curved Thin-Walled Beams. Mashinostroenie Moscow (1972) [in Russisch]
[91] Love, A. E. H.: On the Small Free Vibrations and Deformation of Thin Elastic Shell. Phil. Trans. Roy. Soc. A **179** (1888) 491–546
[92] Love, E. A. H.: A Treatise on the Mathematical Theory of Elasticity. 4th ed. New York: Dover Pbls. 1944
[93] Lur'é, A. I.: General Theory of Elastic Thin Shells. Prikl. Math. Mekh. **4** (1940) No. 2 [in Russisch]
[94] Lur'é, A. I.: Statics of Thin-Walled Elastic Shells. AEC-TR-3798 (1947); translated from Russian edition of 1947
[95] Lur'é, A. I.: On Equations of General Theory of Elastic Shells. Prikl. Math. Mech. **14** (1950) No. 5 [in Russisch]
[96] Marguerre, K.: Zur Theorie der gekrümmten Platte großer Formänderung. Proc. 5th Int. Congr. Appl. Mech. (1938) 93–101
[97] Meissner, E.: Das Elastizitätsproblem für dünne Schalen von Ringflächen; Kugel- oder Kegelform. Phys. Z. **14** (1913) 343–349
[98] Mises, R. V.: Der kritische Außendruck zylindrischer Rohre. VDI-Z. **58** (1914) 750–755
[99] Mushtary, Kh. M.; Galimov, K. Z.: Nonlinear Theory of Thin Elastic Shells. Kazan (1957) [in Russisch]; translated by J. Morgenstern and J. J. Schorr-Kon; NASA-TT-F62 (1961)
[100] Naghdi, P. M.: The Theory of Shells and Plates. Handbuch der Physik; ed. by W. Flügge; 2nd ed. Berlin: Springer 1972
[101] Nakamura, H.; Dow, M.; Rozvany, G. I. N.: Optimal Spherical Cupola of Uniform Strength. Ing.-Arch. **51** (1981) 159–181
[102] Natarajan, R.; Blomfield, J. A.: Stress Analysis of Curved Tubes with End Constraints. Computers and Structures **5** (1975) 187–196
[103] Niordson, F.: Introduction to Shell Theory. Dept. of Solid Mechanics. The Tech. Univ. of Denmark, 1980
[104] Novozhilov, V. V.: Thin Shell Theory. Groningen: P. Noordhoff 1970
[105] Öry, H.; Axelrad, E. L.; Wilczek, E.: Die Berechnung von endlich langen Torusschalen mit realen Randbedingungen. DGLR-Jahresbuch (1981) 81–048
[106] Öry, H. Die dünnwandige Zylinderschale. ERNO Raumfahrttechnik GmbH 1971
[107] Öry, H.; Fahlbusch, G.: Die Membrankegelschale unter beliebig verteilter Mantelbelastung. Czerwenka-Festschrift 1979

[108] Reissner, E.: Linear and Nonlinear Theory of Shells. Proc. of the Symp. on Thin Shell Structures; ed. by Y. C. Fung, E. E. Sechler; Englewood Cliffs: Prentice Hall 1974, 29 – 44

[109] Reissner, E.: On the Theory of Thin Elastic Shells. Hans Reissner Anniversary Volume. Ann Arbor 1949, 231 – 247

[110] Reissner, E.: On Axisymmetrical Deformations of Thin Shells of Revolution. Proc. Sympos. Appl. Math. **3** (1950) 27 – 52

[111] Reissner, E.: On the Form of Variationally Derived Shell Equations. J. of Appl. Mech. **31** (1964) 233 – 238

[112] Reissner, E.: On Finite Symmetrical Strain in Thin Shells of Revolution. J. of Appl. Mech. **39** (1972) 1137 – 1138

[113] Reissner, E.: On Finite Symmetrical Deflections of Thin Shells of Revolution. J. Appl. Mech. **36** (1969) 267 – 270

[114] Reissner, E.: On a Variational Theorem for Finite Elastic Deformations. J. Math. Phys. **32** (1953) 129 – 135

[115] Reissner, E.; Wan, F. Y. M.: Rotationally Symmetric Stress and Strain in Shells of Revolution. Stud. in Appl. Math. **48** (1969) 1 – 17

[116] Reissner, E.: On Finite Bending of Pressurized Tubes J. of Appl. Mech. **26** (1959) 386 – 392

[117] Reissner, E.: Note on the Equations of Finite-Strain Force and Moment Stress Elasticity. Stud. in Appl. Math. **54** (1975) 1 – 8

[118] Reissner, E.: On Finite Pure Bending of Cylindrical Tubes. Österr. Ing.-Arch. **15** (1961) 165 – 172

[119] Reissner, E.: On the Derivation of Two-Dimensional Shell Equations from Three-Dimensional Elasticity Theory. Stud. in Appl. Math. **49** (1970) 205 – 224

[120] Reissner, E.: A New Derivation of the Equations for the Deformation of Elastic Shells. Amer. J. of Math. **63** (1941) 177 – 184

[121] Reissner, E.: On Bending of Curved Thin-Walled Tubes. Proc. Nat. Acad. Sci. USA **35** (1949) 204 – 208

[122] Reissner, E.; Weinitschke, H. J.: Finite Pure Bending of Circular Cylindrical Tubes. Quart. Appl. Math. **20** (1962) 305 – 319

[123] Reissner, H.: Spannungen in Kugelschalen. Festschrift H. Müller-Breslau. Leipzig 1912, 181 – 193

[124] Rodabaugh, E. C.; George, H. H.: Effect of Internal Pressure on Flexibility and Stress-Intensification Factors of Curved Pipe or Welding Elbows. Trans. ASME **79** (1957) 939 – 948

[125] Rothert, H.; Zastrau, B.: Zur Abschätzung des Tragverhaltens von Translationsschalen im Übergangsbereich von positiver zu negativer Gaußscher Krümmung. Ing.-Arch. **48** (1979) 73 – 84

[126] Saal, H.; Kahmer, H.; Hein, J. C.: Experimentelle und theoretische Untersuchungen an beulgefährdeten langen Kreisrohren. Stahlbau **48** (1979) 353 – 359

[127] Sanders, J.: Nonlinear Theories for Thin Shells. Quart. of Appl. Math. **21** (1963) 21 – 36

[128] Savkin, N. M.: Analysis of Bellows for Axisymmetric Loading. Izv. VUZ'ov Mashinostroenie **8** (1969) [in Russisch]

[129] Schnell, W.; Wardenbach, W.: Näherungsweise Ermittlung der Wärmespannungen in Kreiszylinderschalen. Ing.-Arch. **48** (1979) 417 – 430

[130] Schnell, W.: Krafteinleitung in versteifte Kreiszylinderschalen. Z. f. Flugwiss. **3** (1955) 385 – 399; **5** (1957) 1 – 12

[131] Schwerin, E.: Über Spannungen in symmetrisch und unsymmetrisch belasteten Kugelschalen insbesondere bei Belastung durch Winddruck. Diss. Berlin 1918

[132] Seaman, W. T.; Wan, F. Y. M.: Lateral Bending and Twisting of Thin-Walled Curved Tubes. Stud. in Appl. Math. **53** (1974) 73 – 89

[133] Seide, P.: Small Elastic Deformations of Thin Shells. Leyden: Noordhoff 1975

[134] Seide, P.; Weingarten, V. I.: On the Buckling of Circular Cylindrical Shells under Pure Bending. J. Appl. Mech. **28** (1961) 112 – 116

[135] Simmonds, J. G.; Danielson, D. A.: Nonlinear Shell Theory with Finite Rotation and Stress-Function Vectors. J. of Appl. Mech. **39** (1972) 1085 – 1090

[136] Simmonds, J. G.: Rigorous Expunction of POISSON's Ratio from the Reissner-Meissner Equations. Int. J. Solids and Structures **11** (1975) 1051 – 1056

[137] Singer, J.; Rosen, A.: The Influence of Boundary Conditions on the Buckling of Stiffened Cylindrical Shells. Proc. IUTAM Symp. on Buckling of Struct., Heidelberg 1976

[138] Sobel, L. H.; Newman, S. Z.: Plastic Buckling of Cylindrical Shells under Axial Compression. 3. US Congr. on Pressure Vessels and Piping. San Francisco, CA: 1979

[139] Spence, J.; Toh, S. L.: Collapse of Thin Orthotropic Elliptical Cylindrical Shells under Combined Bending and Pressure Loads J. Appl. Mech. **46** (1979) 363 – 371

[140] Srubshchik, L. S.: Precritical Equilibrium of a Thin Shallow Shell of Revolution and its Stability. PMM Appl. Math. and Mech. **44** (1980) 229 – 235

[141] Staerman, I. J.: Stability of Shells. Trudy Kievskogo aviatsionnogo instituta. N **1** (1936) [in Russisch]

[142] Staerman, I. J.: Über die Theorie der symmetrischen Verformung. Izvestija Kijevskogo Politekhnitcheskogo Instituta (1924) [in Russisch]

[143] Steele, C. R.; Hartung, R. F.: Symmetric Loading of Orthotropic Shells of Revolution. J. Appl. Mech.; Trans ASME E**32** (1965) 337 – 345

[144] Stephens, W. B.; Starnes, J. H.; Almroth, B. U.: Collapse of Long Cylindrical Shells under Combined Bending and Pressure Loads. AIAA J. **13** (1975) 20 – 25

[145] Tennyson, R. C.: Buckling Modes of Circular Cyclindrical Shells. AIAA J. **7** (1969) 1481 – 1487

[146] Thurston, G. A.: Critical Bending Moment of Circular Cylindrical Tubes. J. Appl. Mech. **44** (1977) 173 – 175

[147] Timoshenko, S. P.; Woinowsky-Krieger, S.: Theory of Plates and Shells. 2nd Ed. New York: McGraw Hill 1959

[148] Trefftz, E.: Ableitung der Schalenbiegungsgleichungen mit dem Castiglianoschen Prinzip. ZAMM **15** (1935) H. 1/2, 101 – 108

[149] Tueda, M.: Mathematical Theories of Bourdon Pressure Tubes and Bending of Curved Pipes. Mem. Coll. Eng.: Kyoto Imp. Univ. **8** (1934) 102 – 115; **9** (1936) 132 – 152

[150] Vasil'ev, B. N.: Stressed State and Deformation of Bourdon Spring. Izv. AN SSSR OTN Mekh. (1965) No. 4 [in Russisch]

[151] Volpe, V.; Chen, Y. N.; Kempner, J.: Buckling of Orthogonally Stiffened Finite Oval Cylindrical Shells under Axial Compression. AIAA J. **18** (1980) 571 – 580

[152] Wan, F. Y. M.: Laterally Loaded Shells of Revolution. Ing.-Arch. **42** (1973) 245 – 258

[153] Wan, F. Y. M.: Circumferentially Sinusoidal Variable Stress and Strain in Shells of Revolution. Int. J. Solids and Struct. **6** (1970) 959

[154] Weinitschke, H. J.: Die Stabilität elliptischer Zylinderschalen bei reiner Biegung. ZAMM **50** (1970) 411 – 422

[155] Whatham, J. F.; Thompson, J. J.: The Bending and Pressurizing of Pipe Bends with Flanged Tangents. Nuclear Eng. and Design **54** (1979) 17 – 28

[156] Wlassow, W. S.: Allgemeine Schalentheorie und ihre Anwendung in der Technik. Berlin: Akademie Verlag 1958

[157] Yamaki, N.: Postbuckling and Imperfection Sensitivity of Circular Cylindrical Shells under Compression. Theoret. and Appl. Mech.; W. T. Koiter ed. Amsterdam: North Holl. Publ. Co 1976, 461 – 476

[158] Zerna, W.; Mungan, I.: Buckling Stresses of Shells Having Negative Gaussian Curvature. Buckling of Shells, A State-of-the-Art Colloquium. Univ. Stuttgart 1982

[159] Zyckowski, M.; Kruzelecki, J.: Optimal Design of Shells with Respect to Their Stability. IUTAM Symp. Optimization in Structural Design (1973); ed. by A. Savczuk, Z. Mroz. Berlin: Springer 1975

Sachverzeichnis

Weitere Teubner-Lehrbücher zur Mechanik aus der Reihe »Leitfäden der angewandten Mathematik und Mechanik«

Becker/Bürger: **Kontinuumsmechanik**
Eine Einführung in die Grundlagen und einfache Anwendungen
228 Seiten mit 85 Bildern und 110 Aufgaben. Kart. DM 32,–
(Teubner Studienbücher)

Böhme: **Strömungsmechanik nicht-newtonscher Fluide**
280 Seiten mit 118 Bildern und 53 Aufgaben. Kart. DM 34,–
(Teubner Studienbücher)

Hahn: **Bruchmechanik**
Einführung in die theoretischen Grundlagen
221 Seiten mit 133 Bildern. Kart. DM 34,–
(Teubner Studienbücher)

Magnus: **Schwingungen**
Eine Einführung in die theoretische Behandlung von Schwingungsproblemen
3. Auflage. 251 Seiten mit 197 Bildern und 62 Aufgaben. Kart. DM 28,80
(Teubner Studienbücher)

Magnus/Müller: **Grundlagen der Technischen Mechanik**
3. Auflage. 300 Seiten mit 271 Bildern. Kart. DM 28,80
(Teubner Studienbücher)

Müller/Magnus: **Übungen zur Technischen Mechanik**
2. Auflage. 292 Seiten mit 296 Bildern. Kart. DM 28,80
(Teubner Studienbücher)

Rotta: **Turbulente Strömungen**
Eine Einführung in die Theorie und ihre Anwendung
267 Seiten mit 104 Bildern. Geb. DM 74,–

Wieghardt: **Theoretische Strömungslehre**
Eine Einführung
2. Auflage, 237 Seiten mit 99 Bildern. Kart. DM 28,80
(Teubner Studienbücher)

Wittenburg: **Dynamics of Systems of Rigid Bodies**
224 pages with 94 figures and 42 problems. Cloth DM 74,–

Preisänderungen vorbehalten